이 책의 특성 및 구성

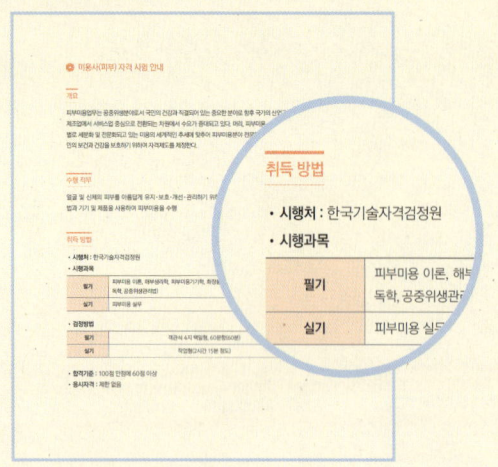

최신 출제 기준에 의거한 편집

한국산업인력공단 출제 기준의 세부항목과 세세항목에 의거하여 내용을 편집하였습니다.

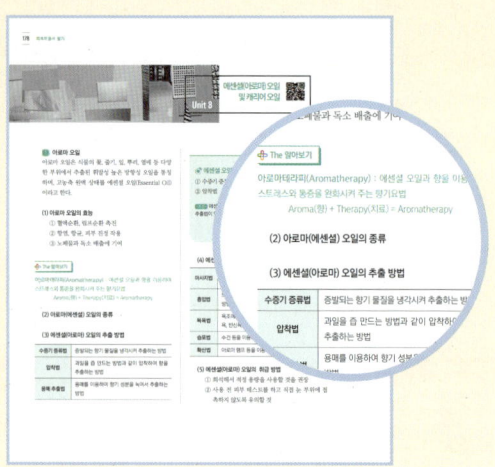

핵심이론의 정리

알아보기 쉽게 표를 통해 핵심 내용을 요약하였고, 추가적인 설명은 The 알아보기로 깔끔하게 정리하였습니다.

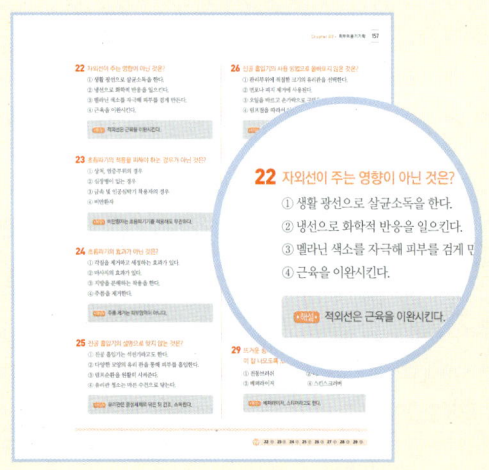

단원별 기출 문제와 친절한 설명

단원별 기출문제를 통해 핵심이론 학습과 실전문제 풀이를 병행할 수 있도록 하였습니다.

저자 직강 무료 동영상

무료 동영상 강의를 이용해 부족한 부분을 보완할 수 있도록 하였습니다.

ESTHETICIAN
피부미용사
필기

19'

피부미용사 필기

초 판 인 쇄	2019년 5월 20일
초 판 발 행	2019년 5월 24일

저　　자	임주이 · 임은영 · 이연정
발 행 인	조규백
발 행 처	도서출판 구민사
	(07293) 서울시 영등포구 문래북로 116, 604호(문래동 3가 46, 트리플렉스)
전　　화	(02) 701-7421~2
팩　　스	(02) 3273-6942
홈 페 이 지	www.kuhminsa.co.kr
신 고 번 호	제 2012-000055호(1980년 2월 4일)
I S B N	979-11-5813-661-1 (13590)
정　　가	24,000원

이 책은 구민사가 저작권자와 계약하여 발행했습니다.
본사의 서면 허락 없이는 어떠한 형태나 수단으로도 이 책의 내용을 이용할 수 없음을 알려드립니다.

ESTHETICIAN
피부미용사
필기

임주이 | 임은영 | 이연정

19'

구민사

Introduction

● 무료 동영상 시청 방법

NAVER 카페 | 카페 ∨ | 뷰티미용사자격증연구소 ∨ | **검색**

STEP 01 네이버 카페 '뷰티미용사자격증연구소'를 검색한다.

STEP 02 아이디와 이메일 주소를 입력하여 도서 구매 인증을 한다.

STEP 04 무료 동영상을 시청한다.

STEP 03 질의응답 게시판을 통해 시험 정보 및 부족한 부분을 보완한다.

미용사(피부) 자격 시험 안내

개요

피부미용업무는 공중위생분야로서 국민의 건강과 직결되어 있는 중요한 분야로 향후 국가의 산업구조가 제조업에서 서비스업 중심으로 전환되는 차원에서 수요가 증대되고 있다. 머리, 피부미용, 화장 등 분야별로 세분화 및 전문화되고 있는 미용의 세계적인 추세에 맞추어 피부미용분야 전문인력을 양성하여 국민의 보건과 건강을 보호하기 위하여 자격제도를 제정한다.

수행 직무

얼굴 및 신체의 피부를 아름답게 유지·보호·개선·관리하기 위하여 각 부위와 유형에 적절한 관리법과 기기 및 제품을 사용하여 피부미용을 수행

취득 방법

- **시행처** : 한국기술자격검정원
- **시행과목**

필기	피부미용 이론, 해부생리학, 피부미용기기학, 화장품학, 공중위생관리학(공중보건학, 소독학, 공중위생관리법)
실기	피부미용 실무

- **검정방법**

필기	객관식 4지 택일형, 60문항(60분)
실기	작업형(2시간 15분 정도)

- **합격기준** : 100점 만점에 60점 이상
- **응시자격** : 제한 없음

종목별 검정현황

종목명	연도	필기			실기		
		응시	합격	합격률	응시	합격	합격률
미용사(피부)	2018	39,857	17,217	43.2%	28,306	11,164	39.4%
	2017	44,832	18,159	40.5%	31,923	11,907	37.3%
	2016	53,511	22,156	41.4%	40,497	15,021	37.1%
	2015	51,397	19,801	38.5%	37,652	13,752	36.5%
	2014	68,971	23,308	33.8%	42,392	14,147	33.4%
	2013	80,265	33,439	41.7%	49,004	17,288	35.3%
	2012	62,386	30,496	48.9%	41,768	16,976	40.6%
	2011	43,413	29,612	68.2%	45,345	20,004	44.1%
	2010	62,725	37,089	59.1%	55,518	24,862	44.8%
	2009	73,890	34,825	47.1%	63,649	32,379	50.9%
	2008	66,543	50,477	75.9%	41,119	23,173	56.4%
소계		563,101	281,203	49.9%	416,944	177,602	42.6%

미용사(피부) 출제 기준(필기)

직무 분야	이용·숙박·여행 오락·스포츠	중직무 분야	미용사 (피부)	자격 종목	미용사(피부)

● **직무내용** : 고객의 상담과 피부분석을 통해 안정감 있고 위생적인 환경에서 얼굴, 신체부위별 피부를 미용기기와 화장품을 이용하여 서비스를 제공하는 직무수행

필기 검정 방법	작업형	문제수	60	시험시간	1시간

과목명	세부 항목	세세 항목
Ⅰ-1. 피부 미용 이론	1. 피부미용 개론	① 피부미용의 개념 ② 피부미용의 역사
	2. 피부분석및상담	① 피부분석의 목적 및 효과 ② 피부상담 ③ 피부유형분석 ④ 피부분석표
	3. 클렌징	① 클렌징의 목적 및 효과 ② 클렌징 제품 ③ 클렌징 방법
	4. 딥 클렌징	① 딥클렌징의 목적 및 효과 ② 딥클렌징 제품 ③ 딥클렌징 방법
	5. 피부 유형별 화장품 도포	① 화장품도포의 목적 및 효과 ② 피부유형별 화장품 종류 및 선택 ③ 피부유형별 화장품 도포
	6. 매뉴얼 테크닉	① 매뉴얼 테크닉의 목적 및 효과 ② 매뉴얼 테크닉의 종류 및 방법
	7. 팩 마스크	① 목적과 효과 ② 종류 및 사용방법
	8. 제모	① 제모의 목적 및 효과 ② 제모의 종류 및 방법
	9. 신체 각 부위 (팔, 다리, 등) 관리	① 신체 각 부위(팔, 다리, 등)관리의 목적 및 효과 ② 신체 각 부위(팔, 다리, 등)관리의 종류 및 방법
	10. 마무리	① 마무리의 목적 및 효과 ② 마무리의 방법
Ⅰ-2. 피부학	11. 피부와 부속기관	① 피부구조 및 기능 ② 피부 부속기관의 구조 및 기능
	12. 피부와 영양	① 3대 영양소, 비타민, 무기질 ② 피부와 영양 ③ 체형과 영양
	13. 피부 장애와 질환	① 원발진과 속발진 ② 피부질환
	14. 피부와 광선	① 자외선이 미치는 영향 ② 적외선이 미치는 영향
	15. 피부 면역	① 면역의 종류와 작용
	16. 피부 노화	① 피부노화의 원인 ② 피부노화현상

과목명	세부 항목	세세 항목
II. 해부생리학	1. 세포와 조직	① 세포의 구조 및 작용 ② 조직 구조 및 작용
	2. 뼈대(골격)계통	① 뼈(골)의 형태 및 발생 ② 전신 뼈대(전신골격)
	3. 근육 계통	① 근육의 형태 및 기능 ② 전신근육
	4. 신경 계통	① 신경 조직 ② 중추 신경 ③ 말초신경
	5. 순환 계통	① 심장과 혈관 ② 림프
	6. 소화기 계통	① 소화기관의 종류 ② 소화와 흡수
III. 피부미용 기기학	1. 피부 미용기기 및 도구	① 기본용어와 개념 ② 전기와 전류 ③ 기기 기구의 종류 및 기능
	2. 피부미용기기 사용법	① 기기 기구 사용법 ② 유형별 사용방법
IV. 화장품학	1. 화장품학 개론	① 화장품의 정의 ② 화장품 분류
	2. 화장품 제조	① 화장품의 원료 ② 화장품의 기술 ③ 화장품의 특성
	3. 화장품의 종류와 기능	① 기초화장품 ② 메이크업화장품 ③ 모발화장품 ④ 바디(body) 관리화장품 ⑤ 네일 화장품 ⑥ 향수 ⑦ 에센셜(아로마) 오일 및 케리어 오일 ⑧ 기능성화장품
V. 공중위생 관리학	1. 공중보건학	① 공중보건학 총론 ② 질병 관리 ③ 가족 및 노인 보건 ④ 환경 보건 ⑤ 식품위생과 영양 ⑥ 보건행정
	2. 소독학	① 소독의 정의 및 분류 ② 미생물 총론 ③ 병원성 미생물 ④ 소독방법 ⑤ 분야별 위생 소독
	3. 공중위생관리법규 (법, 시행령, 시행규칙)	① 목적 및 정의 ② 영업의 신고 및 폐업 ③ 영업자 준수 사항 ④ 면허 ⑤ 업무 ⑥ 행정지도 감독 ⑦ 업소 위생 등급 ⑧ 위생교육 ⑨ 벌칙 ⑩ 시행령 및 시행규칙 관련사항

미용사(피부) 실기 시험 안내

순서	과제명	작업명	요구 내용	작업시간	비고
1과제	얼굴 관리	관리계획표 작성	제시된 피부 타입 및 제품을 적용한 관리계획을 작성하시오.	10분	
		클렌징	지참한 제품을 이용하여 포인트 메이크업을 지우고 관리범위를 클렌징한 후, 코튼 또는 해면을 이용하여 제품을 제거하고 피부를 정돈하시오.	15분	도포 후 문지르기는 2~3분 정도 유지하시오.
		눈썹 정리	족집게와 가위, 눈썹칼을 이용하여 얼굴형에 맞는 눈썹 모양을 만들고 보기에 아름답게 눈썹을 정리하시오.	5분	눈썹을 뽑을 때 감독 확인 하에 작업하시오(한쪽 눈썹만 작업).
		딥 클렌징	스크럽, AHA, 고마쥐, 효소의 4가지 타입 중 지정된 제품을 이용하여 얼굴에 딥클렌징한 후 피부를 정돈하시오.	10분	제시된 지정 타입만 사용하시오.
		손을 이용한 관리 (매뉴얼테크닉)	화장품(크림, 오일타입)을 관리 부위에 도포하고 적절한 동작을 사용하여 관리한 후, 피부를 정돈하시오.	15분	
		팩	팩을 위한 기본 전처리를 실시한 후, 제시된 피부타입에 적합한 제품을 선택하여 관리 부위에 적당량을 도포하고, 일정 시간 경과 뒤 팩을 제거한 후, 피부를 정돈하시오.	10분	팩을 도포한 부위는 코튼으로 덮지 마시오.
		마스크 및 마무리	마스크를 위한 기본 전처리를 실시한 후, 지정된 제품을 선택하여 관리 부위에 작업하고, 일정시간 경과 뒤 마스크를 제거한 다음 피부를 정돈한 후, 피부를 정돈하시오.	20분	제시된 지정 마스크만 사용하시오.
	1과제 총 작업시간			85분	

순서	과제명	작업명	요구 내용	작업시간	비고
2과제	매뉴얼테크닉 (손을 이용한 관리)	팔(전체) 관리	모델의 관리 부위(오른쪽 팔, 오른쪽 다리)를 화장수를 사용하여 가볍고 신속하게 닦아낸 후 화장품(크림 혹은 오일 타입)을 도포하고, 적절한 동작을 사용하여 관리하시오.	10분	총 작업시간의 90% 이상을 유지하시오.
		다리(전체) 관리		15분	
	제모		왁스 워머에 데워진 핫 왁스를 필요량만큼 용기에 덜어서 작업에 사용하고, 다리에 왁스를 부직포 길이에 적합한 면적만큼 도포한 후, 체모를 제거하고 제모 부위의 피부를 정돈하시오.	10분	제모는 좌우 구분이 없으며 부직포 제거 전 손을 들어 감독의 확인을 받으시오.
	2과제 총 작업시간			35분	
3과제	림프를 이용한 피부관리		적절한 압력과 속도를 유지하며 목과 얼굴 부위에 림프절 방향에 맞추어 피부관리를 실시하시오.(단, 애플라쥐 동작을 시작과 마지막에 하시오.)	15분	종료 시간에 맞추어 관리하시오.
	3과제 총 작업시간			15분	
실기 시험 전체 작업 시간				135분	

미용사(피부) 시험 접수 안내

원서 접수(상시)

시험 구분	원서 접수	시험 일정	접수 방법 (인터넷 접수)
필기	금요일 ~ 월요일 (주 단위)	월요일 ~ 일요일 (접수 다음주차)	http://q-net.or.kr
실기	목요일 ~ 금요일 (격주 단위)	월요일 ~ 일요일 (접수 후 2주차)	http://q-net.or.kr

필기 시험 접수 방법

① 큐넷 홈페이지 회원 가입/로그인

② 원서 접수 신청 → 응시 종목 선택

③ 응시 유형

④ 추가입력

⑤ 시험 장소 및 시험 일자 선택

⑥ 결제하기 → 접수 완료

⑦ 수험표 출력

☞ **필기시험** : CBT(Computer based Testing, 컴퓨터 기반시험) 방식으로 컴퓨터를 이용하여 시험 응시 및 결과 발표하며 해당 회차별로 데이터베이스에서 문제를 뽑아 출제하는 방식

합격자 발표

구분	합격자 발표	비고
필기 시험	답안 제출과 동시에 합격 여부 확인	필기 합격 후 실기 시험 접수 가능
실기 시험	큐넷 홈페이지 및 ARS	당회 시험 종료 후 다음주 목요일 09:00 발표

자격증 발급

상장형 자격증	수험자가 직접 인터넷을 통해 발급
수첩형 자격증	인터넷 신청하여 우편배송

Contents

Introduction

이 책의 특성 및 구성	3
무료 동영상 시청 방법	7
미용사(피부) 자격 시험 안내	8
미용사(피부) 필기 출제 기준	9
미용사(피부) 실기 시험 안내	11

Chapter 01
피부미용이론

Ⅰ. 피부미용개론

Unit 1	피부미용개론	23
Unit 2	피부분석 및 상담	26
Unit 3	클렌징	28
Unit 4	딥클렌징	31
Unit 5	피부유형별 화장품 도포	33
Unit 6	매뉴얼 테크닉	36
Unit 7	팩과 마스크	38
Unit 8	제모	40
Unit 9	전신 관리	42
Unit 10	마무리	46
기출문제		48

Ⅱ. 피부학

Unit 1	피부와 피부 부속기관	59
Unit 2	피부와 영양	65
Unit 3	피부 장애와 질환	67
Unit 4	피부와 광선	70
Unit 5	피부와 색소	71
Unit 6	노화	73
Unit 7	여드름	74
기출문제		76

Contents

Chapter 02

해부생리학

I. 세포와 조직
- Unit 1 세포와 조직 — 93
- Unit 2 조직 — 95

II. 골격계
- Unit 1 뼈의 기능과 구성 — 99
- Unit 2 체간골격 — 101
- Unit 3 관절 — 102

III. 근육계
- Unit 1 근육의 형태와 기능 — 105
- Unit 2 근육의 종류 — 107

IV. 신경계
- Unit 1 신경계의 분류 — 111
- Unit 2 신경계의 세포 — 114

V. 순환계
- Unit 1 혈액 — 117
- Unit 2 심장과 혈관 — 119
- Unit 3 림프순환 — 120

VI. 소화기계
- Unit 1 소화기계 — 123

VII. 내분비계
- Unit 1 내분비계 — 127

VIII. 비뇨생식계
- Unit 1 신장과 배뇨 — 131
- Unit 2 생식기계 — 133
- 기출문제 — 134

Contents

Chapter 03
피부미용기기학

I. 피부 미용기기 및 도구
- Unit 1 기본용어와 개념 143
- Unit 2 피부 미용기기의 종류와 사용법 146
- 기출문제 154

Chapter 04
화장품학

I. 화장품학 개론
- Unit 1 화장품의 정의 163

II. 화장품 제조
- Unit 1 화장품의 원료 165
- Unit 2 화장품의 제조 기술 167
- Unit 3 화장품의 특성 168

III. 화장품의 종류와 기능
- Unit 1 화장품의 종류 171
- Unit 2 기초 화장품 172
- Unit 3 메이크업 화장품 173
- Unit 4 모발 화장품 174
- Unit 5 바디 관리 화장품 175
- Unit 6 네일 화장품 176
- Unit 7 방향용 화장품(향수) 177
- Unit 8 에센셜(아로마) 오일 및 캐리어 오일 178
- Unit 9 기능성 화장품 180
- 기출문제 182

Contents

Chapter 05

공중위생 관리학

I. 공중보건학

Unit 1	공중보건학 총론	195
Unit 2	질병 관리	197
Unit 3	가족 및 노인 보건	202
Unit 4	환경 보건	203
Unit 5	산업 보건	206
Unit 6	식품위생과 영양	207
Unit 7	보건행정	209

기출문제 … 210

II. 소독학

Unit 1	소독의 정의 및 분류	219
Unit 2	미생물 총론	222
Unit 3	병원성 미생물	223
Unit 4	소독 방법	225
Unit 5	분야별 위생소독	226

기출문제 … 228

III. 공중위생관리법규

Unit 1	공중위생관리법의 목적과 정의	239
Unit 2	영업의 신고 및 폐업	240
Unit 3	영업자 준수사항	242
Unit 4	이·미용사의 면허	244
Unit 5	이·미용사의 업무	246
Unit 6	행정지도 감독	247
Unit 7	업소 위생등급	250
Unit 8	보수교육	252
Unit 9	벌칙	254

기출문제 … 258

기출복원문제 … 268

실전 모의고사 … 392

01

피부미용 이론

- Ⅰ 피부미용개론
- Ⅱ 피부학

피부미용 개론

I

피부미용개론

01 피부미용의 개념

1 피부미용의 의미
피부미용은 그리스어 코스모스(kosmos)가 어원으로 이는 우주 조화를 의미하며 피부의 문제점을 개선하여 아름답게 젊음을 유지하도록 피부의 생리기능을 물리적·화학적인 수기요법으로 관리하는 것을 말한다.

2 피부미용의 기능
(1) **보호적 기능** : 유해환경과 자외선으로 피부를 보호한다.
(2) **장식적 기능** : 피부의 결함, 흉터, 색소 침착 등을 감추거나 예방하여 아름다운 피부를 연출한다.
(3) **심리적 기능** : 여드름 피부 등 정신적 스트레스로 인한 피부의 문제점을 해결함으로써 심리적 안정을 준다.

3 피부미용의 영역
① 안면 관리
② 전신 관리
③ 발 관리
④ 제모 및 눈썹 정리
⑤ 제품 판매
⑥ 홈케어에 대한 조언

4 피부미용사의 기본 자세
① 관리사의 기본은 청결이다. 몸의 냄새, 구취, 헤어 등 청결에 힘쓴다.
② 단정한 몸가짐과 상냥한 미소로 고객을 대한다.
③ 전문적인 기술을 습득하고 만족스러운 관리를 고객에게 시행한다.
④ 과도한 장신구는 피한다.

5 관리실의 환경조건
① 실내의 위생과 청결
② 조명의 밝기 조절이 가능하도록 설치한다.
③ 소음이 들리지 않도록 하고 불쾌한 냄새가 나지

개념잡기

◉ 다음 중 피부 미용의 기능에 대한 설명으로 틀린 것은?
① 피부 보호
② 피부 문제 개선
③ 미백효과와 심리적 안정
④ 피부 질병 치료

해설 피부 미용은 의약품을 사용하지 않고 피부 상태를 아름답고 건강하게 만드는 데 목적이 있으며 피부 질환 치료와는 거리가 멀다.

정답 : ④

않도록 한다.
④ 환기가 잘되도록 한다.

6 각 나라별 피부미용 용어
- 독일 : Kosmetik
- 영국 : Cosmetic
- 일본 : Esthe
- 미국 : Skin care, Esthetic
- 프랑스 : Estheique
- 한국 : 피부미용, 피부관리

개념잡기

● 국가별 피부미용에 관한 용어로 옳지 않은 것은?
① 영국 - Esthe
② 미국 - Skin care, Esthetic
③ 독일 - Kosmetik
④ 프랑스 - Esthetique

◆해설 영국 - Cosmetic, 일본 - Esthe

정답 : ①

02 피부미용의 역사

1 한국의 역사

(1) 고조선
① 쑥과 마늘을 이용하여 미백관리를 했다.
② 돼지기름을 이용하여 추위에 피부가 건조해지는 것을 막았다.

(2) 삼국시대
① 고구려 : 불교의 영향으로 향과 목욕문화가 발달하여 복숭아 꽃물이나 난을 입욕제로 사용하여 피부를 관리하였다. 기생들은 분대화장법을 해서 흰 피부를 선호하였다.
② 신라 : 흰 피부를 선호, 백분을 즐겨 사용하였다. 남자들도 화장을 하고 미를 추구하여 화장이나 목욕 및 향이 발달하였다.
③ 백제 : 화려하지 않은 화장법을 선호하여 연지를 바르지 않았다.

(3) 고려시대
① 사치스러운 화장법을 선호하여 두발 염색까지도 하였다.
② 신분의 격차를 두어 분대화장과 비분대화장이 뚜렷해졌다.
③ 목욕과 향 문화가 발달, 향기를 선호하여 몸에 가지고 다녔다.

(4) 조선시대
① 청결이 미의 기준이 되어 깨끗하고 맑은 피부를 선호하였다.
② 참기름, 밀랍, 꿀찌꺼기를 이용하여 얼굴을 관리하였다.
③ 난, 삼을 이용한 목욕법이 발달하였다.

(5) 개화기
① 서구 개방으로 기생과 신여성이 주축이 되어 새로운 화장법을 유행시켰다.
② 1922년에 '박가분', 1945년 이후 콜드 크림, 베니싱 크림(영양크림)이 출시되었다.

(6) 현대
1960년대 이후 화장품이 널리 대중화되기 시작하여 1980년 이후 색조 화장품, 기능성 화장품이 출시되었다. 1980년 중반 에스테틱 전문 살롱이 생겨나기 시작,

1981년 미용교육이 정식으로 YMCA에서 도입되었다.

개념잡기

◆ 다음 중 콜드크림(마사지용), 베니싱크림(영양크림)이 출시된 시기로 '박가분'이라는 화장품이 유행한 시대는?

① 고조선 　② 고려시대 　③ 조선시대 　④ 개화기

•해설• 개화기에는 다양한 화장품이 유입되어 유통되었고, 박가분은 우리나라 최초로 제조 판매된 가루분 화장품이다.

정답 : ④

---

2 서양의 역사

(1) 이집트
① 종교의식을 위해 화장법이 사용되었다.
② 벌레나 햇빛으로부터 보호하기 위한 수단으로 향유를 사용하였다.
③ 클레오파트라가 나귀 우유와 진흙, 꿀 등으로 목욕을 했다.
④ 백납을 사용하였다.

(2) 그리스
① 건강하고 깨끗한 피부를 선호, 깨끗한 피부를 가꾸는 데 주력했다.
② 의학적인 목적으로 천연향 오일 마사지가 성행하였다.
③ 근육이 발달한 몸이 아름다움의 척도였다.

(3) 로마시대
① 사치스러운 목욕문화가 발달하였다.(냉수욕, 스팀목욕법, 한증미용법)
② 올리브오일, 포도주, 레몬즙, 오렌지즙, 염소젖, 옥수수, 밀가루를 사용하였다.
③ 갈렌이 장미수와 벌꿀, 올리브오일을 섞어 크림을 개발하였다.

(4) 중세시대
① 종교적인 이유로 미용의 침체기였다. 화장을 금기시하고 화려한 생활을 금지하였다. 청결에 중점을 두어 미를 가꾸었다.
② 청결을 중시해 알코올이 발명되었다.

(5) 근세(19세기)
① 비누 사용이 보편화되어 청결과 위생이 중시되는 시기였다.
② 목욕문화와 향수문화가 전반적으로 발달되었다.
③ 화장품이 일반 사람들에게 보급되었다.

(6) 현대(20세기)
① 화장품의 종류가 다양해지고 대량생산으로 대중화되었다.
② 과학기술의 발달로 피부미용 기술이 발전하였다.
③ 마사지 크림이 개발되어 대중화되었다.

(7) 1980년대 이후
① YMCA에서 최초로 피부관리사를 양성하는 전문교육을 실시하였다.
② 1986년 CIDESCO 국제 피부미용학술협회의 정식 회원국으로 가입하였다.
③ 1989년 9월 피부미용 분과위원회를 발족하였다.

Unit 2 피부분석 및 상담

01 피부분석 목적 및 효과

1 피부분석의 정의
고객의 피부상태를 과학적으로 분석하고 판단하여 피부타입에 알맞은 트리트먼트를 결정하는 과정이다.

2 피부분석의 목적
① 고객의 피부 문제점과 원인을 파악할 수 있다.
② 피부관리 전 부적용증을 미리 파악할 수 있다.
③ 피부타입별 문제점을 알고 올바른 피부관리 계획을 세울 수 있다.

3 효과
① 피부분석을 통하여 올바른 관리법을 제시할 수 있다.
② 고객에게 신뢰감을 주고, 과학적인 피부분석을 통해 피부타입을 알 수 있다.
③ 피부 타입별 홈케어 및 화장품을 선별해서 쓸 수 있다.

02 피부분석 방법

1 견진법
눈으로 보고 판단하는 방법으로 피부분석 방법 중 가장 많이 쓰인다. 모공의 크기, 여드름, 색소 침착, 피부 조직, 혈액순환 상태, 유분 함량 등을 분석할 수 있다.

2 촉진법
촉각을 이용하여 피부의 상태를 판단하는 방법으로 피부의 탄력, 피지량, 피부 두께, 피부결을 분석할 수 있다.

3 문진법
고객과의 대화를 통해서 피부상태를 파악하는 방법이다. 고객의 나이, 직업, 알레르기 유무, 화장품 사용, 식습관, 질병 유무 등을 파악하여 피부 문제점의 원인을 분석한다.

4 기기 판독법
과학적인 방법으로 기계를 이용해 피부를 분석하는 방법으로 우드램프, 확대경, 피부분석기(Skin scope), 유·수분측정기 등이 있다.

> **개념잡기**
>
> ◉ 피부 유형을 진단하는 방법으로 가장 거리가 먼 것은?
> ① 견진법 ② 촉진법
> ③ 피부 조직 검사법 ④ 문진법
>
> ●해설● 견진법, 촉진법, 문진법 이외에 피부분석기 등과 같은 기기를 이용하여 진단하기도 한다.
>
> ※ 정답 : ③

03 피부유형별 분석

1 중성피부
① 유분과 수분이 적당하고 당기거나 번들거리지 않는다.
② 혈액순환이 좋아 피부색이 맑고 투명해 보인다.
③ 피부에 윤기가 나고 주름이나 색소가 없다.
④ 모공 크기가 적당하고 촘촘하며 잡티가 잘 안 보인다.
⑤ 피부결이 곱고 피부 수분 함량이 12% 정도이며 촉촉하다.
⑥ 피부결이 매끄럽고 탄력성이 좋다.
⑦ T존 부위에 모공이 보이며, 그 외 부위에는 모공이 보이지 않는다.
⑧ 세안 후 피부 당김이 거의 느껴지지 않는다.

2 건성피부
① 정상피부에 비해 피지 분비가 적다.
② 피부결이 섬세하며 모공이 작다.
③ 피부의 윤기가 없으며 푸석푸석하고 순환이 안 된다.
④ 화장이 잘 안 받고 두께가 얇다.
⑤ 표피가 건조하고 민감하다.
⑥ 각질이 쉽게 생기며, 각질이 많고 푸석하다.
⑦ 소구와 소릉의 높이 차가 거의 없으며 선명하지 않다.
⑧ 피부가 거칠고 모공도 좁다.
⑨ 가는 주름이 있고 늘어짐이 보인다.
⑩ 트러블이 잘 생기며 예민해지기 쉽다.

3 지성피부
① 모공이 크고 넓어 보인다.
② 피지 분비가 과다해 유분이 많고 깊은 주름이 있다.
③ 번들거림이 심하고 각질이 두껍다.
④ 소구는 깊고, 소릉이 크며 불규칙하다.
⑤ 피부가 두껍고 불투명하며 면포가 있다.
⑥ 피부가 거칠다.
⑦ 화장이 잘 지워지고 유분감이 많다.
⑧ 블랙헤드, 트러블이 발생하기 쉽다.

Unit 3 클렌징

01 클렌징의 개요

1 정의
외부 환경적 요인으로 더러워진 피부 표면과 내적 영향인 피지 분비, 땀 등으로 인하여 더러워진 피부를 깨끗하게 세정, 세안하는 과정을 통틀어 말한다.

2 클렌징의 목적 및 효과
① 클렌징한 후에 고객의 정확한 피부상태를 파악할 수 있다.
② 제품을 흡수시키기 위한 전 단계이다.
③ 혈액순환, 청정 효과가 있다.
④ 죽은 각질을 제거하여 피부 표면을 깨끗하고 부드럽게 한다.

3 클렌징 주의사항
① 과도한 자극을 주지 않는다.
② 피부 타입에 맞는 제품을 쓰도록 한다.
③ 문제성 피부는 전문가의 조언을 듣도록 한다.
④ 하루에 2회 이상의 클렌징은 피부에 자극을 줄 수 있다.
⑤ 눈, 코, 입에 제품이 들어가지 않도록 하고 들어갔을 때는 물로 충분히 여러 번 헹구어 제품이 남아 있지 않도록 한다.

02 클렌징 제품

1 클렌징 제품의 종류

(1) 클렌징 크림
① W/O 형태의 제품으로써 친유성이다.
② 이중세안이 필요하다.
③ 분장 메이크업 등 진한 메이크업을 지우기에 적합한 제품이다.
④ 예민 피부, 여드름 피부, 지성피부는 가급적 사용을 피한다.

(2) 로션 타입
① O/W 형태의 제품으로써 친수성이다.
② 이중세안이 필요 없다.
③ 보편적으로 많이 쓰이는 타입으로 민감성, 노화 피부에도 적합하다.

(3) 워터 타입
① 끈적임이 없다.
② 산뜻함과 청량감을 주어 가벼운 화장을 지울 때 적합하다.

(4) 젤 타입
① 친수성 타입으로 청량감을 준다.
② 진정효과가 있어 여드름, 지성피부에 적합하다.

(5) 오일 타입
① 피부에 자극이 없다.
② 친수성 오일로 물에 쉽게 용해된다.
③ 노화 피부, 건성피부에 적당하다.

(6) 클렌징폼
① 세정력이 좋은 계면활성제가 포함되어 있어 거품이 잘 난다.
② 비누보다는 부드럽고 당김이나 자극적이지 않으며 이중세안에 사용한다.

(7) 비누
① 노폐물을 제거하기에 적합하다.
② 알칼리성 타입으로 피부를 건조하게 만든다.

개념잡기

✦ 다음 중 클렌징 제품과 특징에 대하여 바르게 짝지워진 것은?

① 클렌징 오일 : 친수성 오일로 건성, 노화 피부에 적당하다.
② 클렌징 로션 : 친유성으로 청량감과 산뜻함을 부여하여 민감성 피부에 적합하다.
③ 클렌징 크림 : 친수성 에멀션으로 이중세안이 필요 없으며 모든 피부에 적합하다.
④ 클렌징 젤 : 친유성으로 두꺼운 화장을 지우기에 적합하다.

•해설 로션 : 친수성, 건성, 노화, 민감피부에 적합, 크림 : 친유성, 젤 : 지성, 여드름 피부에 적합

정답 : ①

---

03 클렌징 단계

1 1차 클렌징
① 포인트 메이크업을 지우는 단계이다.
② 색조 화장을 지우는 전용 리무버로 입술과 눈을 지운다.

2 2차 클렌징
① 눈과 입술을 제외한 얼굴과 목 부위를 지우는 과정이다.
② 피부타입에 맞는 클렌징 제품을 사용한다.
③ 화장을 완전히 지우는 과정으로 깨끗이 지워 피부를 맑게 한다.

3 3차 클렌징
① 클렌징을 한 번 더 하는 과정으로 스킨을 이용하여 닦아 준다.
② pH 밸런스, 보습, 피부결 정돈 등의 효과를 볼 수 있다.

04 습포

1 습포의 목적
습포는 온습포와 냉습포 2가지로 나뉘어진다. 피부의 잔여물을 제거하거나 모공을 열고, 마지막 피부의 모공을 닫는 역할을 한다.

(1) 온습포
① 온습포의 효과
㉠ 모공을 열어주어 노폐물이 잘 나올 수 있도록 도와준다.

ⓛ 근육을 이완시켜 주어 혈액순환 및 신진대사를 높여 준다.
ⓒ 각질을 연화와 피지 제거를 도와준다.
ⓔ 온열감을 주어 심리적으로 안정감을 준다.
② 온습포 사용 주의사항
ⓐ 모공을 열어 주어야 할 때 사용한다.
ⓑ 온도가 너무 뜨겁지 않도록 한다.
ⓒ 습포가 너무 건조하거나 물기가 흐르지 않도록 한다.
ⓓ 화농성 피부, 여드름 피부, 민감성 피부, 모세혈관 피부는 온도에 주의할 것
ⓔ 습포는 위생적으로 관리된 것을 사용해야 한다. 세균에 노출되기가 쉽다.

(2) 냉습포
① 냉습포의 효과
ⓐ 모공을 수축하고 피부의 탄력을 증진시킨다.
ⓑ 통증을 완화하는 진정효과가 있다.
ⓒ 혈관을 수축하고 붉음증을 개선한다.
② 냉습포 사용 주의사항
ⓐ 피부 관리 마무리 단계에서 사용해 준다.
ⓑ 자극적으로 사용하면 피부가 민감해질 수 있다.

05 화장수

1 화장수의 정의
세안 후 남아 있는 잔여물을 제거하기 위한 마무리 단계에서 유·수분 밸런스를 맞추기 위하여 사용한다.

2 화장수의 목적
① 모공을 수축시키고 피부에 탄력을 준다.
② 피부결을 정돈하고 청량감을 준다.
③ 수분감을 주어 피부를 촉촉하게 한다.

3 화장수의 종류
① 유연 화장수 : 건성피부, 노화 피부에 적합하다.
② 수렴 화장수 : 지성피부, 복합성 피부에 적합하다.
③ 소염 화장수 : 여드름 피부, 염증성 피부에 적합하다.

4 화장수의 효과
① 노폐물 제거 효과
② 수렴 효과
③ pH 조절 효과
④ 진정 효과

5 클렌징 시술 순서
① 포인트 메이크업 지우기
② 얼굴 클렌징 지우기
③ 티슈 닦기
④ 해면 닦기
⑤ 온습포 사용
⑥ 토너 닦기

딥클렌징

01 딥클렌징의 개요

1 딥클렌징의 정의
클렌징보다 더 깊은 세정을 말하며 모공 내 피지, 각질을 인위적으로 깨끗이 제거하는 과정을 말한다.

2 딥클렌징의 목적 및 효과
① 노화된 각질을 제거하므로 각화과정을 정상화한다.
② 모공 속의 불순물 및 피지를 제거한다.
③ 각질 제거를 통해 피부를 부드럽고 촉촉하게 한다.
④ 혈액순환을 촉진시켜 화장품의 유효성분이 잘 들어가게 한다.

02 딥클렌징 제품 종류

1 물리적 딥클렌징
(1) 스크럽 (Scrub)
① 알갱이 형태의 곡물이나 껍질 등으로 각질을 제거하는 클렌징이다.
② 피부가 두껍고 안색이 어두운 피부에 효과적이다.
③ 민감하고 혈관이 확장된 피부는 주의한다.
④ 스크럽을 심하게 하면 피부에 손상을 줄 수 있다.

(2) 고마쥐
① 물리적으로 밀어내고, 화학적 효소작용으로 각질을 탈락시킨다.
② 제품 제거 시 눈, 코, 입에 들어가지 않도록 주의한다.
③ 민감성, 홍반 피부, 화농성 피부에는 적용하지 않는다.
④ 밀어내기를 심하게 하면 피부에 손상을 줄 수 있다.

2 화학적 딥클렌징
(1) 효소
① 모든 피부에 적용 가능한 타입이다. 민감성이나 건성에 적당하다.
② 효소가 활동할 수 있게 온도, 습도, pH(5~7)의 조건을 갖추어야 한다.
③ 효소를 이용하여 화학적으로 각질을 분해하는 방법이다.
④ 파파인, 브로멜린, 라이스 브랜 등이 식물성이다.

(2) 아하(AHA)
① a-hydroxy Acid(아하)의 약자로써 과일 및 채소에서 추출한 천연산이다.
② 글리콜릭산(사탕수수), 말릭산(사과), 구연산(감귤, 오렌지), 젖산(우유), 주석산(포도) 등이 있다.

③ 피부미용 허용 기준은 pH 3.5 이상, 농도 10% 미만이다.
④ 건성 및 노화 피부에 적합하다.

> **개념잡기**
>
> ◉ 다음 중 딥클렌징의 분류가 틀린 것은?
> ① 스크럽 : 물리적 각질 제거
> ② 고마쥐 : 물리적 각질 제거
> ③ 아하(AHA) : 물리적 각질 제거
> ④ 효소 : 화학적 각질 제거
>
> ✦해설✦ 아하는 과일과 채소에서 추출한 각질 용해제를 사용하여 각질층을 제거하는 화학적 딥클렌징이다.
>
> 정답 : ③

03 딥클렌징의 부적용 고객

① 염증성 여드름 피부
② 모세혈관 확장 피부
③ 예민, 민감성, 홍조 피부
④ 화상 입은 피부, 알레르기 피부

04 기계를 이용한 딥클렌징

1 석션기
① 진공흡입기라고 하며, 피지를 흡입하여 배출한다.
② 민감성 피부, 모세혈관 확장 피부, 화농성 여드름 피부에는 부적합하다.

2 전동 브러시
① 전동 브러시 또는 프리마톨이라고 한다.
② 민감성 피부, 화농성 여드름 피부, 홍조 피부에는 부적합하다.

3 갈바닉 기기
① 전기세정법으로 디스인크러스테이션이라고 한다.
② 피지와 모공 깊은 부분을 세정한다.

피부유형별 화장품 도포 — Unit 5

01 피부유형별 화장품 도포

1 화장품 도포의 정의
피부를 청결하고 건강하게 유지하기 위해 피부유형별로 화장품을 바르는 것을 말한다.

2 화장품 도포의 목적 및 효과
(1) **피부 세정** : 클렌징을 통해 피부의 노폐물, 메이크업 잔여물, 미세먼지 등을 제거하여 피부를 청결하게 한다.

(2) **피부 보호** : 화장품을 도포함으로써 자외선, 바람, 습도 등 외부자극으로부터 피부 표면을 보호한다.

(3) **영양 공급** : 에센스, 영양크림을 이용하여 영양을 공급하고 노화를 지연시킨다.

> **The 알아보기**
>
> 화장품 도포 순서
> 토너→에센스→아이 & 립 크림→마무리 크림→자외선차단제

02 피부유형별 화장품 선택과 관리 방법

1 정상피부
(1) **관리 목적** : 현재 피부상태를 유지하기 위한 유·수분 밸런스 관리를 목적으로 한다.

(2) **적절한 화장품 관리**
① 클렌징 : 로션 타입, 오일 타입, 젤 타입 등을 이용한다.
② 딥클렌징 : 물리적, 화학적 효소 모두 사용 가능하다.
③ 화장수 : 보습 성분이 있는 것을 사용한다.
④ 매뉴얼 테크닉 : 주 1회 보습크림, 오일을 이용해 혈액순환을 시켜 준다.
⑤ 팩 : 주 1회 실시한다.
⑥ 마무리 : 보습, 수분크림과 자외선차단제(SPF20 정도)를 바른다.

2 건성피부
(1) **관리 목적** : 건조함을 막기 위해 보습력을 강화하고 탄력을 부여한다.

(2) **적절한 화장품 관리**
① 클렌징 : 크림 타입, 오일 타입이 적당하다.
② 딥클렌징 : 주 1회 효소 타입을 사용한다.

③ 화장수 : 보습 성분이 높은 화장수를 사용한다.
④ 매뉴얼 테크닉 : 주 1~2회 영양크림, 마사지 크림을 이용한다.
⑤ 팩 : 주 1~2회 보습팩을 실시한다.
⑥ 마무리 : 보습, 수분크림과 자외선차단제(SPF20 정도)를 바른다.

3 지성피부
(1) 관리 목적 : 피지 분비를 조절하고 모공 관리를 목적으로 한다.

(2) 적절한 화장품 관리
① 클렌징 : 젤 타입, 클렌징폼 타입이 적당하다.
② 딥클렌징 : 물리적 딥클렌징으로 주 1회 묵은 각질을 제거한다.
③ 화장수 : 수렴 효과가 있는 것을 사용한다.
④ 매뉴얼 테크닉 : 주 1회 유분 함량이 적은 크림을 이용해 테크닉한다.
⑤ 팩 : 주 1회 실시한다.
⑥ 마무리 : 지성용 보습제, 수분크림과 자외선차단제(SPF25 정도)를 바른다.

4 복합성 피부
(1) 관리 목적 : T존은 피지 조절, U존은 보습력을 강화시키는 관리를 한다.

(2) 적절한 화장품 관리
① 클렌징 : 로션 타입, 젤 타입 등을 이용한다.
② 딥클렌징 : T존은 물리적, U존은 화학적 효소를 사용한다.
③ 화장수 : T존은 수렴 효과, U존은 보습 효과가 있는 화장수를 사용한다.
④ 매뉴얼 테크닉 : 주 1회 보습크림, 복합성 크림을 이용해 혈액순환을 시켜 준다.
⑤ 팩 : 주 1회 실시한다.
⑥ 마무리 : 보습, 수분크림과 자외선차단제(SPF20 정도)를 바른다.

5 민감성 피부
(1) 관리 목적 : 면역력이 높아질 수 있도록 자극을 최소화한다.

(2) 적절한 화장품 관리
① 클렌징 : 민감성 로션 타입, 젤 타입 등을 이용한다.
② 딥클렌징 : 2주에 1회 효소타입이 적당하다.
③ 화장수 : 보습 성분이 있는 것을 사용한다.
④ 매뉴얼 테크닉 : 보습크림을 이용해 자극이 적은 테크닉을 한다.
⑤ 팩 : 주 1회 실시한다.(아줄렌, 알로에)
⑥ 마무리 : 보습, 수분크림과 자외선차단제(SPF15 정도)를 바른다.

6 여드름 피부
(1) 관리 목적 : 박테리아 증식 억제, 피지 분비 조절, 묵은 각질 정리를 목적으로 한다.

(2) 적절한 화장품 관리
① 클렌징 : 클렌징젤 타입을 이용한다.
② 딥클렌징 : 아하, 효소 타입을 이용한다.
③ 화장수 : 소염 화장수, 수렴 화장수가 적당하다.
④ 매뉴얼 테크닉 : 물리적 자극을 피한다.
⑤ 팩 : 설퍼, 티트리, 라벤더 등으로 실시한다.
⑥ 마무리 : 비타민 A, 살리실산 등이 함유된 보습크림을 적용하고 자외선차단제를 바른다.

The 알아보기

피부유형에 따른 화장품 성분

피부타입	성분
중성피부	아미노산, 히알루론산, 세라마이드, 라벤더, 알로에
지성, 여드름 피부	레몬, 알로에, 캄포, 살리실산, 티트리, 라벤더, 아줄렌, 클레이, 카올린, 벤토나이트, 유칼립투스
건성, 노화 피부	솔비톨, 엘라스틴, 히알루론산, 아미노산, 세라마이드, 플라센타, 레티놀, 콜라겐, 해초, 비타민 E, 징코
색소 침착 피부	알부틴, 코직산, 하이드로퀴논, 닥나무 추출물, 비타민 C, 뽕나무 추출물
민감성 피부	아줄렌, 알로에, 판테놀, 알란토인, 캐모마일, 비사보롤, 감초, 위치하젤

개념잡기

◉ **피부 유형과 관리 목적의 연결이 틀린 것은?**

① 민감 피부 : 진정, 긴장 완화
② 건성 피부 : 보습작용 억제
③ 지성 피부 : 피지 분비 조절
④ 복합 피부 : 피지, 유 수분 균형 유지

•해설• 건성피부는 보습에 좋은 팩이나 화장품을 사용하여 적절한 보습을 유지해야 한다.

정답 : ②

◉ **다음 중 피부 유형에 맞는 화장품 선택이 아닌 것은?**

① 건성 피부 : 피지 조절제가 함유되어 있는 제품
② 지성 피부 : 오일이 함유되어 있지 않은 오일 프리 화장품
③ 민감성 피부 : 향료나 방부제, 색소 등이 적게 함유되어 있는 화장품
④ 노화피부 : 보습제가 다량 함유되어 있는 화장품

•해설• 건성피부는 알코올 함량이 낮고 보습효과가 높은 화장품을 사용한다. 피지조절제가 함유된 제품은 지성피부에 적합하다.

정답 : ①

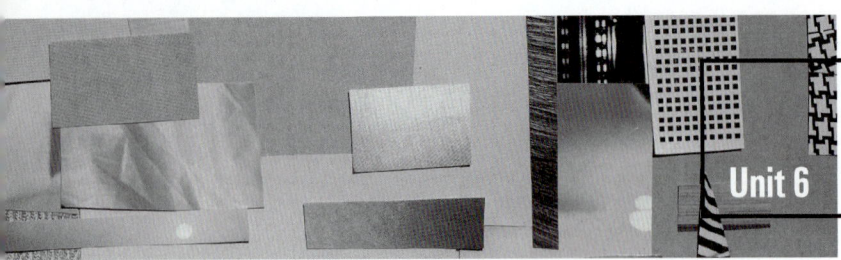

Unit 6 매뉴얼 테크닉

01 매뉴얼 테크닉의 개요

1 매뉴얼 테크닉의 정의
마사지(massage)는 그리스어의 Masso(주무르다), Massein(반죽하다)이란 단어에서 유래되었다. 손으로 피부를 문지르고 주물러서 혈액순환을 도와 신체리듬을 회복시키는 것을 말한다.

2 매뉴얼 테크닉의 목적 및 효과
① 근육의 긴장감과 뭉쳐 있는 근육을 풀어주어 통증을 감소시킨다.
② 노화된 피부에 자극을 주어 탄력을 부여한다.
③ 피부의 노폐물 배설을 도와주고 신진대사를 촉진한다.
④ 림프순환을 활성화시켜 모세혈관을 튼튼히 한다.
⑤ 화장품의 유효성분을 피부 속에 흡수되도록 도와준다.
⑥ 자율신경계에 영향을 미쳐 심신 안정을 돕는다.

3 매뉴얼 테크닉 주의사항
① 피부결 방향대로 테크닉을 실시한다.
② 피부유형별로 테크닉의 강도를 조절한다.
③ 관리사는 청결에 유의해야 하며, 장신구는 금한다.
④ 관리 시 멍이나 외상이 있는지 살펴보고 주의한다.
⑤ 관리사는 손을 항상 따뜻하게 하고 손톱을 짧게 잘라 피부를 긁지 않게 주의한다.
⑥ 안정된 분위기에서 테크닉을 실시하여 고객이 안정감을 느낄 수 있도록 해야 한다.

❋ The 알아보기
부적용 피부
임산부, 암 환자, 심장질환자, 고혈압 환자, 당뇨병 환자, 피부질환자, 성형수술, 디스크 환자, 염증성 피부염, 전염성 피부질환, 화상 피부

02 매뉴얼 테크닉의 종류 및 방법

1 매뉴얼 테크닉의 기본동작
(1) 쓰다듬기(경찰법, Effleurage)
① 처음과 끝에 시행하는 동작으로 가장 기본이면서 가장 중요하다.
② 경찰법 : 손바닥 전체를 가볍게 쓰다듬기
③ 에플로라쥐(Effeurage) : 가볍게 쓸어주기
 - 효과 : 혈액, 림프순환 촉진, 신경 안정, 긴장 완화

(2) 문지르기(강찰법, Friction)
① 강찰법 : 손가락 끝부분을 이용하여 원을 그리

며 문지른다.
② 마찰법 : 주름이 생기기 쉬운 곳, 손가락이나 손바닥을 이용하여 문지른다.
③ 프릭션(Friction)
  - 효과 : 근육의 노폐물 제거, 탄력 증진, 근육 이완

(3) 주무르기(유연법, 유찰법, Petrissage)
① 롤링 : 나선형으로 문지르며 하는 압박기법
② 처킹 : 가볍게 상하운동 하듯이 주무르는 기법
③ 린징 : 비틀듯이 행하는 기법
④ 풀링 : 피부를 주름 잡듯이 행하는 기법
  - 효과 : 근육에 쌓여 있는 노폐물 제거, 혈액순환 촉진, 근육의 뭉친 부분 이완, 근육의 탄력 증가

(4) 두드리기(Tapotement, 고타법)
① 고타법 : 태핑(손가락 이용), 슬래핑(손바닥 이용), 해킹(손의 측면), 비팅(주먹을 가볍게), 커핑(손을 컵 모양으로) 등이 있다.
② Tapotement(타포먼트) 또는 Tapping(태핑)이라고도 한다.
  - 효과 : 말초신경 자극, 혈액순환 촉진, 신진대사 촉진

(5) 떨어주기(Vibration, 진동법)
① 진동법 : 손바닥이나 손가락을 이용하여 흔들어 준다.
② Vibration(바이브레이션) : 섬세하게 진동시킨다.
  - 효과 : 혈액순환, 림프순환 촉진, 피부 탄력, 경직된 근육 이완

(6) 찝어주기(Jaquet, 꼬집기)
① 꼬집기 : 손가락 끝을 이용하여 가볍게 튕기듯이 집어준다.
② Dr, Jacquet(닥터자켓법)
  - 효과 : 피지선을 자극시켜 정체된 피지 배출, 탄력 증진, 혈액순환 촉진

> **개념잡기**
>
> ● 일반적으로 매뉴얼 테크닉의 처음과 끝에 가장 많이 사용하는 동작은?
> ① 경찰법(쓰다듬기)　② 강찰법(문지르기)
> ③ 유연법(주무르기)　④ 진동법(떨어주기)
>
> **해설** 쓰다듬기(에플라지, 경찰법)은 매뉴얼 테크닉의 시작과 끝에 많이 사용하는 방법이다.
>
> 정답 : ①

Unit 7 팩과 마스크

01 팩의 정의 및 종류

1 팩의 정의
팩(pack)이란 말은 영어에서 유래된 것으로 '포장하다', '감싸주다'의 뜻이다.

2 팩의 종류
(1) **크림 형태의 팩** : 사용감이 부드럽고, 자극이 없으며 일반적으로 많이 사용하는 팩이다. 필요한 부위에 발라 적당량을 사용할 수 있다.
(2) **파우더 타입 팩** : 분말 타입으로 다른 액체와 섞어 사용할 수 있다.
(3) **젤 타입 팩** : 피부를 진정시키는 효과가 있어 민감성 피부에 효과적이다.

3 제거하는 팩의 분류
(1) **워시 오브 팩** : 씻어 내는 타입으로 보습 효과가 있고, 피부 자극이 적어 가장 많이 쓰는 타입이다. 크림, 클레이, 분말, 젤, 폼 등
(2) **필 오브 팩** : 껍질처럼 벗겨내는 타입으로 필름막을 떼어 낼 때 각질이 같이 제거된다. 민감성 피부는 주의가 필요하다.
(3) **티슈 오브 팩** : 닦아내는 타입(해면이나 습포 등으로 닦음). 노화 피부, 건성피부에 적당하다. 보습과 영양효과가 뛰어나다.

개념잡기

◆ 필 오프(Peel off) 타입 마스크의 특징이 아닌 것은?

① 젤 또는 액체 상태의 수용성으로 바른 후 건조되면서 필름막을 형성한다.
② 볼 부위는 영양분의 흡수를 위해 두껍게 바른다.
③ 팩 제거 시 피지나 죽은 각질세포가 제거되므로 피부 청정 효과를 준다.
④ 일주일에 1~2회 사용한다.

해설 도포 후 건조되면서 형성된 투명한 막을 제거하는 방법으로 균일한 두께로 작업해야 한다.
피부 타입에 따라 약간의 피부 자극이 발생할 수도 있어 지나친 사용은 피해야 한다.

정답 : ②

3 천연팩의 종류

피부타입	팩의 종류	효과
건성, 노화	딸기, 감자, 수박, 우유, 벌꿀, 사과, 계란노른자, 인삼, 해초, 바나나	수분공급, 영양공급
지성, 여드름	알로에, 머드, 클레이, 티트리, 캄포, 포도, 토마토, 당근, 양배추, 시금치	진정 효과, 피지 제거
미백, 색소 침착	레몬, 오이, 키위, 오렌지, 율무, 딸기	미백 효과, 수분, 영양 공급

02 마스크의 정의 및 종류

1 마스크의 정의
공기가 차단된 상태로 피부의 온도와 탄력, 제품 흡수를 원활히 하여 피부를 진정, 완화하는 효과가 있다.

2 마스크의 종류
(1) **모델링 마스크** : 피부의 열감을 진정시키는 데 효과적이며, 여드름 피부, 건성피부, 홍반 피부, 노화 피부, 민감성 피부, 복합성 피부에 모두 적용된다.

(2) **석고 마스크** : 열 석고, 쿨 석고, 숯 석고, 허브 석고 등 종류가 다양하다. 열이 피부의 모공을 열어주어 영양공급 및 탄력증대 효과가 있다. 특히 노화피부나 건성피부, 비염증성 여드름 피부에 효과적이다.

(3) **파라핀 마스크** : 파라핀을 녹여서 마스크를 한다. 겨울철 갈라지는 피부에 효과적이고, 건성피부, 노화 피부에 좋다.

(4) **클레이 마스크** : 진흙 계열의 불용성 물질 및 피지 흡착 능력이 뛰어나다.

(5) **벨벳 마스크** : 콜라겐 성분을 시트 형태로 만든 마스크로 건성, 노화 피부에 효과적이다.

The 알아보기
마스크 적용 시 폐쇄공포증이 있는 경우에는 눈, 코, 입을 바르지 않는다.

개념잡기

◉ **콜라겐 벨벳 마스크는 어떤 타입이 주로 사용되는가?**
① 시트 타입　　　② 크림 타입
③ 파우더 타입　　④ 젤 타입

●해설● 벨벳 마스크는 콜라겐 성분을 냉동 건조시켜서 시트형태로 만든다.

정답 : ①

Unit 8 제모

01 제모의 정의 및 효과

1 제모의 정의
신체의 불필요하고 과도한 털을 제거함으로써 위생상, 미용상으로 단정하고 깔끔하게 용모를 가꾸는 행위이다.

2 제모의 목적 및 효과
① 과도한 털을 제거하여 피부를 매끄럽게 관리할 수 있다.
② 감염 및 미생물 번식을 예방할 수 있다.
③ 미용상 털을 정리하여 단정한 용모를 가꿀 수 있다.
④ 물리적 자극을 주어 혈액순환을 시키고 세포 재생을 유도한다.

3 제모 시 주의사항
① 피부 질환이 있는 상태에서 하지 않는다.
② 제모 후 감염이나 오염에 유의한다.
③ 충분한 보습을 하고 홍반이 되지 않도록 한다.
④ 제모 후 사우나, 운동, 음주, 태닝은 하지 않는다.

02 제모의 종류 및 방법

1 일시적 제모 방법
(1) 물리적 제모
① 면도기를 사용한 제모 방법
　㉠ 부위와 상관없이 할 수 있다.
　㉡ 부주의로 피부에 상처를 낼 수가 있다.
　㉢ 털의 모간 부위만 제거되므로 다음 날부터 다시 털이 보인다.
　㉣ 털의 성장 방향 반대로 밀어주어야 깨끗하다.
② 핀셋을 이용한 제모 방법
　㉠ 부위와 상관없이 할 수 있다.
　㉡ 부주의로 피부에 상처를 낼 수가 있다.
　㉢ 시간이 많이 걸린다. 많은 양의 제모는 힘들다.
　㉣ 털의 성장 방향으로 뽑아 주어야 통증이 덜하다.
　㉤ 모낭까지 뽑아서 자라는 데 4주의 시간이 걸린다.

(2) 화학적 제모
① 화학적으로 만들어진 성분으로 털의 모근을 녹여 제모한다.
② 알레르기 반응이 있는지 테스트한 후 사용한다.
③ 넓은 부위에 통증 없이 사용할 수 있다.
④ 3~4일 후면 다시 털이 보인다.

2 영구적 제모 방법

(1) 레이제 제모
① 레이저를 이용하여 모낭 세포를 없애는 제모 방법
② 전신에 제모가 가능하다.(눈 부위 제외)

(2) 전기 분해요법(갈바닉 전류)
① 모근에 직류 전류를 흘려보내서 모낭을 파괴시키는 방법이다.
② 시간이 많이 걸리고 통증이 수반된다.
③ 모근이 파괴된 후 털이 자라지 않는다.

(3) 전기 응고법
① 고주파를 이용하여 모낭세포를 응고시키는 방법이다.
② 시간이 많이 걸린다.
③ 모근이 파괴된 후 털이 자라지 않는다.

3 반영구적 제모
털이 있는 부위를 지속적으로 제거함으로써 서서히 가늘어지고 성장이 멈추어서 퇴화되는 제모 방법이다. 일반적으로 피부실에서 많이 사용하고 있는 제모 방법이다.

(1) 온왁스
① 하드 왁스 : 워머기나 전자레인지를 사용해 녹인 후 우드 스파츌러를 사용해 펴 바른 뒤 온도가 식어서 딱딱하게 굳어지면 제모하는 방법이다.
② 소프트 왁스 : 워머기나 전자레인지를 사용해 녹인 후 우드 스파츌러를 사용해 펴 바른 뒤 머슬린 천으로 부착하여 제모하는 방법이다.

(2) 냉왁스 : 데우지 않은 상태에서 사용이 가능한 왁스로 털의 성장방향으로 발라서 반대 방향으로 제거한다.

개념잡기

◉ 일시적인 제모방법 중 부직포를 사용하지 않고 왁스를 굳혀서 그대로 떼어내는 방법은?
① 전기 분해법　② 하드 왁스
③ 소프트 왁스　④ 화학적 제모

해설 온왁스를 이용한 제모방법에는 부직포를 사용하는 소프트 왁스와 사용하지 않는 하드 왁스가 있다.

정답 : ②

Unit 9 전신 관리

01 전신 관리의 정의 및 효과

1 전신 관리의 정의
인체의 모든 부위를 전반적으로 관리하는 것을 말한다.

2 전신 관리의 목적 및 효과
① 전신의 혈액순환을 원활히 하여 세포재생을 돕는다.
② 노폐물의 배출을 도와 신진대사를 활성화한다.
③ 균형 있는 몸을 유지하기 위하여 관리한다.
④ 신경계에 영향을 미쳐 스트레스 완화 등 정신적, 육체적 안정감을 갖게 한다.

3 전신 관리 주의사항
① 관절에 이상이 있거나 피부질환이 있는 사람은 피한다.
② 노약자 및 어린이, 임산부는 전문가와 상담 후 관리한다.
③ 최대한 부작용 없는 관리를 해야 하며 병원 시술은 금한다.

> **개념잡기**
>
> ◉ 다음 중 전신 관리의 효과로 적당하지 않은 것은?
> ① 피부 결의 유연성을 향상시킨다.
> ② 혈액 및 림프의 순환을 촉진시킨다.
> ③ 신경계를 흥분시켜 육체 피로를 풀어준다.
> ④ 영양분을 흡수시켜 피부노화를 방지하는 데 도움을 준다.
>
> •해설• 전신관리는 신경계를 안정화시켜 스트레스 완화에 도움을 준다.
>
> 정답 : ③

02 전신 관리의 종류 및 방법

1 스웨디시 마사지

(1) 개념
인체 생리학과 체육학을 바탕으로 1812년 스웨덴 Dr. Pehr Henring Ling(퍼핸링)에 의해 이론이 세워진 마사지이다.

(2) 관리 방법
① 시술 방향은 심장에서 밖으로, 발에서 심장 방향으로 한다.
② 근육결 방향으로 관리한다.
③ 쓰다듬기, 떨기, 반죽하기, 두드리기, 꼬집기 등 기본동작으로 관리한다.

(3) 마사지 효과
① 관절의 운동범위를 향상시키고, 근육을 풀어준다.
② 인체의 노폐물 배출을 도와주어 신진대사를 활성화한다.
③ 신체적, 정신적 스트레스를 완화시켜 안정감을 느끼게 한다.
④ 혈액순환을 도와 세포재생을 시켜 준다.
⑤ 림프순환을 돕고 피부에 탄력을 부여시켜 준다.

2 경락 마사지
(1) 개념
동양의학과 마사지를 경합하여 체계화된 마사지 방법으로 경락의 흐름을 기본으로 하고 있다.

(2) 관리 방법
인체에 순간적인 강한 압력과 자극으로 기의 흐름을 순환시키는 마사지 방법이다.

(3) 마사지 효과
① 근육의 긴장을 풀어주어 통증을 감소시킨다.
② 인체의 노폐물 배출을 도와주어 신진대사를 활성화한다.
③ 혈 자리를 눌러줌으로써 심장에 자극을 주어 혈액순환을 활성화한다.
④ 기를 고르게 순환시켜 장기에까지 영향을 미친다.

3 림프 마사지
(1) 개념
① 림프를 순환시킴으로써 세포의 대사물질과 노폐물을 배출시킨다.
② 에밀보더(Emil Vodder) 박사에 의해 1930년 개발된 물리치료요법이다.

(2) 관리 방법
① 동전 1개(500원)를 올려 놓은 무게와 압력 정도로 가볍게 한다.
② 1초에 한 동작씩 맥박 뛰는 속도로 한다.
③ 림프 방향대로 실시하며 실내 소음이 없도록 하고 조명을 어둡게 한다.

(3) 마사지 효과
① 림프를 순환시켜 세포 내 노폐물 배출을 돕는다.
② 심신의 안정을 도와 정신적으로 편안함을 느끼게 한다.
③ 불면증에 도움이 되며, 피로회복과 숙면을 통해 면역력을 향상시킨다.
④ 부종에 특히 도움이 된다.
⑤ 임산부, 노약자, 민감성 피부, 여드름 피부에 적합하다.

> **The 알아보기**
>
> **림프마사지 부적용 피부**
>
> 급성 염증 질환자, 심부전증 환자, 천식 환자, 결핵 환자, 저혈압 환자, 갑상선 기능 항진증 환자, 암 환자

4 아로마 마사지
(1) 개념
아로마 오일의 유효 성분을 피부 속에 흡수시킴으로써 영양을 공급하고 추출한 오일의 향기로 뇌에 신경전달물질을 활성화시켜 호르몬에 영향을 주는 요법이다.

(2) 관리 방법
① 에센셜 오일을 베이스 오일과 섞어서 사용한다.
② 적절한 피부 타입에 맞추어 오일을 선택한다.
③ 오일에 알레르기 증상이 있는지 테스트한 후 사용한다.
④ 오일을 신선하게 유지하며 공기와 산화되지 않도록 한다.

(3) 마사지 효과
  ① 호르몬에 영향을 주어 젊음을 유지하고, 스트레스를 완화시킨다.
  ② 피부를 촉촉하고 부드럽게 보습시켜 준다.
  ③ 경직된 근육을 풀어주고 통증을 감소시킨다.
  ④ 면역기능을 강화시켜 질병 예방에 도움이 된다.

5 발반사 요법
(1) 개념
인체의 축소판인 발반사를 자극함으로써 장기 및 관련 부위에 간접적으로 영향을 주는 마사지이다.

(2) 관리 방법
봉이나 기구를 이용해서 발반사 부위를 자극한다.

(3) 마사지 효과
  ① 장기에 영향을 미쳐 신진대사를 높여 준다.
  ② 인체의 피로회복에 효과적이다.
  ③ 발의 피로를 풀어주어 간접적으로 전신에 영향을 준다.

6 아율베딕 마사지
(1) 개념
인도 고대의 의학을 기초로 한 전통 마사지 방법으로 우주와 인간이 하나로 연결되어 있다고 본다.

(2) 관리 방법
  ① 시로다라, 아비앙가, 우드바타나, 피지칠, 마르마 방법이 있다.
  ② 약초와 향료로 마사지, 먹기, 두피에 적시기, 흡입하기

(3) 마사지 효과
  ① 피부를 부드럽고 유연하게 한다.
  ② 인체의 노폐물 배출을 도와 신진대사를 활성화한다.
  ③ 질병에 대한 저항력을 상승시킨다.

7 스톤 테라피
(1) 개념
고대의 대체요법 중 하나로 현무암, 대리석 등 열전도가 높은 돌을 뜨겁게 데워 돌에서 방출되는 원적외선 에너지를 이용한 마사지 요법이다.

(2) 관리 방법
돌을 뜨겁게 데워 수건을 깔고 신체 부위에 찜질하듯이 하고, 오일을 이용해서 스톤으로 마사지한다.

(3) 마사지 효과
  ① 온열효과로 근육의 긴장을 풀어주어 통증을 감소시킨다.
  ② 림프의 흐름을 원활히 하여 면역력을 상승시킨다.
  ③ 몸의 체온을 올려 노폐물 배출을 돕고 신진대사를 원활히 한다.
  ④ 지방의 연소를 촉진하고 몸의 독소배출을 돕는다.

8 바디 랩(Body Wrap)
(1) 개념
랩이나 시트 등을 이용하여 신체를 감싼 후 집중적으로 관리하는 방법이다.

(2) 관리 방법
  ① 제품을 바른 후 랩을 씌우고 20~30분 정도 관리한다.
  ② 피부가 호흡할 수 있도록 랩을 씌울 때 주의한다.

(3) 마사지 효과
① 셀룰라이트를 분해하고 배출시켜 비만 관리에 효과적이다.
② 독소를 제거하고 노폐물을 제거해서 순환을 원활히 한다.
③ 제품 흡수를 용이하게 한다.

9 탈라소테라피
(1) 개념
그리스어 'Thalassa(바다)'와 'Therapeia(치유)'의 합성어로 해양요법이다.
해수의 미네랄 성분을 피부 속에 공급하고 노폐물을 배출시킨다.

(2) 마사지 효과
① 피부의 재생과 노화를 예방한다.
② 신진대사를 촉진하고 림프순환을 활성화한다.

10 수요법
(1) 개념
물로 전신관리를 하는 요법으로 물의 온도, 수압, 성분 등을 이용한 생물학적 관리이다.

(2) 관리 방법
① 원풀을 사용하여 목욕 관리를 한다. 이때 아로마 제품, 소금, 해초, 약초 등을 사용할 수 있다.
② 수압으로 마사지를 한다. 정도에 따라 강도를 조절한다.

(3) 마사지 효과
① 전신의 긴장을 풀어주고 이완시켜 준다.
② 혈액순환 촉진을 도와주고 발한작용으로 독소를 배출한다.

③ 부종을 감소시키고 림프순환을 돕는다.
④ 피로회복과 노폐물 배출을 원활히 한다.
⑤ 피부의 탄력을 증대시키고 각질 탈락이 잘되도록 한다.

11 타이 마사지
(1) 개념
태국의 전통 마사지 기법으로 손과 다리를 이용하여 스트레칭과 지압을 하는 마사지이다.

(2) 관리 방법
① 처음은 발에서 시작해서 머리로 마무리한다.
② 신체를 당기고 비틀고 발로 밟아 근육을 강하게 풀어준다.

(3) 마사지 효과
① 신체를 스트레칭시켜 몸을 유연하게 도와준다.
② 근육을 풀어주어 통증을 경감시킨다.

12 시아추 마사지
(1) 개념
일본의 전통 마사지 기법으로 경락과 지압을 혼합한 형태이다.

(2) 마사지 효과
① 자세를 올바르게 잡아주고 관절을 유연하게 한다.
② 기의 흐름을 원활히 하고 혈액순환을 돕는다.

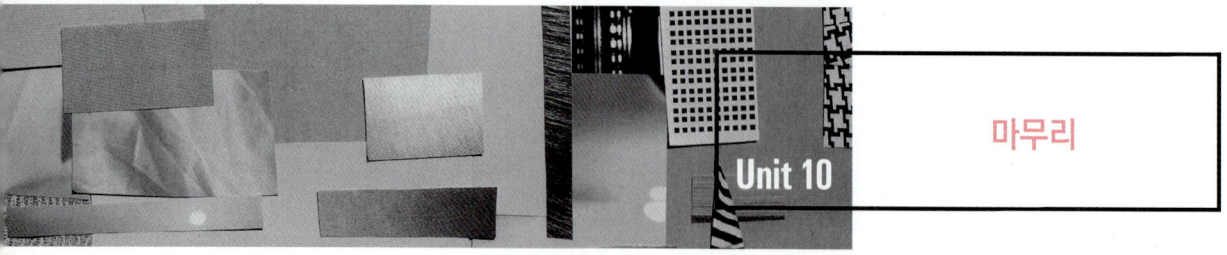

Unit 10 마무리

01 마무리의 정의 및 효과

1 마무리의 정의
얼굴 및 전신관리가 종료된 후 화장품 도포, 마무리 스트레칭, 고객관리 상담 등의 과정을 통해 피부를 관리·유지하도록 하는 과정이다.

2 마무리의 목적 및 효과
① 피부를 깨끗이 정돈하고 영양을 공급한다.
② 피부의 항상성을 유지하기 위해 pH 밸런스를 맞춰준다.
③ 자외선차단제를 발라주어 햇빛 노출에 방어한다.

3 마무리의 방법
(1) 화장품 도포
스킨 → 로션 → 에센스 → 아이&립 크림 → 수분크림 → 영양크림 → 자외선차단제

(2) 마무리 스트레칭
장시간 좁은 베드에 누워 있는 신체를 유연하게 만들기 위하여 간단한 스트레칭을 하고 일으킨다.

(3) 관리고객 상담과 홈케어
① 따뜻한 차와 간단한 다과를 대접한다.
② 고객에게 그날의 관리 내용을 설명하고 다음 관리 날짜를 예약한다.
③ 홈케어 제품과 사용방법을 설명해 준다.
④ 고객을 친절히 배웅한다.

개념잡기

◉ 피부관리 시 마무리 단계 작업과 거리가 먼 것은?
① 피부 정돈 및 영양 공급
② 스트레칭을 통한 근육이완
③ 자외선 차단 크림 도포
④ 얼굴의 혈점 지압

●해설● 혈점 지압은 안마 유사행위로 피부관리 영역과는 거리가 멀다.

정답 : ④

• Memo •

Chapter 01 피부미용이론 기출문제

01 다음 중 피부미용에 대한 개념으로 맞는 것은?
① 두피를 포함한 얼굴 및 피부를 대상으로 한다.
② 내면보다는 외면의 아름다움을 추구한다.
③ 성형, 외과적인 수술을 통해서 아름다움을 추구한다.
④ 주기적으로 피부와 신체를 아름답게 가꾸는 미용술이다.

  •해설• 피부관리는 피부 각화주기에 맞추어 주기적으로 관리하는 것이다.

02 서양 피부미용에서 미용의 침체기로 깨끗한 피부를 선호한 시기는?
① 르네상스 시대
② 중세 시대
③ 로마 시대
④ 이집트 시대

  •해설• 중세시대는 종교적인 성격이 강해서 미용발전이 느렸다.

03 우리나라에서 피부미용 교육을 처음으로 시작한 년도는?
① 1980년
② 1981년
③ 1983년
④ 1984년

  •해설• 1981년 YMCA에서 전문교육이 실시되었다.

04 피부 분석의 종류로 맞지 않는 것은?
① X-레이
② 문진법
③ 견진법
④ 촉진법

  •해설• 문진, 견진, 촉진, 기기를 이용한 분석법이 있다.

05 피부 분석방법 중 촉진법으로 옳은 것은?
① 모공의 크기
② 색소침착 상태
③ 탄력 정도
④ 각질 상태

  •해설• 촉진법은 손으로 만져보는 방법이다.

06 피부관리사가 갖추어야 할 조건으로 틀린 것은?
① 상냥한 태도
② 전문적인 지식
③ 과도한 치장
④ 능숙한 손기술

  •해설• 관리사는 정갈한 옷차림이 적당하다.

07 피부실의 기본조건이 아닌 것은?
① 조명은 화려하고 예쁜 것을 한다.
② 냉난방이 잘되어 있어야 한다.
③ 침구류는 정갈하고 깨끗해야 한다.
④ 방음이 잘되어 조용한 분위기를 내야 한다.

  •해설• 조명은 시설에 맞게 부드럽고 편안한 느낌이 나도록 한다.

정답 1 ④ 2 ② 3 ② 4 ① 5 ③ 6 ③ 7 ①

08 예민성 피부의 특징 중 틀린 것은?
① 피부 건조와 당김이 있다.
② 홍반을 동반하고 소양감이 있다.
③ 피부가 얇다.
④ 모공이 크고 면포가 있다.

> 해설 모공이 크고 면포가 있는 피부는 지성피부이다.

09 피지가 많고 번들거리는 피부는 어떤 타입인가?
① 건성피부　　② 예민성피부
③ 노화피부　　④ 지성피부

> 해설 지성피부는 피지선의 기능이 항진되어 번들거림이 있다.

10 색소 침착의 원인으로 맞지 않는 것은?
① 자외선　　② 스트레스
③ 콜라겐 생성의 저하　　④ 임신

> 해설 노화피부가 되면 콜라겐의 생성이 저하되어 주름이 진다.

11 다음 중 노화피부의 특징으로 맞지 않은 것은?
① 피지선의 분비량 증가　　② 피부탄력 감소
③ 피부의 수분 부족　　④ 콜라겐 생성 저하

> 해설 노화피부는 피지선의 분비가 감소된다.

12 여드름 피부를 악화시키는 원인 중 관계가 적은 것은?
① 기름진 음식
② 다시마
③ 녹황색 채소
④ 피임약

> 해설 녹황색 채소에 들어 있는 비타민 A는 피지 분비를 감소시키는 작용을 한다.

13 모세혈관 확장피부의 설명으로 틀린 것은?
① 알코올 섭취와 고온에 의한 영향을 받는다.
② 림프 마사지가 효과적이다.
③ 신경성 스트레스와 과로는 혈관을 수축시킨다.
④ 혈관 강화에 도움이 되는 제품을 사용한다.

> 해설 신경성 스트레스와 과로는 혈관을 확장시킨다.

14 피부가 건조해지고, 주름이 생기며 푸석푸석한 피부의 형태는?
① 알레르기 현상
② 노화피부
③ 예민피부
④ 지성피부

> 해설 나이가 들수록 피부의 수분이 부족해져서 주름이 생기기 쉽다.

정답　8 ④　9 ④　10 ③　11 ①　12 ③　13 ③　14 ②

15 지성피부의 관리방법이 적절하지 못한 것은?
① 주 1~2회 딥 클렌징을 해주어 청결하게 한다.
② 림프 마사지를 통해 피부를 자극하지 않고 저항력을 길러준다.
③ 진정, 수렴, 소염 성분이 들어있는 제품을 쓴다.
④ 피지 흡착팩을 주 1회 정도 한다.

•해설• 림프 마사지는 민감성 피부에 적당하다.

16 클렌징 제품의 조건과 거리가 먼 것은?
① 피부 표면을 손상시키지 않아야 한다.
② 피부에 빨리 흡수되어야 좋다.
③ 피지막을 파괴해서는 안 된다.
④ 피부의 유형에 적절해야 한다.

•해설• 클렌징 제품은 피부에 흡수되면 트러블을 일으키기 쉽다.

17 클렌징의 목적이 아닌 것은?
① 산성막의 제거를 목적으로 한다.
② 혈액순환을 촉진시켜준다.
③ 트리트먼트의 준비단계이다.
④ 피부 표면의 노폐물을 제거하는 것을 목적으로 한다.

•해설• 산성막을 제거하면 피부가 예민해진다.

18 클렌징의 3차 단계에 대한 설명으로 맞는 것은?
① 비누 세안을 한다.
② 포인트 메이크업을 지운다.
③ 화장수를 이용하여 잔여물을 제거한다.
④ 피부 표면에 묻은 노폐물, 화장 잔여물을 제거한다.

•해설• 3차는 화장수로 가볍게 닦아주어 pH를 조절한다.

19 건성피부의 기본적인 관리방법은?
① 가능한 빠르게 관리한다.
② 강하게 관리한다.
③ 무조건 느리게 관리한다.
④ 규칙적인 속도와 리듬을 맞추어 관리한다.

•해설• 규칙적인 속도와 리듬으로 관리해 주어야 자극이 없다.

20 AHA의 효과로 틀린 것은?
① 미백효과   ② 피부 진정
③ 피부 보습효과   ④ 주름 완화효과

•해설• AHA의 효과로는 주름 완화, 보습, 미백, 각질층의 제거, 세포 재생의 효과가 있다.

21 알파 하이드록시 액시드(AHA)의 추출원이 맞지 않는 것은?
① 구연산(사탕수수)   ② 말릭산(사과)
③ 젖산(우유)   ④ 주석산(포도)

•해설• 사탕수수의 추출원은 글리콜릭산이다.

정답 15 ② 16 ② 17 ① 18 ③ 19 ④ 20 ② 21 ①

22 멜라닌의 분해 산물로서 여드름의 끝에 있는 색소는 무엇인가?
① 카로틴　　② 멜라노이드
③ 헤모글로빈　　④ AHA

> **해설** 카로틴(노란색), 헤모글로빈(붉은색), 멜라노이트(검은색)가 피부색을 결정한다.

23 딥클렌징의 설명이 잘못된 것은?
① 고마쥐 : 알갱이 형태로 모공 속의 피지 및 노폐물을 제거한다.
② 효소 : 시간, 온도, 습도를 적절히 조절하여야 효과적이다.
③ 아하 : 주석산, 말릭산, 젖산, 글리콜릭산, 구연산으로 되어 있다.
④ 물리적 딥클렌징과 화학적 딥클렌징이 있다.

> **해설** 알갱이 형태의 딥클렌징은 스크럽이다.

24 클렌징 크림의 설명 중 틀린 것은?
① 사용 시 이중 세안이 필요 없다.
② 두꺼운 화장에 적합하다.
③ W/O 타입이다.
④ 세안 시 티슈로 먼저 닦아낸다.

> **해설** 크림 형태의 클렌징은 유분이 많아 이중 세안이 필요하다.

25 다음 중 클렌징의 목적과 가장 거리가 먼 것은?
① 청결과 위생　　② 혈액순환 촉진
③ 유효성분 침투　　④ 트리트먼트의 준비

> **해설** 클렌징은 노폐물 제거, 혈액순환 촉진, 트리트먼트의 준비 과정이다.

26 물리적 딥클렌징으로 나열된 것은?
① 효소, 고마쥐　　② 스크럽, 효소
③ 아하, 효소　　④ 스크럽, 고마쥐

> **해설** 물리적 딥 클렌징은 스크럽과 고마쥐이다.

27 온습포의 효과로 적당한 것은?
① 피부 수렴작용을 한다.
② 모공을 수축시킨다.
③ 혈행을 촉진시켜 조직의 영양공급을 돕는다.
④ 혈관을 수축시킨다.

> **해설** 냉습포의 효과 : 모공 수축, 수렴, 혈관 수축

28 스크럽 사용방법이 틀린 것은?
① 예민한 피부는 가급적 피한다.
② 화농된 여드름 피부에 효과적이다.
③ 알갱이가 눈에 들어가지 않도록 조심한다.
④ 혈관이 확장된 부위는 피한다.

> **해설** 화농성 여드름은 자극적인 딥클렌징을 피한다.

정답 22 ②　23 ①　24 ③　25 ③　26 ④　27 ③　28 ②

29 지성피부에 적당한 타월은?
① 건습포　② 냉습포
③ 온습포　④ 미지근한 습포

> 해설 • 유분기가 있으므로 온습포가 효과적이다.

30 피부를 희게 하고 혈액순환을 왕성하게 하는 비타민은?
① 비타민 A　② 비타민 B
③ 비타민 C　④ 비타민 D

> 해설 • 비타민 C는 피부를 희게 하는 효과가 있다.

31 마사지의 목적이 아닌 것은?
① 자율신경에 영향을 주어 마사지하는 동안 근육을 완화시킨다.
② 기미, 주근깨를 없애기 위해 시행한다.
③ 혈액순환을 촉진시켜 세포재생을 돕는다.
④ 표피를 위축시켜 피부 탄력을 증진시킨다.

> 해설 • 마사지는 기미, 주근깨를 없애지 못한다.

32 마사지의 기본동작에 해당되지 않는 것은?
① 진동법　② 쓰다듬기
③ 지압　④ 반죽하기

> 해설 • 지압은 전통수기 기법으로 마사지의 기본동작이 아니다.

33 매뉴얼 테크닉의 기술 중 유연법에 속하는 것은?
① 니딩　② 커핑
③ 태핑　④ 해킹

> 해설 • 커핑, 태핑, 해킹은 고타법에 속한다.

34 매뉴얼 테크닉의 구성요소로 가장 거리가 먼 것은?
① 압력　② 속도와 리듬
③ 매개체　④ 지압법

> 해설 • 마사지에서 중요한 요소는 방향, 속도와 리듬, 압력, 매개체, 시간, 자세 등이다.

35 매뉴얼 테크닉 시술할 때 주의사항이 아닌 것은?
① 관리사의 손을 따뜻하게 한 후 관리에 들어간다.
② 크림이나 제품이 눈, 코, 입 등에 들어가지 않도록 한다.
③ 동작은 빠르게 해 주는 것이 제일 효과적이다.
④ 리듬감, 속도, 압력, 방향을 적절히 해야 한다.

> 해설 • 마사지가 너무 빠르면 표면에만 효과가 있다.

36 마사지의 효과가 아닌 것은?
① 혈액과 림프의 순환을 촉진시킨다.
② 기름샘과 땀샘의 역할을 활성화한다.
③ 피부에 화학적 자극을 한다.
④ 조직의 노폐물을 제거해 준다.

> 해설 • 마사지는 물리적 자극을 준다.

정답 29 ③　30 ③　31 ②　32 ③　33 ①　34 ④　35 ③　36 ③

37 마사지 효과 중 틀린 것은?
① 혈액순환 촉진 ② 근육이완
③ 림프순환 ④ 피지 분비 저하

> 해설 마사지는 피지선을 자극하여 피지 분비를 촉진시킨다.

38 림프 마사지의 작용은?
① 림프순환을 촉진한다.
② 모든 피부타입에 적용하여도 좋다.
③ 압을 매우 약하게 하여 마사지한다.
④ 교감신경계를 자극한다.

> 해설 림프드레나쥐는 부교감 신경을 자극, 긴장감을 완화시킨다.

39 림프 마사지의 주된 작용은?
① 노폐물 제거 및 독소 제거
② 신진대사 저하
③ 피부조직 강화
④ 림프순환 저하

> 해설 림프액의 흐름을 원활히 하며 노폐물 및 독소를 제거하고 면역기능을 강화한다.

40 마사지 시 손동작으로 옳은 것은?
① 가능한 능숙하고 빠르게 해야 한다.
② 규칙적인 속도로 리듬감 있게 한다.
③ 무조건 천천히 느리게 한다.
④ 강할수록 근육이 풀리므로 강하게 한다.

> 해설 마사지는 리듬과 속도감이 중요하다.

41 아로마 마사지의 효과가 아닌 것은?
① 근육통증의 완화
② 정신적인 스트레스 해소
③ 혈액순환 저하
④ 세균으로부터의 감염 예방

> 해설 아로마 마사지는 혈액순환을 활성화한다.

42 팩의 효과 중 적절하지 않은 것은?
① 피지, 노폐물 흡착 등으로 청정효과
② 혈액순환 촉진
③ 유효성분의 흡수를 돕는다.
④ 치유효과

> 해설 팩의 효과는 노폐물 흡착, 혈액순환, 유효성분 흡수, 신진대사 등이 있다.

43 마스크의 특징으로 옳은 것은?
① 스티머를 사용하여 열을 올린다.
② 젖은 해면을 이용하여 닦아낸다.
③ 막을 형성하여 외부와의 공기를 차단함으로써 영양흡수를 돕는다.
④ 영양물질을 도포하여 둔다.

> 해설 마스크는 바르면 굳어서 외부와의 공기를 차단한다.

44 노화 피부에 적절한 팩의 타입은?
① 크림 타입 ② 머드 타입
③ 젤 타입 ④ 필오프 타입

> 해설 지성피부에는 머드, 필오프 타입이, 민감성이나 건성 피부에는 젤 타입이 적당하다.

정답 37 ④ 38 ④ 39 ① 40 ② 41 ③ 42 ④ 43 ③ 44 ①

45 다음 중 피부타입에 맞는 팩의 연결이 잘못된 것은?
① 여드름 피부 - 머드팩
② 노화피부 - 클레이
③ 건성피부 - 크림팩
④ 지성피부 - 알로애팩

> **해설** 클레이는 지성팩으로 적당하다.

46 다음 중 건성피부나 화장이 잘 받지 않는 피부에 적당한 팩은?
① 머드팩
② 클레이팩
③ 양배추팩
④ 계란노른자팩

> **해설** 계란노른자는 영양과 미백효과가 있어 노화, 건성피부의 팩으로 적합하다.

47 도포 후 열을 내게 하여 혈액순환을 촉진시키고 유효성분을 침투시키는 팩제는?
① 콜라겐 마스크
② 파라핀 마스크
③ 석고 마스크
④ 고무 마스크

> **해설** 석고는 바른 후 온도가 서서히 올라가 38~40℃까지 올라간 후 서서히 차가워진다.

48 다음 중 벨벳 마스크에 관한 설명으로 틀린 것은?
① 잔주름 피부에 좋다
② 진정작용을 한다.
③ 발열작용이 있다.
④ 노화, 건성피부에 좋다.

> **해설** 발열작용은 석고 마스크이다.

49 석고 마스크 사용 시 주의사항이 아닌 것은?
① 석고가 굳기 전에 신속히 도포한다.
② 머리카락이나 눈썹에 직접 닿지 않게 한다.
③ 석고의 두께가 두꺼울수록 효과가 있다.
④ 얼굴 전체에 골고루 두께를 균일하게 한다.

> **해설** 석고가 너무 두꺼우면 뜨거워서 피부에 자극을 준다.

50 팩의 재료와 효능이 맞지 않는 것은?
① 계란 흰자 - 세정 효과
② 머드 - 건성피부에 효과
③ 클레이 - 피지 흡착 효과
④ 파라핀 - 건성, 노화피부에 효과

> **해설** 클레이, 머드는 지성피부에 효과적이다.

51 모세혈관 확장 피부에 효과적인 성분이 아닌 것은?
① 루틴　　　　② 알로에
③ 티트리　　　④ 아줄렌

> **해설** 티트리는 지성, 여드름 피부에 적합하다.

정답 45 ② 46 ④ 47 ③ 48 ③ 49 ③ 50 ② 51 ③

52 일시적 탈모를 위해 사용되는 것이 아닌 것은?
① 핀셋　　② 왁스
③ 제모크림　　④ 전기 바늘

> •해설• 전기 바늘은 영구적 제모에 속한다.

53 소프트 왁스의 방법으로 틀린 것은?
① 머슬린천을 이용해서 털을 제거한다.
② 온도 체크를 하고 도포한다.
③ 털의 반대방향으로 떼어내고 진정을 한다.
④ 털의 방향과 상관없이 도포한다.

> •해설• 털의 방향으로 왁스를 도포하고 반대방향으로 떼어낸다.

54 왁스에 대한 설명으로 맞지 않는 것은?
① 왁싱 직후 사우나는 금하는 것이 좋다.
② 민감한 피부는 진정관리를 빨리 해준다.
③ 같은 곳을 반복해서 왁싱하지 않는다.
④ 한꺼번에 많은 부위를 한다.

> •해설• 한꺼번에 많은 부위를 하면 스킨 탈락의 위험이 있다.

55 영구적 제모에 속하는 것은?
① 하드 왁스　　② 소프트 왁스
③ 슈가 왁스　　④ 전기분해방법

> •해설• 일시적 제모는 하드 왁스, 소프트 왁스, 슈가 왁스이다.

56 왁스 제모의 장점이 아닌 것은?
① 짧은 시간 안에 털을 제거할 수 있다.
② 털을 가늘게 만들어 제거하는 방법으로 통증이 적다.
③ 피부나 모낭 등에 해를 미치지 않는다.
④ 각질 제거의 효과가 있다.

> •해설• ②는 화학적 제모의 특징이다.

57 다음 중 냉왁스에 대한 설명이 아닌 것은?
① 데우지 않고 직접 용기에서 퍼서 사용한다.
② 굵은 털 제거에 적합하다.
③ 가슴, 팔, 다리 등 넓은 부위에 적합하다.
④ 열이 없어 예민한 피부에 적합하다.

> •해설• 굵은 털 제거는 온왁스가 적합하다.

58 다음 중 아로마 테라피를 설명한 것은?
① 마사지의 기본동작은 쓰다듬기, 두드리기, 떨기, 반죽하기, 비틀기이다.
② 심장을 향하여 시술한다.
③ 시술방향은 안에서 밖으로, 아래에서 위로 실시한다.
④ 향기요법으로 마사지의 효과를 높인다.

> •해설• ①②③은 스웨디시 마사지이다.

59 다음 중 전신관리의 종류로서 적절하지 않은 것은?
① 스웨디시 마사지　　② 바디 랩
③ 림프드레나쥐　　④ 전기 침 요법

> •해설• 전기 침 요법은 의료 영역이다.

정답 52 ④ 53 ④ 54 ④ 55 ④ 56 ② 57 ② 58 ④ 59 ④

60 다음 중 마무리 과정에 해당하지 않는 것은?

① 보호 크림 도포
② 딥클렌징
③ 목뒤, 어깨 풀어주기
④ 홈케어 조언

•해설• 딥클렌징은 클렌징 단계에 속한다.

61 팩을 제거한 뒤 제품을 바르는 순서가 바른 것은?

① 화장수 - 에센스 - 아이크림 - 보호 크림 - 자외선 차단제
② 화장수 - 아이크림 - 에센스 - 보호 크림 - 자외선 차단제
③ 에센스 - 화장수 - 보호 크림 - 아이크림 - 자외선 차단제
④ 에센스 - 화장수 - 아이크림 - 보호 크림 - 자외선 차단제

•해설• 일반적으로 수분이 많은 순서대로 바른다.

62 피부관리 후 마무리 동작에서 수렴작용이 있는 방법은?

① 건타월을 이용한 마무리 관리
② 미지근한 타월을 이용한 마무리 관리
③ 스팀 타월을 이용한 마무리 관리
④ 냉타월을 이용한 마무리 관리

•해설• 마무리는 모공을 수축시키고 수렴작용이 있는 타월을 쓴다.

정답 60 ② 61 ① 62 ④

• Memo •

II 피부학

피부와 피부 부속기관 Unit 1

01 피부의 개요

① 신체의 표면을 덮고 있는 조직으로 표피, 진피, 피하지방층으로 이루어지며 부속기관으로는 한선, 피지선, 모발, 조갑 등이 있다.
② 표면적이 약 1.6㎡~1.8㎡이고, 피부두께는 평균 2~2.2mm 정도로 부위에 따라 다양하고 체중의 16%로 가장 큰 인체기관이다.

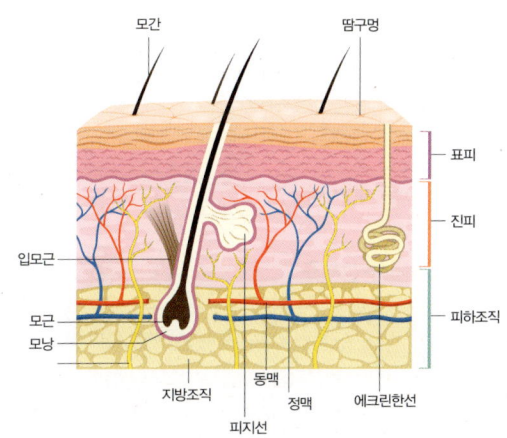

피부의 단면

02 피부의 구조 ★

1 표피

표피는 외배엽에서 유래하고 혈관이 없다. 중층편평상피로 구성되어 있고, 주로 중층 형성 세포로 이루어져 있으며 그 외에 멜라닌세포, 머켈세포, 랑게르한스세포가 존재한다.

(1) 표피의 구조

각질층	• 표피의 최외층에 위치하며 약 14~20개의 층으로 이루어져 있다. • 주성분은 케라틴 단백질(58%), 각질 세포 간 지질(11%), 천연보습인자(N.M.F) 31%이다. • 세포간지질은 벽돌(무핵의 사세포)과 시멘트(지질)의 구조와 같은 라멜라구조(Lamella Structure)를 형성하여 수분의 증발 억제 및 외부 이물질의 침투를 억제하여 피부를 보호한다. • 세포간지질 구성 세라마이드(50%), 지방산(30%), 콜레스테롤에스테르(5%) • 천연보습인자(N.M.F, Natural Moisturizing Factor)는 친수성 성분으로 각질층의 수분을 유지한다. • 천연보습인자 구성 아미노산(40%), 피롤리돈 카르본산(12%), 젖산염(12%), 요소(7%)

투명층	• 무핵이며 엘라이딘(Elaidin)이라는 반유동성 물질이 함유되어 투명하고 자외선을 난반사하여 색소침착이 되지 않는다. • 수분 침투 및 증발 억제 역할을 한다. • 주로 손, 발에서 관찰할 수 있다.
과립층	• 세포 내 과립 모양의 케라토하이알린(Keratohyaline)을 함유하여 본격적인 각질화 과정이 시작된다. • 수분저지막(Rein Membrane)이 있어 내부의 수분 증발 및 외부의 수분 침투를 방지하며 수분 방어막 역할을 한다. • 약 30%의 수분을 함유하며 세포가 점점 납작해진다.
유극층 (=가시층)	• 표피 중 가장 두꺼운 층이며 70%의 수분을 함유하고 있고, 표피 전체의 영양을 관장하며 노화될수록 얇아진다. • 살아있는 세포들로 구성되어 있으며 케라틴의 성장 및 분열에 관여한다. • 세포간교(Desmosome) 형성 : 세포에서 짧은 가시모양의 돌기가 나와 세포 사이를 연결하고 물질대사가 이루어진다. • 랑게르한스세포(Langerhans Cell)가 존재하며 피부의 면역기능을 담당한다.
기저층	• 표피의 가장 아래층에 위치해 진피 유두층으로부터 영양공급을 받는다. • 살아있는 세포로 세포분열이 이루어진다. • 단층의 원추상 세포로 배열되어 있다. • 수분이 70% 함유되어 있다. • 각질형성세포(Keratinocyte)와 색소형성세포(Melanocyte)가 존재하며 4:1~10:1 비율로 구성되어 있다. • 상처 발생 시에는 흉터가 발생한다.

> **개념잡기**
>
> ◉ 표피 중 가장 두꺼운 층이며, 면역을 담당하는 랑게르한스 세포가 존재하는 층은?
> ① 과립층 ② 기저층 ③ 유극층 ④ 각질층
>
> •해설• 랑게르한스세포(Langerhans Cell)는 표피의 가장 두꺼운 층인 유극층에 존재한다.
>
> 정답 : ③

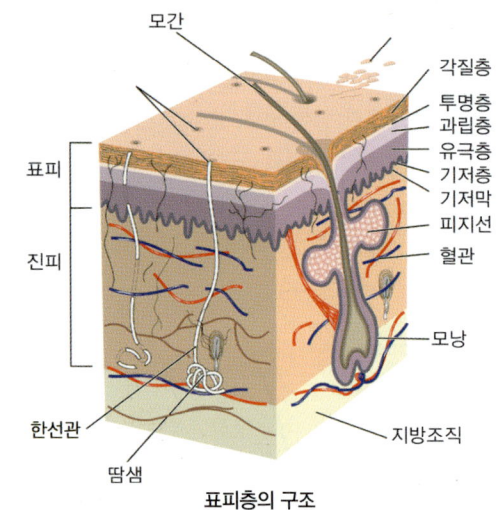

표피층의 구조

(2) 표피의 구성세포

각질 형성세포 (Keratinocyte)	• 표피의 주요 구성성분으로 세포 분열을 하면서 표피의 위층으로 점차 이동한다. • 기저층으로부터 계속적으로 재생되어 유극층, 과립층, 투명층, 각질층으로 이동 과정 후에 사세포로 떨어지는 과정을 각화(Keratinization) 과정이라고 한다. • 각질 형성 세포의 주기는 약 28±3일이다.

세포형성세포 (Malanocyte), 멜라닌 세포	• 대부분 기저층에 위치하고 멜라닌 세포는 긴 수지상 돌기를 가지고 있어 멜라닌 세포에서 만들어진 멜라닌은 세포돌기를 통하여 각질 형성 세포로 전달된다. • 멜라닌 세포의 수는 인종과 피부색에 관계없이 일정하며 양과 크기의 차이에 의해 피부색이 결정된다.
랑게르한스세포 (Langerhans Cell)	• 주로 유극층에 존재하는 세포로 면역에 관여하며 외부로부터 들어온 이물질인 항원을 면역 담당 세포인 림프구로 전달하는 역할을 한다.
머켈세포 (Merkel Cell)	• 기저층에 위치하고 신경세포와 연결되어 촉각을 감지하는 세포이다. • 신경 종말 세포, 신경 자극을 뇌에 전달한다. • 털이 없는 손바닥, 발바닥, 코 부위, 입술 및 생식기 등에 존재한다.

2 진피

표피와 피하지방층 사이에 위치하고 피부의 90%를 차지하는 결합조직으로 진피는 경계가 확실하지 않은 유두층과 망상층으로 구분되며 교원섬유, 탄력섬유, 무정형의 기질 등으로 이루어져 있다.

(1) 진피의 구조

① 유두층
  ㉠ 진피의 상부에 위치한다.
  ㉡ 전체 진피의 10~20%를 차지하며 손상을 입으면 흉터가 생긴다.
  ㉢ 모세혈관과 림프관이 신경종말에 풍부하게 분포되어 표피에 산소와 영양소를 운반하고 신경을 전달한다.
  ㉣ 통각과 촉각의 감각수용체가 위치한다.
  ㉤ 교원섬유(Collagen Fiber)와 탄력섬유(Elastin Fiber)들이 매우 가늘고 느슨한 조직으로 구성되어 있다.
  ㉥ 노화가 진행되면서 작은 원추형의 유두돌기의 물결 모양이 완만해진다.

② 망상층
  ㉠ 그물 모양의 섬유성 결합조직으로 교원섬유(Collagen Fiber)와 탄력섬유(Elastin Fiber)로 이루어져 있다.
  ㉡ 진피의 대부분을 차지한다.
  ㉢ 감각기관으로 냉각, 온각, 압각이 존재한다.
  ㉣ 주성분은 히알루론산이다.
  ㉤ 콜라겐(Collagen)은 교원섬유의 구성 단백질로 피부에서 주름과 관련된 조직이다.
  ㉥ 탄력섬유의 구성단백질인 엘라스틴(Elastin)은 탄력성이 강해 원래 길이의 1.5배까지 늘어나며 피부의 탄력에 관여한다.

(2) 진피의 구성세포

① 섬유아세포(Fibroblast) : 결합조직 내에 콜라겐, 엘라스틴, 기질을 합성한다.
② 비만세포(Mast Cell) : 염증 매개 물질인 히스타민을 생성하거나 분비하여 알레르기 반응 등의 면역작용에 관여한다.
③ 대식세포(Macrophage) : 세균 및 바이러스의 포식 작용을 통해 인체를 방어하는 역할을 한다.

개념잡기

◉ 다음 중 진피의 구성세포가 아닌 것은?
① 섬유아 세포   ② 비만 세포
③ 대식 세포   ④ 머켈 세포

해설 머켈 세포는 표피의 기저층에 위치하며 촉각을 감지하는 세포이다.

정답 : ④

3 피하지방층
① 외부 충격 방어
② 체온보호
③ 수분조절
④ 탄력성 유지
⑤ 에너지 저장 기능

03 피부의 생리기능 ★

(1) 보호 작용 : pH 5.5의 약산성 피지막이 박테리아의 성장을 억제
(2) 체온조절 작용
(3) 분비·배설 작용
(4) 감각·지각 작용
(6) 비타민 D 흡수 작용
(7) 호흡 작용

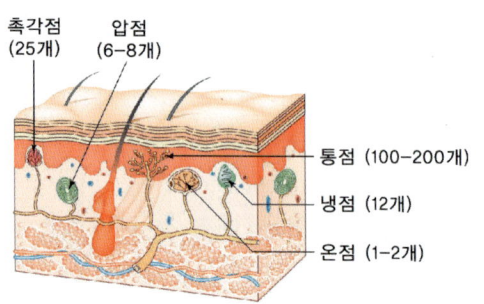

04 피부 부속기관의 구조 및 생리기능

1 한선 ★

신장의 기능을 보조하고 체온을 조절하며, 피부의 약산도를 유지하는 기능을 한다.

① 소한선 : 에크린선(Eccrine Gland)
  ㉠ 입술과 음부를 제외한 전신에 걸쳐 분포
  ㉡ 손바닥, 발바닥에 특히 많이 분포
  ㉢ 무색, 무취의 약산성 액체를 분비
  ㉣ 땀샘 분비 이상으로 많은 양의 땀이 배출되는 경우 다한증이라 한다.

② 대한선 : 아포크린선(Appocrine Gland)
  ㉠ 모공과 연결되어 유백색을 띠며 개인의 독특한 체취 발생
  ㉡ 서혜부, 겨드랑이, 배꼽 주위, 유두 주위에 주로 분포
  ㉢ 남성보다 여성에게 더 발달되어 있다.
  ㉣ 표피에 배출된 후 세균에 의해 분해되어 특유의 냄새를 풍기는 액취증 발생

2 피지선

① 수분증발억제작용과 살균작용을 하며 윤기와 광택을 부여한다.
② 피지선에서 분비되는 1일 피지의 양은 1~2g
③ 발바닥과 손바닥 제외한 전신에 분포하며 T존 부위와 머리, 가슴에 발달했다.
④ 입술과 눈가에 모공과 연결되지 않은 독립피지선이 존재한다.
⑤ 피지의 주요성분 : 트리글리세라이드(43%), 왁스 에스테르(25%), 지방산(16%), 스쿠알렌(12%)

3 모발

① 모발의 기능
  ㉠ 피부 표면을 보호한다.
  ㉡ 유해물질의 침입을 방지한다.
  ㉢ 체온을 유지하고 촉각 및 통각을 전달한다.
  ㉣ 피지 및 노폐물을 배출한다.

② 모발의 구조

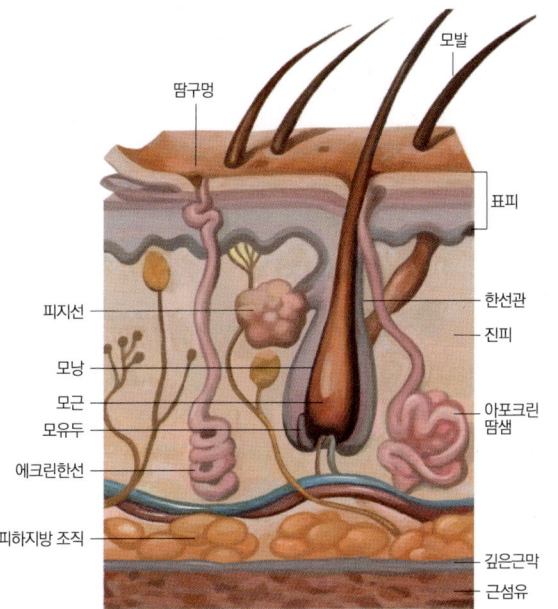

㉠ 모간(Hair Shaft) : 피부 표면으로 보이는 모발부위이다.
㉡ 모표피(Cuticle) : 모발의 가장 바깥부분으로 비늘 모양의 각질세포이다.
㉢ 모피질(Cortex) : 모발의 중심부분으로 모발의 85~90%를 차지하고 모발의 색상을 결정하는 멜라닌색소를 함유하고 있다.
㉣ 모수질(Medulla) : 모발의 중심 부분에 있으며 멜라닌색소를 함유하고 두꺼운 모발일수록 발달되어 모발의 수분 함량에 관여한다.
㉤ 모근(Hair Root) : 피부조직 내부에서 보이지 않는 모발이다.
㉥ 모낭(Hair Follicle) : 모근을 감싸고 있으며 대한선, 피지선, 입모근 등이 연결되어 있다.
㉦ 모구(Hair Bulb) : 모근의 아랫부분에 곤봉 모양으로 위치하며 모발이 성장하는 부분이다.
㉧ 모유두(Hair Papilla) : 모구 아래 중심부에 오목한 부분으로 혈관과 신경이 존재하며 모발의 영양과 세포분열에 관여한다.
㉨ 모모세포(Germinative Cell) : 모유두의 모세혈관과 연결되어 모발의 성장을 담당한다.
㉩ 기모근(Arrector) : 교감신경에 의해 추위, 공포, 놀람등의 상태에 위축된다.

② 모발 성장의 3단계
㉠ 성장기(Anagen) : 모발의 80~90%를 차지하며 지속적으로 모발을 만들고 성장하는 시기로 약 3~5년 정도 해당된다.
㉡ 퇴화기(Catagen) : 모발의 1%를 차지하고 모발의 성장과 멜라닌 합성이 중지되는 시기로 약 3~4주 정도 해당된다.
㉢ 휴지기(Telogen) : 모발의 10~15%를 차지하고 모낭이 위축되어 모낭과 모유두가 완전히 분리되고 성장이 멈추는 시기로 평균 수명이 2~3개월 정도 해당된다.

개념잡기

◉ 모발의 색을 좌우하는 멜라닌이 가장 많이 분포하고 있는 모발의 단면은?
① 모표피   ② 모피질   ③ 모수질   ④ 모유두

◆해설 모피질은 모발의 85~90%를 차지하고 모발의 색상을 결정하는 멜라닌색소를 가장 많이 함유하고 있다.

정답 : ②

4 손·발톱

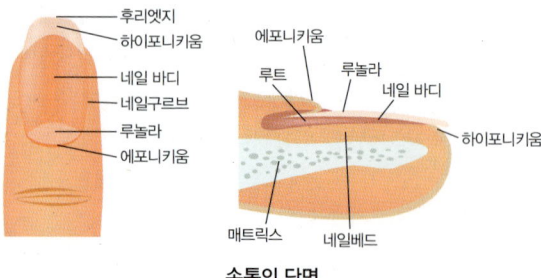

손톱의 단면

① 특징
㉠ 손가락과 발가락의 끝을 보호하기 위해 단단한 케라틴(Hard Keratin)으로 구성되어 물건을 잡을 때 받침대 역할을 한다.
㉡ 조갑의 경도는 함유된 수분의 함량이나 각질의 조성에 따라 좌우된다.

② 구조
㉠ 조체(Nail Body) : 육안으로 보이는 손톱본체로 신경이나 혈관이 없다.
㉡ 조상(Nail Bed) : 조체를 받치고 있는 아랫부분으로 신경조직과 모세혈관이 분포되어 있다.
㉢ 조근(Nail Root) : 손톱의 뿌리부분으로 신경이나 모세혈관이 존재하고 손톱의 성장이 시작되는 부분이다.
㉣ 조모(Nail Matrix) : 조근 밑에 위치하며 조갑의 생성과 성장을 조절하는 역할을 한다.
㉤ 조상막(Cuticle) : 조표피라고도 하며 손톱을 덮고 있는 신경이 없는 피부이다.
㉥ 반월(Lunula) : 완전히 각질화되지 않아 반달모양으로 희게 보이는 손톱의 아랫부분이다.
㉦ 자유연(Free Edge) : 손톱 끝부분으로 잘려 나가는 부분이다.

③ 손·발톱의 성장
㉠ 개인차가 있으나 1일 평균 0.1㎜, 1개월에 3㎜ 정도 자란다.
㉡ 조갑의 교체는 약 4~6개월이 걸리며 발톱은 손톱보다 성장이 느리다.

개념잡기

◉ 다음 중 세포 분열을 통해 새롭게 손톱과 발톱을 생산해 내는 곳은?
① 조체　② 조모　③ 조소피　④ 조상

◆해설◆ 조모는 손톱의 성장을 조절한다.

정답 : ②

---

④ 건강한 손·발톱의 조건
㉠ 조상에 강하게 부착되어 있어야 하며 세균에 감염되지 않아야 한다.
㉡ 단단하고 탄력이 있으며 수분이 7~10% 함유되어 있어야 한다.
㉢ 조체는 매끄럽고 광택이 나며 연한 핑크빛을 띠고 투명해야 한다.

피부와 영양 — Unit 2

01 영양소

생명 유지에 필요한 물질을 영양소라고 하고, 음식물을 통해 영양소를 섭취하고 소화, 흡수, 대사, 배설 등의 모든 과정을 영양이라고 한다.

① 열량 영양소 : 탄수화물, 단백질, 지방(에너지 제공)
② 구성 영양소 : 단백질, 무기질, 물, 지방(신체조직 구성)
③ 조절 영양소 : 비타민, 무기질, 물, 지방, 단백질(생리기능조절)

개념잡기

◆ 다음 중 신체조직의 형성과 보수 및 혈액 및 골격 형성에 도움을 주는 영양소는?

① 구성 영양소
② 열량 영양소
③ 조절 영양소
④ 구조 영양소

•해설• 구성영양소는 신체조직의 형성과 유지 및 보수에 관여하는 영양소이다.

정답 : ①

---

1 탄수화물

① 에너지공급원(1g당 4Kcal)의 열량이 발생하고 장에서 포도당, 과당, 갈락토오스로 흡수된다.
② 과잉 섭취 시 글리코겐 형태로 간과 근육에 저장된다.

2 지방

① 에너지공급원(1g당 9Kcal)의 열량이 발생하고 체온유지, 장기보호 기능을 한다.
② 피지선의 기능을 조절하여 피부를 보호하고 비타민D, 성호르몬 합성에 중요한 콜레스테롤을 합성한다.
③ 지용성 비타민의 흡수를 돕고 과잉 섭취 시 비만을 유발한다.

3 단백질

① 단백질의 최소단위는 아미노산이다.
② 에너지공급원(1g당 4Kcal)의 열량 발생하고 신체조직을 생성한다.
③ 체내의 수분과 pH밸런스를 유지하고 세포막, 효소, 항체, 호르몬 등을 합성한다.

4 무기질

① 뼈와 치아의 구성성분으로 체액과 혈액의 산과 알칼리 평형을 조절한다.

② 효소작용을 조절하고 신경자극을 전달하며 혈액응고 작용에 관여한다.

5 비타민

① 지용성 비타민의 종류와 기능
　㉠ 비타민A(레티노이드, retinoid) : 상피보호비타민
　　-작용 : 시력유지, 상피세포 형성 및 유지, 항산화작용
　　-결핍 : 야맹증, 안구건조증, 피부건조
　　-급원식품 : 동물의간, 생선간유, 녹황색채소, 난황, 우유 등
　㉡ 비타민D(칼시페놀, Calciferol) : 항구루병 비타민
　　-작용 : 햇빛을 받아 체내에서 합성되고 칼슘과 인의 흡수 촉진
　　-결핍 : 구루병, 골연화증, 골다공증 등
　　-급원식품 : 난황, 우유, 생선간유, 표고버섯 등
　㉢ 비타민E(토코페롤, Tocopherol) : 항산화비타민
　　-작용 : 항산화작용, 호르몬생성, 세포노화 방지, 생식기능 강화
　　-결핍 : 세포막파괴, 노화, 신경계장애, 불임
　　-급원식품 : 식물성 기름, 푸른잎채소, 콩류
　㉣ 비타민K
　　-작용: 비타민P와 함께 모세혈관강화, 혈액응고 촉진, 뼈의 형성 관여
　　-결핍 : 혈액응고 지연
　　-급원식품 : 녹색채소, 우유, 곡류, 소의 간

② 수용성 비타민의 종류와 기능
　㉠ 물에 잘 용해되고, 소변으로 방출되며, 매일 섭취해야 한다.
　㉡ 결핍 시에는 그 증상이 비교적 빠르게 나타난다.
　㉢ 비타민 B_1(티아민), B_2(리보플라빈), C(항산화비타민), P(바이오 플라보노이드)

> **개념잡기**
>
> ◉ **다음 중 태양의 자외선에 의해 피부에서 만들어지며 칼슘과 인의 흡수를 촉진하는 기능이 있어 골다공증 예방 효과가 있는 것은?**
> ① 비타민 D　　② 비타민 E
> ③ 비타민 K　　④ 비타민 C
>
> •해설• 비타민 D는 자외선을 통해 피부에서 합성된다.
>
> 정답 : ①

피부 장애와 질환 — Unit 3

01 피부 장애

1 원발진의 종류와 특성 ★

피부질환 형태의 초기 병변

① 반점(Macule) : 피부의 표면에 융기나 함몰 없이 피부 색조의 변화로 주근깨, 기미, 오타씨모반 등이 해당
② 반(Patch) : 반점보다 넓은 피부색조의 변화로 반점 보다 1cm 이상 큰 점
③ 팽진(Wheal) : 두드러기라고도 불리며 넓게 부어 올라와 가렵고 붉은 일시적 부종
④ 소수포(Vesicle)/대수포(Bulla) : 액체를 포함한 물집으로 직경 1cm 미만은 소수포, 직경 1cm 이상은 대수포라고 함
⑤ 구진(Papule) : 단단하게 융기된 직경 1cm 미만의 병변으로 피부가 붉게 보이는 염증성 여드름 초기단계
⑥ 판(Plaque) : 구진의 크기가 커지거나 융합되어 넓은 병변
⑦ 농포(Pustule) : 직경 1cm 미만의 농을 포함한 융기로 표면 위에 고름이 차있음
⑧ 결절(Nodule) : 구진보다 크고 경계가 명확하고 단단한 융기로 구진과 작은 종양의 중간형태이며 진피나 피하지방까지 자리잡힘
⑨ 종양(Tumor) : 직경 2cm 이상의 큰 결절로 양성종양과 악성종양으로 나뉨
⑩ 낭종(Cyst) : 피부표면에 융기된 액체나 반고체 물질로 피하지방까지 자리잡혀 흉터와 통증을 동반한 심각한 여드름의 마지막 단계

2 속발진의 종류 및 특성 ★

원발진의 경과 도중 여러 인자에 의해 2차적으로 수식된 병변

① 미란(Erosions) : 물집이 터진 후 표피가 떨어져나간 병변으로 흉터 없이 치유됨
② 찰상(Excoriation) : 물리적인 자극이나 긁어서 표피가 벗겨진 상태
③ 궤양(Ulcers) : 진피와 피하지방까지 상처가 깊숙히 생긴 병변으로 흉터 발생
④ 인설(Scale) : 각화과정의 이상병변으로 각질세포가 눈에 보이게 축적되어 떨어지는 상태
⑤ 가피(Crust) : 혈청과 고름과 주변의 피부조직이 함께 말라붙은 병변
⑥ 균열(Fissures) : 표피가 갈라진 상태로 주로 발뒤꿈치에 발생하며 출혈이나 통증이 동반될 수 있음
⑦ 반흔(Scar) : 피지선과 한선이 존재하지 않는 세포재생이 되지 않는 피부 흉터
⑧ 태선화(lichenification) : 표피가 건조하고 가죽처럼 두꺼워지고 광택이 없는 상태

> **개념잡기**
>
> ◉ 다음 중 원발진이 아닌 것은?
> ① 면포   ② 결절   ③ 종양   ④ 태선화
>
> • 해설 •
> - 원발진은 피부질환의 초기증상으로 반점(Macule), 반(Patch), 팽진(Wheal), 소수포(Vesicle)/대수포(Bulla), 구진(Papule), 판(Plaque), 농포(Pustule), 결절(Nodule), 종양(Tumor), 낭종(Cyst)이 있다.
> - 속발진은 2차적인 피부질환으로 미란(Erosions), 찰상(Excoriation), 궤양(Ulcers), 인설(Scale), 가피(Crust), 균열(Fissures), 반흔(Scar), 태선화(Nichenification) 등이 있다.
>
> ∴ 정답 : ④

02 피부 질환

1 물리적 인자에 의한 피부 질환
외부에서 가해진 여러 물리적 자극에 의한 손상으로 인한 이상 증후

2 열에 의한 피부 질환
① 화상 : 신체가 흡수할 수 있는 에너지의 양보다 많은 양에 노출될 때 발생
② 한진 : 땀띠
③ 열성 홍반 : 열에 장기간 지속적 노출된 후 발생

3 한랭에 의한 피부질환
① 동창 : 한랭에 의한 비정상적 국소적 염증반응으로 가장 가벼운 상태
② 동상 : 피부조직이 얼어 국소에 혈액공급이 없어진 경우

4 기계적 손상에 의한 피부질환
① 굳은살 : 압력에 의해 부분적으로 두꺼워지는 과각화증
② 티눈 : 굳은살과 달라 각화가 심한 중심핵 있음, 각질이 증식되는 현상
③ 욕창 : 지속적으로 일정한 압력을 받는 부위의 궤양 상태
④ 마찰성 수포 : 압력과 마찰을 같이 받는 부위에 생기는 수포나 대수포

03 이물질 반응

1 피부염
① 습진, 피부에 염증이 생긴 것
② 외부의 요인에 의한 것과 체질과 관계된 내부적 요인
③ 접촉성 피부염 : 외부 접촉에 의하여 발생되는 피부염
④ 아토피성 피부염 : 태열, 가려움을 동반한 만성 염증성 피부질환으로 어린 아이에게 주로 발생
⑤ 지루성 피부염 : 만성 염증성 피부질환

2 세균성 피부질환
① 모낭염 : 황색 포도상구균에 의해 모낭에 생기는 작은 염증
② 전염성 농가진 : 포도상구균이나 화농성연쇄상구균에 감염되어 발생, 전염성이 매우 강한 질환

3 바이러스성 피부질환
① 단순포진 : 점막이나 피부를 침범하는 급성 수포성 질환
② 대상포진 : 수두 바이러스가 원인(외상, 종양, 세

포성 면역력 저하 시 몸 한쪽에 띠 모양으로 포진과 함께 동통 유발)
③ 수두 : 주로 어릴 때 발생하며 피부에 흉터를 남김
④ 전염성 연속종 : 바이러스에 의해 감염
⑤ 사마귀
⑥ 홍역 : 전염성이 매우 높은 급성 발진성 바이러스 질환
⑦ 풍진 : 급성발진과 림프절 종대가 특징인 질환

4 진균성 피부질환
① 진균류(곰팡이균)에 의해 발생하는 피부질환
② 족부백선 : 무좀
③ 조갑백선 : 손발톱에 피부 사상균이 침입, 조갑진균증

개념잡기

◎ 병원체가 바이러스성인 피부질환은 무엇인가?

① 모낭염   ② 대상포진
③ 굳은살   ④ 열성홍반

◆해설◆ 대상포진은 수두 바이러스로 발병되는 질환이다.
① 모낭염은 세균성 피부질환이다.
③ 굳은살은 기계적 손상에 의한 피부질환이다.
④ 열성홍반은 장기간 열에 노출된 후 발생하는 피부질환이다.

정답 : ②

Unit 4 피부와 광선

01 광선의 종류 ★

1 자외선(200~400nm, 단파장) ★

광생물학적 반응을 유발하는 중요한 광선, 강한 살균 효과, 파장에 따라 긍정적, 부정적 영향

① UVA : 320~400nm, 장파장, 생활광선
(홍반 반응, 색소 침착(suntan)과 주름을 형성 시켜 광노화 촉진, 백내장 유발, 인공 선탠, 유리창 통과)

② UVB : 290~320nm, 중파장
(광화상, 기미와 피부 건조, 피부암의 원인, 비타민 D 형성)

③ UVC : 200~290nm 이하, 단파장, 에너지가 강한 자외선
(피부암, 살균작용, 오존층에 흡수되어 지표 도달은 되지 않음)

④ 자외선차단지수

$$SPF = \frac{\text{자외선 차단제품을 사용했을 때는 최소 홍반량}}{\text{자외선 차단제품을 사용하지 않았을 때의 최소 홍반량}}$$

개념잡기

◉ 다음 중 자외선에 의한 피부 반응으로 가장 거리가 먼 것은?

① 홍반 반응   ② 색소 침착
③ 광노화   ④ 태선화

해설 태선화는 2차적 피부 질환(속발진)이며, 피부가 가죽처럼 두꺼워지는 증상이다.

정답 : ④

2 적외선(770~2200nm, 장파장)

색의 바깥에 있다 하여 적외선, 혈액순환 촉진, 영양 침투

3 가시광선(400~770nm, 중파장)

눈 망막 자극 광선, 프리즘을 통한 7가지 색, 광생물학적 반응에 크게 관여 없음

피부와 색소
Unit 5

01 피부의 색

1 피부색을 결정하는 요인
① 멜라닌 : 아미노산으로부터 형성된 단백질성 유기색소로서 UVA, UVB를 차단하기 위해 우리 몸이 스스로 만들어 내는 방어기전이다. 과색소 침착의 원인이 된다.
② 헤모글로빈 : 붉은색을 만들고 피부의 톤이 붉은 빛으로 보이게 하며 혈액의 적혈구 속에 존재, 산소를 세포에 전달해 주는 역할을 한다.
③ 카로틴 : 황색을 만들어 내는 색소이며 황인종에게 많이 나타난다.

2 색소 이상 증상
① 과색소 침착
　㉠ 기미 : 자외선에 노출되었을 때 자외선에 의해 늘어난 멜라닌은 세포 전환주기(약 28일)가 되면 각질층으로 올라가 배출된다. 그러나 자극과 생리 활성저하로 각질층 탈락 기간이 길어지면서 색소가 탈락되지 않아 피부에 머물게 되는 현상을 말한다.
　㉡ 주근깨
　㉢ 갈색반점
　㉣ 검버섯

② 저색소 침착
　㉠ 백피증 : 피부, 모발, 눈 등에 티로시나아제의 이상으로 멜라닌 색소가 결핍되어 나타나는 선천성 질환이다. 멜라닌 세포의 수는 정상이지만 멜라닌 소체를 만들어 내지 못한다.

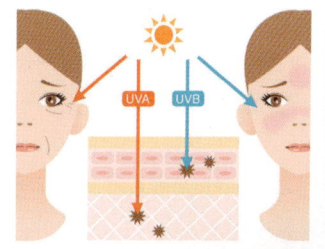 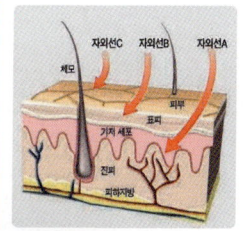

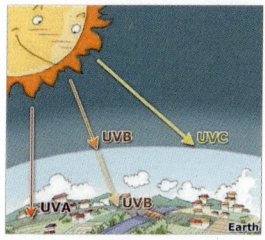

　㉡ 백반증 : 유전적, 또는 후천적인 자극에 의해 멜라닌 세포가 파괴되어 그 숫자가 감소되거나 소실됨으로써 발생하는 질환으로 타원, 원형, 부정형의 흰색 반점이 나타난다.

02 면역

1 면역의 정의
세균, 바이러스 등으로 인한 질환이나 지나친 스트레스, 질병으로부터 저항할 수 있는 인체의 기능을 말한다.

2 획득면역
인체가 어떤 특정한 병원체에 한번 노출한 후, 그 병원체에만 선별적으로 방어 기능하여 동일 종류의 항원을 만났을 때, 그 항원에 대해 저항성을 가지게 만드는 기전

① 림프구 : 백혈구, 면역반응을 결정짓는 가장 중요한 세포
② B 림프구 : 체액성 면역은 B 림프구가 항원을 인지한 후 감염된 세균을 제거하는 기능. 항체는 체액에 존재하며 면역글로불린이라는 당단백질로 구성되어 있다.
③ T 림프구 : 혈액 내 림프구의 90%를 차지하고 정상 피부에 대부분 존재한다.
T 림프구는 세포 독성 T세포와 보조 T세포가 있다. 세포 독성 T세포는 직접적으로 바이러스에 감염된 세포를 죽이게 되고, 보조 T세포는 B세포나 다른 대식세포를 돕는다.
④ 항원 : 인체의 면역 체계에서 면역 반응을 일으키는 원인 물질을 말한다.
⑤ 항체 : 외부의 세포침입에 대항하기 위해 림프구에 의해 생성된 면역글로불린이라는 단백질로 질병으로부터 몸을 보호하는 반면, 과민하게 반응하여 오히려 건강을 잃어 버리는 수도 있다.

개념잡기

◉ 피부의 면역에서 항체를 형성하여 면역 역할을 수행하는 림프구는?
① A 림프구 ② B 림프구
③ T 림프구 ④ Q 림프구

해설
- B 림프구는 특정항원에 반응하는 체액성 면역 세포이다.
- T 림프구는 피부 장기 이식 시 거부반응에 관여하는 면역세포이다.

정답 : ②

노화

Unit 6

01 노화

시간의 진행에 따라 발생하며 정신적인 내적 퇴행성 변화로 여러 가지 외적인 변화에 반응하는 능력이 떨어지는 현상으로 사망에 이를 때까지 진행된다.

02 피부 노화의 종류

1 외적 노화
① 피부 건조, 주름
② 지루 각화증, 흑점
③ 자외선, 건조, 환경 요인, 스트레스
④ 피부 늘어짐 현상
⑤ 랑게르한스 세포와 진피 세포 감소
⑥ 수분 저하

2 내인성 노화
① 나이가 들어감에 따라 자연적으로 발생하는 노화
② 표피의 두께가 얇아지고 각질 형성 세포의 크기가 커짐
③ 멜라닌 세포 감소
④ 랑게르한스 세포의 수 감소
⑤ 진피의 두께, 혈관분포도와 혈관반응 감소
⑥ 탄력성, 멜라닌 세포 손실
⑦ 한선의 수 70% 감소
⑧ 피부의 흡수 감소로 상처 회복이 느림
⑨ 피부온도, 저항력, 감각기능, 혈류량, 손발톱 성장속도 저하

3 광노화(외인성 노화) ★
① 태양광선 등 외부환경의 노출에 의한 노화
② 광노화의 주된 파장은 자외선 B나 장기간 노출 시 자외선 A도 영향
③ 피부가 건조해지고 거칠어지며 주름 발생
④ 각질층이 두꺼워지고 탄력성 소실
⑤ 색소 침착, 모세혈관 확장 유발
⑥ 탄력섬유의 이상적 증식 및 모세혈관 확장

> **개념잡기**
>
> ◉ 햇빛에 장시간 노출되었을 때 피부변화를 일으켜 노화로 진행되는 형태는?
> ① 광노화　　　② 생리적 노화
> ③ 내인성 노화　④ 피부 노화
>
> • 해설 •
> • 광노화(환경적 노화) : 태양광선 등 외부환경의 노출로 일어나는 노화현상
> • 내인성 노화(생리적 노화) : 나이에 따른 과정성 노화
>
> 정답 : ①

Unit 7 여드름

01 여드름의 종류

1 비화농성 여드름

① 열린 여드름(Black head, 블랙헤드)
  ㉠ 액상에서 단단한 고형으로 굳어진 피지의 끝 부분이 모공 밖으로 돌출
  ㉡ 산화되어 검게 변화된 상태의 여드름
  ㉢ 얼굴의 T존 부위 코 주변에 까맣게 보이는 여드름, 그 외 안면 부위에도 발생할 수 있다.

② 닫힌 여드름(White head, 화이트헤드)
  ㉠ 모공 입구가 닫힌 형태로 피지가 모낭 속에 가득 채워져 있어 피부 표면 위로 미세한 돌기를 형성, 좁쌀 형태로 발생
  ㉡ 혼자 관리하기보다는 전문가에게 관리받기를 권장한다.

2 염증성 여드름

① 구진(Papule)
  ㉠ 통증이 있고 혈액이 몰려 부종이 있으며 선홍색의 염증 증상을 보인다.
  ㉡ 만지면 단단하고, 피부 위로 돌출되어 있다.
  ㉢ 자극을 주면 더욱 심화되므로, 자극을 피하고 진정 관리를 해준다.

② 농포(Pustule)
  염증이 약간 진행되는 시기로 농이 발생하는 형태를 말한다.

③ 결절(Nodule)
  ㉠ 구진보다 크고 단단한 형태를 하고 있다.
  ㉡ 여드름이 검붉은 색을 띠고, 흉터 발생이 생길 수 있다.

④ 낭종(Cyst)
  ㉠ 여드름 중에서 염증의 형태가 크고 가장 심각한 여드름이며, 만지면 말랑말랑한 느낌을 준다.
  ㉡ 정상피부 조직이 파괴되어 흉터 발생의 가능성이 높다.

개념잡기

★ 뽀루지라고도 부르는 붉은 여드름으로 끝이 뾰족하거나 둥근 형태의 염증성 발진은?

① 면포성 여드름 ② 구진성 여드름
③ 농포성 여드름 ④ 낭종성 여드름

•해설• 구진성 여드름은 선홍색의 염증을 보인다.

정답 : ②

• Memo •

Chapter 01 피부미용이론 기출문제

01 다음 중 피부 구조에 대한 설명으로 틀린 것은?
① 피부는 표피, 진피, 피하조직으로 나누어진다.
② 표피의 가장 아래쪽은 기저층이다.
② 진피는 유두층과 망상층으로 구성된다.
③ 피하조직은 피지선을 의미한다.
④ 피부 부속기관으로 모발, 한선, 피지선, 손발톱이 있다.

> •해설• 피하조직은 피하지방을 의미한다.

02 생명력이 없는 상태의 무색, 무핵층으로서 손바닥과 발바닥에 주로 있는 층은?
① 각질층   ② 과립층
③ 투명층   ④ 기저층

> •해설•
> • 각질층 : 표피의 최상층, 피부 보호 기능
> • 과립층 : 수분 증발을 막아주는 기능
> • 투명층 : 손발바닥에 존재하는 투명막
> • 기저층 : 표피의 가장 아래에 위치 세포 형성 기능

03 다음 중 표피의 구성세포가 아닌 것은?
① 각질 형성 세포   ② 멜라닌 세포
③ 섬유아 세포   ④ 랑게르한스 세포

> •해설•
> • 각질 형성 세포 : 표피의 주요 구성성분, 각화 세포
> • 멜라닌 세포 : 기저층에 위치, 색소 세포로서 피부가 손상되는 것을 방지
> • 랑게르한스 세포 : 유극층에 위치, 피부 면역 담당
> • 섬유아 세포 : 진피 구성세포, 콜라겐 형성 역할

04 촉각을 감지하는 감각세포는?
① 머켈 세포
② 각질 형성 세포
③ 랑게르한스 세포
④ 멜라닌 형성 세포

> •해설• 머켈 세포는 기저층에 위치, 촉각 세포로서 촉각을 감지

05 다음 중 표피에 존재하며, 면역과 가장 관계가 깊은 세포는?
① 멜라닌 세포
② 랑게르한스 세포
③ 머켈 세포
④ 섬유아 세포

> •해설• 랑게르한스 세포 : 유극층에 위치 피부면역 담당

06 피부의 면역기능을 담당하는 세포는?
① 머켈 세포
② 랑게르한스 세포
③ 헤모글로빈 세포
④ 멜라닌 세포

> •해설• 랑게르한스 세포는 주로 유극층에 분포하며 피부의 면역기능을 담당한다.

정답 1③ 2③ 3③ 4① 5② 6②

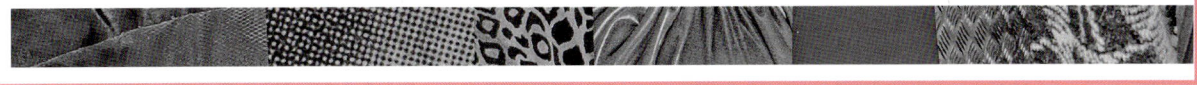

07 피부색소의 멜라닌을 만드는 색소 형성 세포는 어느 층에 위치하는가?

① 과립층　　② 유극층
③ 각질층　　④ 기저층

> **해설** 기저층은 표피의 가장 아래층에 있으며 새로운 세포를 형성하는 층으로 멜라닌을 형성하는 색소 형성 세포를 가지고 있다.

08 비늘 모양의 죽은 피부세포가 엷은 회백색 조각으로 되어 떨어져 나가는 피부층은?

① 투명층　　② 유극층
③ 기저층　　④ 각질층

> **해설** 각질층은 표피의 가장 윗부분에 있으며 주성분인 케라틴은 죽은 각질 세포들로 구성되어 있다.

09 피부 표피층 중에서 가장 두꺼운 층으로 세포 표면에 가시 모양의 돌기를 가지고 있는 것은?

① 유극층　　② 과립층
③ 각질층　　④ 기저층

> **해설** 유극층은 표피 중 가장 두꺼운 층으로 랑게르한스 세포가 존재한다.

10 케라토히알린 과립은 피부 표피의 어느 층에 주로 존재하는가?

① 과립층
② 유극층
③ 기저층
④ 투명층

> **해설** 과립층에는 수분 저지막(레인막)이 있어 피부 내부의 수분 증발을 저지하고 외부로부터 이물질 침투에 대한 방어를 하며 케라토히알린이 존재한다.

11 다음 중 투명층이 가장 많은 곳은?

① 손등과 발등
② 등
③ 얼굴
④ 손바닥과 발바닥

> **해설** 투명층은 손발바닥에 존재하는 투명막으로 엘라이딘이라는 물질을 함유하고 있다.

12 피부의 새 세포 형성이 이루어진 곳은?

① 기저층
② 유극층
③ 투명층
④ 과립층

> **해설** 기저층은 표피의 가장 내측에 위치하며 활발한 세포 분열을 통하여 새로운 세포가 형성되는 층이다.

정답　7 ④　8 ④　9 ①　10 ①　11 ④　12 ①

13 피부 세포가 기저층에서 생성되어 각질층이 되어 떨어져 나가기까지의 기간을 피부의 1주기(각화주기)라 한다. 성인에 있어서 건강한 피부인 경우 1주기는 보통 며칠인가?

① 45일
② 28일
③ 15일
④ 7일

> **해설** 각화주기 : 기저층에서 생성되어 각질층까지 올라와 박리될 때까지 기간(약 28일 소요)

14 교원섬유(collagen)와 탄력섬유(elastin)로 구성되어 있어 강한 탄력성을 지니고 있는 곳은?

① 표피
② 진피
③ 피하조직
④ 근육

> **해설** 진피는 유두층과 망상층으로 구성된다. 망상층은 교원섬유(콜라겐섬유), 탄력섬유(엘라스틴섬유), 기질(무코다당류)로 구성된다.

15 피부의 가장 이상적인 pH는?

① 9.0~10.0
② 6.5~8.0
③ 1.0~2.0
④ 4.5~6.5

> **해설** 피부는 pH 4.5~6.5의 피부 보호막을 형성하는 약산성이다.

16 피부의 주체를 이루는 층으로서 망상층과 유두층으로 구분되며 피부조직 외에 부속기관인 혈관, 신경관, 림프관, 땀샘, 기름샘, 모발과 입모근을 포함하고 있는 곳은?

① 진피
② 표피
③ 근육
④ 피하조직

> **해설** 진피는 망상층과 유두층으로 구성되어 있다.

17 천연보습인자(NMF)에 속하지 않는 것은?

① 아미노산
② 암모니아
③ 젖산염
④ 글리세린

> **해설** 천연보습인자(NMF)는 각질층에 존재하며 아미노산(40%), 젖산염, 요소, 암모니아, 칼륨, 마그네슘 등으로 구성되어 있다.

18 각질층이 소유하고 있는 수분의 함유량은?

① 5%
② 10~20%
③ 30~40%
④ 50~60%

> **해설** 각질층에는 천연보습인자가 존재하며 각질층의 수분 함량을 결정한다. 적정 수분함량은 10~20%이다.

정답 13 ② 14 ② 15 ④ 16 ① 17 ④ 18 ②

19 진피의 4/5를 차지할 정도로 가장 두꺼운 부분이며, 옆으로 길고 섬세한 섬유가 그물모양으로 구성되어 있는 층은?

① 망상층
② 유두층
③ 유두하층
④ 과립층

> **해설** 망상층은 망상(그물)구조의 결합조직으로 구성되어 있다.

20 진피 중 혈관을 통해 기저층에 영양분을 공급하는 것은?

① 유극층
② 기저층
③ 유두층
④ 망상층

> **해설** 유두층은 진피의 상단부분으로 혈관을 통해 기저층에 영양을 공급한다.

21 교원섬유에 대한 설명으로 틀린 것은?

① 표피의 약 80~90%를 차지한다.
② 섬유아 세포에서 생성된다.
③ 피부에 탄력성과 신축성을 부여한다.
④ 콜라겐이라고 불리기도 한다.

> **해설**
> • 교원섬유는 진피의 약 80~90%를 차지하는 섬유형태의 단백질이다.
> • 섬유아 세포는 진피의 구성세포로 콜라겐, 엘라스틴 기질을 합성하는 세포이다.

22 유두층에 대한 설명으로 틀린 것은?

① 피부 탄력성 유지 기능
② 혈관과 신경이 분포되어 있음
③ 표피의 노폐물을 배설하는 역할
④ 혈관을 통해 기저층에 영양 공급

> **해설** 망상층은 망상구조로 피부탄력성에 관여한다.

23 피지선에 대한 설명으로 틀린 것은?

① 피지를 분비하는 선으로 진피층에 위치한다.
② 입술, 성기, 유두, 귀두 등에 독립피지선이 있다.
③ 손바닥과 발바닥, 얼굴, 이마 등에 많다.
④ 피지선이 많은 부위는 코 주위이다.

> **해설** 피지선은 손바닥과 발바닥을 제외한 전신, 특히 얼굴 부분에 많이 분포되어 있다.

24 피지에 대한 설명으로 틀린 것은?

① 피지의 1일 분비량은 약 1~2g 정도이다.
② 손바닥, 발바닥에서 많이 분비된다.
③ 피지는 피지선을 따라 분비된다.
④ 피지는 제거해도 3~4시간 후면 회복된다.

> **해설** 피지는 손바닥과 발바닥을 제외한 전신에 분포

정답 19 ① 20 ③ 21 ① 22 ① 23 ③ 24 ②

25 한선(땀샘)에 대한 설명으로 틀린 것은?

① 아포크린선에서 분비되는 땀의 분비량은 소량이나 나쁜 냄새의 요인이 된다.
② 아포크린선에서 분비되는 땀 자체는 무취, 무색, 무균성이나 표피에 배출된 후, 세균의 작용을 받아 부패하여 냄새가 나는 것이다.
③ 에크린선은 입술뿐만 아니라 전신 피부에 분포되어 있다.
④ 에크린선에서 분비되는 땀은 냄새가 거의 없다.

> **해설** 한선(땀샘)은 소한선과 대한선으로 구성되어 있다.
> • 소한선(에크린선) : 손톱, 발톱, 음부, 입술을 제외한 전신에 분포
> • 대한선(아포크린선) : 귀, 겨드랑이, 배꼽, 성기 주변에 분포

26 액취증의 원인이 되는 아포크린 한선이 분포되어 있지 않은 곳은?

① 배꼽 주변   ② 겨드랑이
③ 사타구니   ④ 발바닥

> **해설** 대한선(아포크린선) : 귀, 겨드랑이, 배꼽, 성기 주변에 분포

27 에크린선에 대한 설명으로 틀린 것은?

① 사춘기 이후에 주로 발달한다.
② 손바닥, 발바닥, 이마에 가장 많이 분포한다.
③ 특수한 부위를 제외한 거의 전신에 분포한다.
④ 무색, 무취이다.

> **해설** 아포크린선은 사춘기 이후로 주로 발달한다.

28 소한선에 대한 설명이 아닌 것은?

① 입술에만 분포
② 진피 내에 존재
③ 무색, 무취
④ 신체 체온 조절

> **해설** 소한선은 에크린선이라고 하며 선천적으로 입술과 생식기를 제외한 전신에 분포

29 아포크린선에 대한 설명으로 틀린 것은?

① 남성보다 여성이 발달
② 겨드랑이, 생식기 부위에 분포
③ 사춘기 이후에 발달
④ 땀 자체에 냄새가 있음

> **해설** 아포크린선(대한선)은 땀 자체는 무색, 무취, 무균성이나 배출된 후 세균의 작용을 받아 부패하면 특유의 체취를 풍긴다.(액취증)

30 신체부위 중 피부 두께가 가장 얇은 곳은?

① 손등 피부
② 볼 부위
③ 눈꺼풀 피부
④ 둔부

> **해설** 눈꺼풀 피부는 가장 얇고, 발뒤꿈치가 가장 두꺼운 부위이다.

정답 25 ③ 26 ① 27 ① 28 ① 29 ④ 30 ③

31 모발의 구성 중 피부 밖으로 나와 있는 부분은?
① 피지선
② 모표피
③ 모구
④ 모유두

> •해설• 모간부(모표피, 모피질, 모수질)는 피부 밖으로 나와 있는 부분이고, 모근부(모낭, 모구, 모유두)는 피부 속 모낭에 있는 모발이다.

32 다음 중 멜라닌 색소를 함유하고 있는 부분은?
① 모표피
② 모피질
③ 모수질
④ 모유두

> •해설•
> • 모표피 : 모발의 가장 바깥부분으로 얇은 비늘 모양
> • 모피질 : 모표피의 안쪽부로 멜라닌 색소를 함유하고 있어 모발의 색상 결정
> • 모수질 : 모발의 중심부, 수질 세포로 공기 함유
> • 모유두 : 모낭 끝에 위치하고 있으며 모발에 영양 공급

33 세포의 분열증식으로 모발이 만들어지는 곳은?
① 모모 세포
② 모유두
③ 모구
④ 모낭

> •해설•
> • 모모 세포 : 새로운 머리카락을 형성
> • 모유두 : 모발에 영양 공급
> • 모구 : 모근의 뿌리
> • 모낭 : 모근을 싸고 있는 주머니

34 모발의 구성 중 가장 많이 있는 것은?
① 지질   ② 멜라닌
③ 케라틴 ④ 미량 원소

> •해설• 모발은 80~90%의 케라틴과 멜라닌, 지질, 미량 원소 등으로 구성되어 있다.

35 모발이 하루에 성장하는 길이는?
① 0.2~0.5mm   ② 0.8~10mm
③ 11~20mm   ④ 20~30mm

> •해설• 모발은 하루에 0.2~0.5mm 성장한다.

36 다음 중 모발의 성장단계를 옳게 나타낸 것은?
① 성장기→휴지기→퇴화기
② 휴지기→발생기→퇴화기
③ 퇴하기→성장기→발생기
④ 성장기→퇴화기→휴지기

> •해설• 모발은 성장기→퇴화기→휴지기→성장기를 반복한다.

37 손톱 및 발톱의 설명으로 틀린 것은?
① 케라틴과 아미노산으로 이루어져 있다.
② 단단하고 탄력이 있어야 건강하다.
③ 조근은 손톱의 성장이 시작되는 부분이다.
④ 손톱은 하루에 10mm 정도 자란다.

> •해설• 손톱은 하루에 0.1mm 정도 자란다.

정답 31 ② 32 ② 33 ① 34 ③ 35 ① 36 ④ 37 ④

38 다음 중 피부의 각질, 털, 손톱, 발톱의 구성성분인 케라틴을 가장 많이 함유한 것은?

① 동물성 단백질
② 동물성 지방질
③ 식물성 지방질
④ 탄수화물

> **해설** 케라틴(피부의 각질, 손발톱의 구성성분)은 동물성 단백질에 가장 많이 존재한다.

39 세포분열을 통해 새롭게 손발톱을 생산해 내는 곳은?

① 조체
② 조모
③ 조소피
④ 조하막

> **해설** 조모 : 네일 루트(조근) 밑에 위치, 네일의 생산과 성장에 관여

40 피부가 두꺼워 보이고 모공이 크며 화장이 쉽게 지워지는 피부타입은?

① 건성
② 중성
③ 지성
④ 민감성

> **해설** 지성피부는 피부가 두꺼워 보이고 모공이 크며 화장이 쉽게 지워지는 피부타입

41 정상피부의 수분함유량은?

① 2~3%
② 3~4%
③ 5~8%
④ 10~20%

> **해설** 정상피부는 수분함유량이 10~20% 정도이며, 피지분비량이 적당한 피부이다.

42 지성피부에 대한 설명 중 틀린 것은?

① 지성피부는 정상피부보다 피지분비량이 많다.
② 피부결이 섬세하지만 피부가 얇고 붉은색이 많다.
③ 지성피부는 남성호르몬인 안드로겐(androgen)이나 여성호르몬인 프로게스테론(progesterone)의 기능이 활발해져서 생긴다.
④ 지성피부의 관리는 피지 제거 및 세정을 주목적으로 한다.

> **해설** ②는 민감성 피부에 가깝다.

43 건성피부의 특징은?

① 부드러우면서 탄력성이 좋고 주름이 없다.
② 유분과 수분의 밸런스가 맞고, 윤기가 있다.
③ 중성피부라고 하며, 가장 이상적인 피부상태이다.
④ 피부가 얇고 피부 결이 섬세해 보이나 탄력이 없다.

> **해설** 건성 피부는 유,수분 함량이 부족하여 피부 탄력 저하가 발생한 피부이다.

44 보습 위주의 유연화장수를 주로 사용하는 피부타입은?

① 정상 피부
② 건성 피부
③ 지성 피부
④ 잘 사용하지 않음

> **해설** 정상피부는 유수분 밸런스를 맞추는 관리를 한다.

45 피부 유형에 대한 설명으로 틀린 것은?

① 복합성 피부 : 얼굴에 두 가지 이상의 피부 유형이 있다.
② 노화 피부 : 잔주름과 색소 침착이 일어난다.
③ 민감성 피부 : 피부의 각질층이 두껍다.
④ 지성피부 : 모공이 크며 번들거린다.

> **해설** 민감성 피부는 각질층이 얇아 수분의 양이 부족하고 가벼운 자극에도 예민하게 반응한다.

46 피지와 땀의 분비 저하로 유, 수분의 균형이 정상적이지 못하고, 피부 결이 얇으며 탄력 저하와 주름이 쉽게 형성되는 피부는?

① 지성피부
② 건성피부
③ 이상 피부
④ 민감 피부

> **해설** 건성피부는 피지와 땀의 분비 저하로 유, 수분의 균형이 정상적이지 못하고 건조하며 거칠어 노화피부로 발전하기 쉽다.

47 다음 중 열량 영양소가 아닌 것은?

① 지방
② 단백질
③ 비타민
④ 탄수화물

> **해설** 열량영양소 : 에너지 보급과 신체 체온 유지(탄수화물, 단백질, 지방)
> 조절영양소 : 인체 생리조절작용에 관여(비타민, 무기질)

48 다음 중 신체조직의 형성과 보수, 혈액 및 골격형성에 도움을 주는 영양소는?

① 구성 영양소
② 열량 영양소
③ 조절 영양소
④ 구조 영양소

> **해설** 구성 영양소 : 단백질, 무기질, 물

49 탄수화물을 과잉 섭취할 때 현상은?

① 체중이 감소한다.
② 기력이 부족하다.
③ 발육이 부진하다.
④ 당뇨병 위험이 높아진다.

> **해설** 탄수화물을 과다 섭취하면 비만증, 당뇨병 위험이 높아진다.

정답 44 ① 45 ② 46 ② 47 ③ 48 ① 49 ②

50 비타민 결핍증인 불임증 및 생식불능과 피부의 노화 방지작용 등과 가장 관계가 깊은 것은?

① 비타민 A
② 비타민 B 복합체
③ 비타민 E
④ 비타민 D

> •해설• 비타민 E는 지용성 비타민으로 부족할 때 피부 노화, 불임, 유산, 성기능 장애가 온다.

51 다음 중 비타민(vitamin)과 그 결핍증의 연결이 틀린 것은?

① vitamin B_2 - 구순염
② vitamin D - 구루병
③ vitamin A - 야맹증
④ vitamin C - 각기병

> •해설• 비타민 C가 부족할 경우 괴혈병이 생길 수 있으며, 비타민 B_1은 각기병과 관련이 있다.

52 무기질의 설명으로 틀린 것은?

① 조절작용을 한다.
② 수분과 산, 염기의 평형조절을 한다.
③ 뼈와 치아를 공급한다.
④ 에너지 공급원으로 이용된다.

> •해설•
> • 에너지를 공급하는 열량 영양소에는 지방, 단백질, 탄수화물이 있다.
> • 무기질은 효소와 호르몬의 주성분으로 근육의 탄력성을 유지하며 칼슘, 인, 마그네슘, 나트륨, 칼륨, 황, 아연, 구리, 요오드, 크롬, 코발트 등이 있다.

53 표피에서 자외선에 의해 합성되며, 칼슘과 인의 대사를 도와주고, 발육을 촉진시키는 비타민은?

① 비타민 A
② 비타민 C
③ 비타민 E
④ 비타민 D

> •해설• 비타민 D는 표피에서 자외선에 의해 합성되며, 칼슘과 인의 대사를 도와주고, 발육을 촉진하는 역할

54 다음 중 원발진이 아닌 것은?

① 면포
② 결절
③ 종양
④ 태선화

> •해설•
> • 원발진 : 피부질환의 초기증상으로 반점, 구진, 결절, 종양, 팽진, 소수포, 농포가 있다.
> • 속발진 : 2차적 피부질환으로 미란, 찰상, 인설, 가피, 태선화, 반흔 등이 있다.

55 피부질환의 초기 병변이 눈에 보이거나 만져지는 것으로 피부의 1차적 장애는?

① 미란
② 균열
③ 구진
④ 궤양

> •해설• 구진은 직경 1㎝ 미만의 단단한 피부 융기물

56 피부발진 중 일시적인 증상으로 가려움증을 동반하며 불규칙적인 모양을 한 피부 현상은?

① 농포 ② 팽진
③ 구진 ④ 결절

> •해설• 팽진 : 일시적 부종으로 가려움증을 동반한 발진현상 (모기 물렸을 때)

57 다음 중 태선화에 대한 설명으로 옳은 것은?

① 표피가 얇아지는 것으로 표피세포 수의 감소와 관련이 있으며 종종 진피의 변화와 동반된다.
② 둥글거나 불규칙한 모양의 굴착으로 점진적인 괴사에 의해서 표피와 함께 진피의 소실이 오는 것이다.
③ 질병이나 손상에 의해 진피와 심부에 생긴 결손을 메우는 새로운 결체조직의 생성으로 생기며 정상치유 과정의 하나이다.
④ 표피 전체와 진피의 일부가 가죽처럼 두꺼워지는 현상이다.

> •해설• 태선화는 표피 등이 건조화되면서 가죽처럼 두꺼워지는 현상

58 다음 중 바이러스성 피부질환은?

① 기미
② 주근깨
③ 여드름
④ 단순포진

> •해설•
> • 바이러스성 피부질환 : 단순 및 대상포진, 수두, 홍역
> • 진균성 피부질환 : 무좀 등

59 피부 진균에 의하여 발생하며 습한 곳에서 발생빈도가 가장 높은 것은?

① 모낭염
② 족부백선
③ 붕소염
④ 티눈

> •해설• 족부백선 : 무좀이라고 하며 피부진균에 의하여 발생

60 화상의 구분 중 홍반, 부종, 통증뿐만 아니라 수포를 형성하는 것은?

① 제1도 화상
② 제2도 화상
③ 제3도 화상
④ 중급 화상

> •해설•
> • 1도화상 : 피부가 붉게 변함
> • 2도화상 : 수포 발생
> • 3도화상 : 신경 손상
> • 4도화상 : 근육, 신경, 뼈 손상

61 다음 중 공기의 접촉 및 산화와 관계 있는 것은?

① 흰 면포
② 검은 면포
③ 구진
④ 팽진

> •해설• 검은 면포(블랙헤드)는 여드름 면포의 윗부분이 공기와 만나 산화과정을 통해서 좀 더 검은 색으로 변한 것이다.

정답 56 ② 57 ④ 58 ④ 59 ② 60 ② 61 ②

62 직경 1~2mm의 둥근 백색 구진으로 안면(특히 눈 하부)에 발생하는 것은?

① 비립종
② 피지선 모반
③ 한관종
④ 표피낭종

> **해설** 비립종은 눈 아래 모공과 땀구멍에서 발생한다.

63 여드름의 4단계에서 실행되며 치료 후 흉터가 남는 것은?

① 결절
② 구진
③ 수포
④ 낭종

> **해설** 낭종은 원발진으로 여드름의 4단계에서 실행되며 치료 후 흉터가 남는 것을 말한다.

64 여드름의 발생순서로 옳은 것은?

① 면포→구진→농포→결절→낭종
② 낭종→구진→농포→결절→면포
③ 구진→면포→농포→결절→낭종
④ 면포→구진→결절→농포→낭종

> **해설** 여드름은 면포→구진→농포→결절→낭종의 순서이다.

65 주로 40~50대에 보이며, 혈액흐름이 나빠져 모세혈관이 파손되어 코를 중심으로 양 뺨에 나비형태로 붉어진 증상은?

① 비립종
② 섬유종
③ 주사
④ 켈로이드

> **해설** 주사는 혈관 흐름이 원활하지 않아서 발생하며 코 주위에 붉게 나타나는 현상이다.

66 다음 중 광노화 현상을 발생시키는 광선은?

① 가시광선
② 적외선
③ 자외선
④ 원적외선

> **해설** 광노화 현상 : 자외선에 과다 노출될 경우 피부를 보호하기 위해 기저층의 각질 형성 세포 증식이 빨라져 피부가 두꺼워지는 현상

67 자외선에 의한 피부 반응으로 옳지 않은 것은?

① 색소 침착 및 홍반 반응
② 광노화 현상
③ 혈액순환과 신진대사 촉진
④ 일광화상 및 일광 알레르기

> **해설** 적외선은 인체에 별다른 영향 없이 피부 속에 침투하여 체온을 상승시키며 혈액순환 및 신진대사를 촉진한다.

정답 62 ① 63 ④ 64 ① 65 ③ 66 ③ 67 ③

68 다음 중 적외선의 효과가 아닌 것은?

① 혈액순환 및 신진대사 촉진
② 통증 완화 및 진정효과
③ 근육이완과 수축
④ 살균 및 소독

> **해설** 살균 및 소독은 자외선의 효과이다.

69 자외선 차단지수의 단위는?

① SPF ② FDA
③ WHO ④ BTS

> **해설** 자외선 차단지수 : Sun Protection Factor

70 자외선 차단제에 대한 설명으로 옳은 것은?

① SPF 지수가 높을수록 좋다.
② 피부 병변이 있는 부위에 사용한다.
③ 자외선 노출 후에 바르는 것이 효과적이다.
④ 피부 도포는 덧바르기를 할 필요가 없다.

> **해설** SPF 지수가 높을수록 좋으며, SPF 30은 30 x10 = 300분(5시간)의 자외선 차단이 가능하다는 의미

71 피부의 면역에서 항체를 형성하여 면역 역할을 수행하는 림프구는?

① A 림프구 ② B 림프구
③ T 림프구 ④ Q 림프구

> **해설**
> • B 림프구 : 특정항원에만 반응하는 체액성 면역
> • T 림프구 : 직접 항원을 파괴하는 세포성 면역, 피부 및 장기 이식 시 거부반응에 관여

72 B 림프구에 대한 내용으로 틀린 것은?

① 피부나 장기 이식 시 거부반응에 관여한다.
② 체액성 면역을 주도한다.
③ 기억세포 형성으로 영구 면역에 관여한다.
④ 골수에서 형성된다

> **해설** T 림프구는 피부나 장기이식 시 거부반응에 관여한다.

73 예방 접종의 결과로 획득된 면역은?

① 자연 능동 면역
② 인공 능동 면역
③ 자연 수동 면역
④ 인공 수동 면역

> **해설**
> • 자연 능동 면역 : 전염병 감염에 의해 형성된 면역
> • 인공 능동 면역 : 예방접종의 결과로 획득된 면역
> • 자연 수동 면역 : 모체로부터 형성된 면역
> • 인공 수동 면역 : 면역 혈청주사에 의해 획득된 면역

74 면역의 종류와 작용에 대하여 잘못된 설명은?

① 선천적 면역은 태어날 때부터 가지고 있는 면역체계이다.
② 후천적으로 형성된 면역에는 능동면역과 수동면역이 있다.
③ 면역은 특정 병원체나 독소에 대한 저항력을 가지는 상태이다.
④ 후천적 면역은 자연면역이라고도 한다.

> **해설** 후천적 면역은 획득면역이라고 하며, 선천적 면역은 자연면역이라고 한다.

정답 68 ④ 69 ① 70 ① 71 ② 72 ① 73 ② 74 ④

75 햇빛에 장시간 노출되었을 때 피부변화를 일으켜서 노화로 진행되는 형태는?

① 광노화
② 생리적 노화
③ 내인성 노화
④ 피부노화

•해설•
- 광노화(환경적 노화) : 생활여건, 외부환경 노출로 일어나는 노화 현상
- 내인성 노화(생리적 노화) : 나이에 따른 과정성 노화

76 광노화 현상으로 틀린 것은?

① 주근깨 발생
② 표피와 진피가 얇아짐
③ 면역성 감소
④ 색소 침착

•해설• 광노화 현상은 피부 보호를 위해 오히려 피부 각질층이 두꺼워진다. 내인성 노화는 표피와 진피가 얇아진다.

77 광노화 현상이 아닌 것은?

① 표피 두께 증가
② 멜라닌 세포 이상 항진
③ 체내 수분 증가
④ 진피 내의 모세혈관 확장

•해설• 광노화는 기미, 주근깨, 검버섯 및 주름을 증가시키고 피부의 보습력이 떨어져 거칠며, 탄력 감소 등의 조기노화를 촉진한다.

78 광노화와 내인성 노화의 피부 두께 변화를 바르게 연결한 것은?

① 광노화 - 두꺼워짐, 내인성 노화 - 얇아짐
② 광노화 - 두꺼워짐, 내인성 노화 - 두꺼워짐
③ 광노화 - 얇아짐, 내인성 노화 - 얇아짐
④ 광노화 - 얇아짐, 내인성 노화 - 두꺼워짐

정답 75 ① 76 ② 77 ③ 78 ①

• Memo •

02

해부생리학

- I • 세포와 조직
- II • 골격계
- III • 근육계
- IV • 신경계
- V • 순환계
- VI • 소화기계
- VII • 내분비계
- VIII • 비뇨생식계

I 세포와 조직

세포와 조직 Unit 1

1 세포의 구조
세포는 크게 원핵세포와 진핵세포로 구분할 수 있다. 원핵세포와 진핵세포는 핵막과 세포 소기관의 유무로 구분한다. 세포의 기본구조는 세포질, 핵, 세포막으로 구성되어 있다.

2 세포의 구성

(1) 원형질
생물체를 구성하는 원소로서, 생물체는 산소, 탄소, 수소, 질소의 네 원소가 전체 중량의 약 95% 이상을 차지한다. 이 밖에 칼슘, 인, 염소, 황, 나트륨, 마그네슘, 철 등의 원소와 미량의 원소로는 망간, 구리, 요오드, 코발트, 아연 등이 있다.

(2) 세포막
① 세포막은 인지질과 단백질로 되어 있다.
② 선택적 반투과성의 물질 교환
③ 단백질, 인지질, 탄수화물로 구성된 2중층이다.

(3) 세포질
원형질의 수많은 화학물질로 전해질 및 영양소로 구성되어 있다.
① 세포 소기관
　㉠ 미토콘드리아 : 세포 내 호흡을 담당하며 에너지(ATP)를 생산한다. 세포질 내에 있는 작고 얇은 모양의 세포기관이다.
　㉡ 리보솜 : RNA를 함유하여 단백질 합성에 관여한다.
　㉢ 리소좀 : 세포 내 소화에 관여하며, 노폐물 처리, 박테리아 파괴 담당
　㉣ 골지체 : 적혈구를 제외한 모든 진핵세포에 존재하는 복합성 막계로 구성된 세포소기관이다. 주요기능은 소포체에서 합성된 전구형 단백질을 받아 수식, 가공하여 각각의 소포에 포장하고 세포막, 리소좀이라는 최종목적지로 선별, 수송한다.
　㉤ 소포체 : 세포 내 망상구조로 리보솜이라는 리보핵 단백질 과립이 부착되어 있는 것을 조면소포체, 이 과립이 붙어 있지 않은 것을 활면소포체라고 한다.

> **개념잡기**
>
> ◉ 세포의 구조 중 세포의 성장과 생활에 필요한 영양물질을 함유하고 있는 기관은?
> ① 원형질　② 세포막　③ 세포질　④ 핵
>
> •해설• 세포질은 세포의 성장과 재생에 필요한 영양소와 전해질로 구성되어 있다.
>
> 정답 : ③

(4) 핵

핵은 세포의 조절중추로 세포 전체의 기능을 통제한다. 유전물질인 DNA가 들어 있고, 대형의 구상 내지는 타원형의 구조로 진핵세포에 존재한다. 적혈구를 제외하고 거의 모든 세포에 존재하며 보통 핵의 수는 하나로 핵막, 염색질, 핵소체, 핵형질로 구성되어 있다. 특히 염색질에는 유전자의 본체인 CNA가 포함되어 있으며, RNA, 단백질의 합성을 이용하여, 세포의 기능을 조절하고 있다.

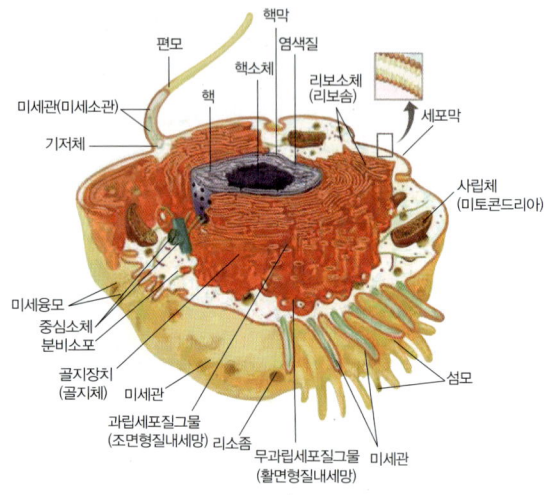

세포의 구조

3 세포막을 통한 물질의 이동

(1) 수동 이동
① 확산 : 예 물에 잉크가 퍼지는 것 혹은 향수를 뿌렸을 때 향기가 퍼지는 것
② 삼투 : 예 배추를 소금에 절이면 배추 속의 수분이 밖으로 나오는 현상
③ 여과 : 예 모세혈관에서 혈압에 의해 물질이 빠져나가는 현상

> **개념잡기**
>
> ◉ 세포막의 물질 이동에서 고농도에서 저농도로 이동하는 것은?
> ① 능동적 운반   ② 여과   ③ 확산   ④ 삼투
>
> •해설• 잉크가 물에 퍼지는 현상은 고농도에서 저농도로 물질이 이동되는 확산현상의 사례이다.
>
> 정답 : ③

(2) 능동 이전
① 능동이동펌프 : 윗방향으로 저농도에서 고농도로 물질의 이동에너지 요구
② 세포 내 반입 : 세포막에 의해 물질을 받아들이거나 소화
③ 식작용 : 세포막에 의해 단단한 입자를 삼킴
④ 세포 흡수 작용 : 액체 방울들을 흡수
⑤ 세포 외 반출 : 단백질이나 노폐물을 세포 밖으로 분비

4 항상성

항상성(homeostasis)이란, 인체 내의 환경을 비교적 일정하게 유지 및 존속시키는 것이다. 기관계는 비교적 일정하게 유지될 수 있도록 세포 환경을 조절하는 것을 돕는다. 예를 들어, 소화기, 호흡기, 순환기, 비뇨기계는 함께 작용하여 인체 내 각 세포가 적절한 산소와 영양분을 공급받아 독성 수준까지 축적되지 않게 한다.

조직

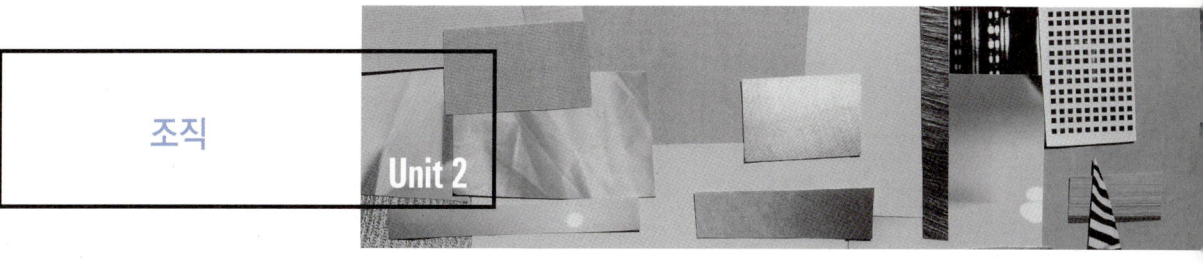

Unit 2

01 조직의 분류

비슷한 구조와 기능을 가진 세포군과 이들 사이에 위치한 세포의 물질을 합한 것으로 인체를 구성하는 기본조직은 상피조직, 결합조직, 근육조직, 신경조직 네 가지로 나뉜다.

> **개념잡기**
>
> ◉ 인체를 구성하는 기본 조직이 아닌 것은?
> ① 상피조직 ② 신경조직 ③ 골조직 ④ 결합조직
>
> •해설 인체를 구성하는 기본 조직은 상피,결합, 근육,신경조직으로 구분된다.
>
> 정답 : ③

1 상피조직

체표면이나 체강, 관의 내강 등의 표면을 싸고 있는 세포조직이다. 상피조직은 편평상피, 입방상피, 원주상피 등이 있다.

(1) 단층편평상피세포
혈관, 심장, 림프관, 장막, 폐포의 내면을 덮고 있는 세포로 얇고 편평한 세포가 단층으로 존재한다. 확산, 여과 그리고 마찰에 대한 보호작용을을 한다.

(2) 단층입방상피세포
신세관, 많은 선과 그 관, 폐의 종말세기관지로 입방체 모양의 세포가 단층으로 존재한다.

(3) 단층원주상피세포
위, 장, 선, 일부선의 관, 폐의 세기관지, 자궁, 난관에 좁고 키가 큰 세포가 단층으로 존재한다.

(4) 중층편평상피세포
피부, 입, 인후, 식도, 항문, 질 및 각막에 존재하며 바닥층의 입방형 세포가 자유면으로 갈수록 편평해지면서 여러 층으로 존재한다.

(5) 이행상피세포
방광, 요관, 요도의 일부로 기관이나 관이 이완된 상태에서 여러 층의 입방체 모양의 세포, 액체에 의해 팽창되면 편평세포로 나타난다. 기관이나 관의 용적에 따라 변화한다.(소변의 자극 효과에 대한 보호 기능)

(6) 섬모원주상피세포
비강, 부비동, 이관, 인두, 후두, 기관 및 폐의 기관지이다. 일부는 가늘고 키가 커서 자유면에 닿고 있지만 나

머지는 그렇지 못하다. 이들은 거의 모두 섬모를 갖고 있으며 점액을 분비하는 배상 세포와 관련이 있다.

2 결합조직
수많은 세포의 기질들에 의해 둘러싸인 세포들로 구성되어 있는 주요한 조직 형태. 인체에 있어서는 뼈대 역할을 하며 물질을 운반하기도 한다(혈액). 결합조직은 세포와 세포 사이에 있는 기질(matrix)이라고 불리는 많은 세포 외 물질을 가지고 있다. 세포 외 기질의 구조는 결합조직의 기능적인 특성을 결정한다.

(1) 치밀결합조직
교원섬유로 구성되어 있는 세포 외 물질로 되어 있다. 교원섬유는 인체에 있어서 가장 일반적인 단백질이다. 이것은 유연성을 가지고 있지만 신장하기는 어렵다. 결합조직을 구성하는 구조들은 근육을 뼈에 부착시키는 힘줄(tendon)을 포함하고 있으며, 인대(ligament)는 뼈와 다른 뼈 사이를 부착시키는 역할을 하고, 진피층은 피부의 안쪽층을 형성하는 결합조직층을 말한다.

(2) 지방조직
전형적인 결합조직은 아니다. 기질은 거의 없으며 지방세포들은 크고 서로서로 밀접하게 구성되어 있다. 지방세포들은 에너지를 저장하는 지방성분으로 채워져 있다. 지방조직은 인체를 보호하거나 체온을 유지시켜 주는 역할을 한다.

(3) 연골(cartilage)
연골은 많은 지질을 포함하고 있는 골소와(lacuna)라 불리는 공간에 위치해 있는 연골세포(chondrocyte)로 구성되어 있다. 기질 내의 교원섬유는 연골에 강도를 준다. 연골은 비교적 견고하고 지지작용을 하지만 약간 굽히거나 눌러도 본래의 모습으로 회복한다. 연골은 혈관이 연골 내로 관통하지 않기 때문에 상처를 받은 후에 천천히 치유된다. 조직을 치유하기 위해 영양 물질이 쉽게 연골에 도달하지 못하기 때문이다.

(4) 골(bone)
살아있는 세포로 구성된 단단한 결합조직이다. 골세포(osteocytes)라고 불리는 세포들은 골소와라는 지질 내의 공간에 위치해 있다. 광물성 기질인 강인함과 견고성은 인체의 조직과 기관을 유지하고 보호하도록 한다.

(5) 혈액(blood)
혈액은 그 기질이 액체성을 띠고 있기 때문에 혈액 세포들로 하여금 자유롭게 움직일 수 있도록 하는 특징을 가지고 있다. 또한 인체에 신속하게 영양분, 산소, 노폐물 등을 운반시키는 역할을 한다.

3 근육조직
근육조직(muscle tissue)은 움직일 수 있는 수축력을 갖고 있다. 근세포는 가느다란 실 모양이기 때문에 근섬유(muscle fiber)라고도 불린다. 근섬유는 골격근, 심장근, 평활근의 세 종류로 나누어진다.

(1) 골격근
근육 부분으로 체중의 약 40%에 해당한다. 골격에 부착되어서 인체운동을 일으킨다. 골격근은 정상적으로 수의근에 해당하며 세포마다 몇 개의 핵을 가지고 있는 기다란 원주 형태이다. 몇몇 골격근 세포들은 근육 전체에 걸쳐서 뻗어 있다. 골격근 세포들은 세포 내에 있는 수축단백질의 배열 때문에 가로줄무늬가 나타난다.

(2) 심장근
혈액에 펌프 작용하는 능력이 있다. 불수근으로 심장

근 세포는 원주 모양을 하지만 골격근에 비해서 짧다. 심장근 세포들은 세포마다 한 개의 핵을 가지며 가로줄무늬를 띤다.

(3) 평활근
심장을 제외한 유강기관의 벽을 형성하며 피부와 눈에서도 발견된다. 평활근은 소화관을 통한 음식물의 이동이나 방광의 내강을 비우는 능력을 가지고 있다. 평활근의 끝은 뾰족하며 한 개의 핵을 갖고, 가로줄무늬가 없다.

4 신경조직
신경조직은 뇌, 척수 그리고 신경을 형성하며 많은 인체의 활동을 통합시키거나 조절하는 능력이 있다. 신경조직은 골격근의 수의적인 억제와 심장근의 불수의적인 조절 작용을 한다. 신경세포들이 서로서로의 교통작용 능력에 좌우되며 활동전압(action potential)이라고 불리는 전기적인 신호작용에 의해 다른 조직들에게 영향을 미친다. 세포체는 핵을 포함하고 일반적인 세포의 기능을 갖는 부위이다.

수상돌기와 축삭은 신경세포 돌기들이다. 수상돌기들은 일반적으로 활동전위를 수용하여 세포체로 전도하며 뉴런마다 한 개로 되어 있는 축삭은 보통 세포체로부터 받은 활동전위를 전도한다.

개념잡기

◉ **신경세포에서 뉴런과 뉴런의 접속부위은 무엇인가?**
① 신경원   ② 근섬유   ③ 시냅스   ④ 연골

해설 신경 조직은 자극을 감지하여 다른 세포에 정보를 전달하는 기능을 담당하고, 뉴런, 시냅스, 신경 교세포로 구성되어 있다. 신경 흥분이 전달되는 자리의 두 개의 신경 세포의 접합부를 시냅스라고 한다.

정답 : ③

골격계

II

Unit 1 뼈의 기능과 구성

1 뼈의 기능

골격(뼈대, skeleton)은 건조된 것을 의미하는 그리스어로부터 유래했다. 골격계는 연부조직이 제거된 후에 경조직만 남은 것을 가리킨다. 골격계는 지탱, 보호, 운동, 저장, 혈액 세포 생산 기능이 있다.

> **개념잡기**
>
> ◉ 골격(뼈대)의 기능으로 적합하지 않는 것은?
> ① 지지 기능 ② 보호 기능
> ③ 저장 기능 ④ 결합 기능
>
> •해설• 사람의 골격은 총 206개로 구성되어 있으며, 골격은 지탱, 보호, 운동, 저장, 혈액 세포 생산기능을 담당한다.
>
> ∵ 정답 : ④

(1) 골의 모양

골의 모양에 따라 장골, 단골, 편평골, 불규칙골로 구분한다.
장골은 긴 뼈로 팔, 다리의 뼈를 말한다. 단골은 대부분 넓다. 주로 손목뼈, 목뼈, 발목뼈가 해당된다. 편평골은 비교적 얇고 납작한 모양을 하고 있다.(일부 두개골, 늑골, 견갑골, 흉골). 불규칙골은 척추와 얼굴뼈가 그 예이다.

(2) 골 해부학

장골은 골간과 골단으로 구성되어 있다. 골절 안의 골단은 관절 연골로 쌓여 있다. 표면은 골외막이라는 연결 조직막으로 쌓여 있으며, 골외막은 혈관과 신경을 갖고 있다. 골간에는 큰 골수강(medullary cavity)이 있고 장골의 골단 및 다른 골들의 내부에는 작은 망들이 망상구조를 하고 있다. 이러한 공간은 대부분 지방으로 구성된 황골수나 혈구를 생성하는 세포로 구성된 적골수로 채워진다. 성인의 경우, 골수강은 황골수를 함유한다.

2 뼈의 구성

(1) 골막

뼈의 외면을 덮고 있는 결합조직

(2) 골조직

뼈의 실질적인 곳으로 해면골과 치밀골로 구성되어 있다. 해면골은 장골의 골단과 다른 뼈의 내부를 구성한다. 뼈의 내부 연결판에 의해 형성된 강들은 망상구조를 갖고 있다. 골판 사이의 공간은 적색 또는 황색골수로 채워진다.
치밀골은 매우 견고한 기질이고 튼튼하다. 골간과 골막을 형성한다. 치밀골 기질은 얇은 층 사이에 위치한 골세포로 구성된다. 골세포는 골세관(canaliculi)이라는 단단한 동굴을 통해 뻗어있는 세포돌기에 의해서 연결되어 있다. 골세포는 하버스관 안에서 뼈의 긴 축과 평행하게 달리는 혈관으로부터 영양분을 받는다. 영양분은 하버스관의 혈관을 떠나 골세관을 통해서 골세포로 확산된다. 노폐물은 위와 반대 방향으로 확산된다.

(3) 골수
해면골의 조직과 골수강을 메우는 조직으로 혈구 세포와 혈소판이 존재한다.

3 골재생
뼈는 신체 내에서 칼슘의 주요한 저장소이다. 골재생은 뼈 안팎으로의 칼슘의 출입에 의해 일어난다. 혈액 중의 칼슘의 수치가 정상보다 낮으면, 파골세포는 뼈를 파괴하고 칼슘을 혈액 속으로 방출한다. 혈액 중의 칼슘의 수치가 정상 이상일 때는 골모세포가 혈액으로부터 칼슘을 얻어서 뼈 속으로 침착시킨다. 혈액 칼슘 수치는 매우 제한된 범위 내에서 유지된다. 근육과 신경 조직은 혈액 칼슘 수치가 정상이 아니라면 적절한 기능을 하지 않는다.

4 뼈의 치료
뼈가 부러졌을 때 뼈 속의 혈관도 상처를 입는다. 혈관이 혈액을 유출하면 응혈된 덩어리가 상처 부위에 형성된다. 손상을 입은 지 2~3일 동안 주변조직으로부터 혈관 세포가 응혈덩어리 부위로 침습하여 가골(callus)을 형성한다. 가골은 골조각들을 묶어주는 연골로 구성된 섬유 망상구조이다.
골모세포는 가골로 들어가서 뼈 형성을 시작한다. 이 과정은 상처가 난 지 보통 4~6주 후에 완성된다. 이 시기에 고정된 자세는 매우 중요하다. 운동은 섬세한 새로운 골기질을 다시 파괴할 수 있기 때문이다.

5 골격계의 발생과 성장
(1) 골화
단단하지 않은 조직에서 단단한 조직으로 바뀌는 과정을 말한다.

(2) 연성성골
골화가 되지 않고 뼈의 원형이 완성된 후 일부가 골화 되는 뼈

(3) 골단연골
성장판이 있는 곳으로 뼈의 길이가 일어나는 곳

(4) 골단
연골의 뼈가 성장을 멈추면 완전한 뼈가 되는데 그 끝부분

개념잡기

◉ 장골에서 골의 성장, 특히 골의 길이가 길어지는 요인과 관련된 것은?

① 치밀뼈 ② 뼈막 ③ 골수 ④ 골단 연골

해설 장골의 골단과 골간 사이의 연골을 골단 연골이라 하며, 성장판이라고도 한다.

정답 : ④

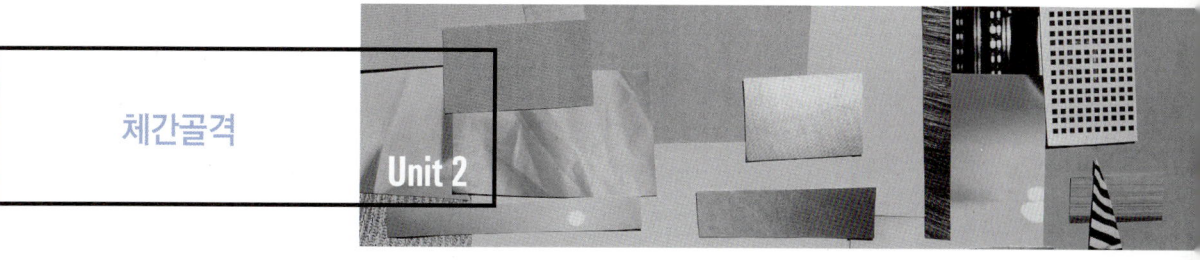

체간골격

Unit 2

01 체간골격의 구성

체간골격은 80개의 뼈(두개골 28개, 설골 1개, 척주 26개, 가슴우리뼈 25개)와 체지골격 126개로 구성되어 있다. 총 206개이다.

① 체간골격 : 두개골(22), 설골(1), 중이(6), 척추(26), 흉곽(25)

② 체지골격 : 흉대(4), 상지골(60), 하지대(2), 하지골(60)

개념잡기

◎ 전신의 골격 개수는?

① 200개   ② 206개   ③ 212개   ④ 218개

•해설• 인체의 골격은 206개의 뼈로 구성되어 있다.

정답 : ②

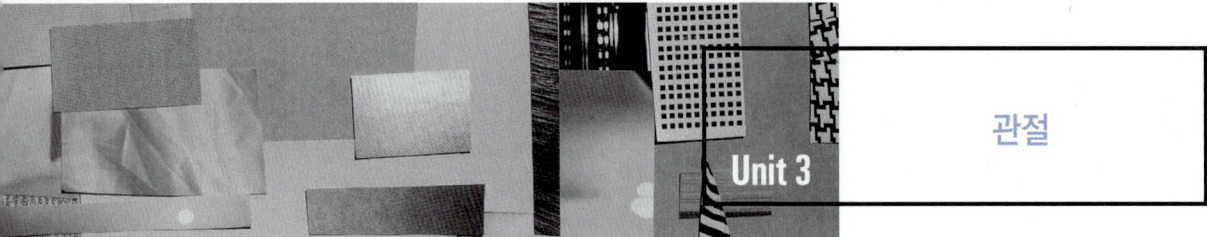

Unit 3 관절

01 관절의 분류

관절은 두 개 이상의 뼈가 함께 모인 곳이다. 관절은 뼈를 서로 연결하는 주요 결합조직의 형태와 액체가 차 있는 관절강이 있느냐 없느냐에 따라서 분류된다.

1 섬유성 관절

섬유성 관절은 섬유조직으로 이루어지고, 거의 운동성이 없는 두 개의 뼈로 구성된다. 섬유성 관절의 대표적 예는 뇌머리뼈 사이의 관절인 봉합이 있다.

2 연골 관절

연골 관절은 연골에 의해서 두 개의 뼈로 단위화된다. 이러한 관절에서는 단지 조그마한 운동만이 일어날 수 있다. 척추 사이 원반, 갈비와 복장뼈 사이의 갈비연골, 두덩결합이 그 예이다.

3 윤활 관절

윤활 관절은 자유롭게 움직일 수 있는 관절이다. 팔·다리 뼈대를 구성하는 대부분의 관절은 윤활 관절이다.

• Memo •

근육계

III

근육의 형태와 기능

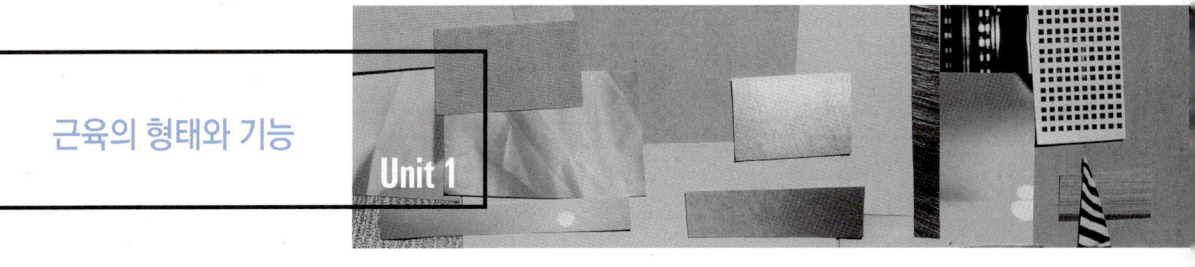
Unit 1

01 근육조직

근육조직은 수축하는 능력을 가지고 있어 인체운동을 가능케 한다. 골격근(횡문근), 내장근(민무늬근), 심장근이 있다.

1 골격근

골격근은 결합조직, 혈관, 신경섬유 등과 함께 체중의 40%를 차지한다. 골격근은 고정 및 열 생산, 관절의 안정과 관련된 기능을 한다.

근섬유의 세포질은 근원섬유(근육원섬유)로 채워져 있다. 근원섬유는 2가지 주된 단백질 섬유 액틴 또는 가는 근미세사와 미오신으로 구성되어 있다. 액틴과 미오신 근미세사의 배열은 근원섬유에 띠 모양을 만드는데 이것이 가로무늬를 갖게 한다. 미오신 근미세사는 액틴 근미세사와 결합할 수 있는 연결교(cross bridge)라는 작은 확장 구조물을 가진다. 근육이 수축하는 동안 연결교는 움직여서 액틴 근미세사를 당긴다.

(1) 골격근 수축을 일으키는 자극

근섬유가 흥분됐다는 것은 그들이 수축되도록 자극받았다는 것을 의미한다. 일반적으로 신경계는 골격근이 수축하도록 자극하며, 골격근 활동의 수의적 조절을 허락한다. 그것은 또한 불수의적 반사수축, 근긴장과도 관련이 있다.

(2) 근수축을 위한 에너지 요구

골격근 수축은 ATP를 요구한다. ATP는 ATPase에 의해 ADP(adenosine diphosphate)와 인산(phosphate)으로 분해되면서 에너지를 방출한다. 에너지의 일부는 열을 내는 데 사용한다. 근육이 수축할 때 ATP는 수축 및 칼슘 펌프의 작용을 위하여 에너지를 공급한다. ATP는 수축 활동을 위하여 직접적으로 이용될 수 있는 유일한 에너지원으로서 수축이 계속되는 동안 계속적으로 재생산되어야 한다. 근육에 저장되어 있는 ATP는 4~6초 동안만 쓸 수 있기 때문이다.

ATP는 유산소 또는 무산소 호흡에 의해 생산된다. 산소가 없는 상태에서 일어나는 무산소 호흡은 포도당을 분해하여 ATP와 젖산을 생산한다. 유산소 호흡은 산소를 필요로 하며, 포도당을 분해하여 ATP, 이산화탄소, 물을 생산한다.

근피로는 수축 동안에 ATP가 근육세포 안에서 생산되는 것에 비해 빠르게 사용되거나 젖산이 제거되는 것에 비해 빠르게 축적될 때 일어난다. 젖산의 과도한 축적과 전해질 이온의 불균형은 근육의 pH를 떨어뜨리고 세포막의 물질이동에 영향을 주어 근피로를 일으킨다.

(3) 근육통

심한 운동을 갑자기 하면 운동 후 근육통(sore muscle)을 경험하게 된다. 이런 증상은 운동 12시간 후에 나타났다가 다음 날은 더욱 심해졌다가 4~6일 후면 사라진다. 이러한 동통의 원인은 근육 내 결체조직의 손상과 히스타민과 같은 물질의 생성 등으로 인한 것으로, 동통이 치유되면 같은 운동을 계속하더라도 동통은 생기지 않고 강한 근육이 된다.

2 평활근

평활근은 민무늬근이라고도 한다. 주로 내장에 있는 방광 같은 장기의 형태를 지니고 있으며 불수의근이다.

개념잡기

◉ 근육의 종류에서 내장 기관과 혈관의 벽에 주로 분포하며 무늬가 없고 의지대로 움직이지 않는 것은?

① 평활근 ② 골격근 ③ 심근 ④ 협골근

•해설• 근육의 형태는 심장근, 골격근, 평활근이 있다. 심장근은 심장 벽에 위치하고, 골격근은 팔다리·몸통에 위치하며, 평활근은 장기의 벽 및 내장근에 위치한다.

정답 : ①

---

3 심장근

심장을 구성하는 심근은 횡문근(가로무늬근)이라고 하며 불수의근이다. 신축성이 강하여 심근을 수축시켜 혈액을 신체에 보내주는 역할을 한다. 자율신경의 지배를 받으며 신경이 끊어져도 움직임이 가능하다.

근육의 종류

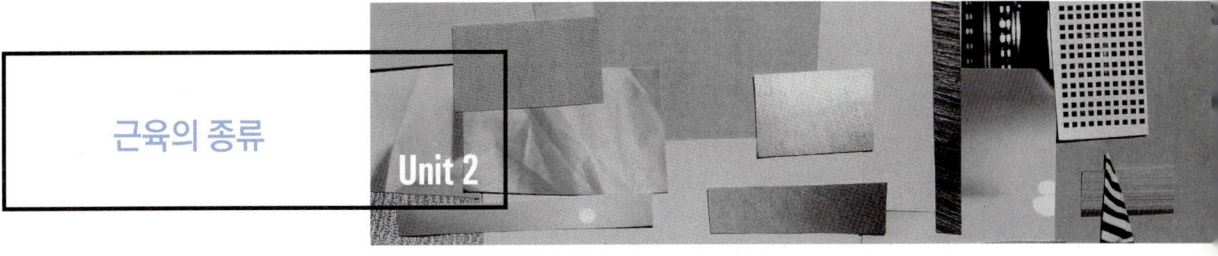

Unit 2

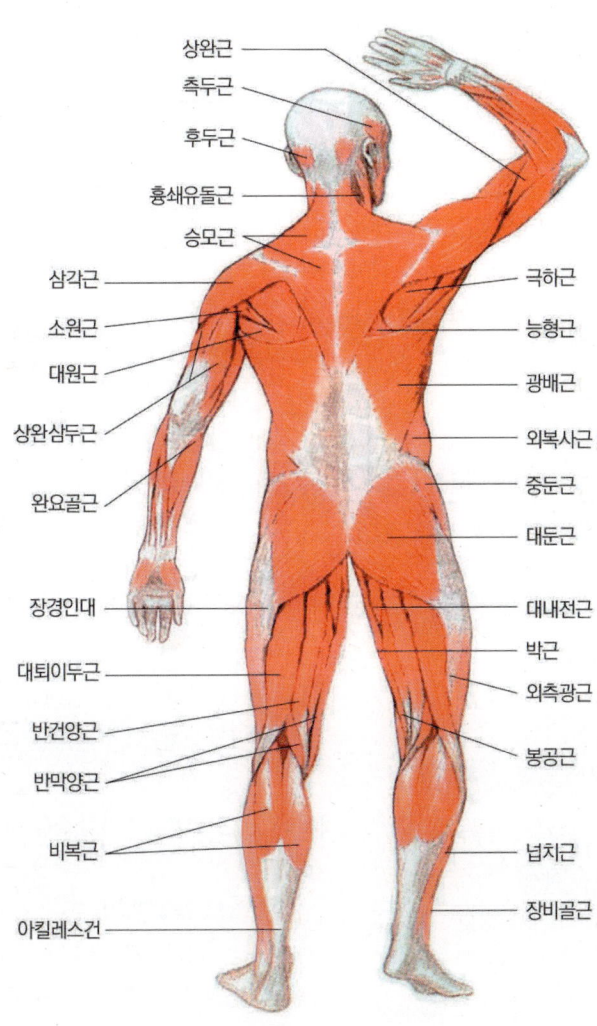

1 안면근육

(1) 두개표근
① 전두근 : 이마에 주름을 형성, 눈썹을 위로 올리는 작용
② 후두근 : 두피를 뒤로 잡아당겨 이마의 주름을 펴 준다.

(2) 눈 주위의 근
① 안륜근 : 눈을 감고 뜨는 작용
② 추미근 : 미간에 주름을 형성하고 눈살을 찌푸리는 작용
③ 상안검근 : 눈 위꺼풀인 상안검을 위로 당겨 눈을 뜨게 한다.
④ 미모하체근 : 눈썹을 밑으로 당긴다.

> **개념잡기**
>
> ◉ 다음 중 눈 주위의 근육에서 눈을 감거나 깜빡거림에 이용하는 근육은?
>
> ① 안륜근   ② 미모하체근   ③ 전두근   ④ 구륜근
>
> ◆해설◆ 안륜근은 눈 둘레를 둘러싸고 있는 눈의 크기를 조절하는 둥근 바퀴 모양의 괄약근으로 눈을 뜨거나 감고 깜빡이는 작용을 한다.
>
> 정답 : ①

(3) 입 주위의 근
① 상순비익근 : 윗입술을 올리는 작용
② 구륜근 : 입을 열고 닫는 작용
③ 소근 : 입꼬리를 당겨 보조개를 형성
④ 구각하제근 : 입꼬리를 아래로 당기는 작용
⑤ 하순하제근 : 아랫입술을 아래로 당기는 작용

(4) 저작근
① 이근 : 승장에 위치하여 턱에 주름이 생기게 한다.
② 교근 : 씹는 작용
③ 측두근 : 측두골의 편평한 부위에서 하악골까지 연결되는 부채 모양의 근육, 교근의 협동근이다.
④ 외·내측 익돌근 : 외측 익돌근은 입 여는 것, 내측 익돌근은 턱 닫는 것을 도와준다.
* 안면근육은 안면근과 저작근으로 나누어지는데 교근, 측두근, 외·내측 익돌근이 저작근에 속한다.

2 목 근육
(1) **광경근** : 목이 전면에 넓게 퍼져 있으며 목의 가장 바깥 근으로 주름을 만든다.
(2) **흉쇄유돌근** : 한쪽이 작용할 때는 고개를 반대로 회전하고 고개를 밑으로 내린다.

3 등 근육
(1) **승모근** : 견갑골을 올리고 내외측 회전에 관여
(2) **광배근** : 상완의 신전, 내전, 내측 회전에 관여
(3) **견갑거근** : 견갑골의 거상에 관여
(4) **척추기립근** : 상체 지지근육으로 장늑근, 극근, 치장근이 있다.

4 흉부 근육(가슴)
(1) **횡격막** : 복식호흡을 주관
(2) **대흉근** : 상완의 굴곡에 내전, 내측회전을 주도하고 흉골과 늑골을 위로 당긴다.
(3) **소흉근** : 견갑골을 전·하방으로 당긴다.

5 복부근(배)
(1) **외복사근** : 척추의 회전과 굴곡, 복부 내장 압박
(2) **내복사근** : 몸통의 굴곡 및 복압 상승 시 작용
(3) **복직근** : 한쪽만 작용 시 척추 외측굴곡, 양쪽이 동시에 작용 시 척추굴곡

6 상지 근육(팔)

(1) 어깨근육
① 삼각근 : 상완의 굴곡, 신전, 외전 및 내외측 회전
② 견갑하근 : 상완의 내측 회전

(2) 상완근
① 상완 삼두근 : 상완 후면부의 근두가 3개인 근육. 전완을 신전시키고, 상완이두근과 상완근의 길항작용을 한다.
② 상완 이두근 : 상완 전면의 근두가 2개인 근육, 전완을 굴곡시키고, 알통을 만드는 근육
③ 상완근 : 전완의 굴곡

7 둔부근(엉덩이)

(1) 둔부근
① 대둔근 : 대퇴의 신전과 외측 회전
② 중둔근 : 대퇴의 외전, 하지 신전 시 외측 회전
③ 소둔근 : 골반이 반대쪽으로 기울어지는 것을 예방

(2) 전대퇴근(허벅지)
① 봉공근 : 대퇴와 하퇴의 굴곡, 대퇴의 외측 회전
② 대퇴직근 : 대퇴의 굴곡, 대퇴의 외측 회전
③ 후대퇴근
 -대퇴이두근 : 대퇴의 신전, 하퇴의 굴곡, 슬관절 반굴곡 시 하퇴의 외측 회전

8 하퇴(다리)의 근육
① 전경골근 : 앞정강근
② 장비골근 : 종아리근
③ 비복근 : 장딴지근
④ 넙치근 : 발꿈치를 올리고 발을 발바닥 쪽으로 굽힌다.

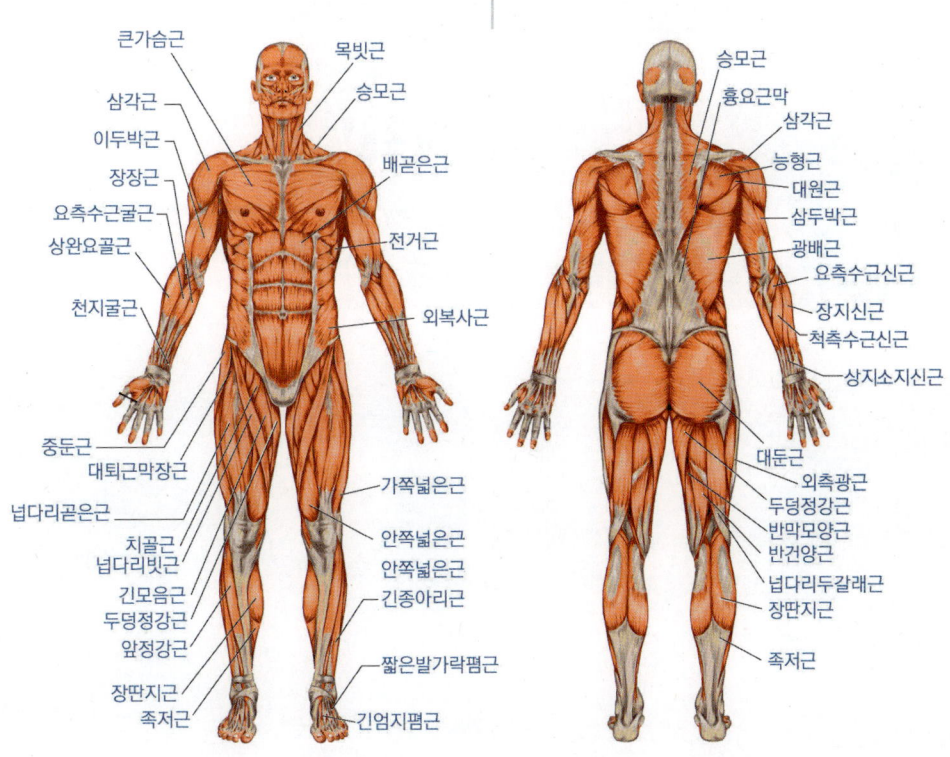

IV 신경계

Unit 1 신경계의 분류

01 신경계

신경계는 중추신경계와 말초신경계로 구분된다. 신경계는 신체의 주요 관리 및 조절계의 하나이며 지각, 기억, 생각을 포함한 모든 정신적 활동의 중추기관이다. 항상성(homeostasis)은 신경계의 활동에 의해 대부분 조절되며 신체의 내부 및 외부 환경의 변화에 대한 반응에 대응하는 능력을 가지고 있다.

1 중추신경계

중추신경계는 뇌와 척수로 구성되어 있다. 정보의 전달과 반응 기능을 가지고 있으며 정신적 활동의 중추 장소이다.

(1) 뇌간

뇌간은 연수, 교뇌 및 중뇌로 구성되어 있다.
① 연수 : 뇌간의 가장 아랫부분이며 척수와 연결된다. 연수는 심박동 및 혈관의 넓이를 조절하고 호흡, 구토, 기침 및 재채기를 조절하는 핵을 포함한다.
② 교뇌 : 연수 바로 위에 있으며 대뇌와 소뇌 사이의 정보를 중계하는 신경핵과 신경로뿐만 아니라 상행로와 하행로가 있다.
③ 중뇌 : 교뇌 바로 위에 있으며 뇌간 중에서 가장 작다. 청각과 시각을 포함한 4개의 조직 융기가

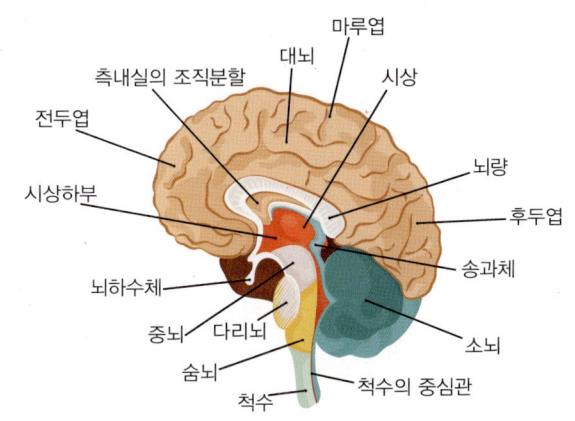

있는데 예를 들어 아주 큰 소리에 고개를 돌린다든지 시선이 물체를 쫓는 것 등이 여기서 조정된다.

(2) 간뇌

뇌간과 대뇌 사이에 있다. 간뇌는 시상과 시상하부로 구성되어 있다. 시상은 간뇌의 가장 상부위이다. 여러 개의 핵으로 구성되어 있다. 시상하부는 여러 개의 핵을 가지며 항상성 유지에 중요하다. 시상하부는 체온, 공복, 갈증을 조절하는 중추적인 역할을 한다. 성적 쾌감, 안락감, 식후 포만감, 분노, 공포 및 스트레스에 대한 반응, 부분적으로는 기억력과 특별한 사람에 대한 특정 향기에 대한 감정적 반응도 가지고 있다. 또한 뇌하수체와 연결되어 호르몬 분비를 제어하여 내분비계

를 통제하는 중요한 역할을 한다.

(3) 대뇌
대뇌는 가장 큰 부위이다. 전두엽은 수의적인 운동 기능, 동기 유발, 공격성, 분위기 등 조절중추가 있다. 두정엽은 통증, 온도, 압력, 맛을 알아내고 평가하는 중심 중추이다. 후두엽은 입력된 시각을 받아들이고 통합하는 기능을 가지고 있으나 다른 엽들과 확실하게 분리되지 않는다. 측두엽은 후각과 청각을 담당하며 기억을 하는 데 중요한 역할을 한다. 측두엽의 전하방 부위를 심리피질이라고 하며 추측하고 판단하는 기능과 밀접한 관련이 있다.

(4) 척수
척수는 두개골저에 대후두공에서부터 제2요추까지 뻗어 있다. 척수신경은 활동전위를 척수로 운반하는 감각신경섬유와 활동전위를 척수로부터 보내는 운동신경섬유로 구성되어 있다.

② 말초신경계
말초신경계는 중추신경 외부에 있는 수용기, 신경, 신경절로 구성되어 있으며, 활동전위를 감각기관으로부터 중추신경계에 전달하는 감각신경과 활동전위를 중추신경계로부터 근육이나 선과 같은 효과기관까지 전달하는 운동신경이 있다. 말초신경계는 구조적으로 12쌍의 뇌신경과 31쌍의 척수신경이 있다.

(1) 체성신경
감각과 골격근으로 운동을 지배한다.
① 뇌신경 : 12쌍의 뇌신경은 뇌로부터 나오며 뇌신경은 일반적으로 감각, 체성운동 및 부교감신경이 있다.
　㉠ 후신경 : 감각신경, 후각
　㉡ 시각신경 : 감각신경, 시각
　㉢ 동안신경 : 운동신경, 안구 운동, 동공 수축
　㉣ 활차신경 : 운동신경, 안구의 후하방운동
　㉤ 삼차신경 : 혼합신경, 각막의 지각, 누선, 상

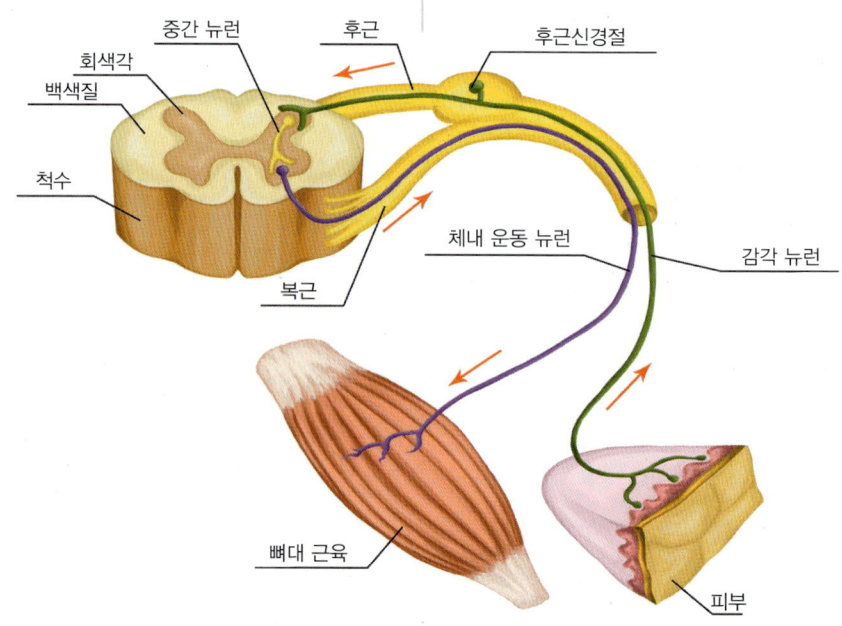

순, 윗니, 혀, 아랫니 지각, 저작운동, 인두 부분의 지각
- ⓑ 외전신경 : 운동신경, 안구의 외측운동
- ⓢ 안면신경 : 혼합신경, 맛 지각, 타액 분비, 누선 분비, 표정
- ⓞ 진정와우신경 : 감각신경, 청각, 평형감각
- ⓩ 설인신경 : 혼합신경, 혀의 맛 감각, 연하, 타액 분비 조절
- ⓧ 미주신경 : 혼합신경, 연하, 가스 교환, 혈압 조절, 장내 반사
- ⓚ 부신경 : 운동신경, 발성, 두부 운동, 어깨 운동
- ⓣ 설하신경 : 운동신경, 대화나 연하 시 혀 운동
② 척수신경 : 척수의 배측근과 복측근이 만나서 형성된 것이며, 감각신경섬유와 체성운동신경섬유인 혼합신경이다. 대부분 척수신경은 자율신경계로부터 나온 신경섬유로 31쌍의 말초신경이 있다.

(2) 자율신경계
자율신경은 12쌍의 교감신경과 8쌍의 부교감신경으로 이루어진다.
① 교감신경 : 심박동수, 호흡수 증가, 땀 분비 촉진, 소화기능 억제
② 부교감신경 : 소화, 배변, 소변, 생리적 자극, 호흡수 감소, 동공 수축

3 신경계의 구조
(1) 중추신경계
① 뇌
② 척추

(2) 말초신경계
① 체성신경계(감각운동, 운동신경) : 감각과 운동 지배
② 자율신경계(교감신경, 부교감신경) : 모든 내장의 활동 지배

개념잡기

◉ 다음 중 중추신경계에 속하지 않는 것은?
① 대뇌   ② 간뇌   ③ 척수   ④ 부신경

•해설• 중추신경계는 뇌간, 대뇌, 간뇌, 척수로 구성된다.

정답 : ④

Unit 2 신경계의 세포

1 신경세포
신경세포 또는 뉴런은 자극을 받아들이고 신경세포는 수상돌기, 세포체, 축삭으로 구성되어 있다. 수상돌기는 전기적 자극을 세포체에 전달하고 축삭은 신경섬유라고 한다. 세포체는 한 개의 핵, 리보솜, 기타 소기관을 가지고 있다.

2 신경교세포
신경교세포는 신경세포를 지지하고 격리한다. 신경교세포는 수가 신경세포보다 많으며 뇌 무게의 절반 이상을 차지한다. 신경교세포는 축삭을 둘러싸고 있는 수초를 형성한다.

3 신경조직의 구성
신경세포체와 수상돌기는 회백질을 형성하며, 회색질인 뇌 표면은 대뇌피질이다. 뇌의 심층에 존재하는 회색질이 밀집된 곳을 핵이라고 한다.

개념잡기

◉ 신경계의 기본 세포 단위는?
① 혈액　　　　② 미토콘드리아
③ DNA　　　　④ 뉴런

•해설• 뉴런(신경원)은 신경계의 자극과 흥분을 전달하는 기본 단위이다.

정답 : ④

• Memo •

V 순환계

혈액

Unit 1

01 혈액

세포들은 대사 활동을 위해 지속적인 영양공급과 노폐물의 처리를 필요로 한다. 심장, 혈관, 혈액으로 구성된 심혈관계는 다양한 조직들을 밀접하게 연결한다.

1 혈액의 기능
혈액은 세포와 세포조각이 액상기질에 부유되어 있는 결합조직이다. 고형성분은 약 45% 정도이고 혈장은 약 5.5% 정도이다. 혈액은 체중의 약 8%를 차지한다.

(1) 운반기능
세포의 산소를 운반하고, 세포로부터 나온 노폐물을 운반한다.

(2) 조절기능
체액과 전해질 균형, 산-염기 균형, 체온 조절기능

(3) 보호기능
혈소판의 응고로 보호기능, 혈액손실 보호

2 혈액 성분
혈액은 액체 성분인 혈구와 고형성분인 혈구 세포로 구성된다. 산소가 부족할수록 짙고 검푸른색을 띤다.

(1) 혈장
옅은 노란색을 띠며, 단백질, 철분을 함유하고 있는 액체 성분이다. 혈장 단백질은 알부민, 여러 가지 응고인자와 항체가 있다.

(2) 혈구 세포 : 적혈구, 백혈구, 혈소판
① 적혈구 : 적혈구는 남성의 경우 120일, 여성은 110일을 전후하여 수명을 다하게 된다. 적혈구의 가장 중요한 기능은 산소를 운반하고, 이산화탄소를 조직으로부터 폐로 운반하는 것이다. 산소 운반은 헤모글로빈이 담당하는데 헤모글로빈은 햄(heme)이라고 하는 붉은 색소 분자와 글로빈(globin)이라고 하는 단백질 사슬로 구성된다. 각각의 햄 분자는 철을 함유한다. 헤모글로빈이 산소에 노출되면 산소분자는 철과 결합한다.

② 백혈구 : 백혈구는 구상 세포로서 헤모글로빈을 함유하지 않으므로 무색이다. 백혈구는 죽은 세포들과 이물질들을 식균작용에 의해 조직으로부터 제거한다.

③ 림프구 : 인체 면역 반응에 매우 중요한 역할을 한다. 항체와 다른 화학 물질들을 생성하여 미생물을 파괴하고 알레르기 반응에 기여한다. 또한 조직 이식을 거부하고 종양을 다스리고 면역계통을 조절한다.

④ 혈소판 : 세포막으로 혈소판은 혈액손실을 방지하는 데 중요한 역할을 한다.

(3) 혈구의 생성
혈구 세포는 적골수에서 만들어지며, 조혈작용이라고 한다.

> **개념잡기**
>
> ◉ 혈액 중 혈액 응고에 주로 관여하는 세포는?
> ① 백혈구   ② 적혈구   ③ 혈소판   ④ 림프구
>
> •해설• 혈소판은 혈액의 유형성분인 혈구의 하나로 혈액의 응고나 지혈작용에 관여한다.
>
> 정답 : ③

심장과 혈관

Unit 2

1 심장
(1) 심장의 구조
심장은 2개의 방과 2개의 실로 이루어져 있다.

(2) 혈류의 방향
우심방 - 삼천판 - 우심실 - 폐동맥판 - 폐동맥 - 폐모세혈관 - 폐정맥 - 좌심방 - 이첨판 - 좌심실 - 대동맥판 - 대동맥

(3) 폐순환
우심방 - 대정맥 - 우심실 - 폐

(4) 체순환
폐정맥 → 좌심실 → 대동맥

2 혈관
혈관은 내막, 중막, 외막으로 구성되며, 모세혈관은 제외한다. 전신으로 혈액을 보내고, 수축과 이완을 통해 자유롭게 굵기가 변화하며, 혈액과 조직액 사이 물질 교환 및 혈액을 저장한다.

> **개념잡기**
>
> ◉ 혈액과 조직액 사이에서 산소와 영양을 공급하고 이산화탄소와 대사 노폐물이 교환되는 혈관은?
> ① 동맥　② 정맥　③ 모세혈관　④ 림프관
>
> **해설** 모세혈관은 확산에 의해 혈액과 조직 사이에서 산소, 이산화탄소, 영양분 및 기타 물질교환을 진행하는 혈관이다.
>
> 정답 : ③

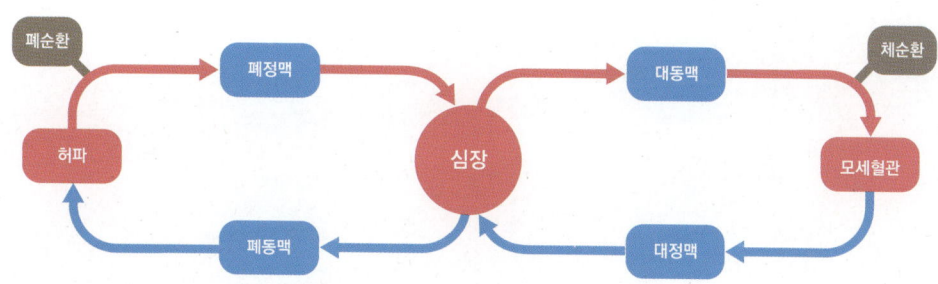

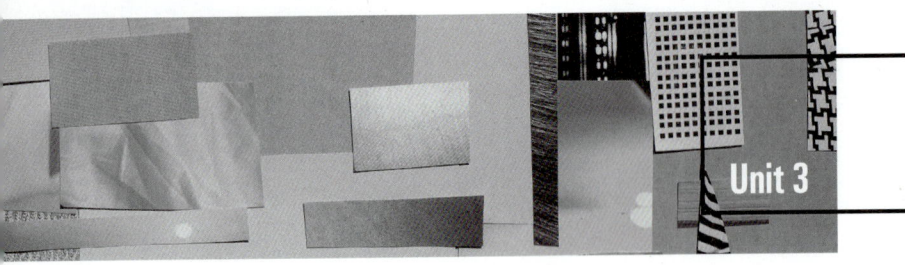

림프순환

Unit 3

1 림프

림프조직은 질병을 방어하고 면역력을 증대시킨다. 림프관은 단층 상피조직으로 구성되어 있다.

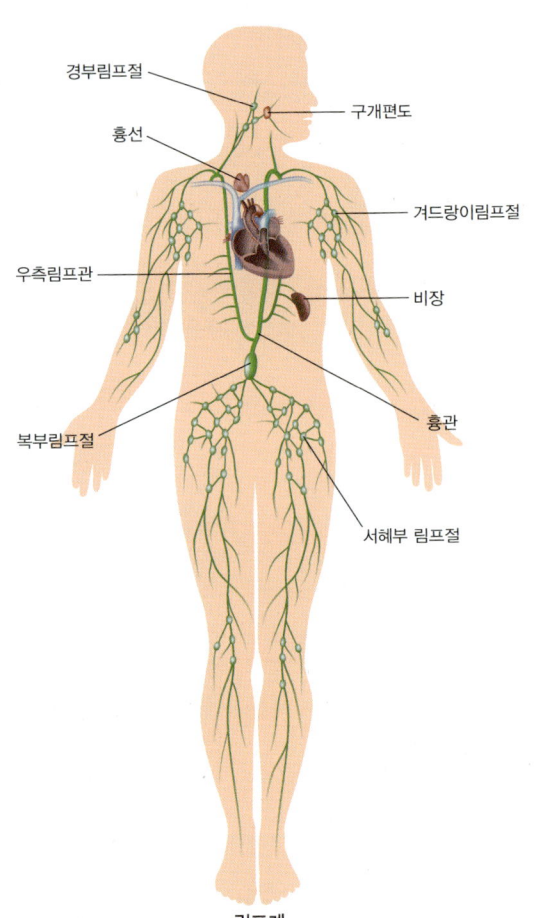

림프계

2 림프기관

(1) **림프절** : 경부, 액와, 서혜부에 존재한다.

(2) **편도** : 인후에 있는 림프절

(3) **흉선** : 흉골 뒤 갑상선 아래쪽 상부 흉곽에 위치, 사춘기 이후에 퇴화한다.

(4) **비장** : 비장은 신체에서 가장 큰 림프기관이다. 혈액 정제 과정 이외에도 혈액 저장, 수명이 다한 적혈구 파괴, 적혈구 생산을 한다.

개념잡기

◎ 림프계를 구성하는 기관으로 옳지 않은 것은?
① 편도   ② 림프절
③ 비장   ④ 간

•해설• 림프기관은 림프절, 흉선, 비장, 편도로 구성된다.

정답 : ④

• Memo •

VI 소화기계

소화기계

01 소화기계

섭취한 음식물과 그 속에 함유되어 있는 여러 가지 영양소를 흡수하기 쉬운 상태로 변화시키는 작용

1 소화기계의 종류
(1) 소화관
입 → 인두 → 식도 → 위 → 소장 → 대장 → 항문

(2) 간
① 영양물질의 합성
② 해독 작용
③ 담즙 분비
④ 혈액 응고에 관여

(3) 쓸개
간에서 분비되나 쓸개즙을 보관 후, 십이지장으로 이동하여 췌장의 프로리파아제를 리파아제로 변환시켜 지방의 소화를 돕는다.

(4) 췌장(이자)
① 외분비 : 이자액 분비(트립신, 아밀라아제, 리파아제)
② 내분비 : 호르몬 분비(인슐린, 글루카곤)

2 소화 과정
(1) 입에서의 소화
음식물이 입안에 들어오면 반사적으로 침샘에서 침을 분비하며 침 속에는 아밀라아제라는 소화 효소가 들어 있어 녹말을 엿당과 덱스트린으로 분해한다.
　① 저작 : 음식물을 잘게 부숴 침과 섞는 과정
　② 연하 : 입안에서 저작된 음식물 덩어리가 인두에서 식도로 내려가는 과정

(2) 위에서의 소화
　① 위액 성분 : 염산, 펩시노겐, 뮤신(점액)
　② 위의 운동 : 분절 운동, 연동 운동

(3) 소장에서의 소화
　① 약 6~7m에 이르는 길이가 긴 구조로 십이지장, 공장, 회장으로 이루어져 있다.
　② 영양소의 주 흡수가 일어나는 곳이다.

(4) 소화액 분비 원리
　① 산성 음식물 → 세크레틴 분비 → 혈관계 → 췌장에 도달 → 췌장액 분비
　② 음식물 자극 → 콜레시스토키닌 분비 → 혈관계 → 쓸개즙, 장액 분비

3 소화의 종류

(1) 기계적 소화

소화관의 운동에 따른 물리적 작용 → 저작, 연동, 분절

(2) 화학적 소화

소화 효소의 가수분해 작용

4 영양분의 소화분해 효소

① 단백질의 분해 효소 : 트립신, 펩신

② 지방의 분해 효소 : 리파아제

③ 탄수화물의 분해 효소 : 프티알린, 아밀라아제

개념잡기

◉ 췌장에서 분비되는 단백질 분해 효소는?

① 펩신　　　　　　② 트립신
③ 아밀라아제　　　④ 리파아제

해설 췌장에서 분비되는 분해 효소로는 트립신(단백질 분해), 아밀라제(탄수화물 분해), 리파아제(지방 분해)가 있다. 펩신은 위에서 분비되는 단백질 분해 효소이다.

정답 : ②

• Memo •

내분비계

VII

내분비계 Unit 1

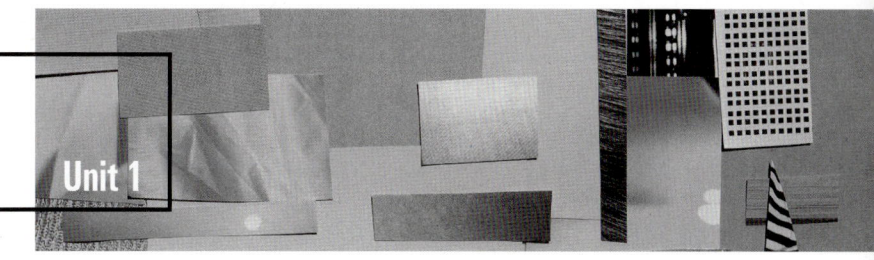

01 내분비계

우리 몸의 조절기관인 내분비계는 순환계를 통한 호르몬의 작용으로 기관을 조절한다. 신경계보다 느리게 반응하고 장기간의 효과를 낸다.

1 내분비선과 외분비선

(1) 외분비선
침샘, 땀샘과 같은 선세포에서 만들어진 분비물질이 도관을 통해 몸의 표면이나 표적기관으로 직접 분비되는 것

(2) 내분비선
물질대사를 조절하고 신체의 항상성을 유지하며 발육과 성장을 조절하는 물질인 호르몬을 생산하는 기관

2 뇌하수체

(1) 전엽
성장, 유선 자극, 부신피질 자극, 갑상선 자극, 난포 자극, 황체 형성 호르몬

(2) 중엽
멜라닌 색소 자극 호르몬

(3) 후엽
항이뇨, 분만 촉진(옥시토신) 호르몬

3 췌장 호르몬

(1) 인슐린
이자(췌장)의 랑게르한선의 B 세포에서 분비되는 호르몬으로 혈액 속의 포도당량을 일정하게 유지시킨다.

(2) 글루카곤
이자(췌장)에서 합성, 분비되는 호르몬으로 인슐린과 반대 작용을 하는 단백질성 호르몬이다.

4 갑상선 호르몬

(1) 티록신
갑상선에서 생산되는 호르몬으로 세포 대사작용을 조절한다.

(2) 칼시토신
생체 내의 칼슘 이온농도의 항상성을 조절하는 데 관여한다.

5 생식선

(1) 정소 : 고환(테스토스테론 분비)

(2) 난소 : 에스트로겐, 프로게스테론 분비

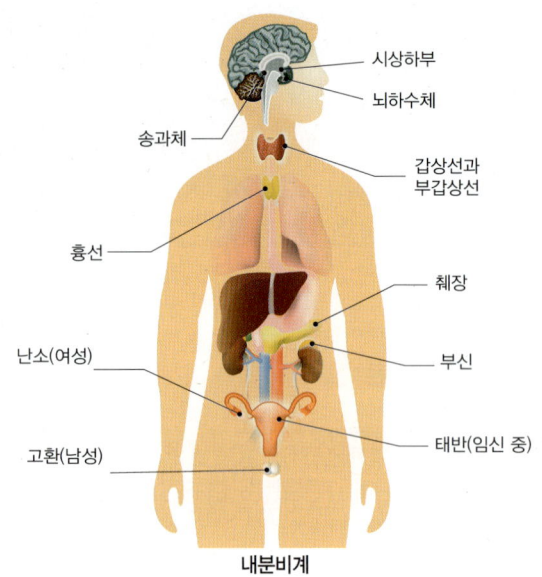

내분비계

> **개념잡기**

◉ 다음 중 내분비기관에 속하지 않는 장기는?

① 뇌하수체 ② 흉선 ③ 갑상선 ④ 전립선

해설 내분비기관은 호르몬(화학적 신호 전달 물질)의 작용으로 기관을 조절하며, 내분비기관에 속하는 장기로는 뇌 부위의 뇌하수체, 경부의 갑상선, 흉강부의 흉선, 골반부의 췌장, 난소 등이 있다.

정답 : ④

• Memo •

VIII 비뇨생식계

신장과 배뇨 Unit 1

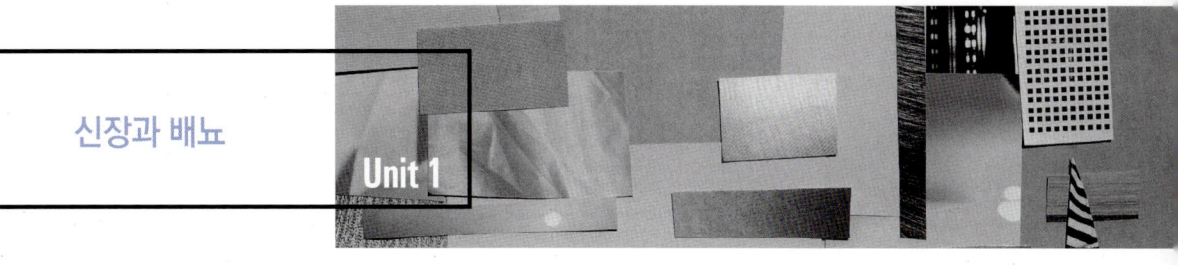

1 신장

(1) 신장의 특징
신장은 단단한 결합조직으로 좌·우 한 쌍이 있다. 피질, 수질, 신우로 구분된다.

(2) 신장의 기능적 기본 단위 : 네프론(nephron, 신원)

(3) 신장의 기능
① 요 생성 및 배설
② 혈액 내 대사물질 제거
③ 삼투압, pH 조절
④ 체내의 항상성 유지

(4) 신원
신원은 신장의 기능적 단위이며 소변 형성의 단위이다.
① 사구체 여과 : 사구체는 24시간 동안 178L를 여과한다.
② 세뇨관 재흡수 : 여과된 수분을 다시 흡수하여 세뇨관에서 세뇨관 주변의 모세혈관으로 재흡수한다.
③ 세뇨관 분비 : 세뇨관 주위 모세혈관에서 세뇨관으로 소량의 특정한 물질만을 분비한다.

(5) 배뇨의 구조와 기능
① 요관 : 신장과 방광을 연결한다.
② 방광 : 소변의 저장소이다.
③ 이뇨 : 배뇨라고 하며 방광벽을 신전시키는 것이다. 부교감신경에 의해 평활근이 수축하도록 하고, 체성운동신경에 의해 외괄약근의 이완을 유도한다.
④ 요도 : 소변을 방광에서 체외로 운반하는 관이다.

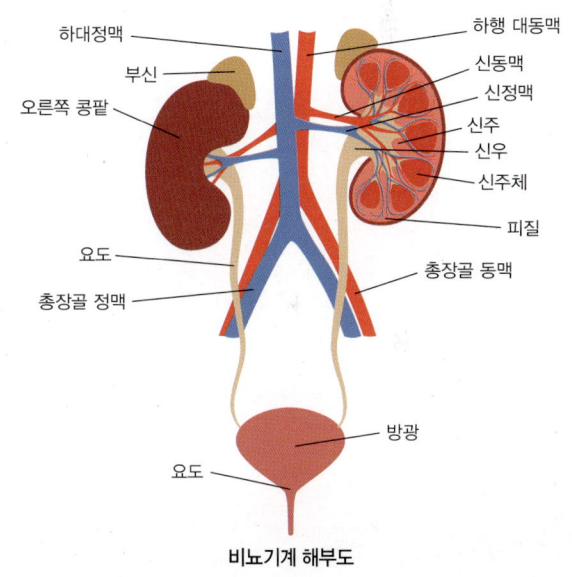

비뇨기계 해부도

개념잡기

◉ **다음 중 신장의 기능으로 옳지 않은 것은?**

① 노폐물 제거
② 비타민 흡수
③ 각종 호르몬 분비
④ 수분과 전해질 및 삼투압 농도 조절

•해설• 신장은 칼슘과 인의 흡수를 촉진한다.

정답 : ②

◉ **오줌의 배출 순서로 바른 것은?**

① 신장 → 방광 → 요관 → 요도
② 요도 → 방광 → 요관 → 신장
③ 요관 → 신장 → 요도 → 방광
④ 신장 → 요관 → 방광 → 요도

•해설• 요의 배출 순서는 신장 → 요관 → 방광 → 요도이다.

정답 : ④

생식기계

1 남성 생식기계

(1) **정소** : 남성의 성선, 테스토스테론 분비

(2) **생식관** : 생식관을 따라 정자가 이동하며, 2개의 부고환, 2개의 정관, 2개의 사정관, 1개의 요도가 있다.

(3) **정액** : 약 5천만~1억 개의 정자와 부속기관의 분비물, 2~6ml

(4) **외생식기** : 요도와 정액이 몸 밖으로 운반되는 성교기관이다.

(5) **남성의 성반응** : 발기 → 사출 → 사정 → 오르가즘

(6) **남성호르몬** : 안드로겐이라고 하며, 그중 가장 중요한 것은 테스토스테론이다. 일차성징(정자 생산, 음경의 성장), 이차성징(수염, 변성기, 근골격계)에 관여한다.

2 여성 생식기계

(1) **난소** : 자궁의 양 옆에 위치, 200만 개 정도의 난포를 가지고 태어난다.

(2) **배란** : 한 달에 한 번 난포는 파열된다. 이런 배출을 배란이라고 한다.

(3) **난소호르몬** : 에스트로겐은 여성 생식기관과 유방을 발달시킨다.

(4) **외생식기** : 대음순, 소음순, 클리토리스, 질정선을 포함한다.

(5) **여성의 성반응** : 성적 자극에 의해 클리토리스 내의 발기조직과 질개구부 주변의 조직이 확장되어 부교감신경계의 영향으로 질이 확장되고 분비물이 배출된다. 여성이 오르가즘을 느끼지 못해도 임신과는 무관하다.

Chapter 02 해부생리학 기출문제

01 인체의 생태학적 구성 단계를 순서에 맞게 나열한 것은?

① 세포 〈 조직 〈 기관 〈 계통
② 세포 〈 계통 〈 기관 〈 조직
③ 조직 〈 기관 〈 계통 〈 세포
④ 계통 〈 기관 〈 조직 〈 세포

> **해설** 세포(Cell)는 모든 동식물의 기본적인 생체단위이고 조직(tissue)은 비슷한 구조와 기능을 가진 세포군과 세포외 물질이다. 또한 기관(Organ system)은 기능의 단위로 분류되는 집합이다. 기관은 약 11개의 피부계, 골격계, 근육계, 신경계, 내분비계, 순환기계, 림프계, 호흡기계, 소화기계, 비뇨기계, 생식기계 등으로 구분할 수 있다.

02 인체 구조의 단계에 대한 설명 중 옳지 않은 것은?

① 세포 : 생물의 기능적, 구조적 기본 단위
② 계통 : 기관이 모여 같은 기능을 하는 체계
③ 기관 : 같은 형태나 기능을 가진 세포의 모임
④ 개체 : 기관계의 질서 정연한 정렬로 조화와 통일을 이룬 독립적인 생명체

> **해설** 기관(Organ system)은 기능의 단위로 분류되는 집합이다.

03 인체는 몇 개의 뼈로 구성되어 있는가?

① 204 ② 206
③ 240 ④ 260

> **해설** 인체는 약 206개의 골과 이와 관련된 연골로 구성된다.

04 뼈에 대한 설명으로 옳지 않은 것은?

① 뼈는 체중의 15~20%를 차지한다.
② 뼈 조직은 치밀골과 해면골로 나뉜다.
③ 뼈의 성장에는 성장호르몬, 부갑상선 호르몬, 비타민 D 등이 관여한다.
④ 골단에서 혈액세포를 생성한다.

> **해설** 뼈 속의 골수(적골수)에서 혈액세포를 생성한다.

05 수근골은 어느 부위를 말하는가?

① 손가락뼈
② 발가락뼈
③ 손허리뼈
④ 손목뼈

> **해설** 수근골은 손목에 있는 8개(주상골, 월상골, 삼각골, 두상골, 대능형골, 소능형골, 유두골, 유구골)의 짧고 작은 뼈이다.

06 세포에서 ATP 생성과 합성에 관여하며, 세포 내 호흡을 담당하는 물질은?

① 리소좀
② 세포질
③ 미토콘드리아
④ 핵

> **해설** 미토콘드리아는 세포 내 호흡과 ATP 생성합성에 관여한다.

정답 1 ① 2 ③ 3 ② 4 ④ 5 ④ 6 ③

07 세포의 구성요소 중 핵에 대한 설명으로 옳은 것은?

① 세포의 대사활동을 담당한다.
② 단백질의 합성과 성장을 조절한다.
③ 세포를 출입하는 물질들의 통과를 선택적으로 조절한다.
④ 노폐물을 분해·처리하는 역할을 한다.

• 해설 • 핵은 세포의 대사, 단백질 합성, 성장 및 분열을 조절하는 조절센터인 동시에 유전자의 정보센터로서 세포의 생활을 지배한다.

08 골격의 기능으로 옳지 않은 것은?

① 저장기능
② 운동기능
③ 감각기능
④ 조혈작용

• 해설 • 골격은 인체에서 가장 기본적인 형태를 이룰 수 있도록 체중을 지지 및 신체 내부의 장기를 보호한다. 그리고 뼈 속의 골수에서 혈액을 생성하는 조혈작용과 칼슘, 인과 같은 무기질을 뼈 속에 저장한다. 또한 근육의 수축과 이완으로 인체를 움직이게 한다.

09 심근에 대한 설명으로 옳은 것은?

① 자신의 의지대로 움직일 수 있는 불수의근이다.
② 인체에서 가장 운동량이 많고 탄력 있는 근육이다.
③ 일정한 무늬가 없는 민무늬근이다.
④ 여러 장기의 내장이나 혈관벽을 구성하여 내장근이라고도 한다.

• 해설 • 심근은 불수의근으로 자신의 의지대로 움직일 수 없고 운동량이 많고 탄력이 있는 가로무늬근에 속한다.

10 장골에 해당하지 않는 것은?

① 대퇴골
② 상완골
③ 견갑골
④ 경골

• 해설 • 장골은 길이가 긴 뼈로 대퇴골, 상완골, 요골, 척골, 비골, 경골이 해당된다.

11 손의 근육에 대한 설명으로 옳은 것은?

① 외전근은 손가락을 붙이고 구부리는 역할을 한다.
② 회내근은 손을 안쪽으로 돌려 손등이 위를 보게 하는 근육이다.
③ 신근은 내전에 관여하는 근육이다.
④ 지절 관절간 운동 범위는 45°이다.

• 해설 • 회내근은 손등을 위로 향하고 엄지가 안쪽으로 움직이게 작용한다.

12 뼈와 근육을 연결시키는 조직은 무엇인가?

① 평활근
② 힘줄
③ 연골
④ 인대

• 해설 • 근육이 뼈에 붙을 때 직접 부착되기도 하지만 대부분 힘줄을 통해 부착된다.

정답 7 ② 8 ③ 9 ② 10 ③ 11 ② 12 ②

13 손의 골격 중 중수골은 몇 개의 뼈로 구성되어 있는가?

① 14개
② 10개
③ 8개
④ 27개

> •해설• 중수골은 손허리뼈라고 불리며 손목뼈와 손가락뼈 사이에 있는 5쌍, 총10개의 손뼈이다.

14 발의 근육 중 발뒤꿈치의 후면에 위치하며 발을 밑으로 당기는 기능을 하는 근육은?

① 가자미근
② 비복근
③ 단지신근
④ 단비골근

> •해설• 비복근은 종아리 후면에 두 갈래로 갈라져 내려오는 근육으로 무릎 위 넓적다리뼈에서 시작해 뒤꿈치까지 닿는다.

15 신경계에 대한 설명으로 옳지 않은 것은?

① 신경계의 구조 및 기능상의 기본 단위는 뉴런이다.
② 중추신경계와 말초신경계로 나뉜다.
③ 교감신경은 불수의적 활동에 관여한다.
④ 뇌신경은 31쌍, 척수신경은 12쌍으로 구성되어 있다.

> •해설• 말초신경계의 체성신경계는 12쌍의 뇌신경과 31쌍의 척수신경으로 구분된다.

16 뇌에 대한 설명 중 옳은 것은?

① 대뇌가 전체의 50%를 차지한다.
② 소뇌가 사람의 개성을 결정한다.
③ 연수는 평행 유지, 자세 조정, 운동기능을 조절한다.
④ 간뇌는 자율신경계와 뇌하수체 기능을 조절한다.

> •해설• 대뇌는 감각과 수의 운동의 중추이며 학습, 기억, 판단 등의 정신활동에 관여하고 소뇌는 자세를 주관하는 운동중추이며, 수의근 조정에 관여한다. 중뇌는 시각과 청각의 반사 중추이며 간뇌는 감각 연결의 중추신경이다.

17 뼈의 성장을 이르는 말은 무엇인가?

① 골화
② 유화
③ 동화
④ 연화

> •해설• 뼈의 형성은 섬유성 골화와 연골성 골화로 구분된다.

18 세포의 구조에 대한 설명 중 바른 것은?

① 세포핵은 세포의 대사활동을 담당한다.
② 리보솜은 매우 작은 소체로서 세포 내의 소화기관이다.
③ 내형질 세망은 핵막에서 기원한 소기관으로 세포 외부, 내부의 교통통로이다.
④ 골지체는 유전자를 복제하거나 유전정보를 저장한다.

> •해설• 내형질세망은 세포질 내에 막들을 연결하며 물질을 운반하는 통로이다.

정답 13 ② 14 ② 15 ④ 16 ④ 17 ① 18 ③

19 뼈의 바깥 면을 덮고 있는 두껍고 치밀한 결합 조직의 명칭은?

① 골 조직
② 골수강
③ 골막
④ 골단

> **해설** 골막은 뼈의 가장 바깥을 감싸는 결합조직으로 뼈를 보호하고 인대와 근육이 부착되어 있다.

20 발과 다리의 근육에 해당되지 않는 근육은?

① 단지신근
② 전경골근
③ 삼각근
④ 비복근

> **해설** 삼각근은 어깨 세모근으로 불리며 상완의 굴곡을 형성하며 견관절을 덮고 어깨의 둥근 부위를 형성한다.

21 교감신경이 흥분 상태일 때의 인체 변화로 바르지 않게 짝지어진 것은?

① 동공 - 확대
② 기관지 - 확대
③ 위액 - 증가
④ 박동수 - 증가

> **해설** 교감신경이 활성화되었을 때는 심장박동 촉진 → 혈관 수축 → 혈압 상승 → 동공 확대 → 호흡운동 촉진 → 침 분비 억제 → 소화관운동 억제 → 땀 분비 억제 → 현상이 나타난다.

22 자율신경계에 대한 설명으로 옳은 것은?

① 교감신경은 척수의 왼쪽 부분에 위치한다.
② 교감신경은 신체 에너지를 보존하고 회복시키는 데 관여한다.
③ 부교감신경은 운동과 감각기능을 조절한다.
④ 교감신경과 부교감신경은 같은 장기에 분포하며 길항 작용을 한다.

> **해설** 교감신경과 부교감신경은 서로 반대되는 길항작용을 수행한다.

23 골격계의 기능이 아닌 것은?

① 보호기능
② 저장기능
③ 지지기능
④ 체열 생산기능

> **해설** 골격계의 기능은 지지기능, 저장기능, 보호기능, 조혈기능, 운동기능 등이 있고, 체열 생산기능을 하는 것은 근육계의 기능이다.

24 인체의 구성 요소 중 기능적·구조적 최소단위는?

① 조직
② 기관
③ 계통
④ 세포

> **해설** 세포는 인체의 구성요소 중에서 기능적·구조적 최소단위이다.

정답 19 ③ 20 ③ 21 ③ 22 ④ 23 ④ 24 ④

25 담즙을 만들며, 포도당을 글리코겐으로 저장하는 소화기관은?

① 간
② 위
③ 충수
④ 췌장

> •해설• 간은 담즙의 생성과 분비, 글리코겐·지질·지용성 비타민, 철분 등의 저장, 대사노폐물·독소의 해독작용 등의 기능을 한다.

26 신경계에 관련된 설명이 옳게 연결된 것은?

① 시냅스 - 신경조직의 최소단위
② 축삭돌기 - 수용기세포에서 자극을 받아 세포체에 전달
③ 수상돌기 - 단백질을 합성
④ 신경초 - 말초신경섬유의 재생에 중요한 부분

> •해설•
> • 뉴런 : 신경조직의 최소단위
> • 축삭돌기 : 세포체에서 다른 세포체로 자극 전달
> • 수상돌기 : 외부자극을 세포체에 전달
> • 축삭돌기 : 세포체에서 다른 세포체로 자극 전달

27 두부의 근을 안면근과 저작근으로 나눌 때 안면근에 속하지 않는 근육은?

① 안륜근
② 후두전두근
③ 교근
④ 협근

> •해설• 저작근의 종류 : 교근, 측두근, 내·외측익 돌근

28 근육에 짧은 간격으로 자극을 주면 연축이 합쳐져서 단일 수축보다 큰 힘과 지속적인 수축을 일으키는 근 수축은?

① 강직(contraction)
② 강축(tetanus)
③ 세동(fibrillation)
④ 긴장(tonus)

> •해설• 강축은 짧은 간격으로 자극을 받으면 연축이 합쳐져서 단일 수축보다 큰 힘과 지속적인 수축을 일으키는 근 수축을 말한다.

29 조직 사이에서 산소와 영양을 공급하고, 이산화탄소와 대사 노폐물이 교환되는 혈관은?

① 동맥(artery)
② 정맥(vein)
③ 모세혈관(capillary)
④ 림프관(lymphatic vessel)

> •해설• 모세혈관은 동맥과 정맥을 연결하여 혈액과 조직 간 질액 사이에서 물질교환을 통해 산소와 영양을 공급하고 이산화 탄소와 대사 노폐물을 받아들인다.

정답 25 ① 26 ④ 27 ③ 28 ② 29 ③

• Memo •

03

피부미용기기학

I. 피부 미용기기 및 도구

피부 미용기기 및 도구

I

기본 용어와 개념
Unit 1

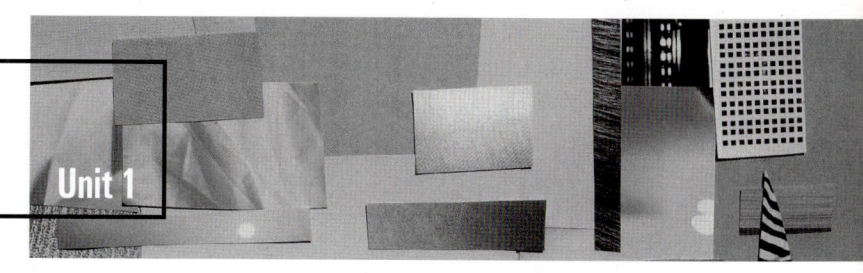

1 물질
(1) 물질의 정의
① 물질은 일정한 공간을 차지하면서 질량을 가지고 있으며, 모든 물질은 원자 및 분자로 구성되어 있다. 또한 물질은 압력과 온도에 따라 고체, 액체, 기체 상태로 존재한다.
② 물질은 순물질과 혼합물로 나뉜다.

(2) 순물질
같은 성질의 물질로만 이루어져 있고, 물리적, 화학적 성질이 일정하다.
① 홑원소 물질(원소) : 한 종류의 원소로 이루어진 물질을 말한다.
  예) 수소(H_2), 철(Fe)
② 화합물 : 두 종류 이상의 화학원소가 결합하여 만들어진 화학물질을 말한다.
  ㉠ 화합물의 원소들은 본래의 성질을 잃고 새로운 하나의 화합물이 되어 일정한 집합의 특성을 가지게 된다.
  예) 물, 염화나트륨, 암모니아

2 물질의 상태
① 물질은 고체, 액체, 기체로 존재하며 물질의 온도와 압력에 따라 다르다.
② 원자는 물질을 이루는 가장 작은 단위이며, 원자핵(양성자와 중성자)과 전자로 구성되어 있다.
③ 원자는 양(+) 전하를 띠고 있는 원자핵과 음(-) 전하를 띠고 있는 전자로 이루어져 있으며, 원자핵의 양(+) 전하와 전자의 음(-) 전하량은 같기 때문에 전기적으로 중성을 나타낸다.

> **개념잡기**
>
> ◉ 다음 중 원자에 관한 설명으로 틀린 것은?
> ① 물질을 이루는 가장 작은 단위이다.
> ② 음전하를 띤 원자핵과 양전하를 띤 전자로 구성된다.
> ③ 원소는 원자로 구성된다.
> ④ 전자는 에너지 궤도에서 핵 주위를 돈다.
>
> •해설 원자는 양전하를 띤 원자핵과 음전하를 띤 전자로 구성된다.
>
> 정답 : ②

3 원자 간의 결합방법
(1) 이온 결합
전자를 버리려는 금속 원자와 전자를 얻으려는 비금속의 결합이다.

(2) 공유 결합
전자를 빼앗으려고만 하는 비금속끼리의 결합이다. 힘이 비슷해서 서로의 전자를 빼앗지 못하고 공유를 하게 된다.

(3) 금속 결합
전자를 버리려는 금속끼리의 결합이다.

4 이온
① 중성인 원자가 전자를 얻어 음(-) 전하를 띠거나, 전자를 잃고 양(+) 전하를 띠는 상태를 이온이라고 한다.
② 양이온은 원자가 전자를 잃어버리고 양(+) 전하를 띠는 것이다.
③ 음이온은 원자가 전자를 얻고 음(-) 전하를 띠는 것이다.
④ 같은 전하의 이온은 서로 밀어내고 다른 전하의 이온은 서로 끌어당긴다.
⑤ 원소기호의 오른쪽 위에 얻거나 잃은 전자수를 (+) 또는 (-) 부호를 붙여 나타낸다.

5 전기
(1) 전기란?
전자의 이동으로 생기는 에너지의 한 형태이다. 전자의 이동방향은 (-)극에서 (+)극으로 이동한다.

(2) 전기의 발생
물체를 마찰시키면 한쪽 물체에서 다른 쪽 물체로 전자가 이동하여 물체는 전기를 띠게 된다. 전자를 얻은 물체는 (-) 전기를 띠고 전자를 잃은 물체는 (+) 전기를 띤다. 전기 발생에는 정전기와 동전기가 있다.

(3) 전기의 분류
① 정전기 : 마찰전기라고도 하며 물체가 외부와의 마찰이나 특별한 힘을 받았을 때 한쪽으로 전하들이 몰리면서 그 물체에 생기는 전기를 말한다.
  예 옷 벗을 때 생기는 전기, 빗을 이용하여 머리카락을 빗을 때 생기는 전기 등
② 동전기 : 움직이는 전기를 동전기라 하며, 화학적 반응이나 자기장에 의해 발생하는 전기를 말한다. 크게 교류전기, 직류전기, 맥류전기로 나눈다.
③ 전압 : 전류를 흐르게 하는 압력으로 전위차를 말한다. (볼트 : Volt)
④ 저항 : 전류의 흐름을 방해하는 정도를 나타낸다. (옴 : Ohm)
⑤ 방전 : 충전되어 있는 전지로부터 전류가 흘러 전기가 소비되어 버린 것
⑥ 퓨즈 : 전류가 전선에 과도하게 흐르는 것을 자동적으로 차단하는 장치
⑦ 반도체 : 전기가 통하는 도체와 부도체의 중간 영역 예 규소, 게르마늄
⑧ 전도체 : 전류가 쉽게 통하는 물질 예 금속, 전해질, 탄소, 인체, 네온가스
⑨ 부도체 : 전기가 통하지 않는 물질 예 플라스틱, 고무, 나무, 유리
⑩ 누전 : 전기의 일부가 전선 밖으로 새어 나와 흐르는 것
⑪ 변압기 : 교류회로를 다른 전압으로 바꾸는 데 사용된다.

개념잡기

◉ 플라스틱, 고무, 나무 등과 같이 전기 또는 열에 대한 저항이 커서 전기나 열을 전달하지 못하는 것을 무엇이라고 하는가?

① 쿨롱 ② 도체 ③ 부도체 ④ 정류기

•해설• 전기가 통하지 않는 물체는 부도체이다.

정답 : ③

(4) 쿨롱의 법칙
두 전하 사이에 작용하는 힘의 크기는 두 물체가 갖는 전하량의 곱에 비례하며 거리제곱에 반비례한다.
① 쿨롱 : 전하량의 단위 C
② 1C : 1A로 흐르는 도선의 단면을 1초 동안 지나가는 전하량을 말한다.

(5) 전류의 분류
① 직류(D.C) : 갈바닉 전류라고도 하며 전류가 흐르는 방향이 시간의 흐름에 따라 변하지 않는 전류를 말한다.
② 교류(A.C) : 전류의 방향과 크기가 시간의 흐름에 따라 주기적으로 변하는 전류를 말한다.

Unit 2 피부 미용기기의 종류 및 사용법

1 피부미용기기 종류

(1) 안면기기의 종류

① 피부진단기기의 종류 및 기능

스킨스코프	모니터를 보면서 고객과 함께 상담하면서 피부를 진단·분석하는 기계이다. 두피, 피부 모두 가능하다.
우드램프	형광램프를 통해 색깔별로 피부 타입을 알아보는 피부분석기기이다. 어두운 곳에서 실시한다.
유분 측정기	유분의 정도를 알아보는 측정기이다.
수분 측정기	수분의 함량을 측정하여 건성의 여부를 알아본다.
pH 측정기	피부의 산성도와 알칼리도를 측정한다.
확대경	모공의 크기를 확대해서 피지를 잘 짜는 데 사용한다.

② 클렌징, 딥클렌징 기기의 종류

전동브러시 (프리마톨)	천연양모의 브러시를 이용하여 모공의 피지나 각질을 제거한다.
진공흡입기 (바쿰석션)	공기를 흡입하는 유리 벤토즈를 통하여 피지를 제거한다.
갈바닉기기 (디스인크러스테이션)	직류전류를 이용한 갈바닉의 음극을 이용하여 노폐물을 배출시킨다.
스티머 (베이퍼라이저)	뜨거운 증기의 수분을 통해 모공을 열어주어 노폐물이 잘 나올 수 있도록 도와준다.

초음파기기 (스킨스크러버)	20,000Hz로 진동에 의한 세정 효과, 노폐물 제거 효과

③ 스킨토닉, 영양침투기기의 종류

스프레이	미네랄워터, 유효한 추출물을 넣어서 얼굴에 분무한다.
루카스	미세한 수분입자와 아로마워터를 혼합하여 분무한다.
갈바닉 기기 (이온토프레시스)	갈바닉의 양극을 이용하여 영양 성분을 넣어준다.
고주파기기	100,000Hz 진동수로 열을 발생시켜 소독과 살균 작용, 진정과 재생을 하는 직접법과 간접법을 쓴다.
초음파기기	피부활성물질 침투 효과가 있는 원형헤드로 관리한다.
파라핀왁스 (팩)	파라핀(고형)을 녹여서 보습력이 뛰어난 팩의 효과를 볼 수 있다.

④ 전신피부관리기기의 종류
  ㉠ 초음파
  ㉡ 바이브레이션
  ㉢ 프레셔테라피 기기
  ㉣ 엔더몰로지
  ㉤ 고주파, 중주파, 저주파
  ㉥ 진공흡입기

⑤ 광선을 이용한 미용기기의 종류
  ㉠ 적외선기
  ㉡ 자외선기
  ㉢ 컬러 테라피

2 피부미용기기 사용법

(1) 기기 사용법

① 피부 분석기의 종류 및 주의사항
  ㉠ 확대경(Magnifying Lamp)
    ⓐ 특징
      - 모공의 크기나 잡티, 잔주름, 색소 침착, 면포 등의 피부 상태를 확대해서 관찰할 수 있다. 육안의 5~10배 확대 가능
      - 화이트 헤드나 염증성 여드름 압출 시 용이하다.

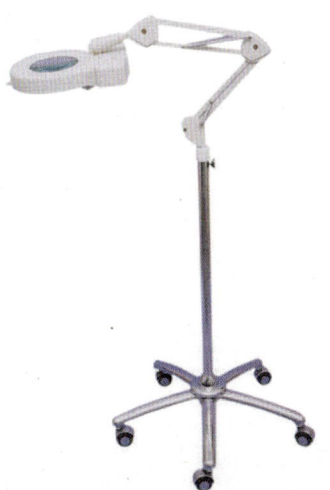

    ⓑ 주의사항
      - 고객의 눈을 보호하기 위하여 아이패드를 먼저 한 후에 스위치를 켠다.
      - 고객과의 거리를 적당히 유지한다.(20~30cm)
      - 클렌징한 상태에서 확대경을 사용한다.

  ㉡ 우드램프(Wood Lamp)
    ⓐ 특징
      - 육안으로 판단하기 힘든 피부 유형을 형광램프를 통해 판독한다.
      - 정상피부 : 청백색
      - 피지, 여드름, 지성, 지루성 피부 : 주황색(오렌지색)
      - 건성피부 : 연보라색
      - 민감성, 모세혈관 확장 피부 : 진보라색
      - 색소 침착 피부 : 암갈색
      - 각질 부위 : 흰색
      - 비립종 : 노란색
    ⓑ 주의사항
      - 어두운 암실 또는 후드 천을 덮은 후에 사용한다.
      - 클렌징한 상태에서 측정한다.
      - 고객이 직접 램프를 보지 않는다.

> **개념잡기**
>
> ● 우드 램프 사용 시 피부의 색소 침착을 나타내는 색은?
> ① 푸른색 ② 보라색 ③ 흰색 ④ 암갈색
>
> •해설• 정상피부는 청백색, 건선피부는 진보라색, 각질부위는 흰색으로 나타난다.
>
> 정답 : ④

ⓒ 스킨스코프(Skin Scope, 피부 분석기)
  ⓐ 특징
    - 피부를 정교하게 확대하여 볼 수 있으므로 자세히 볼 수 있다.
    - 고객과 함께 모니터를 보면서 상담할 수 있다.

ⓓ 유분 측정기(Sebum Meter)
  ⓐ 특징
    - 피부각질층의 유분함유량을 측정하기 위한 피부분석기기로 세안 후 1~2시간 후 측정한다.
    - 플라스틱 필름지에 피지를 흡착시켜 투명도를 측정한다.
    (측정 적정온도 : 20~22℃, 적정습도 : 40~60%)

ⓔ 수분측정기(Corneometer)
  ⓐ 특징
    - 수분을 측정하는 피부분석기기로 세안 1~2시간 후 측정한다.
    - 표시단위는 0~220까지이고, 정해진 수치기준에 따라 보통, 건조, 매우 건조 등급으로 수분량을 알려준다.(측정 적정온도 : 20~22℃, 적정습도 : 40~60%)

ⓕ pH 측정기
  ⓐ 특징
    - 수소이온농도를 알아보는 피부미용분석기기이다.
    - 피부의 산성화를 알아볼 수 있다.
  ⓑ 피부 분석기 주의사항
    - 유·수분 측정을 위해 측정온도는 20~22℃, 습도는 40~60%가 적당하다.
    - 세안 후 2시간이 지난 뒤에 운동하지 않은 상태에서 측정한다.
    - 직사광선이나 직접 조명 아래에서는 측정을 피한다.

② 안면 기기의 종류 및 사용방법
  ㉠ 스티머(Vaporizer)
    ⓐ 특징
      - 수증기만 공급하는 스티머와 살균 소독까지 할 수 있게 오존이 같이 나오는 스티머가 있다.
      - 주된 효과는 온열효과와 보습효과이다.
      - 열선을 이용하여 물을 가열하여 스팀을 발생시킨다.
    ⓑ 효과
      - 각질을 부드럽게 연화시켜 노화된 각질을 제거하기 용이하다.
      - 스팀의 습윤 작용으로 촉촉함을 부여한다.
      - 신진대사를 촉진시킨다.
    ⓒ 주의사항
      - 고객의 얼굴에 직접 분사하지 않도록 거

리를 유지한다.(30~50cm)
- 피부 타입별로 시간을 조절한다.
  ◆ 건성, 노화피부, 지성피부 : 약 5분(20~30cm 거리)
  ◆ 정상피부 : 약 10분(25~35cm 거리)
  ◆ 모세혈관 확장 피부, 여드름 피부 : 약 5분(40~45cm 거리)
  ◆ 사용 후에는 식초를 이용해 세척한다.

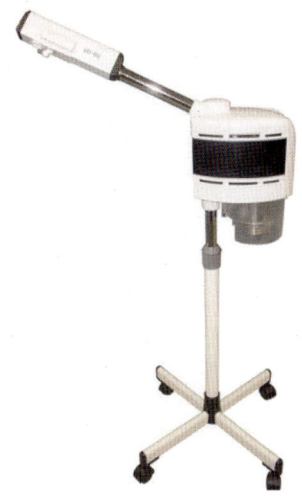

ⓒ 전동 브러시(프리마톨, Frimator)
  ⓐ 특징
  - 전동으로 돌아가는 천연양모 브러시에 의해서 피지와 노폐물 제거의 기능을 갖고 있는 기기
  - 딥클렌징의 목적을 하고 있으며 매뉴얼 테크닉 효과 부여
  ⓑ 사용법 및 주의사항
  - 손잡이를 정확하게 꽂아서 쓴다.
  - 브러시를 교체할 때 스위치를 끈 뒤에 교체한다.
  - 피부 타입별로 회전수를 조절한다.

- 피부에 직각으로 댄다.
- 예민 피부, 민감성 피부, 염증성 피부에는 부적합하다.

ⓒ 진공 흡입기(Vaccum Suction)
  ⓐ 특징
  - 진공에 의해 피부를 흡입하여 정체된 노폐물을 배출하여 신진대사 및 혈액순환 촉진 효과
  - 모공 속의 피지 배출에 용이하다.
  - 근육의 이완 및 통증 감소 효과, 림프순환 촉진 효과
  ⓑ 주의사항 및 부적용증
  - 적당한 압력을 하여 멍이 들지 않도록 주의한다.

- 모세혈관 확장 피부, 정맥류, 혈전증, 염증성 피부에는 부적합하다.
- 벤토즈는 세척한 후 살균 소독하여 보관한다.

> **개념잡기**
>
> ◉ **지성 피부의 면포를 추출하는 데 사용하기에 가장 적합한 기기는?**
> ① 진공 흡입기 ② 리프팅기
> ③ 분무기   ④ 전동 브러시
>
> •해설• 진공 흡입기는 면포나 피지 배출, 근육이완 및 통증 감소 효과가 있다.
>
> 정답 : ①

ⓔ 고주파기기
  ⓐ 특징
    - 심부열의 효과로 신진대사 증진, 심부 통증완화, 혈류량 증가, 근육 이완, 세포 기능 증진
    - 100,000Hz 이상의 진동파수로 열이 발생하여 스파킹 효과, 살균 효과가 있다.
    - 얼굴에 직접 전극봉을 대는 방법과 크림의 흡수를 돕기 위한 간접법이 있다.
    - 직접법은 여드름, 지성피부에 효과적이고 간접법은 건성, 노화 피부에 효과적이다.
  ⓑ 주의사항 및 부적용증
    - 금속이나 보철 등이 있으면 시술금지
    - 한 부위에 너무 오래 있지 않도록 하고 너무 빠르게 하지 않도록 한다.
    - 피부질환이나 동맥경화, 심장질환자 부적용증
    - 임산부, 고혈압, 간질, 모유수유, 신경계 손상자 금지

ⓜ 초음파기
  ⓐ 특징
    - 진동에 의한 진동파수로 불가청음역대, 체내에 열, 화학적, 물리적, 역학적 효과
    - 신진대사, 노폐물 배농, 딥클렌징 효과, 림프순환 촉진, 지방분해 효과, 근육조직 강화, 피부재생 효과, 혈액순환, 진동에 의한 마사지 효과
  ⓑ 주의사항 및 부적용증
    - 갑상선 환자, 혈전증, 악성종양, 상처, 혈압 이상자 부적용증
    - 관리 시 전용 젤을 사용할 것

> **개념잡기**
>
> ● 갈바닉 기기의 음극에서 생성되는 알칼리를 이용하여 피부 표면의 피지와 모공 속의 노폐물을 세정하는 방법은?
> ① 이온토프레시스
> ② 디스인크러스테이션
> ③ 고주파 트리트먼트
> ④ 리프팅 트리트먼트
>
> •해설• 이온토프레시스는 양극에서 생성되는 산성을 이용하여 영양을 투입시키는 방법이다.
>
> ★ 정답 : ②

ⓑ 갈바닉 기기
　ⓐ 특징
　　- 같은 극성의 이온은 밀어내고 다른 극성의 이온은 끌어당기는 성질을 이용한 미용기기로서 직류 전류이다.
　　- 세정 목적으로 쓰는 디스인크러스테이션, 영양투입 목적인 이온토프레시스가 있다.
　ⓑ 전극의 효과

양극의 효과(이온토프레시스)	음극의 효과(디스인크러스테이션)
• 산에 반응	• 알칼리에 반응
• 혈액공급 감소	• 혈액공급 증가
• 진정 효과	• 유연 효과
• 수렴 효과	• 세정 효과
• 신경 안정	• 신경 자극
• 조직 강화	• 조직 연화

③ 광선관리기기의 종류
　㉠ 적외선기기
　　- 적외선기기는 열선기기이다. 온열작용으로 체내 혈액순환, 신진대사 촉진, 영양침투에 용이하다.

　㉡ 자외선기기
　　- 자외선은 열이 없어서 냉선이라고 하며, 화학적 반응을 일으키므로 화학선을 이용하는 기기이다.
　　예 선탠기(자외선A 이용)

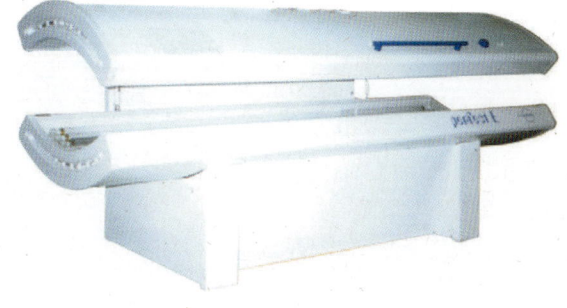

선탠기

- 자외선C 이용기기 : 자외선 소독기

ⓒ 가시광선 이용기기(컬러테라피 기기)
- 390~650nm의 눈에 보이는 가시광선을 이용하여 피부에 즉각적인 반응 유도
- 적응결과가 즉각적으로 나타나고 바이러스, 세균 등 감염의 걱정이 없으며, 부작용이 거의 없다.

- 색상별 효과

색상	효능	적용 피부
빨강	혈액순환 증진, 세포 재생, 지방 분해, 셀룰라이트 개선	지루성 여드름, 지성 피부, 비만
주황	신진대사 촉진, 신경 안정, 세포재생 작용	건성피부, 민감성 피부, 예민 피부
노랑	소화기계 기능 강화, 신체정화 작용	민감성 피부, 알레르기 피부
초록	피지 분비 기능 조절, 신경 안정 및 신체평형 유지	스트레스성 피부 질환 피부
파랑	염증, 열, 진정 작용, 부종 완화	지성피부, 염증성 피부, 아토피 피부
보라	면역력 증가, 림프활동 증진, 식욕 조절	색소 침착 피부, 셀룰라이트

개념잡기

◉ 컬러테라피 기기에서 빨간색의 효과와 거리가 가장 먼 것은?

① 혈액순환 증진, 세포의 활성화, 세포 재생 활동
② 소화기계 기능 강화, 신경 자극, 신체 정화 작용
③ 지루성 여드름, 혈액순환 불량 피부관리
④ 근조직 이완, 셀룰라이트 개선

⊙해설⊙ 소화기계 기능 강화, 신경 자극 등에 효과가 있는 색은 노란색이다.

정답 : ②

• Memo •

Chapter 03 피부미용기기학 기출문제

01 물질의 정의가 아닌 것은?
① 물질은 일정한 공간을 차지하면서 질량을 가지고 있다.
② 모든 물질은 원자 및 분자로 구성되어 있다.
③ 물질은 압력과 온도에 따라 고체, 액체, 기체로 나뉜다.
④ 물질은 순물질과 혼합물로 나뉠 수 없다.

> **해설** 물질은 순물질과 혼합물로 나뉘어진다.

02 원자의 구조에 대한 설명으로 틀린 것은?
① 원자는 물질을 이루는 가장 작은 단위이다.
② 원자는 양성자와 중성자를 가지고 있다.
③ 원자는 음(-)전하를 띠고 있는 원자핵과 양(+)전하를 띠는 전자로 이루어져 있다.
④ 원자는 중심에 핵이 있다.

> **해설** 원자는 양전하를 띠고 있는 원자핵과 음전하를 띠는 전자로 나뉜다.

03 이온에 대한 설명으로 옳지 않은 것은?
① 양이온은 원자가 전자를 잃어버리고 양(+)전하를 띠는 것이다.
② 음이온은 원자가 전자를 얻고 음(-)전하를 띠는 것이다.
③ 같은 전하의 이온은 밀어내고 다른 전하의 이온은 당긴다.
④ 같은 전하의 이온은 당기고 다른 전하의 이온은 밀어낸다.

> **해설** 같은 전하의 이온은 서로 밀어낸다.

04 전기발생의 설명으로 맞지 않는 것은?
① 전자를 얻은 물체는 (+)전기를 띤다.
② 전자를 얻은 물체는 (-)전기를 띤다.
③ 전기를 잃은 물체는 (+)전기를 띤다.
④ 마찰을 시키면 다른 쪽으로 전자가 이동한다.

> **해설** 전자를 얻으면 - 전기, 잃으면 + 전기를 띤다.

05 교류회로를 다른 전압으로 바꾸는 데 사용되는 것은?
① 전압 ② 전도체
③ 부도체 ④ 변압기

> **해설**
> • 전압 : 전류를 흐르게 하는 압력
> • 전도체 : 전류가 쉽게 통하는 물질
> • 부도체 : 전기가 통하지 않는 물질

06 전기장치에서 퓨즈의 역할은?
① 교류회로를 다른 전압으로 바꾼다.
② 전기의 일부가 전선 밖으로 세어 나오는 것을 막는다.
③ 부도체에서 전기가 잘 통하도록 한다.
④ 전류가 전선에 과도하게 흐르는 것을 자동적으로 차단하는 장치

> **해설** 퓨즈는 전선에 과도하게 흐르는 것을 차단한다.

정답 1 ④ 2 ③ 3 ④ 4 ① 5 ④ 6 ④

07 다음 중 갈바닉 기기의 특징으로 맞지 않는 것은?
① 양극과 음극의 극성을 이용한 미용기기이다.
② 이온토포레시스는 영양을 투입시킨다.
③ 디스인크러스테이션은 노폐물을 배출시킨다.
④ 시간의 흐름에 따라 전류가 변한다.

> 해설 갈바닉은 직류전류이다.

08 갈바닉 기기의 특징이 아닌 것은?
① 세정 목적으로 쓰는 디스인크러스테이션이 있다.
② 음극을 이용해 세정작용을 한다.
③ 양극은 이온토프레시스라고 한다.
④ 양극은 세정작용을 한다.

> 해설 양극은 영양 투입을 하고 음극은 노폐물 배출을 돕는다.

09 안면기기의 종류로 클렌징 기기가 아닌 것은?
① 전동 브러시
② 진공 흡입기
③ 이온토프레시스
④ 초음파기기

> 해설 이온토프레시스는 갈바닉 기기로서 유효성분을 피부에 침투시키는 용도로 사용한다.

10 모니터를 보면서 고객과 함께 상담하면서 진단하는 기기는?
① 스킨스코프   ② 스티머
③ 확대경   ④ 우드램프

> 해설 스킨스코프는 모니터로 확대해서 본다.

11 지성피부를 우드램프로 봤을 때 어떤 컬러로 보이는가?
① 빨간색   ② 오렌지색
③ 흰색   ④ 파란색

> 해설 지성피부는 오렌지색으로 보인다.

12 다음 중 딥클렌징 기기가 아닌 것은?
① 진공 흡입기   ② 초음파 기기
③ 전동 브러시   ④ 확대경

> 해설 확대경은 피부진단기기이다.

13 스티머의 주의사항으로 맞지 않는 것은?
① 손님의 피부타입별로 시간을 맞추어 준다.
② 모공을 열어주어 혈액순환을 시켜준다.
③ 물은 정제수를 사용한다.
④ 모세혈관 확장피부는 사용하지 않는다.

> 해설 모세혈관 확장피부는 약 3~5분 정도 사용한다.

정답 7 ④ 8 ④ 9 ③ 10 ① 11 ② 12 ④ 13 ④

14 피부 진단기기로만 짝지어진 것은?
① 스킨스코프 - 스프레이
② 우드램프 - 확대경
③ 수분측정기 - 갈바닉기기
④ 우드램프 - 스티머

> **해설** 피부진단기기 : 스킨스코프, 우드램프, 유분측정기, 수분측정기, pH 측정기, 확대경

15 광선을 이용한 미용기기의 종류가 아닌 것은?
① 적외선기
② 자외선기
③ 선탠기기
④ 초음파기기

> **해설** 초음파기기는 피부관리기기 이다.

16 전신피부관리 기기로 비만관리에 적합한 기기는?
① 초음파기기
② 갈바닉 기기
③ 엔더몰로지
④ 바이브레이션

> **해설** 엔더몰로지는 감압기기로 비만관리에 적합하다.

17 피부분석기의 주의사항으로 틀린 것은?
① 세안 후 2시간 지난 뒤에 운동하지 않은 상태에서 한다.
② 측정온도는 20~22℃, 습도는 40~60%가 적당하다.
③ 직접조명 아래에서 측정한다.
④ 직사광선에서 측정을 피한다.

> **해설** 직접조명 아래에서는 정확히 측정하기 어렵다.

18 스티머의 특징으로 볼 수 없는 것은?
① 주된 효과는 온열효과와 보습효과이다.
② 열선을 이용하여 물을 가열하여 스팀을 발생시킨다.
③ 물통을 씻을 때 세제를 사용한다.
④ 클렌징 시 모공을 열어주면 노폐물 배출에 용이하다.

> **해설** 물통을 세제로 씻으면 고장의 원인이 되므로 식초나 소다로 소독한다.

19 다음 중 후리마돌의 주의사항이 아닌 것은?
① 각도를 45°로 하여 가볍게 움직인다.
② 예민한 피부에는 약하게 한다.
③ 솔은 중성세제로 세척한 뒤 일광소독 한다.
④ 눈이나 코로 거품이 들어가지 않게 한다.

> **해설** 후리마돌은 90°로 한다.

20 선탠기기에 사용되는 광선은?
① 원적외선
② 적외선
③ 자외선
④ 열선

> **해설** 피부를 검게 만드는 건 자외선이다.

21 자외선의 종류로 암을 일으키는 자외선은?
① 자외선 A
② 자외선 B
③ 자외선 C
④ 가시광선

> **해설** 자외선 C는 단파장으로 피부암을 유발할 수 있다.

정답 14 ② 15 ④ 16 ③ 17 ③ 18 ③ 19 ① 20 ③ 21 ③

22 자외선이 주는 영향이 아닌 것은?
① 생활 광선으로 살균소독을 한다.
② 냉선으로 화학적 반응을 일으킨다.
③ 멜라닌 색소를 자극해 피부를 검게 만든다.
④ 근육을 이완시킨다.

> •해설• 적외선은 근육을 이완시킨다.

23 초음파기의 적용을 피해야 하는 경우가 아닌 것은?
① 상처, 염증부위의 경우
② 심장병이 있는 경우
③ 금속 및 인공심박기 착용자의 경우
④ 비만환자

> •해설• 비만환자는 초음파기기를 적용해도 무관하다.

24 초음파기의 효과가 아닌 것은?
① 각질을 제거하고 세정하는 효과가 있다.
② 마사지의 효과가 있다.
③ 지방을 분해하는 작용을 한다.
④ 주름을 제거한다.

> •해설• 주름 제거는 피부영역이 아니다.

25 진공 흡입기의 설명으로 맞지 않는 것은?
① 진공 흡입기는 석션기라고도 한다.
② 다양한 모양의 유리 관을 통해 피부를 흡입한다.
③ 림프순환을 원활히 시켜준다.
④ 유리관 청소는 마른 수건으로 닦는다.

> •해설• 유리관은 중성세제로 닦은 뒤 건조, 소독한다.

26 진공 흡입기의 사용 방법으로 올바르지 않은 것은?
① 관리부위에 적절한 크기의 유리관을 선택한다.
② 면포나 피지 제거에 사용된다.
③ 오일을 바르고 손가락으로 구멍을 막아서 사용한다.
④ 림프절을 따라서 이동한다.

> •해설• 오일을 바르고 손가락으로 구멍을 열면서 이동한다.

27 고주파의 직접법 효과로 적당한 것은?
① 온도의 상승 효과   ② 근육이완효과
③ 근육통증의 완화   ④ 자극과 건조효과

> •해설• 직접법은 자극과 건조효과로 화농성여드름의 농포를 치유한다.

28 다음 중 광선을 이용한 미용기기는?
① 고주파기   ② 레이저기
③ 우드램프   ④ 석션기

> •해설• 우드램프는 자외선을 이용한 피부분석기이다.

29 뜨거운 증기의 수분을 통해 모공을 열어주어 노폐물이 잘 나오도록 도와주는 미용기기는?
① 전동브러쉬   ② 디스인크러스테이션
③ 베퍼라이저   ④ 스킨스크러버

> •해설• 베퍼라이저, 스티머라고도 한다.

정답 22 ④ 23 ④ 24 ④ 25 ④ 26 ③ 27 ④ 28 ③ 29 ③

30 물의 입자를 더 미세하게 나누어 모공 속에 수분을 넣어주는 미용기기는?

① 루카스　　② 스티머
③ 분무기　　④ 갈바닉

> 해설 루카스는 미세한 수분입자를 피부에 분무한다.

31 저주파의 효과인 것은?

① 신경 안정효과　　② 온열효과
③ 관절 치료효과　　④ 신경 자극효과

> 해설 저주파는 신경을 자극하여 근육의 수축과 이완을 통해 운동효과를 볼 수 있다.

32 진동에 의한 진동파수로 클렌징 효과와 마사지 효과가 있는 기기는?

① 고주파　　② 갈바닉
③ 초음파　　④ 저주파

> 해설 초음파는 진동파수이다.

33 심부열을 내어 근육을 이완시키고 혈류량을 증가시켜 통증을 완화시키는 미용기기는?

① 저주파　　② 중주파
③ 고주파　　④ 초음파

> 해설 고주파는 심부열을 낸다.

34 고주파관리에서 직접법은 어떤 피부에 적합한가?

① 여드름 피부　　② 건성피부
③ 노화피부　　　④ 홍조피부

> 해설 여드름 피부는 직접법이 적당하다.

35 자외선을 이용한 기기로 자외선 C를 사용하는 기기는?

① 선탠기　　② 컬러 테라피
③ 우드램프　④ 자외선소독기

> 해설 자외선 C는 살균, 소독 작용을 한다.

36 컬러 테라피기기는 어떤 광선을 이용한 기기인가?

① 자외선 A　　② 자외선 B
③ 자외선 C　　④ 가시광선

> 해설 컬러 테라피기기는 눈에 보이는 가시광선을 이용한 기기이다.

37 컬러 테라피의 색깔 중 빨간색에 적당한 피부타입은?

① 건성피부　　② 지성피부
③ 정상피부　　④ 홍조피부

> 해설 빨간색은 지성피부, 여드름 피부에 적당하다.

정답 30 ①　31 ④　32 ③　33 ③　34 ①　35 ④　36 ④　37 ②

38 건성피부, 민감성 피부, 예민 피부 등은 어떤 컬러가 적합한가?

① 초록색　② 보라색
③ 파란색　④ 주황색

> •해설• 주황색은 건성, 민감성, 예민피부에 적합하다.

39 면역력 증가, 림프활동 증진, 식욕 조절에 효과적인 컬러는?

① 노란색　② 주황색
③ 파란색　④ 보라색

> •해설• 보라색은 면역력 증가, 림프활동 증진, 식욕 조절의 효과가 있다.

40 공기를 이용한 미용전신기기로 특히 비만관리에 효과적인 기기는?

① 엔더몰로지　② 초음파기
③ 고주파기　④ 갈바닉

> •해설• 엔더몰로지는 공기감압기기이다.

41 적외선 램프사용을 피해야 하는 피부는?

① 모세혈관 확장피부　② 건성피부
③ 정상피부　④ 노화피부

> •해설• 열에 의해 혈관이 팽창될 수 있으므로 모세혈관 확장피부는 권장하지 않는다.

42 열을 발생시켜 피부에 온열효과를 주는 기기로 적당한 것은?

① 초음파　② 갈바닉
③ 저주파　④ 고주파

> •해설• 고주파는 교류전류로써 열을 발생시킨다.

43 미용 관리기기 관리 시 주의할 점으로 옳지 않은 것은?

① 관리 중에 자리를 비우지 않는다.
② 액세서리나 금속을 몸에 착용했는지 확인하고 관리한다.
③ 이온토프레시스 관리 시 알코올을 함유한 스킨을 사용한다.
④ 기기 관리를 잘 설명하고 잡담을 하지 않는다.

> •해설• 기기 관리 시 제품이 쉽게 증발하므로 앰플을 사용한다.

정답 38 ④　39 ④　40 ①　41 ①　42 ④　43 ③

04

화장품학

- I • 화장품학 개론
- II • 화장품 제조
- III • 화장품의 종류와 기능

화장품학 개론

I

화장품의 정의

Unit 1

1 화장품의 정의

① 인체를 청결, 미화하여 매력을 더하고 용모를 밝게 변화시키거나
② 피부·모발의 건강을 유지 또는 증진하기 위하여 인체에 바르고 뿌리는 등의 방법으로 사용되는 물품으로서
③ 인체에 대한 작용이 경미한 것을 말한다.(화장품법)
④ 또한 의약품에 해당하는 물품은 제외한다.(약사법)

2 화장품, 의약외품, 의약품의 구분

구분	대상	사용 목적	기간	부작용	비고
화장품	정상인	청결, 미화	장기	없어야 함	스킨, 로션, 크림 등
의약외품	정상인	위생, 미화	장기	없어야 함	탈모제, 염모제 등
의약품	환자	질병의 진단 및 치료	단기	있을 수도 있음	항생제, 스테로이드 연고 등

개념잡기

◉ 화장품과 의약품의 차이를 바르게 정의한 것은?
① 화장품의 사용목적은 질병의 치료 및 진단이다.
② 화장품은 특정부위만 사용 가능하다.
③ 의약품의 사용대상은 정상적인 상태인 자로 한정되어 있다.
④ 의약품의 부작용은 어느 정도까지는 인정된다.

•해설• 화장품은 청결, 미화를 목적으로 모발부터 발까지 인체 전부를 대상으로 사용한다. 의약품은 환자를 대상으로 하여 질병 진단과 치료를 목적으로 하기 때문에 부작용이 있을 수도 있다.

정답 : ④

3 화장품의 분류

사용 목적과 대상 따른 분류	기초 화장품, 메이크업 화장품, 방향 화장품, 바디 화장품
허가규정에 따른 분류	일반 화장품, 기능성 화장품
대상에 따른 분류	여성용 화장품, 남성용 화장품, 어린이용 화장품, 유아용, 공용화장품 등

화장품 제조

II

화장품의 원료

Unit 1

01 화장품의 구성

화장품은 수성원료, 유성원료, 계면활성제, 보습제, 방부제, 색소, 기타 성분으로 구성된다.

1 수성 원료
정제수(물), 에틸 알코올(에탄올)

2 유성 원료(오일, 왁스)
(1) 오일류 : 보습 작용, 오염물질 침투 방지 효과

식물성 오일	식물의 열매, 종자, 꽃 등에서 추출	올리브, 동백, 아보카도, 파마자, 아몬드, 호호바 오일 등
동물성 오일	동물의 피하조직 및 장기에서 추출	스쿠알렌(상어간), 밍크 오일 (밍크의 피하지방)
광물성 오일	석유 등에서 추출	유동파라핀, 미네랄, 바세린, 실리콘 오일

(2) 왁스류 : 화장품의 고형화 작용

식물성 왁스	칸데릴라 왁스(칸데릴라 식물), 카르나우바 왁스(야자나무의 잎 등)
동물성 왁스	밀납(꿀벌), 라놀린(양털), 경납(향유고래)

3 계면활성제 : 물의 표면장력을 저하시키는 물질

양이온성	살균 소독 작용 우수	헤어 린스, 헤어 트리트먼트 등
음이온성	세정 작용, 기포 형성작용 우수	비누, 샴푸, 클렌징 폼
비이온성	피부 자극이 적어 기초 화장품에 사용	화장수의 가용화제, 크림의 유화제
양쪽성	세정 작용, 피부 자극이 적음	베이비 샴푸, 저자극 샴푸

> **개념잡기**
>
> ◉ 세정작용과 기포 형성작용이 우수하여 비누, 샴푸, 클렌징 폼 등에 주로 사용되는 계면활성제는?
> ① 양이온성 계면활성제 ② 음이온성 계면활성제
> ③ 비이온성 계면활성제 ④ 양쪽성 계면활성제
>
> •해설• 음이온성 계면활성제는 세정작용과 기포 형성작용이 우수하다.
>
> 정답 : ②

🟢 The 알아보기

계면활성제의 피부 자극 순서 : 양이온성 > 음이온성 > 양쪽이온성 > 비이온성

계면활성제의 세정력 순서 : 음이온성 > 양쪽이온성 > 양이온성 > 비이온성

4 보습제 : 피부의 건조함을 방지하는 역할

천연보습인자 (NMF)	아미노산(40%), 젖산(12%), 요소(7%), 지방산 등
고분자 보습제	가수분해 콜라겐, 히알루론산염 등
폴리올계	글리세린, 프로필렌글리콜 등

5 방부제 : 화장품의 변질 방지 및 살균 작용

파라벤, 이미다졸리디닐우레아, 파라옥시안식향산메틸, 파라옥시안식향산 프로필 등이 있다.

개념잡기

◉ 화장품에서 주로 사용하는 방부제는?

① 에탄올
② 글리세린
③ 파라옥시안식향산 메틸
④ BHA

•해설•
① 에탄올 : 에틸 알코올이라고도 하며 화장품의 살균 용도로 사용
② 글리세린 : 보편적인 보습제로 글리세롤이라고도 함
④ BHA : 화장품의 품질을 일정하게 유지시키는 산화방지제로 사용

정답 : ③

6 색소(염료와 안료) : 채색 및 자외선 차단의 역할

염료	화장품의 색상 효과	물이나 오일에 잘 녹으며, 수용성 염료와 유용성 염료가 있음
안료	빛 반사 및 차단	물이나 오일에 녹지 않으며, 유기 안료와 무기 안료가 있음

개념잡기

◉ 색소를 염료(dye)와 안료(pigment)로 구분할 때 그 특징에 대해 잘못 설명한 것은?

① 염료는 메이크업 화장품을 만드는 데 주로 사용한다.
② 안료는 물과 오일에 모두 녹지 않는다.
③ 무기 안료는 커버력이 우수하고 유기 안료는 빛, 산, 알칼리에 약하다.
④ 염료는 물이나 오일에 녹는다.

•해설• 염료는 물과 오일에 녹는 색소로 화장품 자체에 색상을 부여하기 위해 사용한다. 유기안료는 물과 오일에 용해되지 않는 유색분말로써 색조 제품에 사용되며, 무기 안료는 커버력, 내광성, 내열성이 우수하다.

정답 : ①

화장품의 제조 기술
Unit 2

01 화장품의 제조 공정

화장품은 분산 공정, 유화 공정, 가용화 공정, 혼합 공정, 분쇄 공정을 거쳐 제조된다.

1 분산(Dispersion)
물 또는 오일에 미세한 고체 입자가 계면활성제에 의해 균일하게 혼합되어 있는 상태의 제품
> 예 립스틱, 마스카라, 아이섀도, 아이라이너, 파운데이션

2 유화(Emulsion)
계면활성제에 의해 물에 오일 성분이 우윳빛 상태로 섞여 있는 상태의 제품
> 예 크림과 로션

✚ The 알아보기

O/W	물(W)에 오일(O)이 분산되어 있는 형태(수중유 유화)	로션
W/O	오일(O)에 물(W)이 분산되어 있는 형태(유중수 유화)	영양크림, 클렌징크림

3 가용화(Solubilization)
① 계면활성제 성분에 의해 물에 소량의 오일 성분이 투명하게 용해되어 있는 상태의 제품
② 화장수, 투명 에멀션, 에센스, 립스틱, 네일 에나멜, 향수, 헤어 토닉

개념잡기

◉ 화장품 제조의 주요 기술이 아닌 것은?
① 분산 기술   ② 유화 기술
③ 가용화 기술   ④ 응용 기술

•해설• 화장품 제조의 주요 기술은 분산, 유화, 가용화 기술이다.

정답 : ④

Unit 3 화장품의 특성

1 화장품 품질의 4대 특성

① 안전성 : 피부에 자극, 독성, 알레르기 반응이 없어야 한다.
② 안정성 : 보관 시 변질, 변색, 변취 및 미생물 오염이 없어야 한다.
③ 사용성 : 피부에 잘 스며들고 부드러우며 촉촉해야 한다.
④ 유효성 : 적절한 보습, 노화 억제, 미백 효과, 주름 방지, 세정, 색채 효과 등을 부여할 수 있어야 한다.

> **개념잡기**
>
> ◉ 화장품의 4대 요건에 해당되지 않는 것은?
> ① 안전성 ② 안정성
> ③ 사용성 ④ 보호성
>
> •해설 화장품 품질 4대 요건 : 안전성, 안정성, 사용성, 유효성
>
> 정답 : ④

2 화장품 용기 기재사항

① 화장품의 명칭
② 제조업자 및 제조판매업자의 상호 및 주소
③ 내용물의 용량 또는 중량
④ 제조번호
⑤ 사용기간 또는 개봉 후 사용기간
⑥ 가격 및 주의사항

> **개념잡기**
>
> ◉ 화장품 용기에 표시해야 하는 기재 사항이 아닌 것은?
> ① 제품의 명칭 ② 내용물의 용량 및 중량
> ③ 제조자의 이름 ④ 제조 번호
>
> •해설 제조 판매업자의 상호 및 주소는 기재하여야 하지만 제조자의 이름은 필수 기재사항이 아니다.
>
> 정답 : ③

• Memo •

III 화장품의 종류와 기능

화장품의 종류

Unit 1

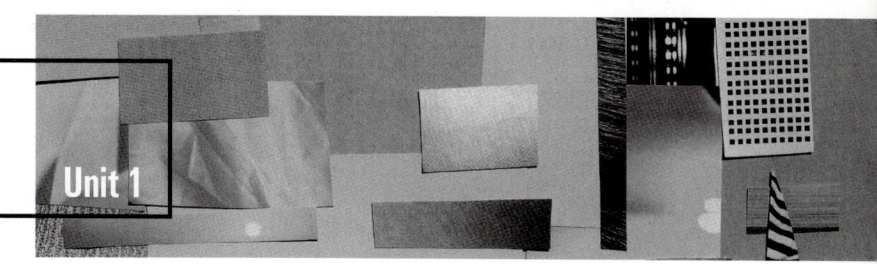

기초 화장품	세안용 화장품, 피부 정돈 화장품, 피부 보호 화장품
메이크업 화장품	베이스 메이크업, 포인트 메이크업 화장품
모발 화장품	세정용, 정발용, 트리트먼트, 염모제, 탈색제, 퍼머넌트제 등
바디 관리 화장품	세정제, 트리트먼트, 각질 제거, 체취 방지 제품 등
네일 화장품	리무버, 큐티클 오일, 네일 에나멜 등
방향 화장품(향수)	퍼퓸, 오드퍼퓸, 오드토일렛 등
에센셜(아로마) 및 캐리어 오일	에센셜 오일, 캐리어 오일
기능성 화장품	미백, 주름 개선, 자외선 차단, 선탠, 탈색, 탈염, 제모, 여드름 및 아토피케어 화장품 외

개념잡기

◉ 화장품의 분류와 사용목적, 제품이 일치하지 않는 것은?

① 모발 화장품 - 정발 - 헤어스프레이
② 방향 화장품 - 향취 부여 - 오데코롱
③ 메이크업 화장품 - 색채 부여 - 네일 에나멜
④ 기초 화장품 - 피부정돈 - 클렌징 폼

●해설● 네일 에나멜은 네일 화장품 종류이며 손발톱에 색상을 부여하기 위한 목적으로 사용한다.

정답 : ③

Unit 2 기초 화장품

피부 세정, 정돈 및 보호를 위해 사용하는 기초적인 화장품

1 기초 화장품의 종류와 기능

피부 세정	피부의 노폐물 및 화장품의 잔여물 제거	클렌징(크림, 로션, 오일, 젤, 폼, 워터)
피부 정돈	피부에 수분공급, pH 조절, 피부 진정	화장수(Skin) : 스킨 로션, 스킨 토너, 토닉 로션 등
피부 보호	피부에 수분과 영양 공급	로션, 크림, 에센스

개념잡기

◉ 기초 화장품을 사용하는 목적으로 가장 거리가 먼 것은?
① 피부 보호   ② 주름 개선
③ 피부 정돈   ④ 세정

•해설• 주름 개선 목적으로 사용하는 화장품은 기능성 화장품이다.

정답 : ②

◉ 다음 화장품 중 성격이 다른 것은?
① 화장수   ② 클렌징 크림
③ 린스   ④ 영양크림

•해설• 린스는 모발화장품이다.

정답 : ③

메이크업 화장품 — Unit 3

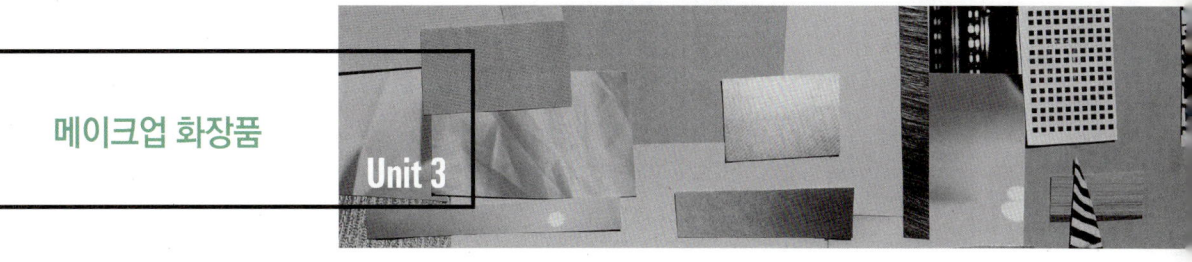

피부에 색조를 부여하고 음영을 주어 입체감을 연출하는 화장품

1 베이스 메이크업

메이크업 베이스 (Make-up Base)	피부톤을 정돈하고 화장의 지속성을 높여주는 역할	다양한 색상이 있음
파운데이션 (Foundation)	베이스 컬러, 얼굴색의 변화와 피부의 결점을 보완	리퀴드, 크림, 압축 고형 파우더
파우더 (Powder)	색조효과 부여, 피부가 번들거리는 것을 감추어 주는 역할	콤팩트 파우더, 루스 파우더

2 포인트 메이크업 화장품

아이섀도 (Eye Shadow)	눈과 눈썹 부위에 색채와 음영 효과
마스카라 (Mascara)	속눈썹을 길게 연출하고, 눈매를 아름답게 표현
아이브로우 (Eyebrow)	비어있는 눈썹을 채워 주고, 눈썹 모양을 연출
아이라이너 (Eye liner)	눈매 수정, 뚜렷한 눈매 연출
립스틱 (Lipstic)	입술에 색채와 광택 부여, 수분 증발 방지 효과
블러셔 (Blusher)	볼에 도포하여 음영과 윤곽을 주어 입체감 연출

개념잡기

● 포인트 메이크업(Point Make up) 화장품에 속하지 않는 것은?
① 아이섀도 ② 립스틱
③ 블러셔 ④ 파운데이션

•해설• 파운데이션은 베이스 메이크업 화장품이다.

정답 : ④

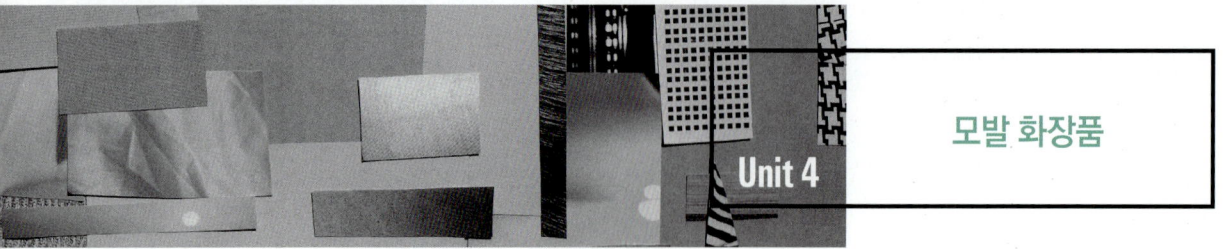

모발 화장품

Unit 4

모발을 청결히 유지하고 모발의 스타일을 연출하기 위하여 사용하는 화장품의 통칭

세발용	모발 및 두피를 청결하게 관리하는 목적	샴푸, 린스
정발용	보습효과 및 헤어 스타일링 유지 목적	헤어 오일, 포마드, 헤어스프레이, 젤, 헤어 무스
트리트먼트	모방 손상 방지 및 손상된 모발 복구	헤어 트리트먼트 크림, 헤어 팩, 헤어코트

개념잡기

⊙ 다음 중 모발 디자인용 화장품이 아닌 것은?
① 세트 로션　② 포마드
③ 헤어 린스　④ 헤어 스프레이

•해설• 헤어 린스는 세발 목적의 모발 화장품이다.

정답 : ③

바디 관리 화장품
Unit 5

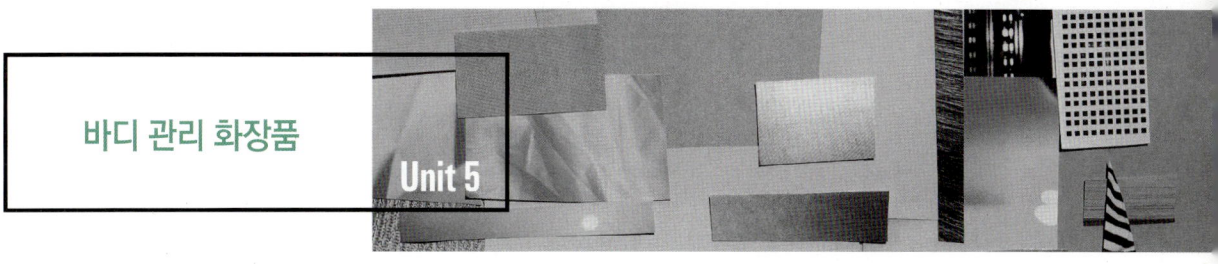

바디의 세정과 바디 관리에 도움을 주는 화장품

세정제 (목욕제)	피부 노폐물 제거	비누, 바디클렌저, 입욕제
바디 각질 제거제	피부의 각질을 제거	바디 스크럽, 바디솔트
바디 트리트먼트	수분과 영양 공급	(바디 & 핸드)로션, (바디 & 핸드)오일
액취 방지제	신체의 냄새를 억제하는 기능	데오드란트
태닝 제품	피부를 균일하게 그을려 건강한 피부 표현	선케어 제품
슬리밍 제품	노폐물을 배출하고 지방을 분해하는 데 도움	지방분해 크림, 바스트 크림

개념잡기

◉ 바디 화장품의 종류와 사용 목적이 적합하지 않은 것은?

① 바디클렌저 : 세제/용제
② 데오드란트 파우더 : 탈색/제모
③ 선스크린 : 자외선 방어
④ 바디솔트 : 세정/용제

•해설• 데오드란트는 신체의 체취를 방지 및 억제하기 위해 사용하는 방취용 화장품이다.

정답 : ②

Unit 6 네일 화장품

손발톱에 색상과 광택을 부여하거나, 유분과 수분을 공급하여 손발톱을 보호하는 화장품

네일 에나멜	손발톱에 색상을 주는 제품, 네일 폴리시 또는 래커라고도 한다.
베이스 코트	손발톱 표면에 바르는 투명한 액체, 손톱 변색과 오염방지 및 에나멜 밀착력 높임
톱 코트	에나멜 위에 도포하여 에나멜의 광택이 지속적으로 유지되도록 하는 역할
프라이머	손발톱 표면의 pH 밸런스를 조절하여 아크릴의 접착력을 높이는 역할
에나멜 리무버	손발톱의 에나멜을 제거할 때 사용, 폴리시 리무버라고도 한다.
큐티클 오일	손발톱 주변의 큐티클을 부드럽게 제거하기 위하여 사용

개념잡기

◈ 손톱에 색소가 침착되거나 변색되는 것을 방지하고 네일 표면을 고르게 하여 폴리시의 밀착성을 높이는 데 사용되는 화장품은?
① 탑 코트
② 베이스 코트
③ 폴리시 리무버
④ 큐티클 오일

•해설• 베이스 코트는 손톱의 색소 침착과 변색을 방지하고 컬러의 밀착력을 높여주는 역할은 한다.

정답 : ②

방향용 화장품(향수) Unit 7

1 희석 정도에 따른 분류

종류	부향률	지속시간	특성
퍼퓸 (Perfume)	15~30%	6~7시간	향이 풍부하고 고가임
오드퍼퓸 (Eau de Perfume)	9~12%	5~6시간	퍼퓸과 오드토일렛의 중간
오드토일렛 (Eau de Toilette)	6~8%	3~5시간	가장 범용적으로 사용
오드코롱 (Eau de Cologne)	3~5%	1~2시간	상쾌한 향취, 향수 입문자에게 적합
샤워코롱 (Shower Cologne)	1~3%	1시간	가장 낮은 농도로 은은하고 산뜻한 향, 샤워 후 바디에 분사

The 알아보기

부향률, 지속시간 순서 : 퍼퓸 〉 오드퍼퓸 〉 오드토일렛 〉 오드코롱 〉 샤워코롱

부향률 : 향료와 알코올 배합비율(향수에 포함되어 있는 원액의 비율)

2 향수의 발산 속도에 따른 분류

탑 노트 (Top Note)	◆ 처음 느끼게 되는 향(향수 용기를 열거나 뿌렸을 때) ◆ 휘발성이 강한 에센스 사용(오렌지, 라임 등)
미들 노트 (Middle Note)	◆ 중간 단계의 향, 향수가 가진 본연의 향 ◆ 꽃과 과일향류(라벤더, 캐모마일 등)
베이스 노트 (Base Note)	◆ 마지막에 남는 향, 사용자의 체취와 혼합되어 발산되는 자신의 향 ◆ 휘발성이 낮은 향료(파촐리, 시더우드 등)

The 알아보기

향을 맡을 수 있는 순서 : ① 톱 노트 → ② 미들 노트 → ③ 베이스 노트

개념잡기

◉ 향수를 뿌린 후 즉시 느껴지는 향수의 첫 느낌으로, 주로 휘발성이 강한 향료들로 이루어져 있는 노트(note)는?

① 탑 노트(top note) ② 미들 노트(middle note)
③ 하트 노트(heart note) ④ 베이스 노트(base note)

• 해설 ▶ 향수 용기를 열거나 뿌렸을 때 처음 느끼는 향은 탑 노트이다.

정답 : ①

에센셜(아로마) 오일 및 캐리어 오일

Unit 8

1 아로마 오일

아로마 오일은 식물의 꽃, 줄기, 잎, 뿌리, 열매 등 다양한 부위에서 추출된 휘발성 높은 방향성 오일을 통칭하며, 고농축 원액 상태를 에센셜 오일(Essential Oil)이라고 한다.

(1) 아로마 오일의 효능
① 혈액순환, 림프순환 촉진
② 항염, 항균, 피부 진정 작용
③ 노폐물과 독소 배출에 기여

The 알아보기

아로마테라피(Aromatherapy) : 에센셜 오일과 향을 이용하여 스트레스와 통증을 완화시켜 주는 향기요법
Aroma(향) + Therapy(치료) = Aromatherapy

(2) 아로마(에센셜) 오일의 종류

(3) 에센셜(아로마) 오일의 추출 방법

수증기 증류법	증발되는 향기 물질을 냉각시켜 추출하는 방법
압착법	과일을 즙 만드는 방법과 같이 압착하여 향을 추출하는 방법
용매 추출법	용매를 이용하여 향기 성분을 녹여서 추출하는 방법

개념잡기

◎ 에센셜 오일을 추출하는 방법이 아닌 것은?
① 수증기 증류법 ② 혼합법
③ 압착법 ④ 용매추출법

•해설• 에센셜 오일을 추출하는 방법은 수증기 증류법, 압착법, 용매추출법이 있다.

정답 : ②

(4) 에센셜 (아로마) 오일의 사용방법

마사지법	오일을 피부에 도포 후 마사지로 혈액순환, 정서적 안정을 주는 방법
흡입법	뜨거운 물, 손수건 등에 오일을 떨어트려 흡입하는 방법
목욕법	욕조에 에센셜 오일을 넣고 몸을 담그는 방법(전신욕, 반신욕, 좌욕 등)
습포법	수건 등을 이용하여 냉습포, 온습포로 찜질하는 방법
확산법	아로마 램프 등을 이용하여 흡입하는 방법

(5) 에센셜(아로마) 오일의 취급 방법
① 희석해서 적정 용량을 사용할 것을 권장
② 사용 전 피부 테스트를 하고 직접 눈 부위에 접촉하지 않도록 유의할 것

③ 임산부, 고혈압 환자, 심장병 환자, 과민한 사람은 사용 자제 권장
④ 갈색병에 담아 어두운 곳에 보관

2 캐리어 오일(베이스 오일)

캐리어 오일은 에센셜 오일을 희석시켜 피부 흡수율을 높이기 위해 사용하는 식물성 오일을 말하며 베이스 오일이라고도 한다.

호호바 오일	인체 피지와 유사하여 피부 흡수가 잘됨, 여드름 케어에 효과적
아보카도 오일	비타민, 단백질 등 영양성분 풍부, 노화피부에 효과
아몬드 오일	크림, 마사지 용도로 사용, 가려움증, 튼살에 효과
올리브 오일	유분 함량이 높고, 튼살에 효과

개념잡기

◉ 다음 중 에센셜 오일과 희석해서 사용하는 캐리어 오일로 사용하기에 부적합 것은?

① 살구씨 오일　② 아보카도 오일
③ 미네랄 오일　④ 올리브 오일

•해설• 캐리어 오일은 흡수율을 높이기 위해 100% 식물성 오일을 사용한다. 미네랄은 광물성 오일로서 흡수율이 낮아 피부 컨디셔닝제(수분 차단제)로 사용된다.

정답 : ③

기능성 화장품

Unit 9

1 기능성 화장품의 범위(화장품법)

① 피부의 미백에 도움을 주는 화장품
② 피부 주름을 완화 또는 개선하는 기능을 가진 화장품
③ 피부를 곱게 태워주거나, 자외선으로부터 피부를 보호하는 기능을 가진 화장품
④ 모발의 색상을 변화(탈염, 탈색)시키는 기능을 가진 화장품(단, 일시적으로 변화시키는 제품은 제외)
⑤ 체모 제거 기능을 가진 화장품(단, 물리적으로 체모를 제거하는 제품은 제외)
⑥ 여드름성 피부를 완화하는 데 도움을 주는 화장품
⑦ 아토피성 피부로 인한 건조함 등을 완화하는 데 도움을 주는 화장품
⑧ 튼살로 인한 붉은 선을 엷게 하는 데 도움을 주는 화장품

2 기능성 화장품의 종류

미백화장품	멜라닌 색소 침착, 기미·주근깨 생성을 억제하여 피부 미백에 도움을 주는 화장품
주름완화 개선 화장품	피부 노화를 억제하고 세포의 재생 효과를 주는 기능을 가진 화장품
선케어 화장품	자외선을 산란, 반사시켜 차단하는 기능을 가진 화장품(선스크린 화장품) 피부 손상 없이 갈색 피부톤으로 피부를 그을리게 도움을 주는 화장품(선탠 화장품)
탈염제, 탈색제	염색으로 착색된 색상을 제거(탈염) 혹은 모발의 멜라닌 색소를 분해(탈색)하는 화장품
제모 화장품	미용 목적으로 얼굴, 팔, 다리, 겨드랑이 등의 털을 제모하기 위한 화장품(제모제)
여드름 케어 화장품	피지 분비와 배출을 촉진시켜 여드름 치료에 도움을 주는 화장품
아토피 케어 화장품	피부에 유수분을 공급하여 피부 장벽을 보호하는 데 도움을 주는 화장품
튼살용 화장품	피부의 붉은 선이나 띠를 완화시키는 데 도움을 주는 화장품

➕ The 알아보기

자외선 차단지수(SPF, Sun Protection Factor)

$$\text{자외선 차단 지수} = \frac{\text{자외선 차단제를 도포한 피부의 최소 홍반량}}{\text{자외선 차단제를 도포하지 않은 대조 부위의 최소 홍반량}}$$

개념잡기

◉ 다음 중 기능성 화장품의 내용으로 틀린 것은?
① 피부의 미백에 도움을 주는 제품
② 피부의 주름개선에 도움을 주는 제품
③ 피부의 각질 제거에 도움을 주는 제품
④ 체모 제거 기능을 가진 제품

•해설• 피부 각질 제거용으로 사용되는 바디스크럽은 바디 화장품이다.

정답 : ③

Chapter 04 화장품학 기출문제

01 화장품의 사용목적과 가장 거리가 먼 것은?
① 인체를 청결, 미화하기 위하여 사용한다.
② 용모를 변화시키기 위하여 사용한다.
③ 피부, 모발의 건강을 유지하기 위하여 사용한다.
④ 인체에 대한 약리적인 효과를 주기 위해 사용한다.

> **해설** 화장품은 인체를 청결, 미화하여 매력을 더하고 용모를 밝게 변화시키거나 피부·모발의 건강을 유지 또는 증진하기 위하여 인체에 바르고 뿌리는 등의 방법으로 사용되는 물품이다. 그러나 의약품에 해당하는 물품은 제외한다.

02 화장품법에서 화장품의 정의와 가장 거리가 먼 것은?
① 신체의 구조, 기능에 영향을 미치는 것과 같은 사용 목적을 겸하지 않는 물품
② 인체를 청결히 하고, 미화하고, 매력을 더하고 용모를 밝게 변화시키기 위해 사용하는 물품
③ 피부 혹은 모발을 건강하게 유지 또는 증진하기 위한 물품
④ 인체에 사용되는 물품으로 인체에 대한 작용이 경미한 것

> **해설** 화장품은 일반인의 피부나 모발의 청결, 미화, 보호를 위해 사용 가능한 제품으로 인체에 대한 작용이 경미한 제품으로 한정하고 있다.

03 다음 중 기초화장품의 주된 사용목적에 속하지 않는 것은?
① 세안   ② 피부 정돈
③ 피부 보호   ④ 피부 채색

> **해설** 피부 채색은 주로 색조 화장품의 사용 목적에 들어가며 종류로는 베이스 메이크업, 포인트 메이크업, 손톱용 메이크업이 있다.

04 다음 화장품 중 피부 보호를 목적으로 하는 것은?
① 로션
② 화장수
③ 팩
④ 마사지 크림

> **해설** 로션은 피부 보호를 목적으로 하는 것으로 로션, 크림, 에센스, 화장유가 있다. 화장수는 피부 정돈을 목적으로 하는 것으로 팩, 마사지 크림이 있다.

05 방향 화장품에 속하는 것은?
① 샴푸
② 린스
③ 헤어 무스
④ 향수

> **해설** 방향 화장품에는 향수와 샤워코롱 등이 있다. 샴푸와 린스는 헤어 세정작용을 하고 헤어 무스나 헤어 로션, 헤어 스프레이 등은 헤어 세팅의 기능이다.

06 다음 중 기초 화장품에 해당하는 것은?
① 향수
② 샤워코롱
③ 파운데이션
④ 클렌징 폼

> **해설** 클렌징 폼은 기초 화장품으로 세정 및 청결을 목적으로 하고 향수, 샤워코롱은 방향 화장품, 파운데이션은 메이크업 화장품이다.

07 다음 화장품 중에 그 분류가 다른 것은?
① 린스 ② 팩
③ 클렌징크림 ④ 화장수

> **해설** 샴푸와 린스는 모발 화장품에 속하고 팩, 클렌징크림, 화장수는 기초 화장품이다.

08 화장품의 분류와 제품이 일치하지 않은 것은?
① 모발 화장품 : 헤어 스프레이
② 기초 화장품 : 파우더
③ 방향 화장품 : 샤워 코롱
④ 메이크업 화장품 : 립스틱

> **해설**
> ① 모발 화장품 : 헤어 스프레이, 헤어 로션, 헤어 무스 등
> ② 기초 화장품 : 로션, 크림, 에센스, 화장유 등
> ③ 방향 화장품 : 샤워코롱, 향수 등
> ④ 메이크업 화장품 : 립스틱, 아이섀도, 파운데이션 등

09 화장품을 만들 때 4대 조건은?
① 발림성, 안정성, 방부성, 사용성
② 안전성, 방부성, 방향성, 유효성
③ 안전성, 안정성, 사용성, 유효성
④ 방향성, 안전성, 발림성, 사용성

> **해설** 화장품 품질의 4대 특성
> ㉠ 안전성 : 피부에 자극, 독성, 알레르기 반응이 없어야 한다.
> ㉡ 안정성 : 보관 시 변질, 변색, 변취 및 미생물 오염이 없어야 한다.
> ㉢ 사용성 : 피부에 잘 스며들고 부드러우며 촉촉해야 한다.
> ㉣ 유효성 : 적절한 보습, 노화 억제, 미백효과, 주름 방지, 세정, 색채효과 등을 부여할 수 있어야 한다.

10 "피부에 대한 자극, 알레르기, 독성이 없어야 한다."는 내용은 화장품의 4대 요건 중 어느 것에 해당되는가?
① 안전성 ② 안정성
③ 사용성 ④ 유효성

> **해설** 안전성 : 피부에 자극, 독성, 알레르기 반응이 없어야 한다.

11 화장품의 제형에 따른 특징의 설명이 틀린 것은?
① 유화제품 - 물에 오일 성분이 계면활성제에 의해 우윳빛으로 백탁화된 상태의 제품
② 유용화 제품 - 물에 다량의 오일 성분이 계면활성제에 의해 현탁하게 혼합된 상태의 제품
③ 분산제품 - 물 또는 오일 성분에 미세한 고체 입자가 계면활성제에 의해 균일하게 혼합된 상태의 제품
④ 가용화 제품 - 물에 소량의 오일 성분이 계면활성제에 의해 투명하게 용해되어 있는 상태의 제품

> **해설** 화장품은 유화, 분산화, 가용화의 기술로 제조되며, 물에 오일이 분산되어 있는 상태는 유화의 특성 중 수중유(O/W)에 대한 설명이다.

12 다음 중 물에 오일성분이 혼합되어 있는 유화 상태는?
① O/W 에멀션 ② W/O 에멀션
③ W/S 에멀션 ④ W/O/W 에멀션

> **해설** 수중유형(O/W형)은 물에 오일이 분산되어 있는 형태로 보습로션, 클렌징 크림 등이 있다.

13 기능성 화장품에 표시하는 기재사항이 아닌 것은?

① 제품의 명칭
② 내용물의 용량 및 중량
③ 제조자의 이름
④ 제조번호

> •해설• **화장품 용기 기재사항**
> ㉠ 화장품의 명칭
> ㉡ 제조업자 및 제조판매업자의 상호 및 주소
> ㉢ 내용물의 용량 또는 중량
> ㉣ 제조번호
> ㉤ 사용기간 또는 개봉 후 사용기간
> ㉥ 가격 및 주의사항

14 계면활성제에 대한 설명으로 옳은 것은?

① 계면활성제는 일반적으로 둥근머리 모양의 소수성기와 막대꼬리 모양의 친수성기를 가진다.
② 계면활성제의 피부에 대한 자극은 양쪽성, 양이온성, 음이온성, 비이온성의 순으로 감소한다.
③ 비이온성 계면활성제는 피부 자극이 적어 화장수의 가용화제, 크림의 유화제, 클렌징 크림의 세정제 등에 사용된다.
④ 양이온성 계면 활성제는 세정작용이 우수하여 비누, 샴푸 등에 사용된다.

> •해설•
> • 비이온성 : 피부자극이 적어 기초화장품에 사용
> • 양이온성 : 살균소독작용이 우수(트리트먼트)
> • 음이온성 : 세정작용이 우수(비누 샴푸에 사용)

15 유아용 제품과 저자극성 제품에 많이 사용되는 계면활성제에 대한 설명 중 옳은 것은?

① 물에 용해될 때, 친수기에 양이온과 음이온을 동시에 갖는 계면활성제
② 물에 용해될 때, 이온으로 해리하지 않는 수산기, 에테르 결합, 에스테르 등을 분자 중에 갖고 있는 계면활성제
③ 물에 용해될 때, 친수기 부분이 음이온으로 해리되는 계면활성제
④ 물에 용해될 때, 친수기 부분이 양이온으로 해리되는 계면활성제

> •해설• 양쪽성 : 피부 자극이 적어 베이비 샴푸, 저자극 샴푸에 사용

16 다음 중 화장품에 사용되는 주요 방부제는?

① 에탄올
② 벤조산
③ 파라옥시안식향산 메틸
④ BHT

> •해설• 화장품의 변질 방지 및 살균 작용을 하는 방부제로는 파라벤, 이미다졸리디닐우레아, 파라옥시안식향산메틸, 파라옥시안식향산 프로필 등이 있다.

17 다음 중 화학적인 필링제의 성분으로 사용되는 것은?

① 에탄올
② 카모마일
③ AHA(Alpha Hydroxy Acid)
④ 올리브 오일

> •해설• AHA(Alpha Hydroxy Acid)는 화학적 각질 관리에 사용되는 필링제의 성분이다.

정답 13 ③ 14 ③ 15 ① 16 ③ 17 ③

18 다음 중 글리세린의 가장 중요한 작용은?

① 소독작용
② 수분 유지작용
③ 탈수작용
④ 금속염 제거작용

> •해설• 글리세린은 천연화장품을 만들 때 사용하는 것으로 수분 유지작용으로 보습효과를 갖고 있다.

19 AHA(Alpha Hydroxy Acid)에 대한 설명으로 틀린 것은?

① 화학적 필링
② 글리콜산, 젖산, 주석산, 능금산, 구연산
③ 각질세포의 응집력 강화
④ 미백작용

> •해설• AHA는 화학적 필링제로 각질세포를 벗겨내는 역할을 하고 미백작용을 수행하며 수용성으로 글리콜산, 젖산, 주석산, 능금산, 구연산 등이 이에 해당한다.

20 다음 중 화장수, 로션, 크림의 기초 물질로 사용되는 것은?

① 맥아유   ② 유동파라핀
③ 정제수   ④ 바세린

> •해설• 정제수: 화장수, 로션, 크림의 기초 물질로 사용되며 수분 공급과 용해 기능을 통해 피부를 촉촉하게 한다.
> ① 맥아유 : 화장품의 성분 중 식물성 오일에 해당하는 것으로 피부에 대한 친화성이 우수하고 불포화 결합이 많아 공기와 접촉 시에 부패하기 쉬운 단점이 있다.
> ② 유동파라핀, 바세린 : 광물성 오일로 피부 흡수가 비교적 좋고 유성감이 강해서 피부 호흡을 방해할 수 있는 단점이 있다.

21 다음 중 화장품 제조의 기술 중에 분산이 주요 기술인 것은?

① 향수   ② 립스틱
③ 에센스   ④ 포마드

> •해설• 립스틱은 화장품 제조의 기술 중에서 분산을 사용한 것이다. 분산이란 안료 등의 고체입자를 액체 속에 균일하게 혼합하는 방법으로 블러셔, 립스틱 등이 있다.

22 화장품을 사용할 때 주의사항이 아닌 것은?

① 사용 후에는 반드시 마개를 닫아야 한다.
② 유아의 손이 닿지 않는 곳에 보관해야 한다.
③ 소아의 손이 닿지 않는 곳에 보관해야 한다.
④ 직사광선이 닿는 곳에 보관해야 한다.

> •해설• 화장품을 보관할 때는 고온 또는 저온의 장소 및 직사광선이 닿는 곳에는 보관하지 말아야 하며, 사용 후에 반드시 마개를 닫고 유아·소아의 손이 닿지 않는 곳에 보관하여야 한다.

23 화장품의 분류에 관한 설명 중 틀린 것은?

① 마사지 크림은 기초 화장품에 속한다.
② 샴푸, 헤어 린스는 모발용 화장품에 속한다.
③ 퍼퓸(perfume), 오드코롱(eau de cologne)은 방향 화장품에 속한다.
④ 페이스파우더는 기초 화장품에 속한다.

> •해설• 페이스 파우더는 메이크업 화장품이다.

정답 18 ② 19 ③ 20 ③ 21 ② 22 ④ 23 ④

24 화장품의 분류와 사용목적, 제품이 일치하지 않는 것은?

① 모발 화장품 - 정발 - 헤어 스프레이
② 방향 화장품 - 향취 부여 - 오데코롱
③ 메이크업 화장품 - 색채 부여 - 네일 에나멜
④ 기초 화장품 - 피부 정돈 - 클렌징 폼

> **해설** 기초 화장품 중 클렌징 화장품은 피부 노폐물 및 화장품의 잔여물을 제거하는 세정의 기능이다.
> 피부정돈 기능을 가진 화장품으로는 스킨, 로션, 토너 등이 있다.

25 기능성 화장품의 종류와 그 범위에 대한 설명으로 틀린 것은?

① 주름개선 제품 : 피부 탄력강화와 표피의 신진대사를 촉진한다.
② 미백 제품 : 피부 색소 침착을 방지하고 멜라닌 생성 및 산화를 방지한다.
③ 자외선 차단 제품 : 자외선을 차단 및 산란시켜 피부를 보호한다.
④ 보습 제품 : 피부에 유수분을 공급하여 피부 탄력을 강화한다.

> **해설**
> • 기능성 화장품의 종류 : 미백, 주름 개선, 자외선 차단, 선탠, 탈색, 탈염, 제모, 여드름 및 아토피 케어 화장품 외
> • 보습 제품은 기초 화장품이다.

26 화장품의 분류와 사용목적이 잘못 짝지어진 것은?

① 기초 화장품 : 세안, 정돈, 보호
② 방향 화장품 : 신체 보호, 미화, 체취 억제
③ 모발 화장품 : 세정, 컨디셔너, 염색, 탈색
④ 메이크업 화장품 : 베이스, 포인트메이크업

> **해설** 방향 화장품 - 향취 부여

27 기초 화장품의 사용목적 및 효과와 가장 거리가 먼 것은?

① 피부의 청결 유지
② 피부 보습
③ 잔주름, 여드름 방지
④ 여드름의 치료

> **해설** 기초 화장품 : 피부 세정, 정돈 및 보호를 위해 사용하는 기초적인 화장품으로서 피부 세정, 피부 정돈, 피부 보호의 역할을 한다.

28 기초 화장품의 사용목적이 아닌 것은?

① 세안
② 색상 표현
③ 피부 보호
④ 피부 정돈

> **해설** 기초 화장품 : 피부 세정, 정돈 및 보호를 위해 사용하는 기초적인 화장품으로서 피부 세정, 피부 정돈, 피부 보호의 역할을 한다.

29 다음 중 기초 화장품의 필요성에 해당되지 않는 것은?

① 세정
② 미백
③ 피부 정돈
④ 피부 보호

> **해설** 기초 화장품 : 피부 세정, 정돈 및 보호를 위해 사용하는 기초적인 화장품으로서 피부 세정, 피부 정돈, 피부 보호의 역할을 한다.

정답 24 ④ 25 ④ 26 ② 27 ④ 28 ② 29 ②

30 다음 화장품 중 그 분류가 다른 것은?
① 화장수　　　② 클렌징 크림
③ 샴푸　　　　④ 팩

> •해설•
> 기초화장품의 종류와 기능
> ㉠ 화장수 : 피부정돈
> ㉡ 클렌징 크림 : 피부 세정
> ㉢ 팩 : 보습 및 청정작용

31 팩의 주요기능이 아닌 것은?
① 보습작용　　　② 청정작용
③ 혈행 촉진작용　④ 얼굴 축소작용

32 세정용 화장수의 일종으로 가벼운 화장의 제거에 사용하기에 가장 적합한 것은?
① 클렌징 크림　　② 클렌징 워터
③ 클렌징 로션　　④ 클렌징 오일

33 다음 설명 중 파운데이션의 일반적인 기능과 가장 거리가 먼 것은?
① 피부색을 기호에 맞게 바꾼다.
② 피부의 기미, 주근깨 등 결점을 커버한다.
③ 자외선으로부터 피부를 보호한다.
④ 피지 억제와 화장을 지속한다.

> •해설• 파운데이션 : 베이스 컬러, 얼굴색의 변화와 피부의 결점을 보완

34 다음 화장품 중 그 분류가 다른 것은?
① 클렌징크림　　② 팩
③ 린스　　　　　④ 화장수

> •해설• 샴푸와 린스는 모발 화장품에 속하고 팩, 클렌징 크림, 화장수는 기초 화장품이다.

35 메이크업 화장품 중에서 안료가 균일하게 분산되어 있는 형태로 대부분 O/W형 유화 타입이며, 투명감 있게 마무리되므로 피부에 결점이 별로 없는 경우에 사용하는 것은?
① 트윈 케이크　　② 스킨 커버
③ 리퀴드 파운데이션　④ 크림 파운데이션

36 대부분 O/W형 유화타입이며, 오일 양이 적어 여름철에 많이 상하고 젊은 연령층이 선호하는 파운데이션은?
① 크림 파운데이션
② 파우더 파운데이션
③ 트윈 케이크
④ 리퀴드 파운데이션

37 다음중 모발 디자인용 화장품이 아닌 것은?
① 세트로션
② 포마드
③ 헤어 린스
④ 헤어 스프레이

> •해설•
> • 헤어 린스 : 세발용 화장품
> • 헤어 정발용(디자인용) : 오일, 포마드, 스프레이, 젤, 무스 등

정답　30 ③　31 ④　32 ②　33 ④　34 ③　35 ③　36 ④　37 ③

38 클렌징에 대한 설명이 아닌 것은?

① 피부의 피지, 메이크업 잔여물을 없애기 위해서이다.
② 모공 깊숙이 있는 불순물과 피부 표면의 각질의 제거를 주목적으로 한다.
③ 제품 흡수를 효율적으로 도와준다.
④ 피부의 생리적인 기능을 정상으로 도와준다.

> **해설** 바디관리 화장품 : 바디의 세정과 관리에 도움을 주는 화장품으로서 주요 작용은 피부 노폐물 제거, 피부의 각질 제거, 신체의 냄새 억제, 노폐물을 배출하고 지방을 분해, 피부를 균일하게 그을려 건강한 피부를 표현하는 기능 등이 있다.

39 클렌징의 목적과 효과로 옳지 않은 것은?

① 모공 속에 있는 각질과 피지 제거의 효과가 있다.
② 주름을 없애기 위한 첫 단계이다.
③ 유효성분 흡수율을 높인다.
④ 혈액순환을 도와 피부 안색을 맑게 한다.

> **해설** 주름 개선에 도움을 주는 화장품은 기능성 화장품이다.

40 다음 중 향수의 부향률이 높은 것부터 순서대로 나열한 것은?

① 퍼퓸 > 오드퍼퓸 > 오드뚜왈렛 > 오드코롱
② 퍼퓸 > 오드뚜왈렛 > 오드코롱 > 오드퍼퓸
③ 퍼퓸 > 오드퍼퓸 > 오드코롱 > 오드뚜왈렛
④ 퍼퓸 > 오드코롱 > 오드퍼퓸 > 오드뚜왈렛

> **해설** 부향률, 지속시간 순서 : 퍼퓸 > 오드퍼퓸 > 오드뚜왈렛 > 오드코롱 > 샤워코롱

41 다음 중 향료의 함유량이 가장 적은 것은?

① 퍼퓸(perfume)
② 오드뚜왈렛(eau de toilet)
③ 샤워코롱(shower cologne)
④ 오드코롱(eau de cologne)

> **해설**
> • 퍼퓸 : 15~30%, 향이 가장 풍부함
> • 오드퍼퓸 : 9~12%, 중간향
> • 오드뚜왈렛 : 6~8%, 범용적으로 사용
> • 오드코롱 : 3~5%, 상쾌한 향취
> • 샤워코롱 : 1~3%, 부향률로서 은은하고 산뜻한 향

42 향수를 뿌린 후 즉시 느껴지는 향수의 첫 느낌으로, 주로 휘발성이 강한 향료들로 이루어져 있는 노트(note)는?

① 탑 노트(top note)   ② 미들 노트(middle note)
③ 하트 노트(heart note)   ④ 베이스 노트(base note)

> **해설**
> • 탑 노트 : 처음 느끼게 되는 향(향수 용기를 열거나, 뿌렸을 때)
> • 미들 노트 : 중간단계의 향(향수가 가진 본연의 향)
> • 베이스 노트 : 마지막 남는 향(사용자의 체취와 혼합되어 발산되는 자신의 향)

43 아로마 오일을 피부에 효과적으로 침투시키기 위해 사용하는 식물성 오일은?

① 에센셜 오일   ② 캐리어 오일
③ 트랜스 오일   ④ 알부틴

> **해설** 캐리어 오일은 에센셜 오일을 희석시켜 피부 흡수율을 높이기 위해 사용하는 식물성 오일을 말하며 베이스 오일이라고도 한다.

정답 38 ② 39 ② 40 ① 41 ③ 42 ① 43 ②

44 캐리어 오일 중 액체상 왁스에 속하고, 인체 피지와 지방산의 조성이 유사하여 피부 친화성이 좋으며, 다른 식물성 오일에 비해 쉽게 산화되지 않아 보존안정성이 높은 것은?

① 아몬드 오일
② 호호바 오일
③ 아보카도 오일
④ 맥아 오일

45 인간의 피지와 화학구조가 매우 유사한 오일로 피부염을 비롯하여 여드름, 습진, 건선피부에 안심하고 사용할 수 있으며 침투력과 보습력이 우수하여 일반화장품에도 많이 함유되어 있는 베이스 오일은 무엇인가?

① 호호바 오일
② 스위트 아몬드 오일
③ 아보카도 오일
④ 그레이프 시드 오일

46 핸드케어(hand care) 제품 중 사용할 때 물을 사용하지 않고 직접 바르는 것으로 피부 청결 및 소독효과를 위해 사용하는 것은?

① 핸드 워시(hand wash)
② 핸드 새니타이저(hand sanitizer)
③ 비누(soap)
④ 핸드 로션(hand lotion)

47 다음 중 기능성 화장품의 범위에 해당하지 않는 것은?

① 미백 크림
② 바디 오일
③ 자외선 차단 크림
④ 제모 크림

•해설• 바디 오일은 바디관리 화장품이다.
• 기능성 화장품의 범위
 ㉠ 피부의 미백에 도움을 주는 화장품
 ㉡ 피부 주름을 완화 또는 개선하는 기능을 가진 화장품
 ㉢ 피부를 곱게 태워주거나, 피부를 보호하는 기능을 가진 화장품
 ㉣ 모발의 색상을 변화(탈염, 탈색)시키는 기능을 가진 화장품
 ㉤ 체모 제거 기능을 가진 화장품
 ㉥ 여드름성 피부를 완화하는 데 도움을 주는 화장품
 ㉦ 아토피성 피부 등을 완화하는 데 도움을 주는 화장품
 ㉧ 튼살로 인한 붉은 선을 엷게 하는 데 도움을 주는 화장품

48 다음 중 기능성 화장품의 영역이 아닌 것은?

① 피부의 미백에 도움을 주는 제품
② 피부의 주름 개선에 도움을 주는 제품
③ 체모 제거기능을 가진 제품
④ 피부를 균일하게 그을려 건강한 피부 표현에 도움을 주는 제품

•해설• 피부를 균일하게 그을려 건강한 피부를 표현하는 데 도움을 주는 제품(태닝 제품)은 바디관리 화장품이다.

49 화장수에 대한 설명으로 틀린 것은?

① 피부에 수분을 공급
② 피부에 청량감 부여
③ 세안 후 잔여물 제거
④ 피부의 잔주름 예방

•해설• 화장수는 피부에 수분을 공급, 피부에 청량감 부여, 클렌징 후에 피부의 지방을 제거, 세안 후 잔여물 제거, 피부 진정 또는 쿨링 작용을 한다.

정답 44 ② 45 ① 46 ② 47 ② 48 ④ 49 ④

50 다음 중 파운데이션에 대한 설명이 아닌 것은?

① 화장의 지속성을 높임
② 피부의 번들거림 방지
③ 자외선 차단
④ 피부색 조절

> •해설• 파운데이션은 화장의 지속성을 높이고 부분화장을 돋보이게 강조해준다. 또한 자외선을 차단하고 피부에 광택과 투명감을 부여할 뿐만 아니라 피부의 결점 커버 및 색상을 조절할 수 있다.

51 바디관리 용품 중에 세정이 주목적인 제품은?

① 선탠 오일
② 데오드란트
③ 바디 클렌저
④ 바디 스크럽

> •해설• 바디관리 화장품 중 세정기능을 가진 제품으로 비누, 바디 샴푸, 바디 클렌저 등이 있고, 오염물 제거를 목적으로 한다. 선탠 오일은 피부를 곱게 태워주고 피부가 거칠어지는 것을 방지하는 목적이며 데오드란트는 체취 방지 및 탈취, 땀냄새를 억제하기 위한 제품, 바디 스크럽은 피부의 각질을 제거하는 제품이다.

52 다음 중 향수의 부향률이 가장 높은 것은?

① 퍼퓸　　　② 오드퍼퓸
③ 오드뚜왈렛　　④ 오드코롱

> •해설•
> • 퍼퓸 : 15~30%이며, 6~7시간 지속
> • 오드퍼퓸 : 9~12%이며, 5~6시간 지속
> • 오드뚜왈렛 : 6~8%이며, 3~4시간 지속
> • 오드코롱은 : 3~5%이며, 1~2시간 지속

53 여러 가지 꽃이 혼합된 세련되고 로맨틱한 향으로 아름다운 꽃다발을 안고 있는 듯, 화려하면서도 우아한 느낌을 주는 향수의 타입은?

① 싱글 플로럴(single floral)
② 플로럴 부케(floral bouquet)
③ 우디(woody)
④ 오리엔탈(oriental)

> •해설•
> • 싱글 플로럴(single floral) : 한 종류의 꽃향을 제공하는 것으로 순수하고 상쾌함을 제공하는 향수
> • 우디(woody) : 문자 그대로 나무를 연상시키는 신선한 향수
> • 오리엔탈(oriental) : 부드러우면서 스파이시한 느낌이 강하며, 주로 가을이나 겨울 등 차갑거나 쌀쌀한 날씨에 많이 쓰이는 향수

54 아로마 오일의 효능이 아닌 것은?

① 면역 기능을 높여준다.
② 피부 진정작용이 있다.
③ 혈액순환을 촉진한다.
④ 머리카락에 영양을 준다.

> •해설• 아로마 오일은 피부 진정작용이 있고 면역 기능을 높여주며 감기나 피부 미용에 효과적이다. 또 혈액순환을 촉진하며 화장, 여드름, 염증 치유에 효과적이다.

• Memo •

05

공중위생관리학

- Ⅰ • 공중보건학
- Ⅱ • 소독학
- Ⅲ • 공중위생관리법규

공중보건학

I

공중보건학 총론 Unit 1

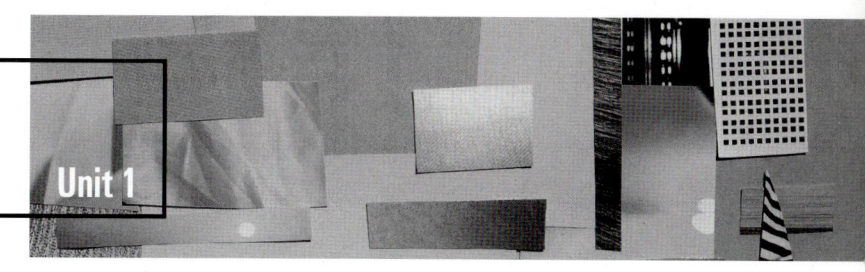

1 공중보건학 개념

(1) 공중보건학 정의
질병 예방, 수명 연장, 신체적·정신적 건강 및 효율을 증진시키는 기술이며 과학이다.

(2) 공중보건학의 대상
개인이 아닌 전국민(지역사회 주민 전체, 인간집단)

➕ **The 알아보기**

질병 치료보다는 전국민의 예방 보건사업에 치중하는 학문

개념잡기

◆ 다음 중 공중보건의 내용과 거리가 먼 것은?

① 수명 연장　　　　② 질병 예방
③ 신체적·정신적 건강 및 효율 증진　　④ 성인병 치료

• 해설 • 공중보건학은 질병 예방, 수명 연장, 신체적·정신적 건강 및 효율을 증진시키는 기술이며 과학이다. 질병의 치료와는 거리가 멀다.

정답 : ④

---

2 건강과 질병
(1) 건강
신체적, 정신적, 사회적으로 완전히 안녕한 상태를 의미한다.(WHO 헌장)

➕ **The 알아보기**

각 개인에게 주어진 역할과 기능을 수행할 수 있는 상태를 포함하여 건강한 상태라고 함.

(2) 질병
숙주, 병인, 환경 요인의 부조화로 발생

숙주	인간 숙주의 요소	연령, 성별, 유전, 저항력, 생활습관, 영양상태, 스트레스 등
병인	질병 발생의 직접적인 원인	세균, 바이러스, 기생충, 곰팡이, 성인병, 직업병, 중독증, 성인병 등
환경	병인과 숙주를 제외한 모든 요인	기후, 지형, 인구분포, 생활환경 등

3 인구 보건
(1) 인구 구성
성별, 연령별, 인종별, 직업별, 사회 계층별, 교육 수준별 등으로 표시

➕ **The 알아보기**

한국은 매 5년(11월 1일 기준)마다 통계청이 주관하여 인구정태조사 실시

(2) 인구 피라미드
특정 시점의 연령대별 인구 구성을 한눈에 볼 수 있는 그래프

(3) 인구 피라미드의 종류

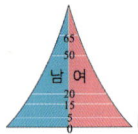
피라미드형
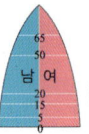
종 형
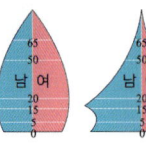
방추형
별 형
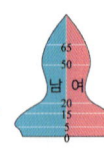
표주박형

① 피라미드형(인구 증가형) : 출생률이 사망률보다 높은 형(후진국형)
② 종형(인구 정지형) : 출생률과 사망률이 같은 형(이상적인 형태)
③ 항아리형(인구 감소형) : 출생률보다 사망률이 높은 형(선진국형)
④ 별형(인구 유입형) : 생산연령인구의 전입이 늘어나는 형(도시형)
⑤ 표주박형(인구 감소형) : 생산연령인구의 전출이 늘어나는 형(농촌형)

> **개념잡기**
>
> ◉ 인구 구성의 기본형 중 생산연령인구가 많이 유입되는 도시 지역의 인구 구성을 나타내는 것은?
>
> ① 피라미드형 ② 별형
> ③ 항아리형(방추형) ④ 종형
>
> **해설** 생산인구층이 늘어나는 인구 전입형은 별형이다.
>
> **정답 : ②**

4 보건 지표

(1) 보건지표의 개념
국가나 지역사회의 건강상태 및 보건 실태를 측정하는 것

(2) WHO 3대 건강수준 지표

평균수명	출생 시 평균 여명
보통사망률(조사망률)	인구 1,000명당 1년간의 사망자수
비례사망지수	연간 총 사망자수에 대한 50세 이상의 사망자 수

> **The 알아보기**
>
> 영아사망률(0세아의 사망률)은 한 국가의 건강수준을 나타내는 지표

> **개념잡기**
>
> ◉ WTO의 3대 건강수준 지표가 아닌 것은?
>
> ① 평균수명 ② 보통사망률(조사망률)
> ③ 비례사망지수 ④ 사인별 사망률
>
> **해설** WHO 3대 건강 수준 지표는 평균수명, 보통사망률, 비례사망지수이다.
>
> **정답 : ④**
>
> ◉ 국가의 보건수준을 평가하는 보건 지표로 가장 대표적인 것은?
>
> ① 영아사망률 ② 성인사망률
> ③ 사인별 사망률 ④ 모성사망률
>
> **해설** 영아사망률(0세아의 사망률)은 한 국가의 건강수준을 나타내는 지표로 활용
>
> **정답 : ①**

질병 관리 Unit 2

1 역학

(1) 역학의 정의
질병의 발생과 분포를 파악하고, 원인을 규명하여 예방대책을 수립하는 과학 또는 학문

(2) 역학의 목적
① 질병의 발생원인 규명
② 질병 발생 및 유행의 감시 역할
③ 질병의 자연사에 관한 연구
④ 공중 보건정책을 개발하기 위한 기초 자료 제공

2 감염병 관리

(1) 감염병
환자를 통해 새로운 환자를 만들 수 있는 질병

➕ The 알아보기
감염성 질환은 병원체의 감염으로 발병되는 것

(2) 감염병의 3대 요인

감염원	병원체를 전파시키는 근원	환자 보균자, 감염동물, 오염식품, 오염수등
감염경로	병원체가 운반될 수 있는 과정	접촉 감염, 공기 전파, 동물 매개 전파, 개달물 전파
감수성 숙주	침입한 병원체에 대항할 수 없는 상태	숙주의 감수성이 높으면 : 감염병 유행 숙주의 감수성이 낮으면 : 감염병 소멸(면역)

➕ The 알아보기
숙주 : 생물이 기생하는 대상으로 삼는 생물체로서 기생자에게 영양을 빼앗기는 생물

(3) 감염병의 발생 과정
병원체 → 병원소 → 병원소로부터 병원체의 탈출 → 전파 → 새로운 숙주로의 침입 → 숙주의 감수성

① 병원체 : 숙주에 기생하면서 질병을 발생시키는 미생물

바이러스		살아 있는 조직세포에서 증식	AIDS, 일본뇌염, 홍역, 인플루엔자, 풍진, 공수병 등
리케차		세균과 유사	발진열, 발진티푸스, 쯔쯔가무시병 등
세균	간균	작대기 모양	디프테리아, 장티푸스, 결핵균
	구균	둥근 모양	포도상구균, 연쇄상구균, 폐렴균, 임균
	나선균	S형, 나선형	콜레라균
진균, 사상균		버섯, 곰팡이, 효모	무좀, 피부병

➕ The 알아보기
크기 : 바이러스 〈 리케차 〈 세균 〈 진균, 사상균

② 병원소 : 병원체가 증식하여 다른 숙주에 전파될 수 있는 상태로서 질병의 전염원
　㉠ 인간 병원소

건강 보균자	병원체가 침입하였으나 증상이 없고 병원체를 배출하는 보균자, 감염병 관리가 어려움(B형 바이러스, 디프테리아, 폴리오, 일본뇌염)
잠복기 보균자	발병 전 잠복기간에 병원체를 배출하는 보균자 (홍역, 백일해, 유행성 이하선염)
회복기 보균자	감염병이 치료되었으나 병원체를 배출하는 보균자 (세균성 이질)

개념잡기

◉ 색출이 어려운 대상으로 감염병 관리상 중요하게 취급해야 할 대상자는?
① 건강 보균자　　② 잠복기 보균자
③ 회복기 보균자　④ 병후 보균자

해설 건강 보균자는 병원체를 보유한 보균자이지만 임상 증상이 없어 특별 관리대상이 된다.

정답 : ①

　㉡ 동물 병원소

병인	병원소	관련 질병
동물	쥐	페스트, 발진열, 살모넬라
	고양이	톡소플라스마증, 살모넬라
	토끼	야토병
	개	공수병(광견병)
	돼지	일본뇌염, 구제역, 탄저, 살모넬라
	소	결핵, 탄저, 파상열
곤충	모기	일본뇌염, 말라리아, 뎅기열, 황열
	이	발진티푸스, 재귀열
	벼룩	흑사병, 발진열
	파리	콜레라, 이질, 장티푸스

③ 인수공통 병원소
　㉠ 동물이 병원소가 되면서 인간에게도 감염을 일으키는 감염병
　㉡ 쥐(페스트, 살모넬라), 돼지(일본뇌염), 개(광견병), 산토끼(야토병), 소(결핵)

(4) 감염병의 전파
① 직접 전파 : 매개체 없이 전파
　㉠ 성병, 피부병, 매독(직접 접촉 감염)
　㉡ 결핵, 홍역, 인플루엔자, 유행성 이하선염(기침, 재채기로 감염)
② 간접 전파 : 매개체를 통해 간접적으로 전파
　㉠ 디프테리아, 결핵(호흡기를 통해 감염)

(5) 면역의 종류와 질병
① 선천적 면역 : 태어날 때부터 가지고 있는 유전적 면역(인종, 종족, 개인차)
② 후천적 면역 : 후천적(감염, 예방접종)으로 성립된 면역

능동 면역	자연 능동 면역	감염병 감염 후에 형성된 면역
	인공 능동 면역	예방접종에 의해 형성된 면역
수동 면역	자연 수동 면역	태반이나 모유를 통해 생기는 면역
	인공 수동 면역	면역 혈청주사에 의해 얻어진 면역

(6) 현행 법정 감염병(2017년 6월 ~ 2019년 12월 31일 기준)
감염병의 감염경로와 질환별 특성에 따라 5개군으로 관리

구분	감염병 명칭	감염 경로
제1군 (6종)	콜레라, 장티푸스, 파라티푸스, 세균성 이질, 장출혈성 대장균감염증, A형 간염	물, 식품으로 매개

구분	감염병 명칭	감염 경로
제2군 (12종)	디프테리아, 백일해, 파상풍, 홍역, 유행성 이하선염, 풍진, 폴리오, B형간염, 일본뇌염, 수두, b형헤모필루스인플루엔자, 폐렴구균	예방 접종 관리
제3군 (22종)	말라리아, 결핵, 한센병, 성홍열, 수막구균성 수막염, 레지오넬라증, 비브리오 패혈증, 발진티푸스, 발진열, 쯔쯔가무시증, 렙토스피라증, 브루셀라증, 탄저, 공수병, 신증후군 출혈열, 인플루엔자, AIDS, 매독, 크로이츠펠트야콥병 및 변종 크로이츠펠트 야콥병, C형간염, VRSA감염증, CRE 감염증	간헐적 유행 가능성
제4군 (20종)	페스트, 황열, 뎅기열, 바이러스성 출혈열, 두창, 보툴리눔독소증, 중증급성호흡기증후군(SARS), 동물인플루엔자 인체감염증, 신종인플루엔자, 야토병, 큐열, SFTS, MERS, 지카바이러스 감염증, 웨스트나일열, 신종감염병증후군, 라임병, 진드기 매개 뇌염, 유비저, 치쿤구니야열	신종, 해외유입
제5군 (6종)	회충증, 편충증, 요충증, 간흡충증, 폐흡충증, 장흡충증	기생충
지정 감염병	제1군~5군 이외에 감시 활동이 필요한 감염병 14종	

> **개념잡기**
>
> ★ 법정 감염병 중 제3군 감염병에 속하지 않는 것은?
> ① B형간염 ② 공수병
> ③ 렙토스피라증 ④ 쯔쯔가무시증
>
> **해설** B형간염은 2군 법정 감염병이다.
>
> 정답 : ①

(7) 변경(예정) 법정 감염병(2020년 1월 1일부터 시행)

감염병의 긴급도, 심각도, 전파력, 격리 수준에 따라 4개의 급으로 관리

구분	감염병 명칭	격리수준 및 신고
1급 (17종)	에볼라 바이러스병, 페스트, 탄저, 신종감염병 증후군, SARS(중동급성호흡기증후군), MERS(중동호흡기증후군), 동물인플루엔자 인체감염증, 신종인플루엔자 등	음압 격리 필요, 발생즉시 신고
2급 (20종)	결핵, 수두, 홍역, 콜레라, 장티푸스, 파라티푸스, 세균성 이질, 장출혈성 대장균감염증, A형간염, 백일해, 유행성 이하선염, 풍진, 홍열 등	격리 필요, 24시간 이내 신고
3급 (26종)	파상풍, B형간염, 일본뇌염, 말라리아, 레지오넬라증, 비브리오패혈증, 발진티푸스, 발진열, 쯔쯔가무시증, 렙토스피라증, 브루셀라증, 공수병, 신증후군 출혈열, AIDS 등	지속적 감시 필요, 24시간 이내 신고
4급 (22종)	인플루엔자, 매독, 회충증, 편충증, 수족구병, 장관감염증, 급성호흡기감염증 등	표본 감시, 7일 이내 신고

> **개념잡기**
>
> ★ 2급 법정 감염병의 격리수준과 발생 신고 기준에 대한 설명으로 옳은 것은?
> ① 음압 격리 - 발생 즉시 신고
> ② 격리 필요 - 24시간 이내 신고
> ③ 지속적 감시 - 24시간 이내 신고
> ④ 표본 감시 - 7일 이내 신고
>
> **해설** 감염병의 전파력에 따른 격리수준 및 긴급도와 심각도에 따라 신고 시간을 4개급으로 나누어 관리하며, 2급은 발생 즉시 격리가 필요하며 24시간 이내에 신고하여야 한다.
>
> 정답 : ②

3 기생충 질환 관리
(1) 기생충의 종류

선충류	소화기, 근육, 혈액 등에 기생	회충, 구충(십이지장충), 요충, 편충
흡충류	숙주의 간, 폐 등에 흡착하여 기생	간흡충(간디스토마), 폐흡충(폐디스토마), 장흡충, 요코가와흡충
조충류	숙주의 소화기관에 기생	유구조충, 무구조충, 광절열두조충(긴촌충)

(2) 숙주와 기생충
① 어패류 매개 기생충

기생충	제1중간숙주	제2중간숙주
간흡충(간디스토마)	우렁이	잉어, 붕어, 피라미
폐흡충(폐디스토마)	다슬기	가재, 참게
요코가와흡충	다슬기	은어, 숭어
광절열두조충(긴촌충)	물벼룩	송어, 연어

② 육류 매개 기생충

기생충	중간 숙주
무구조충(민촌충)	소
유구조충(갈고리촌충)	돼지
만손열두조충	닭

개념잡기

◉ 다음 기생충 중 중간 숙주와의 연결이 바르지 않은 것은?
① 무구조충(민촌충) - 소
② 유구조충(갈고리촌충) - 돼지
③ 폐흡충(폐디스토마) - 우렁이
④ 만손열두조충 - 닭

•해설• • 육류 매개 기생충 : 민촌충(소), 갈고리촌충(돼지)
• 어패류 매개 기생충 : 간디스토마(우렁이, 잉어), 폐디스토마(다슬기, 가재), 간촌충(물벼룩, 송어)

정답 : ③

4 성인병 관리
(1) 성인병의 종류
고혈압, 고지혈증(고콜레스테롤혈증), 간질환(간염, 간경화증, 간암, 알코올성 간질환), 당뇨병과 비만증, 대사증후군, 퇴행성 관절염 등이 있다.

(2) 성인병의 특징 : 비전염성, 만성퇴행성, 비가역성

5 정신 보건
(1) 정신 보건
정신질환의 예방 및 치료를 통하여 국민 정신건강을 유지·발전시키는 것

(2) 정신 보건활동
환자의 조기 발견, 입원과 치료, 퇴원 후 후속치료, 환자의 처우 개선, 가족에 대한 사회 지원, 완치 후 사회 복귀

6 이·미용 안전사고

(1) 안전사고

위험이 발생할 수 있는 장소에서 안전 교육 미비, 안전 수칙 위반, 부주의 등으로 사람 또는 재산에 피해를 주는 사고

(2) 이·미용 안전사고
① 이·미용 시술 중에 시술자 및 고객의 안전 수칙 위반으로 인한 고객과 시술자의 안전사고
② 이·미용 시술 시 미용 제품 및 도구 사용상의 부주의로 인한 고객과 시술자의 안전사고

(3) 이·미용 안전사고와 예방 대책
① 시술장의 청결상태 및 위생관리를 항상 철저하게 유지·관리하여야 한다.
② 시술장의 환기와 조명을 적절하게 유지하여야 한다.
③ 시술장의 전기 및 화재 안전 수칙을 준수하여야 한다.
④ 시술도구의 소독과 위생 점검을 주기적으로 시행하여야 한다.
⑤ 시술 도구 및 재료의 사용 방법을 충분히 숙지 후 시술에 임해야 한다.
⑥ 안전사고 발생 시 초기 응급 조치와 사후 조치 방법을 충분히 숙지하여야 한다.

Unit 3. 가족 및 노인 보건

1 모자 보건

(1) 목적
모성의 생명과 건강을 보호하고 건전한 자녀의 출산과 양육을 도모하여 국민 보건향상에 기여

(2) 대상
임신, 출산 및 수유 기간의 모성과 취학 전 영유아(6세 미만)를 대상으로 한다.

(3) 모자 보건의 3대 목표
산전 관리, 산욕 관리, 분만 관리

2 노인 보건

(1) 목적
노인의 질환을 예방 및 조기 발견하고, 적절한 치료 요양으로 노후의 보건 복지 증진에 기여

(2) 노인 보건의 대상
65세 이상의 노인(보건복지법)

* UN 기준

고령화 사회	65세 이상의 인구가 전체의 7% 이상
고령 사회	65세 이상의 인구가 전체의 14% 이상
초고령 사회	65세 이상의 인구가 전체의 20% 이상

The 알아보기

한국은 2017년 고령 사회로 진입

개념잡기

◆ 다음 중 UN이 정한 고령사회에 대한 설명으로 틀린 것은?

① 65세 이상의 인구가 총인구에서 차지하는 비율이 7% 이상인 사회이다.
② 65세 이상 인구가 총인구에서 차지하는 비율이 14% 이상인 사회이다.
③ 한국은 2017년 고령 사회로 진입하였다.
④ 고령화 현상은 수명이 늘고 출산율이 하락하면서 고령 인구가 늘고 생산 연령인구(15~64세)는 줄어든 데 따른 영향이다.

• 해설 | UN 기준으로 65세 이상의 인구가 전체의 7% 이상은 고령화 사회로 분류한다.

정답 : ①

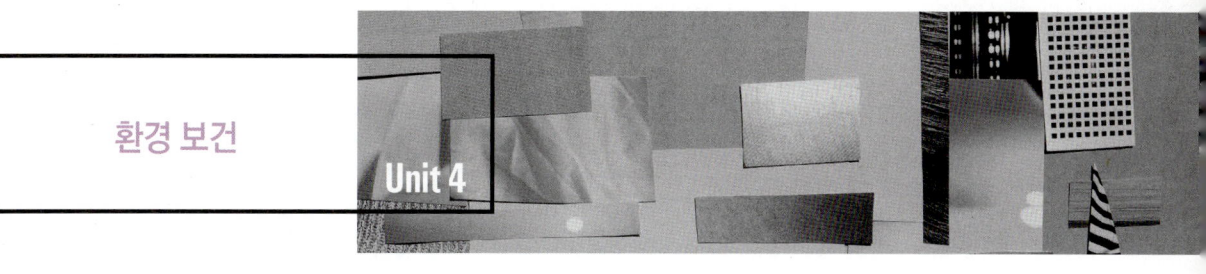

환경 보건
Unit 4

1 환경 보건
(1) 개념
인체 건강에 잠재적으로 영향을 줄 수 있는 제반 요인 (자연환경, 생물학적 환경, 사회적 환경)을 평가하고 관리하는 것을 의미

(2) 기후
① 기후의 3대 요소 : 기온, 기습(습도), 기류(기온과 기압 차이로 발생하는 공기 흐름)
② 기후의 4대 요소 : 기온, 기습, 기류, 복사열

2 대기 환경
(1) 대기의 구성
① 질소(78%), 산소(21%), 아르곤, 이산화탄소, 기타

산소(O_2)	성인 1일 소비량 500~700ℓ
질소(N_2)	공기 중 가장 많은 78% 함유
이산화탄소 (CO_2)	실내공기 오염의 지표, 지구온난화 주범 가스

② 대기의 유해 성분

일산화탄소 (CO)	숯, 연탄의 불완전 연소로 발생, 무색·무미·무취
아황산가스 (SO_2)	대기오염의 지표
오존(O_3)	프레온가스가 오존층 파괴의 원인

> **The 알아보기**
> 군집독 : 실내에 많은 사람들의 호흡으로 산소가 줄고, 이산화탄소가 증가하여 현기증, 구토, 두통 등의 생리적 이상 현상 발생

(2) 대기오염
① 1차 오염물질
직접 대기에 배출되는 물질로는 분진, 연기, 재, 안개, 매연 등이 있으며, 가스상 물질로는 황산화물, 질소산화물, 일산화탄소가 있다.
② 2차 오염물질
1차 오염물질이 합성되어 새로이 생성된 물질로 오존, 스모그, 알데히드 등이 있다.

3 수질 환경
(1) 음용수 오염 측정 지표 : 대장균 수

> **The 알아보기**
> 대장균의 검출방법이 용이하고 정확하기 때문에 수질오염지표로 활용된다.

(2) 하천 오염의 측정 지표

생물학적 산소요구량 (BOD)	유기물이 세균에 의해 산화 분해될 때 소비되는 산소량, 단위 ppm	BOD 요구량이 높을수록 오염도가 높다.
용존 산소량 (DO)	물속에 녹아 있는 산소량, 단위 ppm	DO가 낮을수록 물의 오염도가 높다. DO가 높을수록 깨끗한 물이다.
화학적 산소요구량 (COD)	유기물을 산화시킬 때 소모되는 산소량, 단위 ppm, 공장 폐수 오염도 측정 지표로 사용	COD가 높을수록 오염도가 높다.

개념잡기

◉ 하수 오염이 심해지면 나타나는 현상과 거리가 먼 것은?

① BOD(생물학적 산소요구량)가 높아진다.
② DO(용존산소량)가 낮아진다.
③ COD(화학적 산소요구량)가 높아진다.
④ SO_2(아황산가스)가 많아진다.

•해설• 아황산가스(SO_2)는 대기오염의 지표이며, 하수오염도 측정과는 거리가 멀다.

정답 : ④

(3) 수질오염 질환

수은 중독	미나마타병	신경마비, 언어장애, 두통
카드뮴 중독	이타이이타이병	골연화증, 전신 권태

(4) 음용수 소독법
① 자비소독 : 물을 끓여서 소독
② 염소소독 : 상수도 소독 방법
③ 자외선 : 일광 소독
④ 오존 : 오존 소독

(5) 하수도 처리방법 : 예비 처리 → 본 처리 → 오니 처리

4 주거 및 의복환경
(1) 주거 환경
① 채광(자연조명)의 조건
　㉠ 창문의 면적 : 방바닥 면적의 1/5~1/7, 벽면적의 70%
　㉡ 창의 입사각 : 28° 이상
　㉢ 창의 개각 : 4~5° 이상

② 인공 조명

전체 조명	전체적으로 밝게 하는 조명	강당, 가정
부분 조명	부분을 밝게 하는 조명	스탠드
직접 조명	조명 효율이 크고 경제적이나 불쾌감을 줄 수 있음	서치라이트
간접 조명	눈의 보호를 위해 가장 좋은 조명	형광등

③ 조명의 조건
　㉠ 눈이 부시지 않고 그림자가 생기지 않아야 한다.
　㉡ 폭발이나 화재의 위험이 없어야 한다.
　㉢ 깜박거리나 흔들림 없이 조도가 균등해야 한다.
　㉣ 취급이 간단해야 한다.
　㉤ 색은 주광색에 가까운 것이 좋다.

> **The 알아보기**
>
> 미용실 조명 : 75Lux 이상

(2) 의복 환경
① 의복의 기능 : 신체 보호 및 체온 조절, 장식 기능, 개성 표현, 자유로운 활동 기능
② 의복의 조건 : 보온성, 통기성, 흡수성, 흡습성, 신축성, 내열성을 가져야 한다.

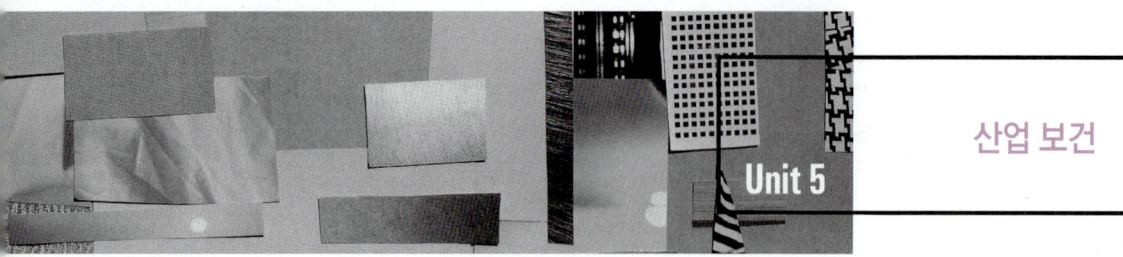

Unit 5 산업 보건

1 산업 보건의 개념

(1) 정의
모든 근로자들의 육체적, 정신적, 사회적 건강을 유지·증진시키며, 질병과 유해물질로 인한 건강 훼손을 방지하는 것

(2) 산업 보건의 과제
① 질병 예방과 사고 예방
② 작업 능률과 생산성 확보·유지
③ 작업조건이나 작업장 환경 개선
④ 유해물질로 인한 건강 훼손 방지

2 산업 재해

(1) 개념
노동 과정에서 작업환경 또는 작업행동 등 업무상의 사유로 발생하는 노동자의 신체적·정신적 피해

(2) 직업병의 종류

물리적 환경	이상 고온 원인	열중증(용광로 작업자)
	이상 저온 원인	동상(외부 현장 작업자)
	고기압 원인	잠함병(잠수부)
	저기압 원인	고산병(등산가)
	소음 원인	난청(기계공, 조선공)
화학적 환경	유리 규산 원인	규폐증(채광공, 석공)
	석면 원인	석면폐증(광산, 광부)
	활석 원인	활석폐증(페인트공)

(3) 직업병 예방 대책
① 안전하고 건강한 작업환경 조성
② 쾌적한 작업환경 조성
③ 주기적인 건강진단을 통한 건강관리 대책

식품위생과 영양

1 식품위생

(1) 정의
식품, 식품 첨가물, 기구 또는 용기 포장을 대상으로 하는 음식에 관한 위생

(2) 식중독
식품 섭취 후 인체에 유해한 미생물 또는 유독 물질에 의하여 발생하였거나 발생한 것으로 판단되는 감염성 질환 또는 독소형 질환

① 세균성 식중독(감염형, 독소형)

구분	독성 물질	원인 식품
감염형	살모넬라	돼지콜레라가 원인
	장염비브리오	어패류, 오염 어패류에 접촉한 도마, 식칼, 행주에 의한 2차 감염
	병원성 대장균	우유, 치즈, 김밥, 두부, 도시락 등의 섭취
독소형	포도상구균	우유, 유제품, 떡, 김밥, 도시락
	보툴리누스균	육류, 소시지, 통조림 제품, 치사율이 가장 높음
	웰치균	수육 및 수육 제품

② 자연독 식중독(식물성, 동물성)

구분	원인 식품	독성 물질
식물성	버섯	무스카린
	감자	솔라닌
	매실	아미그달린
동물성	복어	테트로톡신
	섭조개, 대합	색시톡신
	모시조개, 굴, 바지락	베네루핀

③ 곰팡이독 식중독
㉠ 아플라톡신 : 땅콩, 옥수수
㉡ 파툴린 : 사과나 사과주스 오염

개념잡기

◆ 다음 식중독 중에서 치사율이 가장 높은 것은?
① 병원성 대장균
② 보툴리누스 식중독
③ 아플라톡신 식중독
④ 솔라닌 중독

•해설• 보툴리누스균은 독소형 식중독의 종류로 가장 치사율이 높다.

정답 : ②

2 영양

(1) 영양소의 분류

3대 영양소	단백질, 탄수화물, 지방	열량 공급작용
4대 영양소	단백질, 탄수화물, 지방, 무기질	인체 구성작용
5대 영양소	단백질, 탄수화물, 지방, 무기질, 비타민	인체 구성 조절작용

(2) 영양 장애

영양소	과잉 증상	결핍 증상
탄수화물	비만, 고지혈증	저혈당, 어지러움, 두통
단백질	비만, 피로, 골다공증	빈혈, 피부 탄력저하
지방	고지혈증, 심장병	발육 부진, 저항력 감소
칼슘	신장 결석	골다공증, 구루병
비타민 A	탈모증	야맹증, 각막연화증
비타민 D	탈모, 체중 감소	구루병, 골다공증
비타민 E		피부 노화, 불임, 유산
비타민 C		괴혈병, 색소침착증
비타민 B_1		각기병
비타민 B_2		결막 충혈

보건행정 Unit7

1 보건행정의 정의 및 체계
(1) 정의
공중보건의 목적(수명 연장, 질병 예방, 건강 증진)을 달성하기 위해 공공의 책임하에 수행하는 행정활동

개념잡기

◉ **보건행정의 특성과 거리가 먼 것은?**
① 공공성과 사회성 ② 과학성과 기술성
③ 봉사성 ④ 정치성

•해설• 보건행정은 정부와 공공단체가 국민을 대상으로 하여 (공공재적 특성), 보건 의료지식을 가진 전문가들로 하여금(과학성과 기술행정성), 국민 건강을 위해 적극적으로 서비스를 제공(봉사성)하는 활동이며, 정치적인 수단이나 목적이 될 수는 없다.

정답 : ④

---

(2) 범위
① 보건 관계 기록의 보존
② 환경위생
③ 보건 교육
④ 감염병 관리
⑤ 의료, 모자 보건 및 보건 간호

2 사회보장과 국제 보건기구
(1) 사회보장을 위한 사회보험
국민연금, 고용보험, 산재보험, 장기요양보험

(2) 세계 보건 기구(WHO, World Health Organization)
① 1948년 발족, 본부는 스위스 제네바
② 한국은 1949년 65번째로 회원국 가입

Chapter 05 공중위생관리학 기출문제

01 공중보건학의 정의로 가장 적합한 것은?
① 질병 예방, 생명 연장, 질병 치료에 주력하는 기술이며 과학이다.
② 질병 예방, 생명 유지, 조기 치료에 주력하는 기술이며 과학이다.
③ 질병의 조기 발견, 조기 예방, 생명 연장에 주력하는 기술이며 과학이다.
④ 질병 예방, 생명 연장, 건강 증진에 주력하는 기술이며 과학이다.

• 해설 • 공중보건학은 질병 예방, 수명 연장, 신체적·정신적 건강 및 효율을 증진시키는 기술이며 과학이다.

02 공중보건에 대한 설명으로 적절한 것은?
① 예방의학을 대상으로 한다.
② 사회의학을 대상으로 한다.
③ 공중보건의 대상은 개인이다.
④ 집단 또는 지역사회를 대상으로 한다.

• 해설 • 공중보건학의 대상은 개인이 아닌 지역사회 주민 전체, 인간집단을 대상으로 한다.

03 질병 발생의 세 가지 요인으로 연결된 것은?
① 숙주-병인-환경   ② 숙주-병인-유전
③ 숙주-병인-병원소   ④ 숙주-병인-저항력

• 해설 • 질병의 3대 요인은 숙주, 병인, 환경이다.
• 숙주 : 생물이 기생하는 대상으로 삼는 생물체
• 병인 : 질병발생의 직접적인 원인
• 환경 : 병인과 숙주를 제외한 모든 요인

04 출생률이 높고 사망률이 낮으며 14세 이하 인구가 65세 이상 인구의 2배를 초과하는 인구 유형은?
① 피라미드형   ② 종형
③ 항아리형   ④ 별형

• 해설 •
• 피라미드형 (인구증가형) : 출생률이 사망률보다 높은 형(후진국형)
• 종형(인구 정지형) : 출생률과 사망률이 같은 형(이상적인 형태)
• 항아리형(인구 감소형) : 출생률보다 사망률이 높은 형(선진국형)
• 별형(인구 유입형) : 생산연령인구의 전입이 늘어나는 형(도시형)
• 표주박형(인구 감소형) : 생산연령인구의 전출이 늘어나는 형(농촌형)

05 출생률이 사망률보다 낮으며 평균수명이 높은 인구 감소형으로 선진국형 인구구성을 나타내는 것은?
① 피라미드형   ② 항아리형
③ 별형   ④ 표주박형

• 해설 • 항아리형(방추형) : 인구감소형, 선진국형의 인구구성

06 다음 중 가장 대표적인 보건수준 평가기준으로 사용되는 것은?
① 영아사망률   ② 성인사망률
③ 사인별 사망률   ④ 모성사망률

• 해설 • 영아사망률(0세아의 사망률)은 한 국가의 건강수준을 나타내는 지표로 활용

정답 1 ④ 2 ④ 3 ① 4 ① 5 ② 6 ①

7 전체 사망자 수에 대한 50세 이상의 사망자수를 나타낸 구성 비율은?

① 평균수명
② 조사망률
③ 영아사망률
④ 비례사망지수

> •해설• 비례사망지수 : 전체 사망자수에 대한 50세 이상의 사망자수

08 한 국가나 지역사회 간의 보건수준을 비교하는 데 사용되는 대표적인 3대 지표는?

① 영아사망률, 비례사망지수, 평균 수명
② 영아사망률, 사인별 사망률, 평균 수명
③ 유아사망률, 모성사망률, 비례사망지수
④ 유아사망률, 사인별 사망률, 영아 사망률

09 감염병 유행지역에서 입국하는 사람이나 동물 또는 식품 등을 대상으로 실시하며 외국 질병의 국내 침입 방지를 위한 수단으로 쓰이는 것은?

① 검역
② 격리
③ 박멸
④ 병원소 제거

> •해설• 검역을 통해 감염병 여부를 검사하며, 감염병이 의심되는 경우 강제 격리를 한다.

10 다음 감염병 중 세균성인 것은?

① 말라리아
② 결핵
③ 일본뇌염
④ 유행성 간염

> •해설• 세균성 감염병은 간균, 구균, 나선균이 있다.
> • 간균 : 디프테리아, 장티푸스, 결핵균
> • 구균 : 포도상구균
> • 나선균 : 콜레라균

11 다음 중 바이러스에 속하는 것은?

① 홍역
② 발진열
③ 발진티푸스
④ 쯔쯔가무시병

> •해설•
> • 바이러스성 감염균 : AIDS, 일본뇌염, 폴리오, 홍역, 풍진, 공수병
> • 리케차 감염균 : 발진열, 발진티푸스, 쯔쯔가무시병

12 예방접종으로 얻어지는 면역(인공 능동 면역)의 특성을 가장 잘 설명한 것은?

① 각종 감염병 감염 후 형성되는 면역
② 생균백신, 사균백신 및 순화 독소의 접종으로 형성되는 면역
③ 모체로부터 태반이나 수유를 통해 형성되는 면역
④ 항독소 등 인공제제를 접종하여 형성되는 면역

> •해설•
> • 자연 능동 면역 : 감염병 후에 형성된 면역(자능감)
> • 인공 능동 면역 : 예방접종에 의해 형성된 면역(인능예)
> • 자연 수동 면역 : 태반이나 모유 수유를 통해 생기는 면역(자수태)
> • 인공 수동 면역 : 면역 혈청주사에 의해 얻어진 면역(인능혈)

13 모체를 통해서 형성되는 면역은?

① 자연 능동 면역
② 인공 능동 면역
③ 자연 수동 면역
④ 인공 수동 면역

> •해설• 자연 수동 면역 : 태반이나 모유 수유를 통해 생기는 면역(자수태)

14 콜레라 예방접종은 어떤 면역방법인가?

① 인공 수동 면역
② 인공 능동 면역
③ 자연 수동 면역
④ 자연 능동 면역

> •해설• 인공 능동 면역 : 예방접종에 의해 형성된 면역(인능예)

15 절지 동물인 파리에 의해 전파될 수 있는 질병이 아닌 것은?

① 일본뇌염
② 콜레라
③ 세균성 이질
④ 장티푸스

> •해설•
> • 모기 전파 : 일본뇌염, 말라리아, 뎅기열
> • 파리 전파 : 콜레라, 이질, 장티푸스
> • 벼룩 : 발진티푸스, 재귀열

16 다음 중 같은 병원체에 의하여 발생되는 인수 공통 감염병은?

① 공수병
② 천연두
③ 디프테리아
④ 콜레라

> •해설• 인수 공통 병원소 : 동물이 병원소가 되면서 인간에게도 감염을 일으키는 감염병으로 광견병 등이 있다.

17 오염된 주사기, 면도날 등으로 인해 전파되는 만성 감염병은?

① B형간염
② 트라코마
③ 파라티푸스
④ 렙토스피라증

> •해설• B형간염 바이러스는 환자의 혈액, 타액, 성접촉, 면도날 등으로 감염될 수 있다.

18 이·미용실에서 사용하는 수건을 통해 감염될 수 있는 질병은?

① 트라코마
② 장티푸스
③ 페스트
④ 풍진

정답 13 ③ 14 ② 15 ① 16 ① 17 ① 18 ①

19 무구조충은 다음 중 어느 것을 날것으로 먹었을 때 감염될 수 있는가?

① 돼지고기
② 잉어
③ 게
④ 쇠고기

> **•해설•**
> • 무구조충 : 소고기 생식을 통해 감염
> • 유구조충 : 돼지고기 생식을 통해 감염

20 다음 기생충 중 중간 숙주와의 연결이 바르지 않은 것은?

① 무구조충(민촌충) - 소
② 유구조충(갈고리촌충) - 돼지
③ 폐흡충(폐디스토마) - 우렁이
④ 만손열두조충 - 닭

> **•해설•**
> • 육류 매개 기생충 : 민촌중(소), 갈고리촌충(돼지)
> • 어패류 매개 기생충 : 간디스토마(우렁이, 잉어), 폐디스토마(다슬기, 가재), 긴촌충(물벼룩, 송어)

21 기생충과 제2 중간 숙주의 연결이 잘못된 것은?

① 긴촌충(광절열두조충) - 송어, 연어
② 간흡충(간디스토마) - 잉어, 붕어
③ 폐흡충(폐디스토마) - 우렁이
④ 요코가와흡충 - 은어, 숭어

> **•해설•** 폐흡충(폐디스토마) - 가재, 참게

22 다음 모자 보건의 3대 목표가 아닌 것은?

① 산전 관리
② 산욕 관리
③ 분만 관리
④ 환경 관리

23 다음 중 UN이 정한 고령사회에 대한 설명으로 틀린 것은?

① 65세 이상의 인구가 총인구에서 차지하는 비율이 7% 이상인 사회이다.
② 65세 이상 인구가 총인구에서 차지하는 비율이 14% 이상인 사회이다.
③ 한국은 2017년 고령 사회로 진입하였다.
④ 고령화 현상은 수명이 늘고 출산율이 하락하면서 고령 인구가 늘고 생산 연령인구(15~64세)는 줄어든 데 따른 영향이다.

> **•해설•**
> • 고령화사회 : 65세 이상의 인구가 전체의 7% 이상
> • 고령사회 : 65세 이상의 인구가 전체의 14% 이상

24 실내에 다수인이 밀집한 상태에서 실내공기의 변화는?

① 기온 상승, 습도 증가, 이산화탄소 감소
② 기온 하강, 습도 증가, 이산화탄소 감소
③ 기온 상승, 습도 증가, 이산화탄소 증가
④ 기온 상승, 습도 감소, 이산화탄소 증가

> **•해설•** 실내에 많은 사람들의 호흡으로 산소가 줄고, 습도가 증가하고, 이산화탄소가 증가하여 현기증, 구토, 두통 등의 이상현상이 나타나는 증상은 군집독이다.

25 수질오염을 측정하는 지표로서 물에 녹아있는 유리 산소를 의미하는 것은?

① 용존산소(DO)
② 생물학적 산소요구량(BOD)
③ 화학적 산소요구량(COD)
④ 수소이온농도(pH)

26 수질오염의 지표로 사용하는 "생물학적 산소요구량"을 나타내는 용어는?

① BOD
② DO
③ COD
④ SS

> **해설** 생물학적 산소요구량(BOD, Biochemical Oxygen Demand)은 수질오염의 지표로 사용되는 용어이며, BOD 요구량이 높을수록 오염도가 높다.

27 화학적 산소요구량에 대한 설명으로 틀린 것은?

① 공장폐수의 오염도를 측정하는 지표이다.
② COD가 높을수록 수질오염도가 높다는 의미이다.
③ 물에 녹아있는 산소의 양을 의미한다.
④ 수중에 함유된 유기물질을 화학적으로 산화시킬 때 소모되는 산소의 양을 말한다.

> **해설** COD(화학적 산소요구량)는 공장 폐수 오염도 측정지표로 사용되며, 유기물을 산화시킬 때 소모되는 산소량이다. COD가 높을수록 오염도가 높다.

28 다음 중 하수의 용존 산소(DO)에 대한 설명으로 옳은 것은?

① 용존 산소(DO)가 낮다는 것은 수생식물이 잘 자랄 수 있는 물의 환경임을 의미한다.
② 세균이 호기성 상태에서 유기물질을 20℃에서 5일간 안정화시키는 데 소비한 산소량을 의미한다.
③ 용존 산소(DO)가 높으면 생물학적 산소요구량(BOD)은 낮다.
④ 온도가 높아지면 용존 산소(DO)는 증가한다.

> **해설** 깨끗한 물은 BOD(생물학적 산소요구량)가 낮고, DO(용존산소)가 높으며, COD(화학적 산소요구량)가 낮다.

29 다음 중 상호 관계가 없는 것으로 연결된 것은?

① 상수 오염의 생물학적 지표 : 대장균
② 실내공기 오염의 지표 : CO_2
③ 대기오염의 지표 : SO_2
④ 하수오염의 지표 : 탁도

> **해설** 하수 오염 지표로는 생물학적 산소요구량(BOD)을 사용한다.

30 진동이 심한 작업장 근무자에게 다발하는 질환으로 청색증과 동통, 저림 증세를 보이는 질병은?

① 레이노드씨병
② 진폐증
③ 열경련
④ 잠함병

> **해설**
> • 레이노드씨병 : 진동이 심한 작업장 근무자에서 발병함
> • 진폐증 : 탄광 근로자에게 발병
> • 잠함병 : 잠수부에게 발병

정답 25 ① 26 ① 27 ③ 28 ③ 29 ④ 30 ①

31 잠함병의 직접적인 원인은?

① 혈중 CO 농도 증가
② 혈중 O_2 농도 증가
③ 혈중 CO_2 농도 증가
④ 체액 및 혈액 속의 질소 기포 증가

> •해설• 잠함병(감압병)은 잠수부에게서 발병하며 체내로 유입된 질소가 급격한 감압에 체외로 배출되지 않고 기포를 형성하여 순환장애와 조직 손상을 유발시키는 것이다.

32 고기압 상태에서 올 수 있는 인체 장애는?

① 안구 진탕증
② 잠함병
③ 레이노드씨병
④ 섬유증식증

33 소음이 인체에 미치는 영향으로 가장 거리가 먼 것은?

① 불안증 및 노이로제
② 청력 장애
③ 중이염
④ 작업능률 저하

> •해설• 중이염은 세균 감염으로 발병하는 질병

34 조도 불량, 현휘가 과도한 장소에서 장시간 작업하여 눈에 긴장을 강요함으로써 발생되는 직업병이 아닌 것은?

① 안정피로
② 근시
③ 원시
④ 안구 진탕증

> •해설•
> • 원시는 망막의 뒤쪽에 물체의 상이 맺혀서 먼 곳은 잘 보이나 가까운 곳은 잘 보이지 않는 눈의 상태로 유전전인 원인이 있을 수 있으며 작업 환경 요인과는 거리가 멀다.
> • 안구 진탕증은 무의식적으로 안구가 빠르게 운동하는 증상이며, 주변 환경적 요인에 의해 발병되기도 한다.

35 산업피로의 대책으로 가장 거리가 먼 것은?

① 작업과정 중 적절한 휴식시간을 배분한다.
② 에너지 소모를 효율적으로 한다.
③ 개인차를 고려하여 작업량을 할당한다.
④ 휴직과 부서 이동을 권고한다.

36 주로 여름철에 발병하며 어패류 등의 생식이 원인이 되어, 복통, 설사 등 급성위장염 증상을 나타내는 식중독은?

① 포도상구균 식중독
② 병원성 대장균 식중독
③ 장염 비브리오 식중독
④ 보툴리누스균 식중독

> •해설• 장염 비브리오 식중독은 감염형에 속하며 여름철에 절인 식품 및 어패류 섭취에서 발병된다.

37 식품을 통한 식중독 중 독소형 식중독은?

① 포도상구균 식중독
② 살모넬라균 식중독
③ 장염 비브리오 식중독
④ 병원성 대장균 식중독

> •해설• **감염형 식중독**
> ㉠ 살모넬라 – 돼지콜레라가 원인
> ㉡ 장염 비브리오 – 오염된 어패류가 원인
> ㉢ 병원성 대장균 – 오염된 우유, 치즈 등 섭취가 원인

38 포도상구균 식중독에 대한 설명으로 틀린 것은?

① 감염형 식중독에 해당한다.
② 감염된 우유, 치즈 및 김밥 등으로 감염된다.
③ 증상으로는 급성위장염, 설사 등이 있다.
④ 엔테로톡신에 의해 감염된다.

> •해설• **독소형 식중독**
> ㉠ 포도상구균 – 오염된 유제품 섭취
> ㉡ 보툴리누스균 – 오염된 통조림류, 치사율 높음
> ㉢ 웰치균 – 오염된 수육제품 섭취가 원인

39 자연독에 의한 식중독 중에 테트로도톡신과 연관이 있는 것은?

① 땅콩
② 복어
③ 옥수수
④ 버섯

> •해설•
> • 동물성 식중독
> ㉠ 복어 – 테트로도톡신   ㉡ 섭조개 – 색시톡신
> • 식물성 식중독
> ㉠ 버섯 – 무스카린   ㉡ 감자 – 솔라닌

40 식물성 독소 중 감자싹에 함유되어 있는 독소는?

① 솔라닌
② 무스카린
③ 테트로톡신
④ 아미그달린

> •해설•
> • 식물성 식중독
> ㉠ 감자 – 솔라닌
> ㉡ 버섯 – 무스카린

41 비타민 결핍 시 발생하는 질병과 관련 없는 것은?

① 비타민 B_1 – 각기병
② 비타민 D – 괴혈병
③ 비타민 A – 야맹증
④ 비타민 E – 불임증

> •해설• 비타민 D – 구루병

42 열에 매우 약하며 조금만 가열하여도 쉽게 파괴되는 비타민은?

① 비타민 A
② 비타민 B_1
③ 비타민 C
④ 비타민 F

• Memo •

소독학

II

소독의 정의 및 분류

Unit 1

1 소독 관련 용어 정의

멸균	병원성, 비병원성 미생물 및 포자를 포함한 모든 균을 사멸 또는 제거
살균	병원성 미생물을 물리, 화학적 작용으로 급속하게 제거하는 작업
소독	병원균을 파괴하여 감염력 및 증식력을 없애는 작업. 단, 포자는 제거되지 않음
방부	병원성 미생물의 발육과 작용을 정지시켜서 부패나 발효를 방지

➕ The 알아보기

소독력의 크기 : 멸균 〉 살균 〉 소독 〉 방부

개념잡기

◉ 소독에 대한 설명으로 가장 적합한 것은?
① 병원 미생물의 성장을 억제하거나 파괴하여 감염의 위험성을 없애는 것이다.
② 소독은 무균상태를 말한다.
③ 소독은 병원 미생물의 발육과 그 작용을 제지 및 정지시키며 특히 부패 및 발효를 방지하는 것이다.
④ 소독은 포자를 가진 것 전부를 사멸하는 것이다.

•해설• ②, ④는 멸균, ③은 방부에 대한 설명이다.

정답 : ①

2 소독 기전(소독 메커니즘)의 종류

(1) **산화 작용** : 과산화수소, 염소, 오존에 의한 소독

(2) **균체 단백질 응고 작용** : 알코올, 석탄산, 크레졸, 포르말린에 의한 소독

(3) **균체 효소의 불활성화 작용** : 알코올, 석탄산, 중금속에 의한 소독

(4) **가수분해 작용** : 강산·강알칼리에 의한 소독

3 소독법의 분류

소독법의 종류에는 자연소독법(희석, 태양광선 등), 물리적 소독법, 화학적 소독법이 있다.

(1) 물리적 소독법

건열에 의한 방법	화염 멸균법	불꽃에 20초 이상 가열하여 미생물을 태우는 방법
	건열 멸균법	건열 멸균기 150~170℃에서 1~2시간 멸균 처리
	소각법	불에 태우는 방법, 가장 안전한 소독법

① 화염 멸균법 : 유리 제품, 금속 제품 등 불연성 제품
② 건열 멸균법 : 주사기, 유리 제품
③ 소각법 : 환자 의복, 환자 개인물품

습열에 의한 방법	자비소독법	100℃ 끓는 물에 15~20분 처리(포자는 죽이지 못함)
	고압증기 멸균법	고압증기 멸균기 사용(아포를 포함한 모든 미생물 멸균) 10파운드 : 115℃에서 30분 15파운드 : 120℃에서 20분 20파운드 : 127℃에서 15분
	유통증기 멸균법	증기 솥을 100℃로 30~60분 처리
	저온 살균법	60~70℃에서 30분 가열

④ 자비소독법 : 금속성 식기, 면 의류, 타월 도자기
⑤ 고압증기 멸균법 : 기구, 의류, 고무제품, 거즈, 약액
⑥ 유통증기 멸균법(간헐멸균법) : 물에 넣을 수 없는 제품
⑦ 저온 살균법(파스퇴르법) : 우유, 과즙 살균(결핵, 디프테리아, 살모넬라균 제거에 효과)

기타 물리적 멸균법	자외선 멸균법	자외선에 의한 소독법
	세균여과법	세균 여과기로 세균을 제거하는 방법
	초음파 소독	초음파기기를 10분 정도 사용하여 소독

⑧ 자외선멸균법 : 무균실, 제약공장, 식품, 기구, 플라스틱 제품, 음료수
⑨ 세균여과법 : 특수약품, 혈청
⑩ 초음파 소독 : 미생물(나선균) 소독

(2) 화학적 소독법

① 석탄산(페놀)
  ㉠ 소독약의 살균지표로 사용
  ㉡ 손 소독은 3%, 기구 소독은 5% 수용액을 사용
  ㉢ 냄새가 독하고 독성이 강함
  ㉣ 오염 의류, 침구, 배설물(넓은 지역의 방역용 소독제로 적당)

개념잡기

◉ 소독약의 살균력 지표로 가장 많이 이용되는 것은?

① 알코올　　　② 크레졸
③ 석탄산　　　④ 포름알데히드

●해설● 석탄산(페놀)은 소독제의 살균력을 비교할 때 기준이 되는 소독약이다.

정답 : ③

🞤 **The 알아보기**

석탄산계수 = 소독약의 희석배수 / 석탄산의 희석배수

② 승홍수(염화제2수은)
  ㉠ 피부 소독에 0.1% 수용액 사용
  ㉡ 독성이 강하고 금속을 부식시킴
③ 크레졸
  ㉠ 석탄산의 2배 소독효과가 있으며, 피부 자극이 적음
  ㉡ 손 및 피부 소독 시 1% 용액, 화장실 소독 시 3% 용액 사용
  ㉢ 냄새가 매우 강함
④ 생석회(산화칼슘)
  ㉠ 독성이 적고 가격이 저렴하여 넓은 장소의 소독에 이용
  ㉡ 분변, 하수, 오수의 소독
⑤ 포르말린
  ㉠ 1~1.5% 수용액, 온도가 높을 때 소독력 강함
  ㉡ 세균, 아포, 바이러스 등 미생물에 강한 살균 효과
  ㉢ 고무제품, 의류 소독
⑥ 역성비누
  ㉠ 피부에 자극이 없고 소독력이 높음
  ㉡ 이·미용사의 손세정에 적당(1% 수용액)

(3) 소독 대상물에 따른 분류

대소변, 배설물, 토사물	소각법, 석탄산, 크레졸, 생석회 분말
의복, 침구류, 모직물, 타월	일광소독, 증기소독, 자비소독, 크레졸, 석탄산
초자기구, 자기류	석탄산, 크레졸, 승홍, 포르말린
고무제품, 피혁제품, 모피	석탄산, 크레졸, 포르말린
화장실, 쓰레기통, 하수구	석탄산, 크레졸, 포르말린

병실	석탄산, 크레졸, 포르말린
환자	석탄산, 크레졸, 승홍, 역성비누
미용실 실내소독	포르말린, 크레졸
미용실 기구소독	크레졸, 석탄산

개념잡기

◉ 이·미용실의 실내 소독법으로 가장 적당한 방법은?

① 크레졸 소독   ② 석탄산 소독
③ 역성비누 소독   ④ 승홍수 소독

•해설• 이·미용실 실내소독으로 포르말린과 크레졸을 사용한다. 석탄산은 미용기구 소독에 사용하며, 역성비누는 살균력이 강해 손 세정용으로 적합하다.

정답 : ①

4 **소독인자**

소독에 영향을 미치는 인자 : 소독약의 농도, 온도, 반응시간

Unit 2 미생물 총론

1 미생물의 정의 및 역사

(1) 정의

육안으로 보이지 않는 0.1㎛ 이하의 미세한 생물체의 총칭

🔖 The 알아보기

미생물의 크기 : 곰팡이 > 효모 > 세균 > 리케차 > 바이러스

(2) 미생물의 역사

세포(cell)의 발견(1665)	로버트 훅
미생물 최초 관찰(1676)	안톤 반 레벤후크
저온 살균법 고안(1864)	파스퇴르(근대 면역학의 아버지)
결핵균 발견(1882)	로버트 코흐(세균학의 아버지)

2 미생물의 분류

병원성 미생물	세균(구균, 간균, 나선균), 리케차, 바이러스, 진균 등
비병원성 미생물	발효균, 효모균, 곰팡이균, 유산균 등

3 미생물의 증식

① 미생물은 적당한 환경과 조건이 만들어지면 분열과 증식을 하게 된다.
② 미생물 발육의 필요 조건 : 영양소, 수분, 온도, 산소, 수소이온농도, 광선 등

🔖 The 알아보기

미생물의 증식의 3대 조건 : 영양소, 수분, 온도

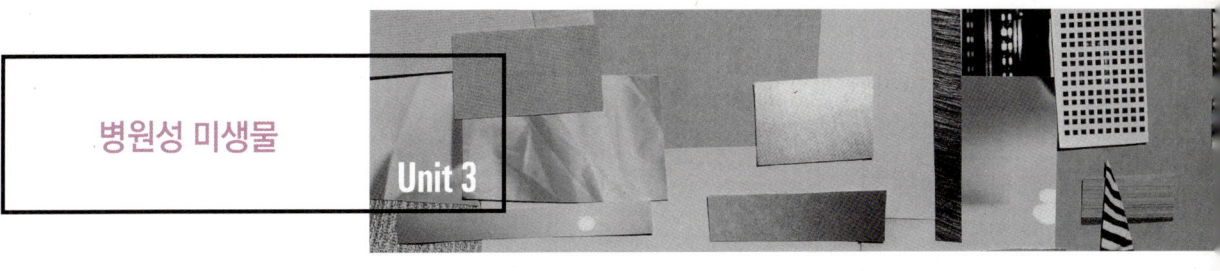

병원성 미생물 — Unit 3

1 병원성 미생물의 분류

(1) 세균

구분		특성
구균	포도상구균	손가락 등의 화농성 질환의 병원균, 식중독의 원인균
	연쇄상구균	편도선염, 인후염의 원인균
간균		긴막대기 모양, 탄저병, 파상풍, 결핵, 디프테리아의 원인균
나선균		S 또는 나선 모양, 매독, 재귀열의 원인균

(2) 리케차
① 세균과 바이러스의 중간 크기
② 벼룩, 진드기, 이 등의 절지동물과 공생
③ 사람을 비롯한 가축, 고양이, 개 등에도 감염되는 인수 공통의 미생물 병원체

(3) 바이러스
① 살아있는 생명체 중 가장 작은 병원체
② 페놀, 염소, 포르말린 등으로 30분 이상 가열 시 감염력 상실
③ 감염력이 높아 다른 사람을 쉽게 감염시킴
④ AIDS, 백혈병, 감기, 인플루엔자, 홍역, 유행성 이하선염 등

> **개념잡기**
>
> ◉ 산소가 존재하면 유해작용을 받아 증식이 되지 않는 세균은?
> ① 통성 혐기성 세균
> ② 편성 혐기성 세균
> ③ 미호기성 세균
> ④ 편성 호기성 세균
>
> •해설•
>
> | 편성 호기성균 | 산소를 좋아하는 호기성균 | 결핵, 바실루스, 진균, 백일해, 디프테리아 |
> |---|---|---|
> | 미호기성균 | 5% 전후 미량 산소가 있는 조건에서 발육되는 균 | |
> | 편성 혐기성균 | 산소가 있으면 발육이 안 되는 균 | 파상풍균, 보툴리누스균 |
> | 통성 혐기성균 | 산소와 관계없이 발육되는 균 | |
>
> 정답 : ②

(4) 진균
① 곰팡이, 효모, 버섯
② 무좀 백선의 피부병 유발

2 병원성 미생물의 특성(전염경로)

직접 접촉 경로	매독, 임질
간접 접촉 경로	장티푸스, 디프테리아
비말 접촉 경로	결핵, 디프테리아, 백일해, 성홍열
진애 접촉 경로	결핵, 디프테리아, 두창, 성홍열
경구 감염	콜레라, 이질, 폴리오, 장티푸스, 파라티푸스
경피 감염	광견병, 뇌염, 파상풍, 십이지장충
수인성 감염	장티푸스, 파라티푸스, 이질, 콜레라

소독 방법 Unit 4

1 소독 도구 및 기기 소독 시 유의사항

(1) 소독약의 필요조건
① 살균력이 강하고 높은 석탄산계수를 가질 것
② 인체에 무해하고 독성이 낮을 것
③ 부식성, 표백성이 없을 것
④ 냄새가 없고 탈취력이 있을 것
⑤ 사용법이 간단할 것
⑥ 용해성과 안정성이 있을 것
⑦ 환경오염을 유발하지 않을 것

(2) 소독약 사용과 보존 유의사항
① 소독 대상에 따라 적당한 소독 방법, 소독약을 선택한다.
② 미생물의 종류, 저항성 정도, 멸균, 살균 소독의 목적과 방법을 사전에 검토하여 소독한다.
③ 모든 소독약은 필요한 양만큼 조제하여 사용한다.
④ 약품은 밀폐된 상태로 직사광선을 피하고 통풍이 잘되는 곳에 보관한다.
⑤ 라벨이 오염되지 않도록 하여 약품끼리 섞이는 것에 유의한다.

2 대상별 살균력 평가

(1) 석탄산계수
① 석탄산의 안정된 살균력을 표준으로 하여, 몇 배의 살균력을 갖는가를 나타내는 계수이다.
② 살균력의 상대적 표시법이다.
③ 살균 농도지수와 병행하여 살균 특성을 나타내는 값이다.
④ 석탄산을 기준으로 하여 어떤 소독약이 시험관 내에서 몇 배의 효력을 갖는가를 나타내는 수치이다.

• **석탄산계수** : 소독약의 희석 배수 / 석탄산의 희석 배수

개념잡기

◉ 어떤 소독약의 석탄산계수가 2.0일 때 이 소독약에 대해 옳은 것은?
① 석탄산의 살균력이 2이다.
② 살균력이 석탄산의 2배이다.
③ 살균력이 석탄산의 2%이다.
④ 살균력이 석탄산의 120%이다.

•해설• 석탄산을 기준으로 하여 소독약의 효과를 표시한다. 석탄산계수가 2일 경우 소독효과가 석탄산의 2배이다.

정답 : ②

Unit 5 분야별 위생소독

1 실내 환경 위생소독
(1) 헤어 이·미용실 위생소독

작업장	① 환기장치를 설치하여 청정하고 신선한 공기가 순환되도록 한다. ② 적당한 조명 유지 ③ 작업장 시설물에 먼지, 머리카락, 화학약품이 묻은 채 방치되지 않도록 관리한다. ④ 에어컨 제습기의 필터를 주기적으로 청소 및 소독한다. ⑤ 청소가 용이하고 미끄럽지 않은 바닥재질로 시공한다.
입구, 카운터 및 대기실	① 입구 및 카운터 주변, 고객 대기실을 항상 청결하게 유지·관리한다. ② 진열장 및 옷장을 청결하게 관리한다.
샴푸실 및 화장실	① 샴푸대, 거울 선반 등을 청결하게 유지·관리한다. ② 샴푸대 주변의 물기로 인해 미끄러지지 않도록 유지·관리한다.

(2) 피부관리 미용실 위생소독

작업장	① 환기장치, 냉난방 시설을 설치하여 편안하고 안락한 공간을 제공한다. ② 적당한 조명, 채광을 설치하여 쾌적한 공간으로 유지·관리한다. ③ 청소가 용이한 바닥 재질을 사용하여 시공한다.
입구, 카운터 및 대기실	① 입구 및 카운터 주변, 고객 대기실을 항상 청결하여 유지·관리한다. ② 진열장 및 옷장을 청결하게 관리한다.
탈의실	① 옷 및 가운 보관함을 청결하게 유지·관리한다. ② 곰팡이가 생기지 않도록 소독 및 환기를 진행한다. ③ 사용한 가운과 타월은 별도의 장소에 모아둔다.
샤워실, 세탁실, 화장실	① 샤워실, 세탁실, 화장실은 청결하게 유지·관리한다. ② 정기적으로 소독 및 방역을 한다.

2 도구 및 기기 위생소독
(1) 이용기구 미용기구의 소독기준 및 방법(공중위생관리법 시행규칙)

자외선 소독	1cm²당 85㎼ 이상의 자외선을 20분 이상 쬐어준다.
건열 멸균 소독	섭씨 100℃ 이상의 건조한 열에 20분 이상 쐬어준다.
증기 소독	섭씨 100℃ 이상의 습한 열에 20분 이상 쐬어준다.
열탕 소독	섭씨 100℃ 이상의 물속에 10분 이상 끓여준다.
석탄수 소독	석탄산수(석탄산 3%, 물 97%의 수용액)에 10분 이상 담가둔다.

크레졸 소독	크레졸수(크레졸 3%, 물 97%의 수용액)에 10분 이상 담가둔다.	
에탄올 소독	에탄올수용액(에탄올 70% 수용액)에 10분 이상 담가두거나 에탄올수용액을 머금은 면 또는 거즈로 기구의 표면을 닦아준다.	

(2) 대상 도구 및 기기별 소독

헤어숍	가위	70% 알코올을 적신 솜으로 닦아서 소독한다.
	헤어 클리퍼	
	면도기	면도칼은 일회용으로 사용한다.
	각종 빗류	미온수에 역성비누를 풀어 세척 후 자외선소독기로 넣어서 소독 및 보관한다.
피부 관리숍	흡입기 및 유리 기구	70% 알코올에 20분 이상 담근 후 자외선 소독기에 넣어서 소독 및 보관한다.
	확대등, 적외선등	70% 알코올을 적신 솜으로 닦아서 소독한다.
	우드램프	
	리프팅기	
	온장고, 자외선소독기	사용 후 코드를 뽑고 청소한 후에 문을 열어 건조시킨다.

3 이·미용업 종사자 및 고객의 위생관리

(1) 질병 감염의 유형
① 이·미용 종사자가 고객에게 상처를 주어 감염
② 이·미용 종사자 본인의 출혈에 의한 감염
③ 각종 미용 시술 도구를 통한 감염
④ 이·미용숍을 출입하는 사람으로 인해 홍역, 간염 바이러스, 독감의 전파

(2) 예방 방법
① 작업환경의 청결한 위생관리로 병원균을 사전에 차단
② 시술 전후 손 소독을 실시하고 복장을 청결하게 유지
③ 시술 도구 및 기구의 멸균 소독
④ 시술 유니폼과 출퇴근 복장을 구별하여 각종 오염 및 질병 전파가능성 차단

Chapter 05 공중위생관리학 기출문제

01 소독의 정의에 대한 설명 중 가장 옳은 것은?
① 모든 미생물을 열이나 약품으로 사멸하는 것
② 병원성 미생물을 사멸 또는 제거하여 감염력을 잃게 하는 것
③ 병원성 미생물에 의한 부패를 방지하는 것
④ 병원성 미생물에 의한 발효를 방지하는 것

> •해설•
> • 멸균: 모든 미생물을 사멸 혹은 제거하는 것
> • 살균: 병원생 미생물을 물리·화학적 작용으로 급속하게 제거하는 작업
> • 소독: 병원균을 파괴하여 감염력 및 증식력을 없애는 작업
> • 방부: 음식물의 부패나 발효를 방지하는 작업

02 소독의 정의로 옳은 것은?
① 모든 미생물 일체를 사멸하는 것
② 모든 미생물을 열과 약품으로 완전히 죽이거나 또는 제거하는 것
③ 병원성 미생물의 생활력을 파괴하여 죽이거나 또는 제거하여 감염력을 없애는 것
④ 균을 적극적으로 죽이지 못하더라도 발육을 저지하고 목적하는 것을 변화시키지 않고 보존하는 것

03 다음 중 소독의 정의를 가장 잘 표현한 것은?
① 미생물의 발육과 생활 작용을 제지 또는 정지시켜 부패 또는 발효를 방지할 수 있는 것
② 병원성 미생물의 생활력을 파괴 또는 멸살시켜 감염되는 증식물을 없애는 조작
③ 모든 미생물의 영양이나 아포 까지도 멸살 또는 파괴시키는 조작
④ 오염된 미생물을 깨끗이 씻어내는 작업

04 소독에 대한 설명으로 가장 적합한 것은?
① 병원 미생물의 성장을 억제하거나 파괴하여 감염의 위험성을 없애는 것이다.
② 소독은 무균상태를 말한다.
③ 소독은 병원 미생물의 발육과 그 작용을 제지 및 정지시키며 특히 부패 및 발효를 방지시키는 것이다.
④ 소독은 포자를 가진 것 전부를 사멸하는 것을 말한다.

05 비교적 약한 살균력을 작용시켜 병원 미생물의 생활력을 파괴하여 감염의 위험성을 없애는 조작은?
① 소독
② 멸균 처리
③ 방부 처리
④ 냉각 처리

> •해설• 소독이란 감염병의 전파를 방지할 목적으로 병원 또는 비병원성 미생물을 죽이거나 그의 감염력이나 증식력을 없애는 작업

06 미생물의 발육과 그 작용을 제거하거나 정지시켜 음식물의 부패나 발효를 방지하는 것은?
① 소독
② 방부
③ 살균
④ 살충

> •해설• 방부: 음식물의 부패나 발효를 방지하는 작업

정답 1② 2③ 3② 4① 5① 6②

07 소독과 멸균에 관련된 용어 해설 중 틀린 것은?
① 살균 : 생활력을 가지고 있는 미생물을 여러 가지 물리·화학적 작용에 의해 급속히 죽이는 것을 말한다.
② 방부 : 병원성 미생물의 발육과 그 작용을 제거하거나 정지시켜서 음식물의 부패나 발효를 방지 하는 것을 말한다.
③ 소독 : 사람에게 유해한 미생물을 파괴시켜 감염의 위험성을 제거하는 비교적 강한 살균작용으로 세균의 포자까지 사멸하는 것을 말한다.
④ 멸균 : 병원성 또는 비병원성 미생물 및 포자를 가진 것을 전부 사멸 또는 제거하는 것을 말한다.

> •해설• 소독 : 병원균을 파괴하여 감염력 및 증식력을 없애는 작업

08 미생물을 대상으로 한 작용이 강한 것부터 순서대로 옳게 배열된 것은?
① 멸균 > 소독 > 살균 > 청결 > 방부
② 멸균 > 살균 > 소독 > 방부 > 청결
③ 살균 > 멸균 > 소독 > 방부 > 청결
④ 소독 > 살균 > 멸균 > 청결 > 방부

> •해설• 소독력의 크기 : 멸균 > 살균 > 소독 > 방부

09 다음 중 물리적 소독법이 아닌것은?
① 화염 멸균법   ② 자비소독법
③ 자외선 소독법   ④ 석탄산 살균법

> •해설•
> • 물리적 살균법의 종류 : 건열 및 습열을 이용
>   ㉠ 화염 멸균법 : 불꽃에 20초 이상 가열하여 멸균하는 방법
>   ㉡ 자비소독법 : 100℃ 끓는 물로 소독하는 방법
>   ㉢ 자외선멸균법 : 자외선에 의한 소독법
> • 화학적 살균법은 화학약품을 이용한 살균법이다.

10 다음 중 물리적 소독법에 해당하는 것은?
① 크레졸 소독   ② 석탄산 소독
③ 승홍 소독   ④ 건열 소독

> •해설• 물리적 소독법은 건열 및 습열을 이용한 살균법이다.

11 다음 중 화학적 소독법이라고 할 수 없는 것은?
① 자외선 소독법   ② 알코올 소독법
③ 염소 소독법   ④ 과산화수소 소독법

> •해설• 자외선 소독법은 물리적 소독법에 해당된다.

12 소독약을 사용하여 균 자체에 화학반응을 일으켜 세균의 생활력을 빼앗아 살균하는 것은?
① 물리적 멸균법   ② 건열 멸균법
③ 여과 멸균법   ④ 화학적 살균법

> •해설• 화학적 살균이란 균 자체에 화학반응을 일으켜 세균의 생활력을 빼앗아 살균하는 것으로 석탄산, 역성비누, 포르말린, 크레졸 등이 있다.

정답 7 ③ 8 ② 9 ④ 10 ④ 11 ① 12 ④

13 건열 멸균법에 대한 설명 중 틀린 것은?

① 드라이 오븐을 사용한다.
② 유리 제품이나 주사기 등에 적합하다.
③ 젖은 손으로 조작하지 않는다.
④ 110~130℃에서 1시간 내에 실시한다.

> **해설**
> • 건열 멸균법의 종류 : 화염 멸균법, 건열 멸균법, 소각법
> • 건열 멸균법은 건열 멸균기에서 150~170℃에서 1~2시간 멸균 처리하는 방법이다.

14 유리제품의 소독방법으로 가장 적합한 것은?

① 끓는 물에 넣고 10분간 가열한다.
② 건열 멸균기에 넣고 소독한다.
③ 끓는 물에 넣고 5분간 가열한다.
④ 찬물에 넣고 75℃까지만 가열한다.

> **해설** 건열 멸균법은 건열 멸균기에서 150~170℃에서 1~2시간 멸균 처리하는 방법이다.

15 다음 중 건열 멸균법이 아닌 것은?

① 화염 멸균법
② 자비소독법
③ 건열 멸균법
④ 소각소독법

> **해설**
> • 건열 멸균법의 종류 : 화염 멸균법, 건열 멸균법, 소각법
> • 습열 멸균법의 종류 : 자비소독법, 저온 소독법, 고온증기 멸균법, 간헐 멸균법, 초고온 순간 멸균법 등
> • 자비소독법 : 100℃의 끓는 물에 15~20분간 소독하며 금속성 식기, 면 의류, 타월, 도자기 소독에 사용한다.

16 다음 중 건열 멸균에 관한 내용이 아닌 것은?

① 화학적 살균 방법이다.
② 주로 건열 멸균기를 사용한다.
③ 유리기구, 주사침 등의 처리에 이용된다.
④ 160℃에서 1시간 30분 정도 처리한다.

> **해설** 건열 멸균법은 물리적 소독법에 해당한다.

17 화염 멸균법에 대한 설명으로 틀린 것은?

① 유리기구, 주사침, 유지, 분말 등에 이용된다.
② 승홍 소독법의 일종이다.
③ 불꽃에 20초 이상 가열하여 미생물을 멸균하는 방식이다.
④ 물리적 소독법에 속한다.

18 다음 중 소독방법과 소독대상이 바르게 연결된 것은?

① 화염 멸균법 : 의류나 타월
② 자비소독법 : 아마인유
③ 고압증기 멸균법 : 예리한 칼날
④ 건열 멸균법 : 바세린 및 파우더

> **해설** 건열 멸균법은 주사기, 유리제품 멸균에 사용

정답 13 ④ 14 ② 15 ② 16 ① 17 ② 18 ④

19 다음 중 습열 멸균법에 속하는 것은?

① 자비소독법
② 화염 멸균법
③ 여과 멸균법
④ 소각소독법

> •해설•
> • 습열 멸균법 : 자비소독법, 고압증기 멸균법, 유통증기 멸균법, 저온 살균법 등이 있다.
> • 자비소독법 : 100℃의 끓는 물에 15~20분간 소독하며 금속성 식기, 면 의류, 타월, 도자기 소독에 사용한다.

20 고압 멸균기를 사용하여 소독하기에 가장 적합하지 않은 것은?

① 유리기구
② 금속기구
③ 약액
④ 가죽 제품

> •해설• 가죽 제품은 석탄산수, 크레졸수, 포르말린수 등으로 소독한다.

21 금속성 식기, 면 종류의 의류, 도자기의 소독에 적합한 소독 방법은?

① 화염 멸균법
② 건열 멸균법
③ 소각소독법
④ 자비소독법

> •해설• 자비소독법 : 100℃의 끓는 물에 15~20분간 소독하며 금속성 식기, 면 의류, 타월, 도자기 소독에 사용한다.

22 다음 소독방법 중 완전 멸균으로 가장 빠르고 효과적인 방법은?

① 유통 증기법
② 간헐 살균법
③ 고압 증기법
④ 건열 소독

> •해설• 고압 증기법은 고압증기 멸균기를 사용하여 아포를 포함한 모든 미생물을 멸균한다. 소독 방법 중 가장 빠르고 효과적인 방법으로 의료기구, 금속기구, 섬유제품, 약액 등에 주로 사용된다.

23 고압증기 멸균법에 해당하는 것은?

① 멸균 물품에 잔류 독성이 많다.
② 포자를 사멸시키는 데 멸균시간이 짧다.
③ 비경제적이다.
④ 많은 물품을 한꺼번에 처리할 수 없다.

> •해설• 고압증기 멸균법은 아포를 포함한 모든 미생물을 완전히 멸균하는 방법으로 가장 빠르고 효과적인 방법이다.

24 섭씨 100~135℃ 고온의 수증기를 미생물, 아포 등과 접촉시켜 가열 살균하는 방법은?

① 간헐 멸균법
② 건열 멸균법
③ 고압증기 멸균법
④ 자비소독법

> •해설• 고압증기 멸균법은 섭씨 100~135℃ 고온의 수증기를 미생물, 아포 등과 접촉시켜 가열 살균하는 방법으로 유리기구, 금속기구, 의류, 고무 제품, 의료기구, 미용기구, 약액, 무균실 기구 등에 사용된다.

정답 19 ① 20 ④ 21 ④ 22 ③ 23 ② 24 ③

25 미생물에 오염된 대상을 불꽃으로 태우는 방법은?

① 간헐 멸균법
② 자비소독법
③ 저온 소독법
④ 소각소독법

> **해설** 소각소독법은 불에 태우는 방법으로 감염병 환자의 배설물 등을 처리하는 가장 안전한 방법이다.

26 다음 중 객담이 묻은 휴지의 소독방법으로 가장 알맞은 것은?

① 고압 멸균법
② 소각소독법
③ 자비소독법
④ 저온 소독법

> **해설** 소각소독법은 미생물에 오염된 대상을 불꽃으로 태우는 방법으로 이·미용업소에서 손님으로부터 나온 객담이 묻은 휴지 등을 소독하는 방법이다.

27 감염병 예방법 중 감염병 환자의 배설물 등을 처리하는 가장 적합한 방법은?

① 건조법
② 건열법
③ 매몰법
④ 소각법

28 다음 중 일광소독의 가장 큰 장점은?

① 아포도 죽는다.
② 산화되지 않는다.
③ 소독효과가 크다.
④ 비용이 적게 든다.

> **해설** 일광소독은 자외선 소독법으로 태양광선 중에서 자외선을 이용하는 방법으로 의류, 침구류 소독에 적당하다.

29 끓는 물 소독(자비소독)방법으로 옳은 것은?

① 70℃ 이상에서 10분간 처리한다.
② 100℃에서 5분간 처리한다.
③ 100℃에서 20~30분간 처리한다.
④ 120℃에서 60분간 처리한다.

> **해설** 자비소독은 100℃ 물에 20~30분간 가열하는 방법으로 금속 제품은 물이 끓기 시작할 때 넣고, 유리 제품은 찬 물일 때 투입한다.

30 자비 소독 시 금속 제품이 녹스는 것을 방지하기 위하여 첨가하는 물질이 아닌 것은?

① 2% 붕소
② 2% 탄산나트륨
③ 5% 알코올
④ 2~3% 크레졸 비누액

> **해설** 자비소독 시 2% 붕소, 1~2% 탄산나트륨, 크레졸 비누액 2~3%를 첨가하면 살균력이 강화된다.

정답 25 ④ 26 ② 27 ④ 28 ④ 29 ③ 30 ③

31 소독약의 살균력 지표로 가장 많이 이용되는 것은?
① 알코올
② 크레졸
③ 석탄산
④ 포름알데히드

> **해설** 석탄산(페놀)은 소독제의 살균력을 비교할 때 기준이 되는 소독약이다.

32 소독제로서 석탄산에 관한 설명이 틀린 것은?
① 유기물에도 소독력은 약화되지 않는다.
② 고온일수록 소독력이 커진다.
③ 금속 부식성이 없다.
④ 세균 단백에 대한 살균작용이 있다.

> **해설** 석탄산은 금속 부식성이 있어서 금속제의 소독용으로는 적합하지 않다.

33 석탄산의 살균작용과 관련이 없는 것은?
① 중금속염의 형성작용
② 단백질 응고작용
③ 세포 용해작용
④ 효소계 침투작용

> **해설** 석탄산의 살균작용은 균체의 단백질 응고작용, 균체의 효소 불활성화 작용, 균체의 삼투성 변화작용 등이 있다.

34 방역용 석탄산의 가장 적당한 희석농도는?
① 0.1%
② 0.3%
③ 3.0%
④ 75%

> **해설** 석탄산은 3%의 수용액에 사용되고 의류, 용기, 오물 소독, 토사물에 적합하다. 손 소독은 2% 수용액으로 희석하여 사용한다.

35 이·미용업소에서 종업원이 손을 소독할 때 가장 보편적이고 적당한 것은?
① 승홍수
② 과산화수소
③ 역성비누
④ 석탄수

> **해설** 역성비누는 병원용 소독제로 많이 사용되며, 이·미용업소에서 종업원이 손을 소독할 때 가장 보편적으로 많이 사용된다.

36 역성비누액에 대한 설명으로 틀린 것은?
① 냄새가 거의 없고 자극이 적다.
② 소독력과 함께 세정력이 강하다.
③ 수지, 기구, 식기소독에 적당하다.
④ 물에 잘 녹고 흔들면 거품이 난다.

> **해설** 역성비누액은 강한 살균력과 침투력이 있지만 세정력은 약하다.

정답 31 ③ 32 ③ 33 ① 34 ③ 35 ③ 36 ②

37 일반적으로 사용되는 소독용 알코올의 적정 농도는?

① 30%
② 70%
③ 50%
④ 100%

> •해설• 소독용 알코올(에틸알코올)은 약 70~80% 농도가 적당하다.

38 화장실, 하수도, 쓰레기통 소독에 가장 적합한 것은?

① 알코올
② 염소
③ 승홍수
④ 생석회

> •해설• 생석회(CaO)는 백색의 고체나 분말제로 토사물, 화장실, 하수도, 쓰레기통 소독에 적합하다.

39 상처소독에 적당치 않은 것은?

① 과산화수소
② 요오드팅크제
③ 승홍수
④ 머큐로크롬

> •해설• 승홍은 금속을 부식시키고 수은 중독을 일으킬 수 있으며 유리, 도자기, 목제품 등의 소독에 적합하다.

40 3% 소독액 1000ml를 만드는 방법으로 옳은 것은? (단, 소독액 원액의 농도는 100%)

① 원액 300ml에 물 700ml를 가한다.
② 원액 30ml에 물 970ml를 가한다.
③ 원액 3ml에 물 997ml를 가한다.
④ 원액 3ml에 물 1000ml를 가한다.

> •해설•
> • 용제의 양 $0.03 \times 1,000 = 30ml$
> • 용매 $1000 - 3 = 970ml$

41 다음 중 포르말린수 소독에 가장 적합하지 않은 것은?

① 고무제품
② 배설물
③ 금속제품
④ 플라스틱

> •해설• 포르말린수는 금속 제품, 플라스틱, 고무 제품, 무균실 등의 소독에 적합하다.

42 다음 중 피부자극이 적어 상처 표면의 소독에 가장 적당한 것은?

① 10% 포르말린
② 3% 과산화수소
③ 15% 염소화합물
④ 3% 석탄산

> •해설• 과산화수소는 3%의 수용액을 사용하여 소독제로 이용된다.

정답 37 ② 38 ④ 39 ③ 40 ② 41 ② 42 ②

43 다음 중 배설물의 소독에 가장 적당한 것은?
① 크레졸
② 오존
③ 염소
④ 승홍

> •해설• 크레졸 소독은 주로 손, 오물 등에 사용되며 세균 소독에 효과가 크고 피부 자극성이 없다. 크레졸은 손 소독 시에는 1%, 보통 3% 농도로 사용된다.

44 다음 중 병원성 미생물이 아닌 것은?
① 세균
② 바이러스
③ 리케차
④ 효모균

> •해설• 비병원성 미생물은 병원성이 없어서 사람의 몸 속에서 병적인 반응을 보이지 않는 미생물로서 발효균, 효모균, 곰팡이균, 유산균 등이 있다.

45 저온 살균법을 고안한 근대 면역학의 아버지라고 불리는 사람은?
① 파스퇴르
② 로버트 코흐
③ 안톤 반 레벤후크
④ 로버트 훅

> •해설•
> • 로버트 코흐 : 결핵균 발견
> • 안톤 반 레벤후크 : 미생물을 최초로 관찰
> • 로버트 훅 : 세포의 발견

46 미생물의 종류 중 가장 크기가 작은 것은?
① 곰팡이
② 효모
③ 세균
④ 바이러스

> •해설• 바이러스는 살아있는 생명체 중 가장 작은 병원체로서 AIDS, 백혈병, 감기, 인플루엔자, 홍역을 일으킨다.

47 병원 미생물의 크기에 따라 나열한 것은?
① 바이러스 〈 리케차 〈 세균
② 바이러스 〈 세균 〈 리케차
③ 세균 〈 리케차 〈 바이러스
④ 세균 〈 바이러스 〈 리케차

> •해설• 리케차는 세균과 바이러스의 중간 크기이다.

48 미생물 증식의 3대 요건이 아닌 것은?
① 영양소
② 수분
③ 온도
④ 광선

> •해설• 광선(자외선)은 미생물 살균작용에 이용된다.

정답 43 ① 44 ④ 45 ① 46 ④ 47 ① 48 ④

49 소독에 영향을 미치는 인자가 아닌 것은?
① 온도
② 수분
③ 시간
④ 풍속

> **해설** 소독에 영향을 미치는 인자는 온도, 시간, 수분으로 풍속은 영향을 주지 않는다.

50 소독 약품의 구비조건으로 잘못된 것은?
① 용해성이 높을 것
② 표백성이 있을 것
③ 사용이 간편할 것
④ 가격이 저렴할 것

> **해설** 소독약품은 부식성 및 표백성이 없어야 한다.

51 소독액을 표시할 때 사용하는 단위로 용액 100ml 속에 용질의 함량을 표시하는 수치는?
① 푼
② 퍼센트
③ 퍼밀리
④ 피피엠

> **해설** 퍼센트는 용액 100ml 속에 용질의 함량을 표시한다.

52 석탄산 계수에 대한 설명으로 틀린 것은?
① 살균력의 지표이다.
② 소독약의 희석배수이다.
③ 살균력을 비교할 때 사용된다.
④ 석탄산계수가 높을수록 살균력이 약하다.

> **해설** 석탄산계수가 높을수록 살균력이 강한 독성을 갖고 있다.

53 석탄산계수가 2인 소독약 A를 석탄산계수 4인 소독약 B와 같은 효과를 내려면 그 농도를 어떻게 조정하면 되는가? (단, A, B의 농도는 같다.)
① A를 B보다 2배 묽게 조정한다.
② A를 B보다 4배 묽게 조정한다.
③ A를 B보다 2배 짙게 조정한다.
④ A를 B보다 4배 짙게 조정한다.

> **해설** 살균력을 2배 이상 내기 위해서는 농도를 2배 이상 짙게 조정하면 된다.

54 석탄산계수(페놀계수)가 5일 때 의미하는 살균력은?
① 페놀보다 5배 높다.
② 페놀보다 5배 낮다.
③ 페놀보다 50배 높다.
④ 페놀보다 50배 낮다.

> **해설** 석탄산은 소독약의 살균지표로 사용되고 고온일수록 소독약이 우수하며 석탄산계수가 높을수록 살균력이 강하다.

정답 49 ④ 50 ② 51 ② 52 ④ 53 ③ 54 ①

55 이·미용실의 실내소독법으로 가장 적당한 것은?

① 석탄산 소독
② 크레졸 소독
③ 승홍수 소독
④ 역성비누액

•해설• 크레졸은 석탄산의 2배 소독효과가 있으며 피부 자극이 적다. 화장실 소독 시 3% 용액을 사용한다.

56 이·미용실에서 사용하는 가위 등의 금속 제품 소독으로 적합하지 않은 것은?

① 에탄올
② 승홍수
③ 석탄산수
④ 역성비누액

•해설• 승홍수는 독성이 강하고 금속을 부식시키는 성질이 있어서 가위 등의 금속 제품 소독으로 적합하지 않다.

57 이·미용실 기구의 소독방법으로 적절치 않은 것은?

① 70%의 에탄올수용액을 머금은 거즈로 기구의 표면을 닦아준다.(에탄올 소독)
② 3%의 크레졸수에 10분 이상 담가둔다.(크레졸 소독)
③ 3%의 석탄산수에 10분 이상 담가둔다.(석탄산수 소독)
④ 불꽃으로 20초 이상 가열한다.(화염 멸균법)

•해설• 공중위생관리법 시행규칙에 명시된 이미용기구 소독 기준 및 방법에는 자외선 소독, 건열 멸균 소독, 증기 소독, 열탕 소독, 석탄수 소독, 크레졸 소독, 에탄올 소독이 있다. 화염 멸균법은 명시되어 있지 않다.

58 이·미용실에서 사용하는 쓰레기통의 소독으로 적절한 약제는?

① 포르말린수
② 에탄올
③ 크레졸 비누액
④ 역성비누

•해설• 대소변 화장실 소독에는 소각법, 석탄산, 크레졸, 생석회 분말을 이용한다.

59 이·미용실에서 사용하는 빗이나 브러시의 소독방법으로 가장 알맞은 것은?

① 세척 후 자외선 소독기로 소독한다.
② 100℃의 물에 10분 정도 소독한다.
③ 고압 증기 멸균기로 소독한다.
④ 저온 살균법으로 소독한다.

•해설• 빗 브러시는 열에 의해 쉽게 변형되므로 미온수에 역성비누를 풀어 세척 후 자외선 소독기로 소독한다.

정답 55 ② 56 ② 57 ④ 58 ③ 59 ①

공중위생 관리법규

III

공중위생관리법의 목적과 정의 — Unit 1

1 목적 및 정의

(1) 목적
공중이 이용하는 영업과 시설의 위생관리 등에 관한 사항을 규정함으로써 위생수준을 향상시켜 국민의 건강증진에 기여함을 목적으로 한다.

(2) 정의

공중위생영업	다수인을 대상으로 위생관리서비스를 제공하는 영업으로 숙박업, 목욕장업, 미용업, 미용업, 세탁업, 건물위생관리 영업을 말한다.
이용업	손님의 머리카락 또는 수염을 깎거나 다듬는 등의 방법으로 손님의 용모를 단정하게 하는 영업을 말한다.
미용업	손님의 얼굴, 머리 피부 등을 손질하여 손님의 외모를 아름답게 꾸미는 영업이다.

(3) 미용업의 세분화

미용업(일반)	펌, 머리카락 자르기, 모양 내기, 머리 피부 손질, 염색, 머리 감기, 의료기기나 의약품을 사용하지 아니하는 눈썹 손질을 하는 영업
미용업(피부)	기기나 의약품을 사용하지 아니하는 피부상태 분석, 피부관리, 제모, 눈썹 손질을 하는 영업
미용업(손톱, 발톱)	손톱과 발톱을 손질, 화장하는 영업
미용업(화장, 분장)	얼굴, 신체의 화장, 분장 및 기기나 의약품을 사용하지 않은 눈썹 손질을 하는 영업
미용업(종합)	미용업(일반, 피부, 네일, 메이크업) 업무를 모두 진행

개념잡기

◉ 고객의 얼굴, 머리 피부 등을 손질하여 고객의 외모를 아름답게 꾸미는 공중위생 영업은?

① 피부관리업　　② 위생관리서비스업
③ 미용업　　　　④ 미용업

◆해설◆ 공중위생관리법에서 미용업은 손님의 얼굴, 머리 피부를 손질하여 손님의 외모를 꾸미는 영업으로 정의하고 있으며, 공중위생관리법 시행령에서는 미용업을 헤어, 피부, 네일, 메이크업 및 종합으로 세분화하고 있다.

정답 : ③

Unit 2 영업의 신고 및 폐업

1 영업의 신고와 폐업

(1) 영업신고

① 이·미용업 신고
미용업을 신고하려면 보건복지부령이 정하는 시설과 설비를 갖추고 시장, 군수, 구청장에게 신고하여야 한다.

② 영업신고 서류
㉠ 영업시설 및 설비개요서
㉡ 면허증 원본
㉢ 교육필증(교육을 미리 받은 경우에만 해당)

③ 미용업 시설 필수 설비기준
㉠ 소독 장비(소독기와 자외선 살균기)
㉡ 소독한 기구와 소독하지 않은 기구를 구분하여 보관하는 용기

✚ The 알아보기

이·미용 업종별 시설 설비 기준

구분	미용업	미용업 (헤어, 네일, 메이크업)	미용업 (피부, 종합)
소독장비(소독기, 자외선 살균기)	필요	필요	필요
소독한 기구와 소독하지 않은 기구를 구분하여 보관하는 용기	필요	필요	필요

구분	미용업	미용업 (헤어, 네일, 메이크업)	미용업 (피부, 종합)
(작업장소, 응접장소, 상담실) 칸막이 설치 (단, 출입문의 1/3 이상을 투명하게 유지)	불가능	가능	가능
작업장소 베드와 베드 사이의 칸막이 설치	해당 없음	해당 없음	가능
영업소 내의 별실 및 유사 시설 설치	불가능	해당 없음	해당 없음

(2) 변경신고

① 영업 신고사항의 변경 시 중요사항의 변경인 경우 시장·군수·구청장에게 변경신고를 하여야 한다.

② 중요사항의 변경 항목(보건복지부령)
㉠ 영업소의 명칭 및 상호, 또는 영업장의 면적의 1/3 이상을 변경할 때
㉡ 영업소의 소재지를 변경할 때
㉢ 대표자의 성명을 변경할 때
㉣ 미용업 업종 간 변경

> **개념잡기**
>
> ◉ 공중위생관리법상 이·미용업자의 변경신고 사항에 해당되지 않는 것은?
>
> ① 영업소의 명칭 및 상호 변경
> ② 영업소의 소재지 변경
> ③ 영업장 면적의 2분이 1 이상의 증감
> ④ 대표자의 성명(단, 법인에 한함)
>
> **해설** 영업장 면적의 3분의 1 이상의 증감이 있을 경우 변경신고를 하여야 한다. 단, 개인사업자의 경우에 대표자 변경이 불가능하며 폐업 후 신규로 영업장을 개설하여야 한다.
>
> 정답 : ③

(3) 폐업신고
영업의 폐업 시 폐업한 날로부터 20일 이내에 시장·군수·구청장에게 신고하여야 한다.

2 영업의 승계

(1) 영업자의 지위 승계
① 양수인(미용업을 양도할 때)
② 상속인(사망한 경우)
③ 법인(합병 후 존속하는 법인이나 신설되는 법인)

(2) 승계의 제한 및 신고
① 제한 : 미용업은 면허를 소지한 자에 한하여 승계 가능
② 신고 : 미용업자의 지위를 승계한 자는 1개월 이내에 시장·군수·구청장에게 신고

Unit 3 영업자 준수사항

1 미용업자의 준수사항
공중위생영업자(미용업자)는 고객에게 건강상 위해 요인이 발생하지 아니하도록 영업 관련 시설 및 설비를 위생적이고 안전하게 관리하여야 한다.

2 공중이용시설의 위생관리

(1) 이용업자 위생관리 기준
① 이용기구 중 소독을 한 기구와 소독을 하지 아니한 기구는 각각 다른 용기에 넣어 보관하여야 한다.
② 1회용 면도날은 손님 1인에 한하여 사용하여야 한다.
③ 영업장 안의 조명도는 75룩스 이상이 되도록 유지하여야 한다.
④ 영업소 내부에 미용업 신고증 및 개설자의 면허증 원본을 게시하여야 한다.
⑤ 영업소 내부에 부가가치세, 재료비 및 봉사료 등이 포함된 최종 지불 요금표를 게시 또는 부착하여야 한다.
⑥ 영업장 면적이 66제곱미터 이상인 영업소는 외부(출입문, 창문, 외벽면)에도 손님이 보기 쉬운 곳에 최종 지불 요금표를 게시 또는 부착하여야 한다. 이 경우 최종 지불 요금표에는 일부 항목(3개 이상)만을 표시할 수 있다.
⑦ 3가지 이상의 이용서비스를 제공하는 경우에는 개별의 최종 지불가격 및 전체 총액에 관한 내역서를 이용자에게 미리 제공하여야 한다. 사본은 1개월간 보관하여야 한다.

(2) 미용업자 위생관리 기준
① 점 빼기·귓불 뚫기·쌍꺼풀 수술·문신·박피술 그 밖에 이와 유사한 의료행위를 하여서는 아니 된다.
② 피부미용을 위하여 의약품 또는 의료기기를 사용하여서는 아니 된다.
③ 미용기구 중 소독을 한 기구와 소독을 하지 아니한 기구는 각각 다른 용기에 넣어 보관하여야 한다.
④ 1회용 면도날은 손님 1인에 한하여 사용하여야 한다.
⑤ 영업장 안의 조명도는 75룩스 이상이 되도록 유지하여야 한다.
⑥ 영업소 내부에 미용업 신고증 및 개설자의 면허증 원본을 게시하여야 한다.
⑦ 영업소 내부에 최종 지불 요금표를 게시 또는 부착하여야 한다.
⑧ 영업장 면적이 66제곱미터 이상인 영업소의 경우 영업소 외부에도 손님이 보기 쉬운 곳에 최종 지불 요금표를 게시 또는 부착하여야 한다. 이 경우 최종 지불 요금표에는 일부 항목(5개 이상

만을 표시할 수 있다.
⑨ 3가지 이상의 미용서비스를 제공하는 경우에는 개별 미용서비스의 최종 가격 및 전체 총액에 관한 내역서를 이용자에게 미리 제공하여야 한다. 사본은 1개월간 보관하여야 한다.

🔖 **The 알아보기**

영업장 내부에 게시해야 할 사항 : 미용업 신고증, 개설자의 면허증 원본, 최종 지불 요금표

개념잡기 📖

◉ 이·미용업소 내부에 반드시 게시해야 할 사항이 아닌 것은?

① 면허증 원본 ② 최종 지불 요금표
③ 미용업 신고증 ④ 위생관리 기준표

•해설• 영업장 내 미용업 신고증, 면허증 원본을 게시하지 않을 경우 1차 위반 시 경고 또는 개선명령을 받는다.

∴ 정답 : ④

Unit 4 이·미용사의 면허

1 면허 발급 및 취소

(1) 면허 발급 자격 기준

교육 이수	전문대학 또는 교육부장관이 인정하는 학교의 이·미용 관련학과를 졸업한 자	미용사(종합) 면허
	학점은행제 학점으로 이·미용 학위를 취득한 자	
	고등학교의 이·미용 관련 학과를 졸업한 자	
	고등기술학교에서 1년 이상 이·미용에 관한 소정의 과정을 이수한 자	
자격증 취득	미용사 자격증을 취득한 자	미용사 면허

(2) 면허 결격자
① 피성년 후견인
② 정신질환자(전문의 소견서가 있을 경우 제외)
③ 감염병 환자(AIDS, 결핵환자 등)
④ 마약 등의 약물 중독자(향정신성의약품 중독자)
⑤ 면허가 취소된 후 1년이 경과되지 아니한 자

> **개념잡기**
>
> ◉ 다음 중 이용사 또는 미용사의 면허를 받을 수 있는 자는?
> ① 약물 중독자
> ② 벌금형이 선고된 자
> ③ 정신질환자
> ④ 금치산자
>
> •해설• 면허 결격사유에 해당하지 않는 사람은 면허를 받을 수 있다.
>
> 정답 : ②

(3) 면허 정지 및 취소

면허 정지	이·미용 자격 정지 처분을 받을 때
	다른 사람에게 면허를 대여한 때(1차 위반 : 정지 3개월, 2차 위반 : 정지 6개월)
면허 취소	이·미용 자격이 취소되었을 때
	면허 결격사유자(정신질환자, 감염병자, 마약중독자 등)
	이중으로 면허를 취득한 때
	면허를 다른 사람에게 대여(3차 위반 시)
	면허 정지처분을 받고 정지 간에 업무를 수행할 때

> **개념잡기**
>
> ◉ 이·미용사 면허 취소의 사유가 아닌 것은?
> ① 이중으로 면허를 취득한 때
> ② 면허를 다른 사람에게 대여한 때(3차 위반)
> ③ 면허 정지처분을 받고 정지 간에 업무를 수행할 때
> ④ 미용사 자격정지 처분을 받은 때
>
> •해설• 미용사 자격정지 처분을 받으면 면허 정지의 사유에 해당한다.
>
> 정답 : ④

2 면허 수수료

① 면허를 받고자 하는 자는 수수료를 납부하여야 한다.
② 수수료는 시장·군수·구청장에게 납부한다.
  * 신규 신청 시 : 5,500원 / 재교부 시 : 3,000원

Unit 5 이·미용사의 업무

1 이·미용 종사 가능자
이용사 또는 미용사의 면허를 받은 자가 아니면 미용업 또는 미용업을 개설하거나 그 업무에 종사할 수 없다.

2 영업소 외에서의 미용 업무(특별한 사유)
이용 또는 미용의 업무는 영업소 외의 장소에서 행할 수 없다. 단, 특별한 사유가 있을 경우는 가능하다.
① 질병 및 기타의 사유로 인하여 영업소에 나올 수 없는 자에 대하여 미용을 하는 경우
② 혼례 기타 의식에 참여하는 자에 대하여 그 의식 직전에 미용을 하는 경우
③ 사회복지시설에서 봉사활동으로 이·미용을 하는 경우
④ 방송 등 촬영에 참여하는 사람에 대하여 그 촬영 직전에 이·미용을 하는 경우
⑤ 특별한 사정이 있다고 시장·군수·구청장이 인정하는 경우

> **개념잡기**
>
> ◆ 이·미용사는 영업소 외의 장소에서 이·미용 업무를 할 수 없으나 특별한 사유가 있는 경우에는 예외로 인정된다. 다음 중 특별한 사유에 해당되지 않는 것은?
> ① 질병으로 영업소에 나올 수 없는 경우
> ② 결혼식 등의 의식 직전에 미용을 하는 경우
> ③ 손님의 간곡한 요청이 있을 경우
> ④ 시장·군수·구청장이 인정하는 경우
>
> **해설** 특별한 사유를 제외하고는 영업소 외에서 미용업무를 할 수 없다. 위반 시 200만원 이하의 과태료가 부과된다.
>
> 정답 : ③

행정지도 감독 Unit 6

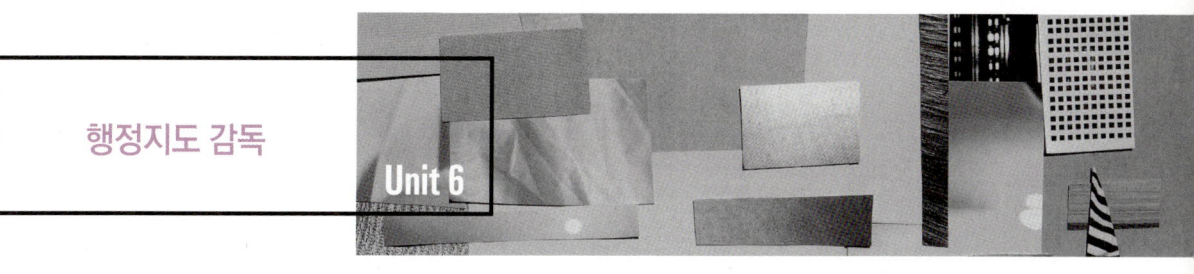

1 영업소 출입검사
① 공중위생관리상 필요하다고 인정하는 때에는 영업자 및 소유자 등에 대하여 필요한 보고를 하게 한다.
② 소속 공무원이 위생관리 의무 이행 및 시설의 위생관리 실태 검사와 영업장부, 서류를 열람할 수 있다.

The 알아보기

영업소 출입검사 권한 : 시도지사(특별시장, 광역시장, 도지사), 시장, 군수, 구청장

2 영업 제한(시도지사)
공익상 또는 선량한 풍속을 유지하기 위하여 필요하다고 인정하는 때에는 영업시간 및 영업행위에 관한 제한을 할 수 있다.(시도지사 권한)

3 영업소 폐쇄(시장·군수·구청장의 권한)
(1) 영업소 폐쇄 명령
① 영업의 정지 및 폐쇄
미용업자가 아래의 사항을 위반했을 때 6월 이내의 기간을 정하여 영업 정지, 일부 시설 사용 중지 및 폐쇄 등을 할 수 있다.
㉠ 영업신고를 하지 않거나 시설과 설비 기준을 위반한 경우
㉡ 중요사항의 변경 신고를 하지 않은 경우
㉢ 지위승계 신고를 하지 않은 경우
㉣ 위생관리 의무 등을 지키지 않은 경우
㉤ 필요보고를 하지 않거나 관계 공무원의 출입 검사, 서류 열람을 거부·방해·기피한 경우
㉥ 풍속규제 법률, 성매매 알선 등 행위 처벌에 관한 법률, 청소년보호법, 의료법을 위반한 경우

(2) 영업소 폐쇄를 위한 조치
① 간판, 기타 영업 표지물의 제거
② 위법한 영업소임을 알리는 게시물 등의 부착
③ 영업을 위하여 필수 불가결한 기구 또는 시설물을 사용할 수 없게 하는 봉인

(3) 영업소 폐쇄 봉인 해제 사유
① 봉인을 계속할 필요가 없다고 인정되는 때
② 영업자 등이나 그 대리인이 영업소를 폐쇄할 것을 약속할 때
③ 정당한 사유를 들어 봉인의 해제를 요청하는 때
④ 게시물 등의 제거를 요청하는 경우

(4) 청문 실시 사유
① 이·미용사의 면허취소·면허정지
② 공중위생 영업의 정지

③ 일부 시설의 사용 중지
④ 영업소 폐쇄명령

> **개념잡기**
>
> ◆ 다음 중 청문을 실시하여야 하는 사항과 거리가 먼 것은?
>
> ① 영업소의 폐쇄명령   ② 공중위생 영업의 정지
> ③ 벌금과 과태료 징수   ④ 면허취소, 면허정지
>
> •해설• 벌금과 과태료는 청문 없이 시장, 군수, 구청장이 위반자에게 부과할 수 있다.
>
> 정답 : ③

> **개념잡기**
>
> ◆ 공중위생 감시원의 자격요건에 해당되지 않은 사람은?
>
> ① 위생사 또는 환경산업기사 2급 이상의 자격증을 소지한 사람
> ② 대학에서 화학·화공학·환경공학·위생학 분야를 졸업하거나 동등이상의 자격이 있는 사람
> ③ 외국에서 위생사 또는 환경기사 면허를 받은 사람
> ④ 6개월 이상 공중위생 행정에 종사한 경력이 있는 사람
>
> •해설• 공중위생 감시원의 자격은 3년 이상의 경력에서 1년 이상으로 완화 개정되었다.
>
> 정답 : ④

4 공중위생 감시원 임명(시도지사·시장·군수·구청장 권한)

시도지사, 시장, 군수, 구청장은 소속 공무원 중에서 공중위생 감시원을 임명한다.

(1) 공중위생 감시원의 자격 요건

① 위생사 또는 환경산업기사 2급 이상의 자격증을 소지한 사람
② 대학에서 화학·화공학·환경공학·위생학 분야를 졸업하거나 동등 이상의 자격이 있는 사람
③ 외국에서 위생사 또는 환경기사 면허를 받은 사람
④ 1년 이상 공중위생 행정에 종사한 경력이 있는 사람(2018년 3년에서 1년으로 개정 공포됨)
⑤ 기타 공중위생, 행정에 종사하는 자 중 교육훈련을 2주 이상 받은 사람

(2) 공중위생 감시원의 업무 범위

① 시설 및 설비의 확인
② 시설 및 설비의 위생상태 확인 검사, 영업자의 위생관리 의무 및 준수사항 이행여부 확인
③ 공중 이용시설의 위생상태 확인 검사
④ 위생지도 이행 여부 확인
⑤ 공중위생업소의 영업정지, 일부 시설의 사용정지
⑥ 영업소 폐쇄명령 이행 여부의 확인

(3) 명예 공중위생 감시원(시도지사의 권한)

① 자격
  ㉠ 공중위생에 대한 지식과 관심이 있는 자
  ㉡ 소비자 단체, 공중위생 관련 협회 또는 단체의 소속 직원 중에서 당해 단체장의 추천이 있는 자
② 명예 공중위생 감시원의 업무
  ㉠ 공중위생 감시원이 행하는 검사대상물의 수거 지원

ⓛ 법령 위반행위에 대한 신고 및 자료 제공
ⓒ 공중위생에 관한 홍보, 계몽 등 시도지사가 정하여 부여하는 업무

Unit 7 업소 위생등급

1 위생 평가

(1) 위생 서비스 평가 계획(시도지사)
시도지사는 위생서비스 평가계획을 수립하여 시장, 군수, 구청장에게 통보한다.

(2) 위생서비스 평가(시장, 군수, 구청장)
① 시장, 군수, 구청장은 평가계획에 따라 관할지역별 세부평가계획을 수립한 후 공중위생 영업소의 위생서비스 수준을 평가한다.
② 시장, 군수, 구청장은 위생서비스 평가의 전문성을 높이기 위하여 필요하다고 인정하는 경우에는 관련 전문기관 및 단체로 하여금 위생서비스 평가를 실시하게 할 수 있다.

(3) 위생서비스수준의 평가 주기
위생서비스 수준의 평가는 매 2년마다 실시한다.

2 위생등급

(1) 위생관리 등급 구분(보건복지부령)

최우수 업소	녹색 등급
우수 업소	황색 등급
일반관리 대상 업소	백색 등급

(2) 위생관리 등급의 공표(시장, 군수, 구청장)
① 시장, 군수, 구청장은 위생서비스 평가 결과에 따른 위생관리 등급을 해당 공중위생 영업자에게 통보하고 이를 공표하여야 한다.
② 공중위생 영업자는 위생관리 등급의 표지를 영업소의 명칭과 함께 영업소의 출입구에 부착할 수 있다.

(3) 위생 감시(시도지사 또는 시장, 군수, 구청장)
① 시도지사 또는 시장, 군수, 구청장은 위생서비스 평가의 결과에 따른 위생관리 등급별로 영업소에 대한 위생감시를 실시해야 한다.
② 영업소에 대한 출입 검사와 위생감시의 실시 주기 및 횟수 등 위생관리 등급별 위생감시 기준은 보건복지부령으로 한다.

개념잡기

◉ 위생관리 등급 공표사항으로 틀린 것은?

① 시장, 군수, 구청장은 위생서비스 평가결과에 따른 위생관리등급을 공중위생 영업자에게 통보하고 공표한다.
② 공중위생 영업자는 통보받은 위생관리등급의 표지를 영업소 출입구에 부착할 수 있다.
③ 시장, 군수, 구청장은 위생서비스 결과에 따른 위생 관리등급 우수업소에는 위생감시를 면제할 수 있다.
④ 시장, 군수, 구청장은 위생서비스 평가의 결과에 따른 위생관리등급별로 영업소에 대한 위생감시를 실시하여야 한다.

•해설• 위생서비스 수준의 평가는 매 2년마다 예외 없이 모든 공중영업시설에 대하여 진행한다.

정답 : ③

Unit 8 보수교육

1 영업자 위생 교육

(1) 교육 주기 및 시간 : 매년 3시간

개념잡기

◉ 공중위생관리법규상 이·미용업자가 받아야 하는 위생교육 시간은?

① 매년 3시간   ② 매년 6시간
③ 2년마다 3시간   ④ 2년마다 6시간

•해설• 미용업 개설자는 매년 3시간의 위생교육을 이수하여야 하며, 만약 위생 교육을 받지 않을 경우 200백만원 이하의 과태료가 부과된다.

정답 : ①

---

(2) 교육 대상
① 영업신고를 하려면 미리 위생 교육을 받아야 한다.
② 영업 개시 후 6개월 이내에 위생 교육을 받을 수 있는 경우
  ㉠ 천재지변, 본인의 질병, 사고, 업무상 국외 출장 등의 사유로 교육을 받을 수 없는 경우
  ㉡ 교육을 실시하는 단체의 사정 등으로 미리 교육을 받기 불가능한 경우

The 알아보기

2곳 이상 업소 운영자 : 영업장별로 책임자를 지정하여 책임자가 위생교육을 이수한다.

(3) 교육 내용
① 공중위생관리법 및 관련 법규
② 소양 교육(친절 및 청결에 관한 사항 포함)
③ 기술 교육
④ 기타 공중위생에 관하여 필요한 내용

(4) 교육 대체 사유
위생 교육 대상자 중 도서 벽지에서 영업을 하고 있거나 하려는 자에 대하여는 교육 교재를 배부하여 이를 익히고 활용함으로써 교육에 갈음할 수 있다.

(5) 교육 면제 사유
위생 교육을 받은 날로부터 2년 이내에 위생 교육을 받은 업종과 같은 업종의 영업을 하려는 경우에는 해당 영업에 대한 위생 교육을 받은 것으로 본다.

2 위생 교육기관

(1) 위생 교육기관 자격
보건복지부장관이 허가한 단체 또는 공중위생업자 단체

(2) 위생 교육기관의 의무
① 교육 교재를 편찬하여 교육대상자에게 제공
② 위생 교육 수료자에게 수료증 교부
③ 교육 실시 결과를 교육 후 1개월 이내에 시장, 군수, 구청장에게 통보
④ 수료증 교부대장 등 교육에 관한 기록을 2년 이상 보관·관리

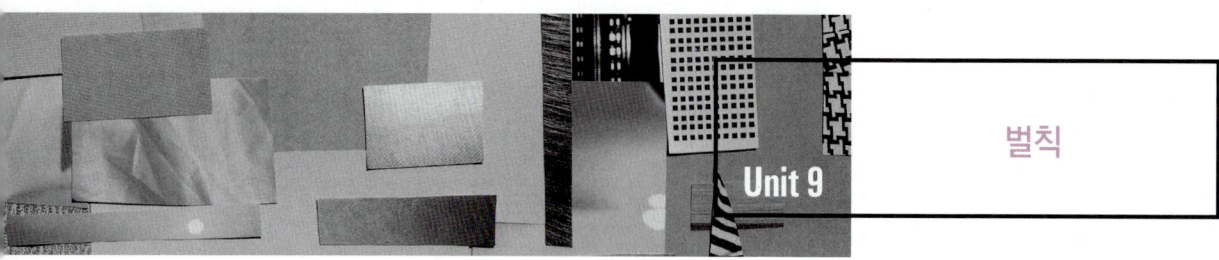

Unit 9 벌칙

1 위반자에 대한 벌칙, 과징금

(1) 벌칙(징역 또는 벌금)

1년 이하의 징역 또는 1천만원 이하의 벌금	① 공중위생영업의 신고를 하지 아니한 자 ② 영업소 폐쇄명령을 받고도 계속해서 영업을 한 자 ③ 영업정지 일부 시설의 사용중지 명령을 받고도 그 기간 중에 영업을 하거나 그 시설을 사용한 자
6개월 이하의 징역 또는 500만원 이하의 벌금	① 공중위생영업의 변경 신고를 하지 않은 자 ② 공중위생영업의 지위를 승계한 자로서 신고(1월 이내)를 아니한 자 ③ 건전한 영업 질서를 위하여 준수해야 할 사항을 준수하지 아니한 자
300만원 이하의 벌금	① 개선명령(위생관리 기준, 오염허용 기준)을 위반한 자 ② 면허 취소 후에도 계속 이·미용업 업무를 행한 자 ③ 면허를 받지 않고 이·미용업 개설이나 업무에 종사한 경우

개념잡기

◉ 이·미용업자가 건전한 영업 질서를 위하여 준수하여야 할 사항을 준수하지 아니했을 경우에 대한 벌칙 사항은?

① 6월 이하의 징역 또는 500만원 이하의 벌금
② 6월 이하의 징역 또는 300만원 이하의 벌금
③ 1년 이하의 징역 또는 500만원 이하의 벌금
④ 1년 이하의 징역 또는 300만원 이하의 벌금

•해설• 벌칙은 1년 이하의 징역(1천만원 이하 벌금), 6개월 이하의 징역(500만원 이하 벌금), 300만원 이하의 벌금으로 부과된다.

▲ 정답 : ①

(2) 과징금

① 과징금 처분(시장, 군수, 구청장)
  ㉠ 영업정지 처분에 갈음하여 3천만원 이하의 과징금을 부과할 수 있다.
  ㉡ 통지받은 날로부터 20일 이내에 과징금을 납부하여야 한다.
  ㉢ 과징금 징수절차는 보건복지부령으로 정한다.

2 과태료 양벌 규정
(1) 과태료 처분

300만원 이하의 과태료	① 폐업신고를 하지 않은 자 ② 이·미용 시설 및 설비의 개선명령을 위반한 자 ③ 공중위생법상 필요한 보고를 당국에 하지 아니한 자
200만원 이하의 과태료	① 이·미용업소의 위생관리 의무를 지키지 아니한 자 ② 영업소 이외의 장소에서 이·미용 업무를 행한 자 ③ 위생 교육을 받지 아니한 자

개념잡기

◈ 다음 중 이·미용 영업상의 과태료 처분이 다른 것은?
① 폐업신고를 하지 않은 자
② 이·미용 시설 및 설비의 개선명령을 위반한 자
③ 공중 위생법상 필요한 보고를 당국에 아니한 자
④ 위생 교육을 받지 아니한 자

•해설 ①, ②, ③ : 300만원 이하의 과태료
④ 매년 3시간의 위생교육을 받지 않을 경우 200만원 이하의 과태료가 부과된다.

정답 : ④

(2) 과태료 부과
① 과태료는 시장, 군수, 구청장이 부과·징수한다.

(3) 과태료 처분의 이의 제기
① 과태료 처분에 불복이 있는 자는 고지 30일 이내에 이의를 제기할 수 있다.
② 이의를 제기한 때에 처분권자는 관할 법원에 통보하여, 과태료의 재판을 한다.
③ 이의 제기 없이 납부를 기피한 경우 지방세 체납 처분의 예에 따라 징수한다.

(4) 양벌 규정
법인의 대표자, 법인 또는 개인의 대리인, 사용인, 그 밖의 종업원이 위반행위를 하면 행위자를 벌하는 외에 그 법인 또는 개인에게도 해당 조문의 벌금형에 처한다.

3 행정 처분
(1) 면허에 관한 규정 위반

위반 사항	행정 처분 기준			
	1차 위반	2차 위반	3차 위반	4차 위반
㉠ 미용사 자격이 취소된 때	면허 취소			
㉡ 미용사 자격 정지 처분을 받은 때	면허 정지	국가기술자격법에 의한 자격정지 처분기간에 한한다.		
㉢ 면허결격자의 결격사유에 해당	면허 취소			
㉣ 이중으로 면허 취득	면허 취소			
㉤ 면허증을 다른 사람에게 대여한 때	면허 정지 3월	면허 정지 6월	면허 취소	
㉥ 면허 정지처분을 받고 그 정지 기간 중 업무를 행한 때	면허 취소			

(2) 법 또는 명령 위반

위반 사항	행정 처분 기준			
	1차 위반	2차 위반	3차 위반	4차 위반
㉠ 위생 교육을 받지 아니한 때	경고	영업정지 5일	영업정지 10일	영업장 폐쇄명령
㉡ 소독한 기구와 미소독 기구를 별도 보관하지 않거나 1회용면도날을 2인 이상 손님에게 사용한 때	경고	영업정지 5일	영업정지 10일	영업장 폐쇄명령
㉢ 미용업신고증, 면허증원본, 요금표를 미게시하거나 조명도를 준수하지 않은 때	경고 또는 개선명령	영업정지 5일	영업정지 10일	영업장 폐쇄명령
㉣ 영업자의 지위를 승계한 후 1월 이내에 신고하지 아니한 때	개선명령	영업정지 10일	영업정지 1월	영업장 폐쇄명령
㉤ 보건복지부장관, 시도지사 또는 시군구청장의 개선명령을 이행하지 않은 때	경고	영업정지 10일	영업정지 1월	영업장 폐쇄명령
㉥-1. 시설 및 설비기준을 위반한 때(응접장소와 작업장소 또는 의자와 의자를 구획하는 커튼 칸막이 그 밖에 이와 유사한 커튼을 설치한 때)	개선명령	영업정지 15일	영업정지 1월	영업장 폐쇄명령
㉥-2. 시설 설비기준을 위반한 때(미용업소 안에 별실 그 밖에 이와 유사한 시설을 설치한 때)		영업정지 1월	영업정지 2월	영업장 폐쇄명령
㉦ 신고를 하지 않고 영업소의 명칭, 상호 또는 면적의 1/3 이상을 변경한 때	경고 또는 개선명령	영업정지 15일	영업정지 1월	영업장 폐쇄명령
㉧ 필요한 보고를 하지 않거나 거짓으로 보고한 때 또는 관계공무원의 출입검사를 거부 기피하거나 방해한 때	영업정지 10일	영업정지 20일	영업정지 1월	영업장 폐쇄명령
㉨ 영업소 이외의 장소에서 업무를 행한 때	영업정지 1월	영업정지 2월	영업장 폐쇄명령	
㉩ 미용업소 안에 별실 그 밖에 이와 유사한 시설을 설치한 때	영업정지 1월	영업정지 2월	영업장 폐쇄명령	
㉪ 신고를 하지 않고 영업소의 소재지를 변경한 때	영업정지 1월	영업정지 2월	영업장 폐쇄명령	
㉫ 피부미용을 위하여 의약품 의료용구를 사용하거나 보관하고 있는 때	영업정지 2월	영업정지 3월	영업장 폐쇄명령	
㉬ 점 빼기, 귓불 뚫기, 쌍꺼풀 수술, 문신, 박피술 그 밖에 이와 유사한 의료행위를 한 때	영업정지 2월	영업정지 3월	영업장 폐쇄명령	
㉭ 영업정지처분을 받고 그 영업정지 기간 중 영업을 한 때	영업장 폐쇄명령			

➕ The 알아보기

신고를 하지 않고 영업소의 소재지를 변경한 경우(2018년 10월 보건복지부령으로 개정)
변경 전 : 영업장 폐쇄명령
변경 후 : 영업정지 1월(1차), 영업정지 2월(2차), 영업장 폐쇄명령(3차)

> **개념잡기**
>
> ◆ 신고를 하지 않고 영업소의 소재지를 변경한 때 1차 위반 시의 행정 처분은?
>
> ① 개선 명령　　② 영업정지 1월
> ③ 영업정지 2월　④ 영업장 폐쇄명령
>
> •해설• 2018년 보건복지부령으로 1차 위반 시 영업장 폐쇄명령에서 영업정지 1월로 개정되었다.
>
> 정답 : ②

> **개념잡기**
>
> ◆ 이·미용업 영업소에서 손님에게 음란한 물건을 관람·열람하게 한 때에 대한 1차 위반 시 행정처분 기준은?
>
> ① 개선명령　　② 영업정지 15일
> ③ 영업정지 1월　④ 영업장 폐쇄명령
>
> •해설• 음란한 물건을 관람·열람하게 하거나 진열 또는 보관한 때 : 개선명령(1차)
>
> 정답 : ①

(3) 성매매 알선, 풍속규제 등에 관한 법률, 의료법 위반

위반 사항	1차 위반	2차 위반	3차 위반	4차 위반
㉠ 손님에게 윤락행위 또는 음란행위를 하게 하거나 이를 알선 또는 제공한 때				
◆ 영업소	영업정지 3월	영업장 폐쇄명령		
◆ 미용사(업주)	영업정지 3월	면허취소		
㉡ 손님에게 도박 그 밖에 사행행위를 하게 한 때	영업정지 1월	영업정지 2월	영업장 폐쇄명령	
㉢ 음란한 물건을 관람·열람하게 하거나 진열 또는 보관한 때	개선명령	영업정지 15일	영업정지 1월	영업장 폐쇄명령
㉣ 무자격 안마사로 하여금 안마사의 업무에 관한 행위를 하게 한 때	영업정지 1월	영업정지 2월	영업장 폐쇄명령	

Chapter 05 공중위생관리학 기출문제

1 공중위생영업에 해당하지 않는 것은?
① 세탁업 ② 보건업
③ 미용업 ④ 목욕장업

> •해설 공중위생영업은 숙박업, 목욕장업, 이용업, 미용업, 세탁업, 건물위생관리영업(구. 위생관리용역업)이 있다.

2 공중위생관리법에서 규정하고 있는 공중위생영업의 종류에 해당되지 않는 것은?
① 이·미용업 ② 건물위생관리영업
③ 학원영업   ④ 세탁업

> •해설 공중위생영업은 숙박업, 목욕장업, 이용업, 미용업, 세탁업, 건물 위생 관리영업이 있다.

3 이용업 및 미용업은 다음 중 어디에 속하는가?
① 공중위생영업
② 위생 관련 영업
③ 위생처리업
④ 위생관리 용역업

4 영업소 안에 면허증을 게시하도록 "위생관리의무 등"의 규정에 명시된 자는?
① 이·미용업을 하는 자
② 목욕장업을 하는 자
③ 세탁업을 하는 자
④ 위생관리용역업을 하는 자

5 다음 중 공중 위생영업을 하고자 할 때 필요한 것은?
① 허가 ② 통보
③ 인가 ④ 신고

> •해설 이미용업을 신고하려면 보건복지부령이 정하는 시설과 설비를 갖추고 시장, 군수, 구청장에게 신고하여야 한다.

6 공중위생영업의 신고를 위하여 제출하는 서류에 해당하지 않는 것은?
① 영업시설 및 설비개요서
② 교육 필증
③ 면허증 원본
④ 재산세 납부 영수증

> •해설 이미용업을 신고하려면 시설과 설비를 갖추고 시장·군수·구청장에게 신고하여야 한다.

7 다음 중 이·미용업 영업자가 변경신고를 해야 하는 것을 모두 고른 것은?

> ㄱ. 영업소의 소재지
> ㄴ. 영업소 바닥의 면적의 3분의 1 이상의 증감
> ㄷ. 종사자의 변동사항
> ㄹ. 영업자의 재산변동사항

① ㄱ   ② ㄱ, ㄴ
③ ㄱ, ㄴ, ㄷ   ④ ㄱ, ㄴ, ㄷ, ㄹ

> •해설 시장, 군수, 구청장에게 신고해야 하는 중요 변경사항은 영업장 면적의 1/3 이상을 변경할 때, 소재지를 변경할 때, 대표자 성명을 변경할 때, 미용업 업종 간 변경할 때이다.

정답 1② 2③ 3① 4① 5④ 6④ 7②

8 이용 및 미용업 영업자의 지위를 승계한 자가 관계 기관에 신고해야 하는 기간은?

① 1월　　② 2월
③ 6월　　④ 12월

•해설• 미용업자의 지위를 승계한 자는 1개월 이내에 시장·군수·구청장에게 신고해야 한다.

9 이·미용업소의 시설 및 설비 기준으로 적합한 것은?

① 소독을 한 기구와 소독을 하지 아니한 기구를 구분하여 보관할 수 있는 용기를 비치하여야 한다.
② 소독기, 적외선 살균기 등 기구를 소독하는 자비를 갖추어야 한다.
③ 밀폐된 별실을 2개 이상 둘 수 있다.
④ 작업장소와 응접장소, 상담실, 탈의실 등을 분리하여 칸막이를 설치하려는 때에는 각각 전체 벽면적의 2분의 1 이상은 투명하게 하여야 한다.

•해설• 이미용 시설 설비기준
· 소독한 기구와 소독하지 않은 기구를 분리하여 보관해야 한다.
· 소독장비는 소독기와 자외선 살균기를 구비해야 한다.
· 칸막이는 출입문의 1/3 이상을 투명하게 유지해야 한다.
· 별실 및 유사 시설 설치는 불가능하다.

10 이·미용업자의 준수사항 중 틀린 것은?

① 소독한 기구와 하지 아니한 기구는 각각 다른 용기에 넣어 보관할 것
② 조명은 75룩스 이상 유지되도록 할 것
③ 신고증과 함께 면허증 사본을 게시할 것
④ 1회용 면도날은 손님 1인에 한하여 사용할 것

•해설• 영업장 내부에 게시해야 할 사항 : 미용업 신고증, 개설자의 면허증 원본, 최종지불요금표

11 이·미용업소 내 반드시 게시하여야 할 사항으로 옳은 것은?

① 요금표 및 준수사항만 게시하면 된다.
② 이·미용업 신고증만 게시하면 된다.
③ 이·미용업 신고증 및 면허증사본, 요금표를 게시하면 된다.
④ 이·미용업 신고증, 면허증 원본, 요금표를 게시하여야 한다.

•해설• 영업장 내부에 게시해야 할 사항 : 미용업 신고증, 개설자의 면허증 원본, 최종지불요금표

12 이·미용소의 조명시설은 얼마 이상이어야 하는가?

① 50룩스　　② 75룩스
③ 100룩스　　④ 125룩스

•해설• 영업장안의 조명도는 75룩스 이상이 되도록 유지하여야 한다.

정답　8 ①　9 ①　10 ③　11 ④　12 ②

13 이·미용사의 면허를 받을 수 없는 사람은?
① 전문대학에서 이용 또는 미용에 관한 학과를 졸업한 사람
② 교육부장관이 인정하는 이·미용고등학교를 졸업한 사람
③ 교육부장관이 인정하는 고등기술학교에서 6개월 공부한 사람
④ 국가기술자격법에 의한 이·미용사 자격증을 취득한 사람

> **해설** 고등기술학교에서 1년 이상 이미용에 관한 소정의 과정을 이수하여야 한다.

14 다음 중 이·미용사의 면허를 받을 수 없는 사람은?
① 전문대학의 이·미용에 관한 학과를 졸업한 사람
② 교육부장관이 인정하는 고등기술학교에서 1년 이상 이·미용에 관한 소정의 과정을 이수한 자
③ 국가기술자격법에 의한 이·미용사의 자격을 취득한 차
④ 외국의 유명 이·미용학원에서 2년 이상 기술을 습득한 자

15 다음 중 이용사 또는 미용사의 면허를 받을 수 있는 자는?
① 약물 중독자 ② 암 환자
③ 정신 질환자 ④ 금치산자

> **해설** 면허 결격자
> • 피성년 후견인
> • 정신질환자(전문의 소견서가 있을 경우 제외)
> • 감염병 환자(AIDS, 결핵환자 등)
> • 마약 등의 약물 중독자(향정신성 의약품 중독자)
> • 면허가 취소된 후 1년이 경과되지 아니한 자

16 다음 중 이·미용사의 면허정지를 명할 수 있는 자는?
① 행정안전부 장관
② 시·도지사
③ 시장, 군수, 구청장
④ 경찰서장

> **해설** 면허취소권자는 시장, 군수, 구청장이다.

17 이·미용사 면허증을 분실하여 재교부를 받은 자가 분실한 면허증을 찾았을 때 취하여야 할 조치로 옳은 것은?
① 시·도지사에게 찾은 면허증을 반납한다.
② 시장, 군수, 구청장에게 찾은 면허증을 반납한다.
③ 본인이 모두 소지하여도 무방하다.
④ 재교부받은 면허증을 반납한다.

> **해설** 면허취소 또는 정지를 받은 자는 지체 없이 시장, 군수, 구청장에게 면허증을 반납해야 한다.

18 이·미용사 면허증을 분실하였을 때 누구에게 재교부 신청을 하여야 하는가?
① 보건복지부장관
② 시·도지사
③ 시장, 군수, 구청장
④ 협회장

> **해설** 면허발급 및 취소는 시장, 군수, 구청장의 권한이다.

정답 13 ③ 14 ④ 15 ② 16 ③ 17 ② 18 ③

19 이·미용사가 면허증 재교부 신청을 할 수 없는 것은?
① 면허증을 잃어버린 때
② 면허증 기재사항의 변경이 있는 때
③ 면허증을 못 쓰게 된 때
④ 면허증이 더러운 때

•해설• 면허증 재교부 사유는 기재사항의 변경이 있을 때, 면허증을 잃어버린 때, 면허증이 헐어 못 쓰게 된 때이다.

20 이·미용사의 면허증을 재교부받을 수 있는 자는 다음 중 누구인가?
① 공중위생관리법의 규정에 의한 명령을 위반한 자
② 간질병자
③ 면허증을 다른 사람에게 대여한 자
④ 면허증이 헐어 못 쓰게 된 자

•해설• 면허증을 다른 사람에게 대여한 경우 면허정지(1차와 2차 위반)와 취소(3차 위반)의 사유에 해당한다.

21 다음 중 이·미용업을 개설할 수 있는 경우는?
① 이·미용사 면허를 받은 자
② 이·미용사의 감독을 받아 이·미용을 행하는 자
③ 이·미용사의 자문을 받아 이·미용을 행하는 자
④ 위생관리 용역업 허가를 받은 자로서 이·미용에 관심이 있는 자

•해설• 이용사 또는 미용사의 면허를 받은 자가 아니면 이용업 또는 미용업을 개설하거나 그 업무에 종사할 수 없다.

22 영업소 외에서의 이용 및 미용업무를 할 수 없는 경우는?
① 관할 소재동 지역 내에서 주민에게 이·미용을 하는 경우
② 질병, 기타의 사유로 인하여 영업소에 나올 수 없는 자에 대하여 미용을 하는 경우
③ 혼례나 기타 의식에 참여하는 자에 대하여 그 의식의 직전에 미용을 하는 경우
④ 특별한 사정이 있다고 인정하여 시장, 군수, 구청장이 인정하는 경우

23 영업소 외의 장소에서 이·미용 업무를 행할 수 있는 경우가 아닌 것은?
① 질병으로 영업소에 나올 수 없는 경우
② 결혼식 등의 의식 직전일 경우
③ 손님의 간곡한 요청이 있을 경우
④ 시장·군수·구청장이 인정하는 경우

24 영업소 외의 장소에서 이용 및 미용의 업무를 할 수 있는 경우가 아닌 것은?
① 질병으로 영업소에 나올 수 없는 경우
② 혼례 직전에 이용 또는 미용을 하는 경우
③ 야외에서 단체로 이용 또는 미용을 하는 경우
④ 사회복지시설에서 봉사활동으로 이용 또는 미용을 하는 경우

정답 19 ④ 20 ④ 21 ① 22 ① 23 ③ 24 ③

25 보건복지부령이 정하는 특별한 사유가 있을 시 영업소 외의 장소에서 이·미용업무를 행할 수 있다. 그 사유에 해당하지 않는 것은?

① 기관에서 특별히 요구하여 단체로 이·미용을 하는 경우
② 질병으로 인하여 영업소에 나올 수 없는 자에 대하여 이·미용을 하는 경우
③ 혼례에 참여하는 자에 대하여 그 의식 직전에 이·미용을 하는 경우
④ 시장·군수·구청장이 특별한 사정이 있다고 인정한 경우

26 시·도지사 또는 시장·군수·구청장은 공중위생관리상 필요하다고 인정하는 때에 공중위생영업자 등에 대하여 필요한 조치를 취할 수 있다. 이 조치에 해당하는 것은?

① 보고　　② 청문
③ 감독　　④ 협의

27 공익상 또는 선량한 풍속유지를 위하여 필요하다고 인정하는 경우에 이·미용업의 영업시간 및 영업행위에 관한 필요한 제한을 할 수 있는 자는?

① 관련 전문기관 및 단체장
② 보건복지부장관
③ 시·도지사
④ 시장·군수·구청장

• 해설 ─ 시·도지사는 공익상 또는 선량한 풍속을 유지하기 위하여 필요하다고 인정하는 때에는 영업시간 및 영업행위에 관한 필요한 제한을 할 수 있다.

28 다음 (　) 안에 알맞은 내용은?

이·미용업 영업자가 공중위생관리법을 위반하여 관계행정기관장의 요청이 있는 때에는 (　) 이내의 기간을 정하여 영업의 정지 또는 일부 시설의 사용중지 혹은 영업소 폐쇄 등을 명할 수 있다.

① 3월　　② 6월
③ 1년　　④ 2년

• 해설 ─ 시장·군수·구청장은 미용업자에게 6월 이내의 기간을 정하여 영업정지, 일부 시설 사용중지 및 폐쇄 등을 명령할 수 있다.

29 이 미용업소의 영업정지 및 폐쇄사유에 해당하지 않는 것은?

① 영업신고를 하지 않거나 시설과 설비 기준을 위반한 경우
② 중요사항의 변경 신고를 하지 않은 경우
③ 고시가격보다 비싼 서비스 요금을 청구한 경우
④ 위생관리 의무 등을 지키지 않은 경우

• 해설 ─ 이·미용업소 정지 및 폐쇄사유
① 영업신고를 하지 않거나 시설과 설비 기준을 위반한 경우
② 중요사항의 변경 신고를 하지 않은 경우
③ 지위승계 신고를 하지 않은 경우
④ 위생관리 의무 등을 지키지 않은 경우
⑤ 필요보고를 하지 않거나 관계 공무원의 출입 검사, 서류 열람을 거부·방해·기피한 경우
⑥ 풍속규제 법률, 성매매 알선 등 행위 처벌에 관한 법률, 청소년보호법, 의료법을 위반한 경우

정답　25 ①　26 ①　27 ③　28 ②　29 ③

30 이·미용업에 있어 청문을 실시하여야 하는 경우가 아닌 것은?

① 면허취소 처분을 하고자 하는 경우
② 면허정지 처분을 하고자 하는 경우
③ 일부 시설의 사용중지 처분을 하고자 하는 경우
④ 위생 교육을 받지 아니하여 1차 위반한 경우

•해설• 청문실시사유
- 이·미용사의 면허취소, 면허정지
- 공중위생 영업의 정지
- 일부 시설의 사용중지
- 영업소 폐쇄명령

31 공중 위생감시원의 자격요건에 해당되지 않은 사람은?

① 위생사 또는 환경산업기사 2급이상의 자격증을 소지한 사람
② 대학에서 화학·화공학·환경공학·위생학 분야를 졸업하거나 동등 이상의 자격이 있는 사람
③ 외국에서 위생사 또는 환경기사 면허를 받은 사람
④ 6개월 이상 공중위생 행정에 종사한 경력이 있는 사람

•해설• 공중위생감시원은 1년 이상 공중위생 행정에 종사한 경력이 있는 사람이다.(2018년 3년에서 1년으로 개정·공포되었다.)

32 공중위생의 관리를 위한 지도, 계몽 등을 행하게 하기 위하여 둘 수 있는 것은?

① 명예 공중위생 감시원   ② 공중위생 조사원
③ 공중위생 평가단체   ④ 공중위생 전문교육원

•해설• 시·도지사는 공중위생의 관리를 위한 지도·계몽 등을 행하게 하기 위하여 명예 공중위생 감시원을 둘 수 있다.

33 일반 관리대상 업소에 해당하는 위생관리 등급 구분은?

① 녹색등급   ② 황색등급
③ 백색등급   ④ 적색등급

•해설•
- 최우수업소 : 녹색등급
- 우수업소 : 황색등급
- 일반관리업소 : 백색등급

34 공중위생영업자가 준수하여야 할 위생관리기준은 다음 중 어느 것으로 정하고 있는가?

① 대통령령   ② 국무총리령
③ 고용노동부령   ④ 보건복지부령

35 공중위생영업소를 개설하고자 하는 자는 원칙적으로 언제까지 위생 교육을 받아야 하는가?

① 개설하기 전   ② 개설 후 3개월 내
③ 개설 후 6개월 내   ④ 개설 후 1년 내

36 공중위생관리법상의 위생 교육에 대한 설명 중 옳은 것은?

① 위생 교육 대상자는 이·미용업 영업자이다.
② 위생 교육 대상자는 이·미용사이다.
③ 위생 교육 시간은 매년 8시간이다.
④ 위생 교육은 공중위생관리법 위반자에 한하여 받는다.

•해설•
- 위생 교육 주기 및 시간 : 매년 3시간
- 교육대상자 : 이미용 영업자

37 이·미용업 영업자가 위생 교육을 받지 아니한 때에 대한 1차 위반 시 행정처분 기준은?

① 경고
② 개선명령
③ 영업정지 5일
④ 영업정지 10일

•해설• 위생 교육을 받지 아니할 때
- 1차 위반 : 경고
- 2차 위반 : 영업정지 5일
- 3차 위반 : 영업정지 10일
- 4차 위반 : 영업장 폐쇄명령

38 이용 또는 미용의 면허가 취소된 후 계속하여 업무를 행자 자에 대한 벌칙사항은?

① 6월 이하의 징역 또는 300만원 이하의 벌금
② 500만원 이하의 벌금
③ 300만원 이하의 벌금
④ 200만원 이하의 벌금

•해설• 300만원 이하의 벌금
㉠ 개선명령(위생관리 기준, 오염허용 기준)을 위반한 자
㉡ 면허취소 후에도 계속 이·미용 업무를 행한 자
㉢ 면허를 받지 않고 이·미용업 개설이나 업무에 종사한 경우

39 다음 중 1년 이하의 징역 또는 1천만원 이하의 벌금에 해당하는 벌칙사항이 아닌 것은?

① 공중위생영업의 신고를 하지 아니한 자
② 영업소 폐쇄명령을 받고도 계속해서 영업을 한 자
③ 일부 시설의 사용중지 명령을 받고도 그 기간 중에 영업을 하거나 그 시설을 사용한 자
④ 공중위생영업의 변경 신고를 하지 않은 자

•해설• 6개월 이하의 징역 또는 500만원 이하의 벌금은
㉠ 공중위생영업의 변경 신고를 하지 않은 자
㉡ 공중위생영업의 지위를 승계한 자로서 신고(1월 이내)를 아니한 자
㉢ 건전한 영업 질서를 위하여 준수해야 할 사항을 준수하지 아니한 자

40 영업자의 지위를 승계한 자로서 신고를 하지 아니하였을 경우에 해당하는 처벌기준은?

① 1년 이하의 징역 또는 1000만원 이하의 벌금
② 6월 이하의 징역 또는 500만원 이하의 벌금
③ 200만원 이하의 벌금
④ 100만원 이하의 벌금

41 시장·군수·구청장이 영업정지가 이용자에게 심한 불편을 주거나 그 밖에 공익을 해할 우려가 있는 경우에 영업정지 처분에 갈음한 과징금을 부과할 수 있는 금액기준은?

① 1천만원 이하
② 2천만원 이하
③ 3천만원 이하
④ 4천만원 이하

•해설• 영업정지 처분에 갈음하여 3천만원 이하의 과징금을 부과할 수 있다.

42 이·미용업자에게 과태료를 부과·징수할 수 있는 처분권자에 해당되지 않는 자는?

① 보건복지부 장관
② 시장
③ 군수
④ 구청장

•해설• 과태료는 시장·군수·구청장이 부과·징수한다.

정답 37 ① 38 ③ 39 ④ 40 ② 41 ③ 42 ①

43 관계공무원의 출입·검사 기타 조치를 거부·방해 또는 기피했을 때의 과태료 부과기준은?

① 300만원 이하
② 200만원 이하
③ 100만원 이하
④ 50만원 이하

> •해설• 300만원 이하의 과태료
> ㉠ 폐업신고를 하지 않은 자
> ㉡ 이·미용 시설 및 설비의 개선명령을 위반한 자
> ㉢ 공중위생법상 필요한 보고를 당국에 하지 아니한 자

44 이·미용의 업무를 영업장소 외에서 행하였을 때 이에 대한 처벌기준은?

① 3년 이하의 징역 또는 1천만원 이하의 벌금
② 500만원 이하의 과태료
③ 200만원 이하의 과태료
④ 100만원 이하의 벌금

> •해설• 200만원 이하의 과태료
> ㉠ 이미용업소의 위생관리 의무를 지키지 아니한 자
> ㉡ 영업소 이외의 장소에서 이·미용 업무를 행한 자
> ㉢ 위생 교육을 받지 아니한 자

45 처분기준이 200만원 이하의 과태료가 아닌 것은?

① 규정을 위반하여 영업소 이외의 장소에서 이·미용 업무를 행한 자
② 위생 교육을 받지 아니한 자
③ 위생 관리 의무를 지키지 아니한 자
④ 관계 공무원의 출입·검사·기타 조치를 거부·방해 또는 기피한 자

46 관계공무원의 출입·검사 기타 조치를 거부·방해 또는 기피했을 때의 과태료 부과기준은?

① 300만원 이하
② 200만원 이하
③ 100만원 이하
④ 50만원 이하

47 다음 중 과태료처분 대상에 해당되지 않는 자는?

① 영업소 이외의 장소에서 이·미용 업무를 행한 자
② 영업소 폐쇄명령을 받고도 영업을 계속한 자
③ 이·미용업소 위생 관리 의무를 지키지 아니한 자
④ 위생 교육 대상자 중 위생 교육을 받지 아니한 자

> •해설• 영업소 폐쇄명령을 받고도 영업을 계속한 자는 1년이하의 징역 또는 1000만원 이하의 벌칙금이 부과된다.

48 과태료 처분에 불복이 있는 경우 어느 기간 내에 이의를 제기할 수 있는가?

① 처분한 날로부터 30일 이내
② 처분의 고지를 받은 날로부터 30일 이내
③ 처분한 날로부터 15일 이내
④ 처분이 있음을 안 날로부터 15일 이내

> •해설• 과태료 처분에 불복이 있는 자는 고지 30일 이내에 이의를 제기할 수 있다.

49 면허증을 다른 사람에게 대여한 때의 2차 위반 행정처분 기준은?

① 면허정지 3월
② 면허정지 6월
③ 영업정지 3월
④ 영업정지 6월

> **해설** 면허증을 다른 사람에게 대여한 때
> ㉠ 1차위반 : 면허정지 3월
> ㉡ 2차위반 : 면허정지 6월
> ㉢ 3차위반 : 면허취소

50 이·미용사의 면허증을 대여한 때의 1차 위반 행정처분 기준은?

① 면허정지 3월 ② 면허정지 6월
③ 영업정지 3월 ④ 영업정지 6월

> **해설** 면허증을 다른 사람에게 대여한 때 1차위반은 면허정지 3월이다.

51 이·미용업소를 신고를 하지 않고 영업소의 소재지를 변경한 경우 1차 행정 처분은?

① 영업정지 1월 ② 영업정지 2월
③ 영업장 폐쇄명령 ④ 개선명령

> **해설** 신고를 하지 않고 영업소 소재지를 변경한 경우 (2018년 개정 공포됨)
> ㉠ 1차 위반 : 영업정지 1월
> ㉡ 2차 위반 : 영업정지 2월
> ㉢ 3차 위반 : 영업장 폐쇄명령

52 이·미용업소에서 이·미용 요금표를 게시하지 아니한 때의 1차 위반 행정처분 기준은?

① 경고 또는 개선명령
② 영업정지 5일
③ 영업허가 취소
④ 영업장 폐쇄명령

> **해설** 미용업 신고증, 면허증 원본, 요금표를 미게시하거나 조명도를 준수하지 않은 때 : 경고 또는 개선명령

53 이·미용 영업소에서 1회용 면도날을 손님 2인에게 사용한 때의 1차 위반 시 행정처분은?

① 시정명령
② 개선명령
③ 경고
④ 영업정지 5일

> **해설** 소독한 기구와 미소독 기구를 별도 보관하지 않거나 1회용 면도날을 2인 이상 손님에게 사용한 때 : 경고

54 신고를 하지 않고 영업소 명칭(상호)을 바꾼 경우에 대한 1차 위반 시의 행정처분은?

① 주의
② 경고 또는 개선명령
③ 영업정지 15일
④ 영업정지 1월

> **해설** 신고를 하지 않고 영업소의 명칭, 상호 또는 면적의 1/3 이상을 변경한 때 : 경고 또는 개선명령

정답 49 ② 50 ① 51 ① 52 ① 53 ③ 54 ②

55 공중위생업소가 의료법을 위반하여 폐쇄명령을 받았다. 최소한 어느 정도의 기간이 경과되어야 동일 장소에서 동일영업이 가능한가?

① 3개월
② 6개월
③ 9개월
④ 12개월

56 행정처분 사항 중 1차 처분이 경고에 해당하는 것은?

① 귓불 뚫기 시술을 한 때
② 시설 및 설비기준을 위반한 때
③ 신고를 하지 아니하고 영업소 소재를 변경한 때
④ 위생 교육을 받지 아니한 때

57 다음 위법사항 중 가장 무거운 벌칙기준에 해당하는 자는?

① 신고를 하지 아니하고 영업한 자
② 변경신고를 하지 아니하고 영업한 자
③ 면허정지처분을 받고 그 정지 기간 중 업무를 행한 자
④ 관계 공무원 출입, 검사를 거부한 자

> •해설•
> • 신고를 하지 아니하고 영업 시 : 1년 이하의 징역 또는 1000만원 이하의 벌금
> • 변경신고를 하지 아니하고 영업 시 : 6월 이하의 징역 또는 500만원 이하의 벌금
> • 면허정지 처분을 받고 그 정지기간 중 업무를 행한 자 : 300만 원 이하의 벌금
> • 관계 공부원의 출입, 검사를 거부한 자 : 300만원 이하의 과태료

58 이·미용업 영업소에서 손님에게 음란한 물건을 관람·열람하게 한 때에 대한 1차 위반 시 행정처분 기준은?

① 영업정지 15일
② 영업정지 1월
③ 영업장 폐쇄명령
④ 개선명령

> •해설• 음란한 물건을 관람·열람하게 하거나 진열 또는 보관한 때 : 개선명령

정답 55 ② 56 ④ 57 ① 58 ④

기출
복원문제

- 2008년 제4회
- 2009년 제1회 / 제2회 / 제4회 / 제5회
- 2010년 제1회 / 제2회 / 제4회 / 제5회
- 2011년 제1회 / 제2회 / 제4회 / 제5회

2008년 제4회 피부미용사 필기 기출복원문제 (2008년 10월 5일 시행)

01 딥클렌징에 대한 설명으로 틀린 것은?

㉮ 스크럽 제품의 경우 여드름 피부나 염증 부위에 사용하면 효과적이다.
㉯ 민감성 피부는 가급적 하지 않는 것이 좋다.
㉰ 효소를 이용할 경우 스티머가 없을 시 온습포를 적용할 수 있다.
㉱ 칙칙하고 각질이 두꺼운 피부에 효과적이다.

•해설• 딥클렌징은 각질을 제거하는 방법으로 스크럽 제품은 물리적인 자극이 생기기 때문에 여드름 피부나 염증 피부는 가급적 사용을 자제해야 한다.

02 피부 유형과 화장품의 사용목적이 틀리게 연결된 것은?

㉮ 민감성 피부 - 진정 및 쿨링 효과
㉯ 여드름 피부 - 멜라닌 생성 억제 및 피부기능 활성화
㉰ 건성피부 - 피부에 유·수분을 공급하여 보습기능 활성화
㉱ 노화 피부 - 주름 완화, 결체조직 강화, 새로운 세포의 형성 촉진 및 피부 보호

•해설• 여드름 피부는 피지 분비 조절 및 여드름 생성을 억제할 수 있는 화장품을 사용해야 한다.

03 홈케어 관리 시에 여드름 피부에 대한 조언으로 맞지 않는 것은?

㉮ 여드름 전용 제품을 사용
㉯ 붉어지는 부위는 약간 진한 파운데이션이나 파우더를 사용
㉰ 지나친 당분이나 지방 섭취는 피함
㉱ 지나치게 얼굴이 당길 경우 수분크림, 에센스 사용

•해설• 염증 부위나 여드름으로 붉어지는 부위는 가급적 메이크업을 하지 않는 것이 좋다.

04 포인트 메이크업 클렌징 과정 시 주의할 사항으로 틀린 것은?

㉮ 콘택트렌즈를 뺀 후 시술한다.
㉯ 아이라인 제거 시 안에서 밖으로 닦아낸다.
㉰ 마스카라를 짙게 한 경우 강하게 자극하여 닦아낸다.
㉱ 입술화장 제거 시 윗입술은 위에서 아래로, 아랫입술은 아래에서 위로 닦는다.

•해설• 포인트 메이크업 클렌징 시 아이라인 제거는 안에서 밖으로, 메이크업이 진하여도 자극이 되지 않도록 닦아내야 한다.

05 매뉴얼 테크닉을 이용한 관리 시 그 효과에 영향을 주는 요소와 가장 거리가 먼 것은?

㉮ 속도와 리듬
㉯ 피부결의 방향
㉰ 연결성
㉱ 다양하고 현란한 기교

•해설• 매뉴얼 테크닉은 속도와 리듬감, 연결성, 밀착성, 피부결의 방향성에 유의한다.

06 왁스와 머슬린(부직포)을 이용한 일시적 제모의 특징으로 가장 적합한 것은?

㉮ 제모하고자 하는 털을 한 번에 제거하여 즉각적인 결과를 가져온다.
㉯ 넓은 부분의 불필요한 털을 제거하기 위해서는 많은 비용이 든다.
㉰ 깨끗한 외관을 유지하기 위해서 반복 시술을 하지 않아도 된다.
㉱ 한번 시술을 하면 다시는 털이 나지 않는다.

•해설• 왁싱은 왁스를 이용하여 모근으로부터 털을 제거하는 방법으로 일시적인 효과를 얻을 수 있다.

07 일반적인 클렌징에 해당되는 사항이 아닌 것은?

㉮ 색조화장 제거
㉯ 먼지 및 유분의 잔여물 제거
㉰ 메이크업 잔여물 및 피부 표면의 노폐물 제거
㉱ 효소나 고마쥐를 이용한 깊은 단계의 묵은 각질 제거

•해설• 클렌징은 피부 표면의 메이크업 잔여물과 먼지, 노폐물을 제거하고 효소나 고마쥐를 이용한 방법은 딥클렌징에 포함된다.

08 습포의 효과에 대한 내용과 가장 거리가 먼 것은?

㉮ 온습포는 모공을 확장시키는 데 도움을 준다.
㉯ 온습포는 혈액순환 촉진, 적절한 수분공급의 효과가 있다.
㉰ 냉습포는 모공을 수축시키며 피부를 진정시킨다.
㉱ 온습포는 팩 제거 후 사용하면 효과적이다.

•해설• 팩을 제거한 후 모공을 수축시키고 피부를 진정시키는 데 냉습포가 적합하다.

09 다음 비타민에 대한 설명 중 틀린 것은?

㉮ 비타민 A가 결핍되면 피부가 건조해지고 거칠어진다.
㉯ 비타민 C는 교원질 형성에 중요한 역할을 한다.
㉰ 레티노이드는 비타민 A를 통칭하는 용어이다.
㉱ 비타민 A는 많은 양이 피부에서 합성된다.

•해설• 비타민 D는 자외선에 의해 피부에서 합성된다.

10 자외선에 대한 설명으로 틀린 것은?

㉮ 자외선 C는 오존층에 의해 차단될 수 있다.
㉯ 자외선 A의 파장은 320~400nm이다.
㉰ 자외선 B는 유리에 의하여 차단할 수 있다.
㉱ 피부에 제일 깊게 침투하는 것은 자외선 B이다.

•해설• 파장이 짧은 단파장은 오존층에 의해 차단된다.
◆ UV-A(장파장 320~400nm)
◆ UV-B(중파장 290~320nm)
◆ UV-C(단파장 200~290nm)

11 딥클렌징의 효과에 대한 설명이 아닌 것은?

㉮ 피부 표면을 매끈하게 한다.
㉯ 면포를 강화시킨다.
㉰ 혈색을 좋아지게 한다.
㉱ 불필요한 각질 세포를 제거한다.

•해설• 딥클렌징은 불필요한 각질 세포를 제거하고 모낭 내의 피지 및 불순물이 쉽게 배출되도록 도와준다.

12 피부관리를 위해 실시하는 피부상담의 목적과 가장 거리가 먼 것은?

㉮ 고객의 방문목적 확인
㉯ 피부 문제의 원인 파악
㉰ 피부관리 계획 수립
㉱ 고객의 사생활 파악

> **해설** 피부관리 시 피부 상담은 고객의 방문동기와 목적을 파악하고 피부분석을 통해 문제점과 원인을 파악하여 효율적인 피부관리 방법과 계획을 세우는 데 있다.

13 민감성 피부관리의 마무리 단계에 사용될 보습제로 적합한 성분이 아닌 것은?

㉮ 알란토인 ㉯ 알부틴
㉰ 아줄렌   ㉱ 알로에베라

> **해설** 알부틴은 미백의 유효한 성분으로 티로시나제의 활성을 억제하여 기저층에서 멜라닌 색소 형성을 막아준다.

14 피부미용실에서 손님에 대한 피부관리의 과정 중 피부분석을 통한 고객카드 관리의 가장 바람직한 방법은?

㉮ 개인의 피부 상태는 변하지 않으므로 피부관리를 시작한 첫 회 한 번만 피부분석을 하여 분석 내용을 고객카드에 기록해 두고 매 회마다 활용한다.
㉯ 피부관리를 시작한 첫 회 한 번만 피부분석을 하여 분석 내용을 고객카드에 기록해 두고 매 회마다 활용하고 마지막 회에 다시 피부분석을 하여 좋아진 것을 고객에게 비교해 준다.
㉰ 피부관리를 시작한 첫 회 한 번만 피부분석을 하여 분석 내용을 고객카드에 기록해 두고 매 회마다 활용하고 중간에 한 번, 마지막 회에 다시 한 번 피부분석을 하여 좋아진 것을 고객에게 비교해 준다.
㉱ 개인의 피부유형, 피부상태는 수시로 변화하므로 매 회마다 피부관리 전에 항상 피부분석을 하여 분석 내용을 고객카드에 기록해 두고 매 회마다 활용한다.

> **해설** 개인의 피부상태는 계절 및 외부 환경과 내부 요인으로 인해 변하기 때문에 매 회 관리 시 피부를 분석하고 고객카드에 기록하며 그에 맞는 관리를 해야 한다.

15 도포 후 온도가 40℃ 이상 올라가며, 노화피부 및 건성피부에 필요한 영양흡수 효과를 높이는 데 가장 효과적인 마스크는?

㉮ 석고 마스크
㉯ 콜라겐 마스크
㉰ 머드 마스크
㉱ 알긴산 마스크

> **해설** 석고 마스크는 도포 후에 온도가 40℃ 이상 올라가서 모공이 열리고 혈관이 확장되어 유효성분을 흡수시키는 데 효과적이다.

16 피부관리의 정의와 가장 거리가 먼 것은?

㉮ 안면 및 전신의 피부를 분석하고 관리하여 피부상태를 개선시키는 것
㉯ 얼굴과 전신의 상태를 유지 및 개선하여 근육과 골절을 정상화시키는 것
㉰ 피부미용사의 손과 화장품 및 적용 가능한 피부미용 기기를 이용하여 관리하는 것
㉱ 의약품을 사용하지 않고 피부상태를 아름답고 건강하게 만드는 것

> **해설** 피부관리는 두피를 제외한 얼굴과 전신의 피부를 유지 및 개선하여 피부를 정상화시키는 것을 말한다. 근육과 골절의 정상화는 피부관리의 대상이 아니다.

17 피부 유형별 관리 방법으로 적합하지 않은 것은?

㉮ 복합성 피부 - 유분이 많은 부위는 손을 이용한 관리를 행하여 모공을 막고 있는 피지 등의 노폐물이 쉽게 나올 수 있도록 한다.
㉯ 모세혈관 확장 피부 - 세안 시 손으로 세안제를 충분히 거품을 낸 후 미온수로 완전히 헹구어 내고 손을 이용한 관리를 부드럽게 진행한다.
㉰ 노화피부 - 피부가 건조해지지 않도록 수분과 영양을 공급하고 자외선 차단제를 바른다.
㉱ 색소 침착 피부 - 자외선 차단제를 색소가 침착된 부위에 집중적으로 발라준다.

•해설• 색소 침착 피부는 자외선 차단제를 골고루 도포하여 색소 침착을 예방한다.

18 매뉴얼 테크닉을 적용할 수 있는 경우는?

㉮ 피부나 근육, 골격에 질병이 있는 경우
㉯ 골절상으로 인한 통증이 있는 경우
㉰ 염증성 질환이 있는 경우
㉱ 피부에 셀룰라이트(cellulite)가 있는 경우

•해설• 매뉴얼 테크닉은 피부 질환, 근육 및 골격계의 질환, 심장 질환, 혈액순환 관련 질환, 당뇨병 등의 상태일 경우 적용하지 않는다.

19 팩의 설명으로 옳은 것은?

㉮ 파라핀팩은 모세혈관 확장 피부에 사용을 피한다.
㉯ Wash-off 타입의 팩은 건조되어 얇은 필름을 형성하며 피부 청결에 효과적이다.
㉰ Peel-off 타입의 팩은 도포 후 일정시간이 지나 미온수로 닦아내는 형태의 팩이다.
㉱ 건성피부에 적용 시 도포하여 건조시키는 것이 효과적이다.

•해설• 파라핀팩은 열이 발생되어 혈관을 확장하는 효과가 있으므로 모세혈관 확장 피부에는 적합하지 않다.

20 민감성 피부의 화장품 사용에 대한 설명으로 틀린 것은?

㉮ 석고팩이나 피부에 자극이 되는 제품의 사용을 피한다.
㉯ 피부의 진정·보습효과가 뛰어난 제품을 사용한다.
㉰ 스크럽이 들어간 세안제를 사용하고 알코올 성분이 들어간 화장품을 사용한다.
㉱ 화장품 도포 시 첩포시험(patch test)을 하여 적합성 여부를 확인 후 사용하는 것이 좋다.

•해설• 민감성 피부는 작은 자극에도 반응하므로 스크럽이 들어간 제품은 사용하지 않으며 최대한 자극이 적은 제품을 사용하도록 한다.

21 피부의 노화 원인과 가장 관련이 없는 것은?

㉮ 노화 유전자와 세포 노화
㉯ 항산화제
㉰ 아미노산 라세미화
㉱ 텔로미어(telomere) 단축

•해설• 항산화제는 산화를 억제하여 노화를 지연시키고 노화 유전자와 세포 노화, 아미노산 라세미화, 텔로미어 단축 등은 노화를 촉진시킨다.

22 멜라닌 세포가 주로 분포되어 있는 곳은?

㉮ 투명층   ㉯ 과립층
㉰ 각질층   ㉱ 기저층

•해설• 멜라닌 세포(색소 형성 세포)는 주로 기저층에 존재한다.

23 골격계의 기능이 아닌 것은?

㉮ 보호 기능   ㉯ 저장 기능
㉰ 지지 기능   ㉱ 체열 생산 기능

•해설• 골격계의 기능은 지지 기능, 저장 기능, 보호 기능, 조혈 기능, 운동 기능 등이 있고, 체열 생산 기능을 하는 것은 근육계의 기능이다.

24 인체의 구성 요소 중 기능적, 구조적 최소 단위는?

㉮ 조직 ㉯ 기관
㉰ 계통 ㉱ 세포

> •해설• 세포는 인체의 구성요소 중에서 기능적·구조적 최소 단위이다.

25 담즙을 만들며, 포도당을 글리코겐으로 저장하는 소화기관은?

㉮ 간 ㉯ 위
㉰ 충수 ㉱ 췌장

> •해설• 간은 담즙의 생성과 분비, 글리코겐·지질·지용성 비타민, 철분 등의 저장, 대사 노폐물·독소의 해독 작용 등의 기능을 한다.

26 피부의 주체를 이루는 층으로서 망상층과 유두층으로 구분되며 피부조직 외에 부속기관인 혈관, 신경관, 림프관, 땀샘, 기름샘, 모발과 입모근을 포함하고 있는 곳은?

㉮ 표피 ㉯ 진피
㉰ 근육 ㉱ 피하 조직

> •해설• 진피는 유두층과 망상층으로 이루어져 있으며 망상층에 피부 부속기관을 포함하고 있다.

27 진피에 자리하고 있으며 통증이 동반되고, 여드름 피부의 4단계에서 생성되는 것으로 치료 후 흉터가 남는 것은?

㉮ 가피 ㉯ 농포
㉰ 면포 ㉱ 낭종

> •해설• 낭종은 가장 심각한 상태로 통증이 동반되고 피부의 진피 내에 자리 잡아 피부가 팬 듯한 흔적을 남기는 것이 특징이다.

28 기미에 대한 설명으로 틀린 것은?

㉮ 피부 내에 멜라닌이 합성되지 않아 야기되는 것이다.
㉯ 30~40대의 중년여성에게 잘 나타나고 재발이 잘 된다.
㉰ 선탠기에 의해서도 기미가 생길 수 있다.
㉱ 경계가 명확한 갈색의 점으로 나타난다.

> •해설• 기미는 멜라닌이 과도하게 생성되는 색소 질환이고 백색증은 피부 내에 멜라닌이 합성되지 않는 색소 질환이다.

29 피부의 면역에 관한 설명으로 맞는 것은?

㉮ 세포성 면역에는 보체, 항체 등이 있다.
㉯ T림프구는 항원 전달 세포에 해당한다.
㉰ B림프구는 면역글로불린이라고 불리는 항체를 생성한다.
㉱ 표피에 존재하는 각질형성세포는 면역 조절에 작용하지 않는다.

> •해설•
> ◆ B림프구(체액성 면역) : 항체 생성(면역글로불린)
> ◆ T림프구(세포성 면역) : 항원에 직접 면역 반응

30 림프액의 기능과 가장 관계가 없는 것은?

㉮ 동맥기능의 보호 ㉯ 항원 반응
㉰ 면역 반응 ㉱ 체액 이동

> •해설• 림프계는 정맥의 보조 순환 역할을 하며, 림프액은 항원·항체 반응을 통하여 면역 반응에 관여한다.

31 스티머 활용 시의 주의사항과 가장 거리가 먼 것은?

㉮ 오존을 사용하지 않는 스티머를 사용하는 경우는 아이패드를 하지 않아도 된다.
㉯ 스팀이 나오기 전 오존을 켜서 준비한다.
㉰ 상처가 있거나 일광에 손상된 피부에는 사용을 제한하는 것이 좋다.
㉱ 피부 타입에 따라 스티머의 시간을 조정한다.

•해설• 스티머는 사용하기 전에 약 10분 정도 예열을 하고 오존은 사용 직전에 켜서 스팀과 함께 사용하고, 오존을 사용하지 않을 때는 아이패드를 적용하지 않아도 된다.

32 적외선등(Infra red lamp)에 대한 설명으로 옳은 것은?
㉮ 주로 UVA를 방출하고 UVB, UVC는 흡수한다.
㉯ 색소 침착을 일으킨다.
㉰ 주로 소독·멸균의 효과가 있다.
㉱ 온열작용을 통해 화장품의 흡수를 도와준다.

•해설• 적외선은 열을 발생시켜 혈액순환을 돕고 화장품의 흡수를 도와준다.

33 브러싱에 관한 설명으로 틀린 것은?
㉮ 모세혈관 확장 피부는 석고 재질의 브러싱이 권장된다.
㉯ 건성 및 민감성 피부의 경우는 회전속도를 느리게 해서 사용하는 것이 좋다.
㉰ 농포성 여드름 피부에는 사용하지 않아야 한다.
㉱ 브러싱은 피부에 부드러운 마찰을 주므로 혈액순환을 촉진시키는 효과가 있다.

•해설• 브러싱은 물리적인 자극이 발생하므로 모세혈관이 확장된 피부에는 가급적 사용을 자제한다.

34 전기에 대한 설명으로 틀린 것은?
㉮ 전류란 전도체를 따라 움직이는 (-)전하를 지닌 전자의 흐름이다.
㉯ 도체란 전류가 쉽게 흐르는 물질을 말한다.
㉰ 전류의 크기의 단위는 볼트(Volt)이다.
㉱ 전류에는 직류(D.C)와 교류(A.C)가 있다.

•해설• 전압의 단위는 볼트(V), 전류 세기의 단위는 암페어(A)이다.

35 우드램프로 피부상태를 판단할 때 지성피부는 어떤 색으로 나타나는가?
㉮ 푸른색 ㉯ 흰색
㉰ 오렌지 ㉱ 진보라

•해설• 지성피부는 주황색, 정상피부는 청백색, 모세혈관 확장 피부는 진보라색, 과각질은 흰색으로 보인다.

36 신경계에 관련된 설명이 옳게 연결된 것은?
㉮ 시냅스 - 신경조직의 최소 단위
㉯ 축삭돌기 - 수용기 세포에서 자극을 받아 세포체에 전달
㉰ 수상돌기 - 단백질을 합성
㉱ 신경초 - 말초신경섬유의 재생에 중요한 부분

•해설•
◆ 뉴런 : 신경조직의 최소단위
◆ 수상돌기 : 외부 자극을 세포체에 전달
◆ 축삭돌기 : 세포체에서 다른 세포체로 자극 전달

37 두부의 근을 안면근과 저작근으로 나눌 때 안면근에 속하지 않는 근육은?
㉮ 안륜근 ㉯ 후두전두근
㉰ 교근 ㉱ 협근

•해설• 저작근 : 교근, 측두근, 내·외측익 돌근

38 근육에 짧은 간격으로 자극을 주면 연축이 합쳐져서 단일 수축보다 큰 힘과 지속적인 수축을 일으키는 근수축은?
㉮ 강직(contraction) ㉯ 강축(tetanus)
㉰ 세동(fibrillation) ㉱ 긴장(tonus)

• 해설 • 강축은 짧은 간격으로 자극을 받으면 연축이 합쳐져서 단일 수축보다 큰 힘과 지속적인 수축을 일으키는 근수축을 말한다.

39 조직 사이에서 산소와 영양을 공급하고, 이산화탄소와 대사 노폐물이 교환되는 혈관은?

㉮ 동맥(artery)
㉯ 정맥(vein)
㉰ 모세혈관(capillary)
㉱ 림프관(lymphatic vessel)

• 해설 • 모세혈관은 동맥과 정맥을 연결하여 혈액과 조직 간 질액 사이에서 물질교환을 통해 산소와 영양을 공급하고 이산화탄소와 대사 노폐물을 받아들인다.

40 다음 중 열을 이용한 기기가 아닌 것은?

㉮ 진공 흡입기
㉯ 스티머
㉰ 파라핀 왁스기
㉱ 왁스 워머

• 해설 • 진공 흡입기는 피부 표면을 진공 상태로 흡입하여 세포와 조직에 압력을 가할 수 있는 기기이다.

41 다음 중 피부에 수분을 공급하는 보습제의 기능을 가지는 것은?

㉮ 계면활성제
㉯ 알파-히드록시산
㉰ 글리세린
㉱ 메틸파라벤

• 해설 • 글리세린은 피부에 수분을 공급하는 대표적인 보습제이고, 알파-하이드록시산은 각질 제거, 미백 기능이 있다. 메틸파라벤은 방부제 기능을 한다.

42 계면활성제에 대한 설명으로 옳은 것은?

㉮ 계면활성제는 일반적으로 둥근 머리모양의 소수성기와 막대꼬리모양의 친수성기를 가진다.
㉯ 계면활성제의 피부에 대한 자극은 양쪽성〉양이온성〉음이온성〉비이온성의 순으로 감소한다.
㉰ 비이온성 계면활성제는 피부 자극이 적어 화장수의 가용화제, 크림의 유화제, 클렌징 크림의 세정제 등에 사용된다.
㉱ 양이온성 계면활성제는 세정 작용이 우수하여 비누, 샴푸 등에 사용된다.

• 해설 • 계면활성제는 둥근 머리모양의 친수성기와 막대모양의 친유성기로 나뉘며 피부에 대한 자극은 양이온성〉음이온성〉양쪽성〉비이온의 순으로 감소하고 음이온 계면활성제는 세정작용이 우수하여 비누, 샴푸 등으로 사용된다.

43 보건교육의 내용과 관계가 가장 먼 것은?

㉮ 생활환경위생 : 보건위생 관련 내용
㉯ 성인병 및 노인성 질병 : 질병 관련 내용
㉰ 기호품 및 의약품의 오·남용 : 건강 관련 내용
㉱ 미용정보 및 최신기술 : 산업 관련 기술 내용

• 해설 • 공중보건학은 환경 보건, 질병 관리, 보건 관리 등의 범위이다.

44 보건행정에 대한 설명으로 가장 올바른 것은?

㉮ 공중보건의 목적을 달성하기 위해 공공의 책임하에 수행하는 행정활동
㉯ 개인보건의 목적을 달성하기 위해 공공의 책임하에 수행하는 행정활동
㉰ 국가 간의 질병교류를 막기 위해 공공의 책임하에 수행하는 행정활동
㉱ 공중보건의 목적을 달성하기 위해 개인의 책임하에 수행하는 행정활동

• 해설 • 보건행정은 공중보건의 목적을 달성하기 위해 보건사업의 법률적 관계조정 및 국민의 질병 예방, 수명 연장, 건강 증진 등을 위해 공공의 책임하에 수행하는 행정 활동과정이다.

45 법정 전염병 중 제3군 전염병에 속하는 것은?

㉮ 발진열
㉯ B형 간염
㉰ 유행성 이하선염
㉱ 세균성 이질

> •해설• ◆ 제1군 감염병: 세균성 이질
> ◆ 제2군 감염병: B형간염, 유행성 이하선염
> ◆ 제3군 감염병: 발진열

46 다음 중 피부상재균의 증식을 억제하는 항균기능을 가지고 있고, 발생한 체취를 억제하는 기능을 가진 것은?

㉮ 바디 샴푸
㉯ 데오도란트
㉰ 샤워 코롱
㉱ 오 드 뚜왈렛

> •해설• 데오도란트는 피부 상재균의 증식을 억제하고 땀의 분비를 억제하는 물질로 항균 기능이 있다.

47 화장품을 만들 때 필요한 4대 조건은?

㉮ 안전성, 안정성, 사용성, 유효성
㉯ 안전성, 방부성, 방향성, 유효성
㉰ 발림성, 안정성, 방부성, 사용성
㉱ 방향성, 안전성, 발림성, 사용성

> •해설• 화장품의 4대 조건은 안전성, 안정성, 사용성, 유효성이다.

48 캐리어오일 중 액체상 왁스에 속하고, 인체 피지와 지방산의 조성이 유사하여 피부 친화성이 좋으며, 다른 식물성 오일에 비해 쉽게 산화되지 않아 보존 안정성이 높은 것은?

㉮ 아몬드 오일(almond oil)
㉯ 호호바 오일(jojoba oil)
㉰ 아보카도 오일(avocado oil)
㉱ 맥아 오일(wheat germ oil)

> •해설• 호호바 오일(jojoba oil)은 인체의 피지 성분과 유사하고 액체왁스로 오일에 비해 안정성이 높으며 퍼짐성과 피부 친화성이 좋다.

49 미백 화장품의 메커니즘이 아닌 것은?

㉮ 자외선 차단
㉯ 도파(DOPA) 산화 억제
㉰ 티로시나제 활성화
㉱ 멜라닌 합성 저해

> •해설• 미백 화장품은 멜라닌 세포를 사멸시키는 물질, 멜라닌 색소를 제거하는 물질, 도파의 산화를 억제하는 물질, 티로시나아제의 작용을 억제하는 물질 등을 사용한다.

50 SPF에 대한 설명으로 틀린 것은?

㉮ Sun Protection Factor의 약자로 자외선 차단지수라 불린다.
㉯ 엄밀히 말하면 UV-B 방어효과를 나타내는 지수라고 볼 수 있다.
㉰ 오존층으로부터 자외선이 차단되는 정도를 알아보기 위한 목적으로 이용된다.
㉱ 자외선 차단제를 바른 피부가 최소의 홍반을 일어나게 하는 데 필요한 자외선 양을, 바르지 않은 피부가 최소의 홍반을 일어나게 하는 데 필요한 자외선 양으로 나눈 값이다.

> •해설• SPF는 UV-B를 방어하는 효과를 나타내는 지수로 피부를 보호하는 자외선 차단제에 표시되는 지수이다.

51 다음 중 이·미용사 면허의 발급자는?

㉮ 시·도지사
㉯ 시장·군수·구청장
㉰ 보건복지부장관
㉱ 주소지를 관할하는 보건소장

> •해설• 이·미용사 면허발급은 보건복지부령이 정하는 바에 의해 시장·군수·구청장의 면허를 받아야 한다.

52 다음 중 공중위생 감시원이 될 수 없는 자는?

㉮ 위생사 또는 환경기사 2급 이상의 자격증이 있는 자
㉯ 3년 이상 공중위생 행정에 종사한 경력이 있는 자
㉰ 외국에서 공중위생 감시원으로 활동한 경력이 있는 자
㉱ 고등교육법에 의한 대학에서 화학, 화공학, 위생학 분야를 전공하고 졸업한 자

> **해설** 외국에서 위생사 또는 환경기사 면허를 받은 자는 임명 대상이 되며 외국에서 공중위생 감시원으로 활동한 경력이 있는 자는 공중위생 감시원이 될 수 없다.

53 공중위생관리법규상 공중위생영업자가 받아야 하는 위생교육시간은?

㉮ 매년 3시간
㉯ 매년 8시간
㉰ 2년마다 4시간
㉱ 2년마다 8시간

> **해설** 2011년 2월 법 개정에 따라 기존 4시간이었던 교육시간은 3시간으로 변경되었다.

54 공중위생관리법령에 따른 과징금의 부과 및 납부에 관한 사항으로 틀린 것은?

㉮ 과징금을 부과하고자 할 때에는 위반행위의 종별과 해당 과징금의 금액을 명시하여 이를 납부할 것을 서면으로 통지하여야 한다.
㉯ 통지를 받은 자는 통지를 받은 날부터 20일 이내에 과징금을 납부해야 한다.
㉰ 과징금액이 클 때는 과징금의 2분의 1 범위에서 각각 분할 납부가 가능하다.
㉱ 과징금의 징수절차는 보건복지부령으로 정한다.

> **해설** 과징금은 분할하여 납부할 수 없다.

55 이·미용사의 면허증을 대여한 때의 1차 위반 행정처분 기준은?

㉮ 면허정지 3월
㉯ 면허정지 6월
㉰ 영업정지 3월
㉱ 영업정지 6월

> **해설** 이·미용사의 면허증 대여 1차 위반 시 면허정지 3개월, 2차 위반 시 면허정지 6개월

56 세균성 식중독이 소화기계 전염병과 다른 점은?

㉮ 균량이나 독소량이 소량이다.
㉯ 대체적으로 잠복기가 길다.
㉰ 연쇄전파에 의한 2차 감염이 드물다.
㉱ 원인식품 섭취와 무관하게 일어난다.

> **해설** 세균성 식중독은 주로 식품 섭취로 발생하고 다량의 세균이나 독소량에 의해 발병하며, 잠복기가 짧고 소화기계 전염병보다 연쇄전파에 의한 2차 감염이 적다.

57 순도 100% 소독약 원액 2mL에 증류수 98mL를 혼합하여 100mL의 소독약을 만들었다면 이 소독약의 농도는?

㉮ 2%
㉯ 3%
㉰ 5%
㉱ 98%

> **해설** $\dfrac{용질량(소독량)}{용액량(희석량)} \times 100 = \dfrac{2}{2+98} \times 100 = 2\%$

58 다음 중 자비소독을 하기에 가장 적합한 것은?

㉮ 스테인리스 볼
㉯ 제모용 고무장갑
㉰ 플라스틱 스패출러
㉱ 피부관리용 팩붓

> **해설** 자비소독은 100℃ 끓는 물에 15~20분간 처리하는 방법으로 고무나 플라스틱류는 변형되므로 적합하지 않다.

59 석탄산 소독액에 관한 설명으로 틀린 것은?

㉮ 기구류의 소독에는 1~3% 수용액이 적당하다.
㉯ 세균포자나 바이러스에 대해서는 작용력이 거의 없다.
㉰ 금속기구의 소독에는 적합하지 않다.
㉱ 소독액 온도가 낮을수록 효력이 높다.

> •해설• 석탄산은 저온에서 살균력이 떨어지고 고온일수록 효과가 크다.

60 다음 중 가장 강한 살균작용을 하는 광선은?

㉮ 자외선 ㉯ 적외선
㉰ 가시광선 ㉱ 원적외선

> •해설• 자외선은 살균력이 강한 화학선으로 280~320nm 파장에서 살균작용을 한다.

2009년 제1회 피부미용사 필기 기출복원문제 (2009년 1월 18일 시행)

01 계절에 따른 피부 특성 분석으로 옳지 않은 것은?
㉮ 봄 - 자외선이 점차 강해지며 기미와 주근깨 등 색소 침착이 피부 표면에 두드러지게 나타난다.
㉯ 여름 - 기온의 상승으로 혈액순환이 촉진되어 표피와 진피의 탄력이 증가된다.
㉰ 가을 - 기온의 변화가 심해 피지막의 상태가 불안정해진다.
㉱ 겨울 - 기온이 낮아져 피부의 혈액순환과 신진대사 기능이 둔화된다.

•해설• 여름은 기온의 상승으로 피부의 탄력이 감소한다.

02 딥클렌징 시 스크럽 제품을 사용할 때 주의해야 할 사항 중 틀린 것은?
㉮ 코튼이나 해면을 사용하여 닦아낼 때 알갱이가 남지 않도록 깨끗하게 닦아낸다.
㉯ 과각화된 피부, 모공이 큰 피부, 면포성 여드름 피부에는 적합하지 않다.
㉰ 눈이나 입 속으로 들어가지 않도록 조심한다.
㉱ 심한 핸들링을 피하며, 마사지 동작을 해서는 안 된다.

•해설• 스크럽은 과각화되고 순환이 떨어지며 비화농성 여드름 피부에 적합하다.

03 팩의 사용방법에 대한 내용 중 틀린 것은?
㉮ 천연팩은 흡수시간을 길게 유지할수록 효과적이다.
㉯ 팩의 진정 시간은 제품에 따라 다르나 일반적으로 10~20분 정도의 범위이다.
㉰ 팩을 사용하기 전 알레르기 유무를 확인한다.
㉱ 팩을 하는 동안 아이패드를 적용한다.

•해설• 모든 팩은 너무 오랜 시간을 도포해두면 건조가 되어 오히려 피부의 수분을 빼앗길 수 있다.

04 다음 중 인체의 임파선을 통한 노폐물의 이동을 통해 해독작용을 도와주는 관리방법은?
㉮ 반사요법   ㉯ 바디 랩
㉰ 향기요법   ㉱ 림프드레나쥐

•해설• 림프드레나쥐는 노폐물의 이동을 통해 해독작용을 도와주는 관리방법이다.

05 메뉴얼 테크닉의 동작 중 부드럽게 스쳐가는 동작으로 처음과 마지막이나 연결동작으로 많이 사용하는 것은?
㉮ 반죽하기   ㉯ 쓰다듬기
㉰ 두드리기   ㉱ 진동하기

•해설• 쓰다듬기(effleurage)는 경찰법이라고도 하며 손 전체를 이용하여 부드럽게 쓰다듬는 동작으로 매뉴얼 테크닉의 시작과 끝, 다른 동작으로 연결할 때 실시한다.

06 제모의 종류와 방법 중 옳은 것은?
㉮ 일시적 제모는 면도, 가위를 이용한 커팅법, 화학적 제모, 전기침 탈모법이 있다.
㉯ 영구적 제모는 전기 탈모법, 전기핀셋 탈모법, 탈색법이 있다.
㉰ 제모 시 사용되는 왁스는 크게 콜드왁스와 웜왁스로 구분할 수 있다.
㉱ 왁스를 이용한 제모법은 피부나 모낭 등에 화학적 해를 미치는 단점이 있다.

•해설• 일시적 제모는 면도기, 핀셋, 온왁스, 냉왁스, 화학적 제모가 있고 영구적 제모는 전기탈모법, 전기핀셋 탈모법 등이 있다. 왁스를 이용한 제모 방법은 일시적 제모로 모낭에 큰 자극은 없다.

07 마스크에 대한 설명 중 틀린 것은?

㉮ 석고 - 석고와 물의 교반 작용 후 크리스탈 성분이 열을 발산하여 굳어진다.
㉯ 파라핀 - 열과 오일이 모공을 열어주고, 피부를 코팅하는 과정에서 발한 작용이 발생한다.
㉰ 젤라틴 - 중탕되어 녹여진 팩제를 온도 테스트 후 브러시로 바르는 예민 피부용 진정팩이다.
㉱ 콜라겐 벨벳 - 천연 용해성 콜라겐의 침투가 이루어지도록 기포를 형성시켜 공기층의 순환이 되도록 한다.

> ●해설● 콜라겐 벨벳 마스크는 수용성 앰플이나 증류수를 이용하여 기포가 생기지 않도록 피부에 밀착시켜야 한다.

08 클렌징 시 주의해야 할 사항 중 틀린 것은?

㉮ 클렌징 제품이 눈, 코, 입에 들어가지 않도록 주의한다.
㉯ 강하게 문질러 닦아준다.
㉰ 클렌징 제품 사용은 피부 타입에 따라 선택하여야 한다.
㉱ 눈과 입은 포인트 메이크업 리무버를 사용하는 것이 좋다.

> ●해설● 클렌징 시 피부에 자극 없이 깨끗하고 빠르게 부드럽게 닦아줘야 한다.

09 아토피성 피부에 관계되는 설명으로 옳지 않은 것은?

㉮ 유전적 소인이 있다.
㉯ 가을이나 겨울에 더 심해진다.
㉰ 면직물의 의복을 착용하는 것이 좋다.
㉱ 소아 습진과는 관계가 없다.

> ●해설● 아토피성 피부염은 유·소아기에 발생하여 소아 습진성 질환이라고도 하고 팔꿈치 안쪽이나 무릎 뒤쪽 등의 접히는 부위의 피부가 태선화가 되고 가려움증이 심해지는 증상이다.

10 피지와 땀의 분비 저하로 유·수분의 균형이 정상적이지 못하고, 피부결이 얇으며 탄력 저하와 주름이 쉽게 형성되는 피부는?

㉮ 건성피부   ㉯ 지성피부
㉰ 이상 피부   ㉱ 민감 피부

> ●해설● 건성피부는 피지선과 한선의 분비 기능이 저하되어 건조하고 당김 현상이 있으며, 주름이 생기고 거칠어져 노화피부로 발전하기 쉽다.

11 피부유형별 화장품 사용방법으로 적합하지 않은 것은?

㉮ 민감성 피부 - 무색, 무취, 무알코올 화장품 사용
㉯ 복합성 피부 - T존과 U존 부위별로 각각 다른 화장품 사용
㉰ 건성 피부 - 수분과 유분이 함유된 화장품 사용
㉱ 모세혈관 확장 피부 - 일주일에 2번 정도 딥클렌징제 사용

> ●해설● 모세혈관 확장 피부는 물리적 딥클렌징을 피하는 것이 좋으며 거품 타입의 효소가 적당하다.

12 피부 분석 시 사용되는 방법으로 가장 거리가 먼 것은?

㉮ 고객 스스로 느끼는 피부 상태를 물어본다.
㉯ 스패출러를 이용하여 피부에 자극을 주어 본다.
㉰ 세안 전에 우드 램프를 사용하여 측정한다.
㉱ 유·수분 분석기 등을 이용하여 피부를 분석한다.

> ●해설● 우드램프로 피부 분석을 할 때에는 메이크업을 지우고 클렌징을 한 후 측정한다.

13 슬리밍 제품을 이용한 관리에서 최종 마무리 단계에서 시행해야 하는 것은?

㉮ 피부 노폐물을 제거한다.
㉯ 진정 파우더를 바른다.
㉰ 메뉴얼 테크닉 동작을 시행한다.
㉱ 슬리밍과 피부 유연제 성분을 피부에 흡수시킨다.

> **해설** 슬리밍 관리 시 제품의 활성성분에 의해 피부 자극이 있을 수 있으므로 마무리 단계에서 피부 진정을 해준다.

14 메뉴얼 테크닉 기법 중 닥터 자켓법에 관한 설명으로 가장 적합한 것은?

㉮ 디스인크러스테이션을 하기 위해 준비단계에서 하는 것이다.
㉯ 피지선의 활동을 억제한다.
㉰ 모낭 내 피지를 모공 밖으로 배출시킨다.
㉱ 여드름 피부를 클렌징할 때 쓰는 기법이다.

> **해설** 닥터 자켓은 집어주기 동작으로 손끝을 이용하여 꼬집듯이 튕기는 방법으로 혈액순환을 촉진하고 피부에 탄력을 부여하며 피지선을 자극하여 모공 속 피지 배출을 돕는다.

15 다음은 어떤 베이스 오일을 설명한 것인가?

> 인간의 피지와 화학구조가 매우 유사한 오일로 피부염을 비롯하여 여드름, 습진, 건선피부에 안심하고 사용할 수 있으며 침투력과 보습력이 우수하여 일반 화장품에도 많이 함유되어 있다.

㉮ 호호바 오일　　㉯ 스위트 아몬드 오일
㉰ 아보카도 오일　㉱ 그레이프 시드 오일

> **해설** 호호바 오일은 인체의 피지 구조와 가장 유사하여 모든 피부에 사용할 수 있다.

16 피부미용에 대한 설명으로 가장 거리가 먼 것은?

㉮ 피부를 청결하고 아름답게 가꾸어 건강하고 아름답게 변화시키는 과정이다.
㉯ 피부미용은 에스테틱, 스킨케어 등의 이름으로 불리고 있다.
㉰ 일반적으로 외국에서는 매니큐어, 페디큐어가 피부미용의 영역에 속한다.
㉱ 제품에 의존한 관리법이 주를 이룬다.

> **해설** 피부미용은 관리사의 손과 제품, 미용기기 등을 사용하여 피부 지식과 상담을 바탕으로 관리한다.

17 클렌징에 대한 설명이 아닌 것은?

㉮ 피부의 피지, 메이크업 잔여물을 없애기 위해서이다.
㉯ 모공 깊숙이 있는 불순물과 피부 표면의 각질 제거를 주목적으로 한다.
㉰ 제품 흡수를 효율적으로 도와준다.
㉱ 피부의 생리적인 기능을 정상으로 도와준다.

> **해설** 모공 깊숙이 있는 불순물과 피부 표면의 각질 제거가 딥클렌징의 목적이다.

18 천연과일에서 추출한 필링제는?

㉮ AHA
㉯ 라틱산
㉰ TCA
㉱ 페놀

> **해설** AHA는 과일 등에서 추출한 천연 산성분이다.

19 건성피부의 관리방법으로 틀린 것은?

㉮ 알칼리성 비누를 이용하여 뜨거운 물로 자주 세안을 한다.
㉯ 화장수는 알코올 함량이 적고 보습기능이 강화된 제품을 사용한다.
㉰ 클렌징 제품은 부드러운 밀크 타입이나 유분기가 있는 크림 타입을 선택하여 사용한다.
㉱ 세라마이드, 호호바 오일, 아보카도 오일, 알로에 베라, 히알루론산 등의 성분이 함유된 화장품을 사용한다.

•해설• 건성피부는 유분과 수분이 부족한 피부이므로 알칼리성 비누와 뜨거운 물의 잦은 세안은 건성피부를 더 건조하게 만든다.

20 피부관리 후 마무리 동작에서 수렴작용을 할 수 있는 가장 적합한 방법은?

㉮ 건타월을 이용한 마무리 관리
㉯ 미지근한 타월을 이용한 마무리 관리
㉰ 냉타월을 이용한 마무리 관리
㉱ 스팀타월을 이용한 마무리 관리

•해설• 피부관리 후 마무리는 확장된 모공을 수축시키는 작용을 하는 냉타월이 적합하다.

21 다음 중 멜라닌 세포에 관한 설명으로 틀린 것은?

㉮ 멜라닌의 기능은 자외선으로부터의 피부 보호 작용이다.
㉯ 과립층에 위치한다.
㉰ 색소 제조 세포이다.
㉱ 자외선을 받으면 왕성하게 활성화한다.

•해설• 멜라닌 세포는 주로 기저층에 존재하며 멜라닌을 생성하는 색소 형성 세포이다.

22 다음 중 원발진이 아닌 것은?

㉮ 구진   ㉯ 농포
㉰ 반흔   ㉱ 종양

•해설• 반흔은 속발진에 해당된다.

23 혈액의 기능이 아닌 것은?

㉮ 조직에 산소를 운반하고 이산화탄소를 제거한다.
㉯ 조직에 영양을 공급하고 대사 노폐물을 제거한다.
㉰ 체내의 유분을 조절하고 pH를 낮춘다.
㉱ 호르몬이나 기타 세포 분비물을 필요한 곳으로 운반한다.

•해설• 혈액은 전해질 및 pH 유지 기능을 한다.

24 다음 중 뼈의 기능으로 맞는 것을 모두 나열한 것은?

A. 지지	B. 보호
C. 조혈	D. 운동

㉮ A, C   ㉯ B, D
㉰ A, B, C   ㉱ A, B, C, D

•해설• 골격계는 지지, 보호, 조혈, 운동, 저장 등의 기능을 한다.

25 세포에 대한 설명으로 틀린 것은?

㉮ 생명체의 구조 및 기능적 기본 단위이다.
㉯ 세포는 핵과 근원섬유로 이루어져 있다.
㉰ 세포 내에는 핵이 핵막에 의해 둘러싸여 있다.
㉱ 기능이나 소속된 조직에 따라 원형, 아메바, 타원 등 다양한 모양을 하고 있다.

•해설• 세포는 세포막, 세포질, 핵으로 구성되어 있다.

26 피부 색소를 퇴색시키며 기미, 주근깨 등의 치료에 주로 쓰이는 것은?

㉮ 비타민 A   ㉯ 비타민 B
㉰ 비타민 C   ㉱ 비타민 D

> **해설** 비타민 C는 활성산소를 제거하는 항산화 작용과 멜라닌이 생기는 기전에서 산소의 산화를 억제하여 멜라닌 생성을 억제한다.

27 성인의 경우 피부가 차지하는 비중은 체중의 약 몇 %인가?

㉮ 5~7%   ㉯ 15~17%
㉰ 25~27% ㉱ 35~37%

> **해설** 피부는 성인의 총면적 약 1.6m², 두께는 평균 2~2.2mm, 무게는 체중의 약 16%를 차지한다.

28 여드름 발생의 주요 원인과 가장 거리가 먼 것은?

㉮ 아포크린한선의 분비 증가
㉯ 모낭 내 이상 각화
㉰ 여드름균의 군락 형성
㉱ 염증 반응

> **해설** 아포크린한선은 대한선으로 특정부위에 분포하여 개인의 독특한 체취와 관련이 있고, 사춘기 때 분비가 촉진된다.

29 피부 노화 현상으로 옳은 것은?

㉮ 피부 노화가 진행되어도 진피의 두께는 그대로 유지된다.
㉯ 광노화에서는 내인성 노화와 달리 표피가 얇아지는 것이 특징이다.
㉰ 피부 노화는 나이에 따른 과정으로 일어나는 광노화와 누적된 햇빛 노출에 의하여 야기되기도 한다.
㉱ 내인성 노화보다는 광노화에서 표피 두께가 두꺼워진다.

> **해설** 광노화는 표피의 두께가 두꺼워진다.

30 다음 중 표피층을 순서대로 나열한 것은?

㉮ 각질층, 유극층, 투명층, 과립층, 기저층
㉯ 각질층, 유극층, 망상층, 기저층, 과립층
㉰ 각질층, 과립층, 유극층, 투명층, 기저층
㉱ 각질층, 투명층, 과립층, 유극층, 기저층

> **해설** 표피층은 각질층, 투명층, 과립층, 유극층, 기저층순이다.

31 브러시(brush, 프리마톨) 사용법으로 옳지 않은 것은?

㉮ 회전하는 브러시를 피부와 45° 각도로 하여 사용한다.
㉯ 피부상태에 따라 브러시의 회전 속도를 조절한다.
㉰ 화농성 여드름 피부와 모세혈관 확장 피부 등은 사용을 피하는 것이 좋다.
㉱ 브러시 사용 후 중성 세제로 세척한다.

> **해설** 브러시는 피부와 90° 각도로 유지하여 피부에 가볍게 밀착하여 사용한다.

32 스티머기기의 사용방법으로 적합하지 않은 것은?

㉮ 증기 분출 전에 분사구를 고객의 얼굴로 향하도록 미리 준비해 놓는다.
㉯ 일반적으로 얼굴과 분사구의 거리는 30~40cm 정도로 하고 민감성 피부의 경우 거리를 좀 더 멀게 위치한다.
㉰ 유리병 속에 세제나 오일이 들어가지 않도록 한다.
㉱ 수분 없이 오존만을 쐬어주지 않도록 한다.

> **해설** 스티머는 사용하기 약 10분 전에 예열을 하여 증기 분출 상태를 확인하고 사용한다.

33 수분 측정기로 표피의 수분 함유량을 측정하고자 할 때 고려해야 하는 내용이 아닌 것은?

㉮ 온도는 20~22℃에서 측정하여야 한다.
㉯ 직사광선이나 직접조명 아래에서 측정한다.
㉰ 운동 직후에는 휴식을 취한 후 측정하도록 한다.
㉱ 습도는 40~60%가 적당하다.

> **해설** 수분 측정기는 광선에 의해 피부상태가 변하기 때문에 광선이나 직접조명 아래에서 측정하지 않는다.

34 디스인크러스테이션에 대한 설명 중 틀린 것은?

㉮ 화학적인 전기분해에 기초를 두고 있으며 직류가 식염수를 통과할 때 발생하는 화학작용을 이용한다.
㉯ 모공에 있는 피지를 분해하는 작용을 한다.
㉰ 지성과 여드름 피부관리에 적합하게 사용될 수 있다.
㉱ 양극봉은 활동 전극봉이며 박피관리를 위하여 안면에 사용된다.

> **해설** 디스인크러스테이션은 갈바닉 전류의 음극봉을 사용하여 알칼리 반응을 일으켜 피부 속 노폐물을 배출한다.

35 눈으로 판별하기 어려운 피부의 심층상태 및 문제점을 명확하게 분별할 수 있는 특수 자외선을 이용한 기기는?

㉮ 확대경
㉯ 홍반 측정기
㉰ 적외선 램프
㉱ 우드 램프

> **해설** 우드 램프는 자외선 램프로 피부상태에 따라 다양한 색을 나타내어 피부 표면과 피부 내층을 분석할 수 있다.

36 다음 중 위팔을 올리거나 내릴 때 또는 바깥쪽으로 돌릴 때 사용되는 근육의 명칭은?

㉮ 승모근
㉯ 흉쇄유돌근
㉰ 대둔근
㉱ 비복근

> **해설** 승모근은 후두골과 척추에서 쇄골과 견갑골에 부착되는 마름모꼴 모양의 넓은 근육으로 목의 굴곡과 신전, 견갑골과 쇄골의 움직임에 관여한다.

37 다음 중 소화기계가 아닌 것은?

㉮ 폐, 신장
㉯ 간, 담
㉰ 비장, 위
㉱ 소장, 대장

> **해설** 폐는 호흡기계에 포함되고, 신장은 배설기계에 포함된다.

38 다음 중 웃을 때 사용하는 근육이 아닌 것은?

㉮ 안륜근
㉯ 구륜근
㉰ 대협골근
㉱ 전거근

> **해설** 전거근은 늑골의 전면에서 견갑골에 부착되며 어깨와 위팔의 운동에 관여한다.

39 골격근에 대한 설명으로 맞는 것은?

㉮ 뼈에 부착되어 있으며 근육이 횡문과 단백질로 구성되어 있고, 수의적 활동이 가능하다.
㉯ 골격근은 일반적으로 내장벽을 형성하여 위와 방광 등의 장기를 둘러싸고 있다.
㉰ 골격근은 줄무늬가 보이지 않아서 민무늬근이라고 한다.
㉱ 골격근은 움직임, 자세 유지, 관절에 안정을 주며 불수의근이다.

> **해설** 골격근은 뼈에 부착되는 가로 무늬가 있는 횡문근으로 수의적 활동이 가능하다.

40 이온에 대한 설명으로 틀린 것은?
㉮ 원자가 전자를 얻거나 잃으면 전하를 띠게 되는데 이온은 이 전하를 띤 입자를 말한다.
㉯ 같은 전하의 이온은 끌어당긴다.
㉰ 중성인 원자가 전자를 얻으면 음이온이라 불리는 음전하를 띤 이온이 된다.
㉱ 브러시 사용 후 중성세제로 세척한다.

• 해설 ▶ 같은 전하의 이온은 서로 밀어낸다.

41 자외선 차단제에 대한 설명 중 틀린 것은?
㉮ 자외선 차단제의 구성 성분은 크게 자외선 산란제와 자외선 흡수제로 구분된다.
㉯ 자외선 차단제 중 자외선 산란제는 투명하고, 자외선 흡수제는 불투명한 것이 특징이다.
㉰ 자외선 산란제는 물리적인 산란작용을 이용한 제품이다.
㉱ 자외선 흡수제는 화학적인 흡수작용을 이용한 제품이다.

• 해설 ▶ 자외선 산란제는 이산화티탄과 산화아연 성분으로 피부에 도포 시 백탁현상을 일으키고, 자외선 흡수제는 화학적 필터로 피부에 도포 시 투명하다.

42 다음 중 기능성 화장품의 범위에 해당하지 않는 것은?
㉮ 미백 크림
㉯ 바디 오일
㉰ 자외선 차단 크림
㉱ 주름 개선 크림

• 해설 ▶ 기능성 화장품의 범위는 미백에 도움을 주는 제품, 피부의 주름 개선에 도움을 주는 제품, 피부를 곱게 태워주거나 자외선으로부터 보호하는 데 도움을 주는 제품이 포함된다.

43 상수의 수질오염 분석 시 대표적인 생물학적 지표로 이용되는 것은?
㉮ 대장균 ㉯ 살모넬라균
㉰ 장티푸스균 ㉱ 포도상구균

• 해설 ▶ 대장균은 100ml에서 검출되지 않아야 하며 검출방법이 용이하고 정확하기 때문에 상수의 수질오염 지표로 이용된다.

44 자연능동면역 중 감염면역만 형성되는 전염병은?
㉮ 두창, 홍역 ㉯ 일본뇌염, 폴리오
㉰ 매독, 임질 ㉱ 디프테리아, 폐렴

• 해설 ▶ 특정한 전염병에 감염되어 생기는 면역으로 대부분 영구적 면역으로 지속되고 홍역, 수두, 유행성 이하선염, 백일해, 성홍열, 황열, 장티푸스, 발진티푸스, 페스트 등이 있다.

45 발열증상이 가장 심한 식중독은?
㉮ 살모넬라 식중독
㉯ 웰치균 식중독
㉰ 복어 중독
㉱ 포도상구균 식중독

• 해설 ▶ 살모넬라 식중독 : 복통, 설사, 구토 등의 증상과 식욕 감퇴, 전신 권태, 두통, 현기증, 구토 및 38~40℃ 발열이 특징

46 핸드케어 제품 중 물을 사용하지 않고 직접 바르는 것으로 피부 청결 및 소독효과를 위해 사용하는 것은?
㉮ 핸드 워시 ㉯ 핸드 새니타이저
㉰ 비누 ㉱ 핸드 로션

• 해설 ▶ 핸드 새니타이저는 피부 청결 및 소독 효과를 위해 직접 손에 도포한다.

47 크림 파운데이션에 대한 설명 중 알맞은 것은?

㉮ 얼굴의 형태를 바꾸어 준다.
㉯ 피부의 잡티나 결점을 커버해 주는 목적으로 사용된다.
㉰ O/W형은 W/O형에 비해 비교적 사용감이 무겁고 퍼짐성이 낮다.
㉱ 화장 시 산뜻하고 청량감이 있으나 커버력이 약하다.

•해설• 크림 파운데이션은 유화형으로 대부분 W/O형이며 O/W형에 비해 비교적 사용감이 무겁고 퍼짐성은 낮지만 피부의 잡티나 결점을 커버해 준다.

48 땀의 분비로 인한 냄새와 세균의 증식을 억제하기 위해 주로 겨드랑이 부위에 사용하는 것은?

㉮ 데오도란트 로션   ㉯ 핸드 로션
㉰ 바디 로션   ㉱ 파우더

•해설• 데오도란트 로션은 땀의 분비로 인한 냄새와 세균의 증식을 억제한다.

49 다음 중 물에 오일 성분이 혼합되어 있는 유화 상태는?

㉮ O/W 에멀션   ㉯ W/O 에멀션
㉰ W/S 에멀션   ㉱ W/O/W 에멀션

•해설• 물에 오일 성분이 혼합되어 있는 유화 상태는 O/W 에멀션이다.

50 아로마테라피에 사용되는 아로마 오일에 대한 설명 중 가장 거리가 먼 것은?

㉮ 아로마테라피에 사용되는 아로마 오일은 주로 수증기증류법에 의해 추출된 것이다.
㉯ 아로마 오일은 공기 중의 산소, 빛 등에 의해 변질될 수 있으므로 갈색병에 보관하여 사용하는 것이 좋다.
㉰ 아로마 오일은 원액을 그대로 피부에 사용해야 한다.
㉱ 아로마 오일을 사용할 때에는 안전성 확보를 위하여 사전에 패치 테스트를 실시하여야 한다.

•해설• 아로마 오일은 캐리어 오일과 블렌딩하여 사용하여야 한다.

51 공중위생관리법상 이·미용 업소의 조명 기준은?

㉮ 50룩스 이상   ㉯ 75룩스 이상
㉰ 100룩스 이상   ㉱ 125룩스 이상

•해설• 영업장 안의 조명도는 75룩스 이상이 되도록 유지하여야 한다.

52 공중위생관리법상 위생서비스 수준의 평가에 대한 설명 중 맞는 것은?

㉮ 평가의 전문성을 높이기 위하여 필요하다고 인정하는 경우에는 관련 전문기관 및 단체로 하여금 위생서비스 평가를 실시하게 할 수 있다.
㉯ 평가는 3년마다 실시한다.
㉰ 평가주기와 방법, 위생관리등급은 대통령령으로 정한다.
㉱ 위생관리 등급은 2개 등급으로 나뉜다.

•해설• 위생서비스 수준의 평가는 2년마다 실시하고, 위생 등급은 최우수업소는 녹색등급, 우수업소는 황색등급, 일반업소는 백색등급으로 구분한다.

53 이·미용업 영업자가 공중위생관리법을 위반하여 관계 행정기관장의 요청이 있는 때에는 몇 월 이내의 기간을 정하여 영업의 정지 또는 일부시설의 사용 중지 혹은 영업소 폐쇄 등을 명할 수 있는가?

㉮ 3월   ㉯ 6월
㉰ 1년   ㉱ 2년

•해설• 시장·군수·구청장은 6월 이내에 기간을 정하여 영업정지 또는 일부 시설의 사용중지를 명하거나 영업소 폐쇄 등을 명할 수 있다.

54 행정처분 대상자 중 중요 처분 대상자에게 청문을 실시할 수 있다. 그 청문대상이 아닌 것은?

㉮ 면허정지 및 면허취소
㉯ 영업정지
㉰ 영업소 폐쇄 명령
㉱ 자격증 취소

> •해설• 시장·군수·구청장은 이·미용사의 면허취소·면허정지, 영업정지, 일부 시설의 사용중지 및 영업소 폐쇄 명령 등의 처분을 하고자 할 때 청문을 실시할 수 있다.

55 다음 중 ( ) 안에 가장 적합한 것은?

> 공중위생관리법상 "미용업"의 정의는 손님의 얼굴, 머리, 피부 등을 손질하여 손님의 ( )를(을) 아름답게 꾸미는 영업이다.

㉮ 모습
㉯ 외양
㉰ 외모
㉱ 신체

> •해설• 미용업은 손님의 얼굴, 머리, 피부 등을 손질하여 손님의 외모를 아름답게 꾸미는 영업을 말한다.

56 다음 중 가장 대표적인 보건 수준 평가 기준으로 사용되는 것은?

㉮ 성인사망률
㉯ 영아사망률
㉰ 노인사망률
㉱ 사인별사망률

> •해설• 영아사망률 : 출생아 1,000명당 1년 이내 사망하는 영아의 수로 대표적인 보건 수준 평가의 기초자료로 사용된다.

57 소독약의 사용 및 보존상의 주의점으로서 틀린 것은?

㉮ 일반적으로 소독약은 밀폐시켜 일광이 직사되지 않는 곳에 보존해야 한다.
㉯ 모든 소독약은 사용할 때마다 반드시 새로이 만들어 사용하여야 한다.
㉰ 승홍이나 석탄산 같은 것은 인체에 유해하므로 특별히 주의 취급하여야 한다.
㉱ 염소제는 일광과 열에 의해 분해되지 않도록 냉암소에 보존하는 것이 좋다.

> •해설• 소독약은 최상의 효과를 위해서 바로 만들어서 사용하지만 포르말린과 생석회를 제외한 일부 소독제는 안정성이 강하여 사전에 만들어 일정기간 사용할 수 있다.

58 소독장비 사용 시 주의해야 할 사항 중 옳은 것은?

㉮ 건열 멸균기 - 멸균된 물건을 소독기에서 꺼낸 즉시 냉각시켜야 살균효과가 크다.
㉯ 자비 소독기 - 금속성 기구들은 물이 끓기 전부터 넣고 끓인다.
㉰ 건열 멸균기 - 가열과 가열 사이에 20℃ 이상의 온도를 유지한다.
㉱ 자외선 소독기 - 날이 예리한 기구 소독 시 타월 등으로 싸서 넣는다.

> •해설• 건열멸균기는 멸균된 물건을 소독기에서 꺼낸 후 건조시켜야 살균효과가 크고, 자비소독기는 물이 끓을 때 넣고 끓여야 살균 효과가 있으며, 자외선소독기는 직접 자외선을 쐬어 주어야 한다.

59 고압증기 멸균법에 있어 20LBS, 126.5℃의 상태에서 몇 분간 처리하는 것이 가장 좋은가?

㉮ 5분   ㉯ 15분
㉰ 30분   ㉱ 60분

> •해설•
> ◆ 10Lbs, 115.5℃, 30분   ◆ 20Lbs, 121℃, 20분
> ◆ 20Lbs, 126℃, 15분

60 이·미용업소에서 수건 소독에 가장 많이 사용되는 물리적 소독법은?

㉮ 석탄산 소독 ㉯ 알코올 소독
㉰ 자비소독 ㉱ 과산화수소 소독

> **해설** 자비소독은 100℃ 끓는 물에서 15~20분간 삶아서 사용하는 방법으로 수건을 소독할 때 가장 많이 쓰인다.

2009년 제2회 피부미용사 필기 기출복원문제 (2008년 10월 5일 시행)

01 표피 수분 부족 피부의 특징이 아닌 것은?

㉮ 연령에 관계없이 발생한다.
㉯ 피부조직에 표피성 잔주름이 형성된다.
㉰ 피부 당김이 진피(내부)에서 심하게 느껴진다.
㉱ 피부조직이 별로 얇게 보이지 않는다.

• 해설 • 표피 수분 부족 피부는 표피층에서 일어나는 증상으로 외부의 환경에 의해 발생하기 쉬우며 잔주름이 생성된다.

02 매뉴얼 테크닉의 기본 동작에 대한 설명으로 틀린 것은?

㉮ 에플라지(effleurage) - 손바닥을 이용해 부드럽게 쓰다듬는 동작
㉯ 프릭션(friction) - 근육을 횡단하듯 반죽하는 동작
㉰ 타포트먼트(taportment) - 손가락을 이용하여 두드리는 동작
㉱ 바이브레이션(vibration) - 손 전체나 손가락에 힘을 주어 고른 진동을 주는 동작

• 해설 • 프릭션(friction)은 손가락이나 손바닥을 이용하여 문지르는 동작이다.

03 입술 화장을 제거하는 방법으로 가장 적합한 것은?

㉮ 클렌저를 묻힌 화장솜으로 입술 바깥쪽에서 안쪽으로 닦아준다.
㉯ 클렌저를 묻힌 화장솜으로 입술 안쪽에서 바깥쪽으로 닦아준다.
㉰ 클렌저를 묻힌 면봉으로 닦아준다.
㉱ 클렌저를 묻힌 화장솜으로 입술을 안쪽에서 바깥쪽으로 닦아준다.

• 해설 • 입술의 메이크업을 제거할 때에는 클렌저를 묻힌 화장솜으로 입술 바깥쪽에서 안쪽으로 닦아준다.

04 화장수의 작용이 아닌 것은?

㉮ 피부에 남은 클렌징 잔여물 제거 작용
㉯ 피부의 pH 밸런스 조절 작용
㉰ 피부에 집중적인 영양공급 작용
㉱ 피부 진정 또는 쿨링 작용

• 해설 • 화장수는 피부 표면의 남은 클렌징 잔여물을 제거하거나 pH 밸런스를 유지하고 수분을 공급한다.

05 팩 중 아줄렌팩의 주된 효과는?

㉮ 진정효과
㉯ 탄력효과
㉰ 항산화효과
㉱ 미백효과

• 해설 • 아줄렌은 캐모마일에서 추출한 캄아줄렌으로 염증 완화효과와 진정효과가 있다.

06 피부미용의 기능이 아닌 것은?

㉮ 피부 보호
㉯ 피부문제 개선
㉰ 피부질환 치료
㉱ 심리적 안정

• 해설 • 피부미용은 외부환경으로부터 피부가 손상되는 것을 막아 노화를 예방하고 매뉴얼 테크닉을 통해 자율신경계를 이완시켜 심신을 안정시킨다.

07 피부미용의 관점에서 딥클렌징의 목적이 아닌 것은?

㉮ 영양물질의 흡수를 용이하게 한다.
㉯ 피지와 각질층의 일부를 제거한다.
㉰ 피부유형에 따라 주 1~2회 정도 실시한다.
㉱ 화학적 화상을 유발하여 피부 세포 재생을 촉진한다.

•해설• 화학적 화상을 유발하는 딥클렌징은 병원에서 관리하는 범위이다.

08 여드름 피부에 직접 사용하기에 가장 좋은 아로마는?

㉮ 유칼립투스
㉯ 로즈마리
㉰ 페퍼민트
㉱ 티트리

•해설• 티트리는 여드름 국소 부위에 원액을 사용할 수 있는 에센셜 오일로 여드름균의 살균효과가 있다.

09 피부 구조에 대한 설명 중 틀린 것은?

㉮ 피부는 표피, 진피, 피하지방층의 3개층으로 구성된다.
㉯ 표피는 일반적으로 내측으로부터 기저층, 투명층, 유극층, 과립층 및 각질층의 5층으로 나뉜다.
㉰ 멜라닌 세포는 표피의 유극층에 산재한다.
㉱ 멜라닌 세포 수는 민족과 피부색에 관계없이 일정하다.

•해설• 멜라닌 세포는 주로 표피의 기저층에 존재한다.
※ 문제오류로 실제 시험장에서는 ㉯와 ㉰가 정답 처리되었습니다. 여기서는 ㉯를 정답 처리합니다.

10 사춘기 이후에 주로 분비되며, 모공을 통하여 분비되어 독특한 체취를 발생시키는 것은?

㉮ 소한선   ㉯ 대한선
㉰ 피지선   ㉱ 갑상선

•해설• 대한선은 출생 시 전신에 분포되었다가 생후 5개월 정도에 다시 퇴화되고 사춘기 때 다시 분포되어 분비가 증가된다.

11 물의 수압을 이용해 혈액순환을 촉진시켜 체내의 독소배출, 세포재생 등의 효과를 증진시킬 수 있는 건강증진 방법은?

㉮ 아로마테라피(aroma-therapy)
㉯ 스파테라피(spa-therapy)
㉰ 스톤테라피(stone-therapy)
㉱ 허벌테라피(herbal-therapy)

•해설• 스파테라피는 스파기기와 물의 온열 및 수압을 이용해 혈액순환을 촉진시켜 체내의 독소를 배출시키고 셀룰라이트 분해 효과가 있는 건강 증진 방법이다.

12 글리콜산이나 젖산을 이용하여 각질층에 침투시키는 방법으로 각질세포의 응집력을 약화시키며 자연 탈피를 유도시키는 필링제는?

㉮ phenol   ㉯ TCA
㉰ AHA   ㉱ BP

•해설• AHA는 글리콜산, 젖산, 주석산, 구연산, 사과산 등의 천연 과일산을 이용하여 각질을 제거하는 방법이다.

13 다음에서 설명하는 팩(마스크)의 재료는?

> 열을 내서 혈액순환을 촉진시키고 또한 피부에 완전 밀폐시켜 팩(마스크) 도포 전에 바르는 앰플과 영양액 및 영양크림의 성분이 피부 깊숙이 흡수되어 피부 개선에 효과를 준다.

㉮ 해초 ㉯ 석고
㉰ 꿀   ㉱ 아로마

• 해설 • 석고는 열이 발생하여 혈액순환을 촉진시키고 피부에 완전 밀폐시켜 앰플과 영양크림의 유효성분이 피부 깊숙이 흡수되는 효과가 있다.

14 클렌징의 목적과 가장 거리가 먼 것은?

㉮ 청결과 위생
㉯ 혈액순환 촉진
㉰ 트리트먼트의 준비
㉱ 유효성분 침투

• 해설 • 클렌징은 피부 표면의 더러움과 메이크업 잔여물을 제거해 준다.

15 다음 중 필링의 대상이 아닌 것은?

㉮ 모세혈관 확장 피부
㉯ 모공이 넓은 지성 피부
㉰ 일반 여드름 피부
㉱ 잔주름이 얇은 건성피부

• 해설 • 필링은 각질을 제거해 주기 때문에 모공이 넓은 지성피부나 일반 여드름 피부, 잔주름이 얇은 건성피부에 적용할 수 있지만 모세혈관 확장 피부에는 자극이 될 수 있다.

16 피부관리 시 마무리 동작에 대한 설명 중 틀린 것은?

㉮ 장시간 동안의 피부관리로 인해 긴장된 근육의 이완을 도와 고객의 만족을 최대로 향상시킨다.
㉯ 피부 타입에 적당한 화장수로 피부결을 일정하게 한다.
㉰ 피부 타입에 적당한 앰플, 에센스, 아이크림, 자외선 차단제 등을 피부에 차례로 흡수시킨다.
㉱ 딥클렌징제를 사용한 다음 화장수로만 가볍게 마무리 관리해 주어야 자극을 최소화할 수 있다.

• 해설 • 딥클렌징은 클렌징 다음 단계에 적용하며 AHA의 경우 해면과 냉타월, 토너 등으로 충분히 닦아내어야 한다. 다른 딥클렌징의 경우도 해면과 온타월, 토너 등으로 잔여물이 남지 않도록 자극에 주의하여야 한다.

17 신체 부위별 관리의 효과를 극대화시키기 위한 방법과 가장 거리가 먼 것은?

㉮ 배농을 돕기 위해 따뜻한 차를 마시게 한다.
㉯ 온타월을 사용하여 고객의 몸을 이완시켜 준다.
㉰ 시원한 물을 마시게 하여 고객을 안정시킨다.
㉱ 편안한 환경을 만들어 고객이 심리적 안정감을 갖도록 한다.

• 해설 • 관리의 효과를 극대화시키기 위해서는 따뜻한 물이나 차로 심신을 안정시킨다.

18 제모 관리에서 왁스 제모법의 장점이 아닌 것은?

㉮ 신체의 광범위한 부위를 짧은 시간 내에 효과적으로 제거할 수 있다.
㉯ 털을 닳게 하여 제거하는 방법이므로 통증이 적다.
㉰ 다른 일시적 제모제보다 제모 효과가 4~5주 정도 오래 지속된다.
㉱ 피부나 모낭 등에 화학적 해를 미치지 않는다.

• 해설 • 왁스 제모법은 일시적 제모 방법 중의 하나로 털이 성장한 방향으로 왁스를 도포하여 털의 성장 반대 방향으로 모근의 털을 제거하는 방법이다.

19 매뉴얼 테크닉 시술 시 주의해야 할 사항이 아닌 것은?

㉮ 피부미용사는 손의 온도를 따뜻하게 하여 고객이 차갑게 느끼지 않도록 한다.
㉯ 처음과 마지막 동작은 주무르기 방법으로 부드럽게 시술한다.
㉰ 동작마다 일정한 리듬을 유지하면서 정확한 속도를 지키도록 한다.
㉱ 피부 타입과 피부 상태의 필요성에 따라 동작을 조절한다.

•해설• 메뉴얼 테크닉의 시작과 끝은 쓰다듬기 방법으로 부드럽게 진행하여야 한다.

20 제모 시술 중 올바른 방법이 아닌 것은?

㉮ 시술자의 손을 소독한다.
㉯ 머슬린(부직포)을 떼어 낼 때 털이 자란 방향으로 떼어낸다.
㉰ 스패출러에 왁스를 묻힌 후 손목 안쪽에 온도 테스트를 한다.
㉱ 소독 후 시술 부위에 남아 있을 유·수분을 정리하기 위하여 파우더를 사용한다.

•해설• 왁스는 일시적인 제모 방법으로 시술 전 소독을 철저히 하고 털이 자란 반대 방향으로 빠르게 떼어내고 진정 관리를 해준다.

21 광노화의 반응과 가장 거리가 먼 것은?

㉮ 거칠어짐
㉯ 건조
㉰ 과색소침착증
㉱ 모세혈관 수축

•해설• 광노화는 각질층이 두꺼워지며 콜라겐 섬유의 이상 증식으로 굵고 깊은 주름이 생기고 모세혈관이 확장된다.

22 지성피부에 대한 설명 중 틀린 것은?

㉮ 지성피부는 정상피부보다 피지분비량이 많다.
㉯ 피부결이 섬세하지만 피부가 얇고 붉은색이 많다.
㉰ 지성피부는 남성호르몬인 안드로겐(androgen)이나 여성호르몬인 프로게스테론(progesterone)의 기능이 활발해져서 생긴다.
㉱ 지성피부의 관리는 피지 제거 및 세정을 주목적으로 한다.

•해설• 피부결이 섬세하고 피부가 얇은 붉은 피부는 민감성 피부이다.

23 혈액의 기능으로 틀린 것은?

㉮ 호르몬 분비 작용
㉯ 노폐물 배설 작용
㉰ 산소와 이산화탄소의 운반 작용
㉱ 삼투압과 산, 염기 평형의 조절 작용

•해설• 혈액은 산소와 영양분, 이산화탄소와 노폐물, 효소와 호르몬을 운반하고 전해질의 이온 조성과 pH 균형 조절, 혈액 응고작용, 방어작용, 체온 조절작용을 한다.

24 인체의 주요 호르몬의 기능 저하에 따라 나타나는 현상으로 틀린 것은?

㉮ 부신피질자극호르몬(ACTH) : 갑상선 기능 저하
㉯ 난포자극호르몬(FSH) : 불임
㉰ 인슐린(Insulin) : 당뇨
㉱ 에스트로겐(Estrogen) : 무월경

•해설• 부신피질자극호르몬의 기능이 저하되면 에디슨병이 유발된다.

25 세포 내에서 호흡생리를 담당하고 이화작용과 동화작용에 의해 에너지를 생산하는 곳은?

㉮ 리소좀 ㉯ 염색체
㉰ 소포체 ㉱ 미토콘드리아

> •해설• 세포질 속 소기관 중 미토콘드리아는 세포 내의 에너지(ATP)를 생성하고 호흡생리를 담당한다.

26 피부 표피 중 가장 두꺼운 층은?

㉮ 각질층 ㉯ 유극층
㉰ 과립층 ㉱ 기저층

> •해설• 표피층에서 가장 두꺼운 층은 유극층이다.

27 각 비타민의 효능 설명 중 옳은 것은?

㉮ 비타민 E : 아스코르빈산의 유도체로 사용되며 미백제로 이용된다.
㉯ 비타민 A : 혈액순환 촉진과 피부 청정 효과가 우수하다.
㉰ 비타민 P : 바이오플라보노이드(bioflavonoid)라고도 하며 모세혈관을 강화하는 효과가 있다.
㉱ 비타민 B : 세포 및 결합조직의 조기 노화를 예방한다.

> •해설• 비타민 A, C, E는 각질을 정리하고, 재생 효과가 있으며, 비타민 B는 피지 조절 기능으로 피부 트러블 예방에 좋다.

28 피부의 각질층에 존재하는 세포간 지질 중 가장 많이 함유된 것은?

㉮ 세라마이드(ceramide) ㉯ 콜레스테롤(cholesterol)
㉰ 스쿠알렌(squalene) ㉱ 왁스(wax)

> •해설• 세포간 지질은 약 40%의 세라마이드를 포함한다.

29 콜라겐(collagen)에 대한 설명으로 틀린 것은?

㉮ 노화된 피부는 콜라겐 함량이 낮다.
㉯ 콜라겐이 부족하면 주름이 발생하기 쉽다.
㉰ 콜라겐은 피부의 표피에 주로 존재한다.
㉱ 콜라겐은 섬유아세포에서 생성된다.

> •해설• 콜라겐은 주로 진피의 망상층에 존재한다.

30 성인이 하루에 분비하는 피지의 양은?

㉮ 약 1~2g ㉯ 약 0.1~0.2g
㉰ 약 3~5g ㉱ 약 5~8g

> •해설• 성인의 하루 피지 분비량은 약 1~2g이다.

31 전류의 설명으로 옳은 것은?

㉮ 양(+) 전자들이 양극(+)을 향해 흐르는 것이다.
㉯ 음(-) 전자들이 음극(-)을 향해 흐르는 것이다.
㉰ 전자들이 전도체를 따라 한 방향으로 흐르는 것이다.
㉱ 전자들이 양극(+) 방향과 음극(-) 방향을 번갈아 흐르는 것이다.

> •해설• 전류는 전자들이 전도체를 따라 한 방향으로 흐르는 것을 말한다.

32 디스인크러스테이션(disincrustation)을 가급적 피해야 할 피부 유형은?

㉮ 중성피부 ㉯ 지성피부
㉰ 노화피부 ㉱ 건성피부

> •해설• 디스인크러스테이션(disincrustation)은 알칼리 효과가 상태를 건조하게 악화시킬 수 있기 때문에 건성피부는 가급적 피해야 한다.

33 적외선 미용기기를 사용할 때의 주의사항으로 옳은 것은?

㉮ 램프와 고객의 거리는 최대한 가까이 한다.
㉯ 자외선 적용 전 단계에 사용하지 않는다.
㉰ 최대 흡수 효과를 위해 해당 부위와 램프가 직각이 되도록 한다.
㉱ 간단한 금속류를 제외한 나머지 장신구는 허용되지 않는다.

> **해설** 자외선 치료 전에 적외선을 사용하면 감각을 증가시켜 과민 반응을 유발시킬 위험이 있다.

34 갈바닉 전류 중 음극(-)을 이용한 것으로 제품을 피부로 스며들게 하기 위해 사용하는 것은?

㉮ 아나포레시스(anaphoresis)
㉯ 에피더마브레이션(epidermabrassion)
㉰ 카타포레시스(cataphoresis)
㉱ 전기 마스크(electronic mask)

> **해설** 아나포레시스(anaphoresis)는 갈바닉 전류의 음극(-)을 이용하여 제품을 피부 속으로 스며들게 하기 위해 사용한다.

35 증기연무기(Steamer)를 사용할 때 얻는 효과와 가장 거리가 먼 것은?

㉮ 따뜻한 연무는 모공을 열어 각질 제거를 돕는다.
㉯ 혈관을 확장시켜 혈액순환을 촉진시킨다.
㉰ 세포의 신진대사를 증가시킨다.
㉱ 마사지 크림 위에 증기 연무를 사용하면 유효성분의 침투가 촉진된다.

> **해설** 증기연무기(Steamer)는 각질을 연화시키고, 혈액순환과 신진대사를 촉진하며, 온열, 보습, 오존에 의한 박테리아를 살균한다.

36 골과 골 사이의 충격을 흡수하는 결합조직은?

㉮ 섬유   ㉯ 연골
㉰ 관절   ㉱ 조직

> **해설** 연골은 충격을 완충하는 역할을 하며 귀, 코, 관절에 존재하고 뼈의 말단에서는 뼈의 길이를 성장하게 하는 역할도 한다.

37 췌장에서 분비되는 단백질 분해 효소는?

㉮ 펩신(pepsin)
㉯ 트립신(trypsin)
㉰ 리파아제(lipase)
㉱ 펩티다아제(peptidase)

> **해설**
> ◆ (췌장) 트립신(trypsin) : 단백질 분해 효소, 리파아제(lipase) : 지방의 분해 효소
> ◆ (위장) 펩신(pepsin) : 단백질 분해 효소
> ◆ (소장) 펩티디아제(peptidase) : 단백질 분해 효소

38 평활근에 대한 설명 중 틀린 것은?

㉮ 근원섬유에는 가로무늬가 없다.
㉯ 운동신경의 분포가 없는 대신 자율신경이 분포되어 있다.
㉰ 수축은 서서히 그리고 느리게 지속된다.
㉱ 신경을 절단하면 자동적으로 움직일 수 없다.

> **해설** 평활근은 내장에 분포되어 무늬가 없는 민무늬근으로 자율신경계의 지배를 받으며 신경이 절단되어도 자율적으로 움직일 수 있다.

39 다음 보기의 사항에 해당되는 신경은?

> ◆ 제7뇌신경이다.
> ◆ 안면 근육 운동
> ◆ 혀의 앞 2/3 미각 담당

㉮ 3차신경　　㉯ 설인신경
㉰ 안면신경　　㉱ 부신경

•해설• 안면신경 : 제7뇌신경으로 미각, 시각, 타액, 눈물 분비, 안면 표정근을 지배한다.

40 전동브러시(Frimator)의 효과가 아닌 것은?

㉮ 앰플 침투　　㉯ 클렌징
㉰ 필링　　㉱ 딥클렌징

•해설• 전동브러시(Frimator)는 클렌징, 마사지, 필링 등의 효과가 있다.

41 바디 샴푸에 요구되는 기능과 가장 거리가 먼 것은?

㉮ 피부 각질층의 세포간 지질 보호
㉯ 부드럽고 치밀한 기포 부여
㉰ 높은 기포 지속성 유지
㉱ 강력한 세정성 부여

•해설• 강력한 세정력은 피부를 건조하게 할 수 있다.

42 세정 작용과 기포 형성 작용이 우수하여 비누, 샴푸, 클렌징폼 등에 주로 사용되는 계면활성제는?

㉮ 양이온성 계면활성제
㉯ 음이온성 계면활성제
㉰ 비이온성 계면활성제
㉱ 양쪽성 계면활성제

•해설• 음이온 계면활성제 : 세정 작용과 기포 형성이 우수하고 비누, 샴푸, 클렌징 폼에 주로 사용된다.

43 식중독에 관한 설명으로 옳은 것은?

㉮ 세균성 식중독 중 치사율이 가장 낮은 것은 보툴리누스 식중독이다.
㉯ 테트로도톡신은 감자에 다량 함유되어 있다.
㉰ 식중독은 급격한 발생률, 지역과 무관한 동시에 발성의 특성이 있다.
㉱ 식중독은 원인에 따라 세균성, 화학물질, 자연독, 곰팡이독으로 분류된다.

•해설• 테트로도톡신은 복어에, 솔라닌은 감자에 함유되어 있다.

44 보건행정의 제원리에 관한 것으로 맞는 것은?

㉮ 일반 행정원리의 관리과정적 특성과 기획과정은 적용되지 않는다.
㉯ 의사결정과정에서 미래를 예측하고 행동하기 전의 행동계획을 결정한다.
㉰ 보건행정에서는 생태학이나 역학적 고찰이 필요 없다.
㉱ 보건행정은 공중보건학에 기초한 과학적 기술이 필요하다.

•해설• 공중보건은 과학적 기술에 기초하여 목적을 달성한다.

45 다음 중 같은 병원체에 의하여 발생하는 인수 공통 전염병은?

㉮ 천연두　　㉯ 콜레라
㉰ 디프테리아　　㉱ 공수병

•해설• 인수 공통 전염병이란 사람과 동물이 같이 감염되는 질병이다.
◆ 세균성 감염 : 결핵, 탄저, 브루셀라증, 야토병, 렙토스피라증, 살모넬라, 비브리오 등
◆ 리케차성 감염 : 큐열
◆ 바이러스성 감염 : 공수병(광견병), 조류인플루엔자 등

46 기능성 화장품에 대한 설명으로 옳은 것은?

㉮ 자외선에 의해 피부가 심하게 그을리거나 일광화상이 생기는 것을 지연해 준다.
㉯ 피부 표면에 더러움이나 노폐물을 제거하여 피부를 청결하게 해 준다.
㉰ 피부표면의 건조를 방지해 주고 피부를 매끄럽게 한다.
㉱ 비누세안에 의해 손상된 피부의 pH를 정상적인 상태로 빨리 되돌아오게 한다.

• 해설 ▸ 기능성 화장품은 자외선으로부터 피부를 보호해 주고 미백, 주름 개선에 도움을 준다.

47 자외선 차단제에 대한 설명으로 옳은 것은?

㉮ 일광의 노출 전에 바르는 것이 효과적이다.
㉯ 피부 병변에 있는 부위에 사용하여도 무관하다.
㉰ 사용 후 시간이 경과하여도 다시 덧바르지 않는다.
㉱ SPF지수가 높을수록 민감한 피부에 적합하다.

• 해설 ▸ 자외선 차단제는 피부 병변이 있는 부위는 부적용하며 시간이 경과하면 덧바르며 사용한다.

48 다음 중 향수의 부향률이 높은 것부터 순서대로 나열된 것은?

㉮ 퍼퓸 > 오드 퍼퓸 > 코롱 > 오드 뚜왈렛
㉯ 퍼퓸 > 오드 뚜왈렛 > 코롱 > 오드 퍼퓸
㉰ 퍼퓸 > 오드 퍼퓸 > 오드 뚜왈렛 > 코롱
㉱ 퍼퓸 > 코롱 > 오드 퍼퓸 > 오드 뚜왈렛

• 해설 ▸ 향수 부향률은 퍼퓸(perfume) > 오드 퍼퓸(EDP) > 오드 뚜왈렛(EDT) > 코롱(cologne)순이다.

49 화장품의 4대 요건에 해당되지 않는 것은?

㉮ 안전성
㉯ 안정성
㉰ 사용성
㉱ 보호성

• 해설 ▸ 화장품의 4대요건 : 안전성, 안정성, 사용성, 유효성

50 다음의 설명에 해당하는 천연향의 추출 방법은?

> 식물의 향기 부분을 물에 담가 가온하여 증발된 기체를 냉각하면 물 위에 향기 물질이 뜨게 되는데 이것을 분리하여 순수한 천연향을 얻어내는 방법이다. 이는 대량으로 천연향을 얻어낼 수 있는 장점이 있으나 고온에서 일부 향기 성분이 파괴될 수 있는 단점이 있다.

㉮ 수증기 증류법　㉯ 압착법
㉰ 휘발성 용매추출법　㉱ 비휘발성 용매추출법

• 해설 ▸ 수증기 증류법의 추출 방법이다.

51 이·미용사 영업자의 지위를 승계받을 수 있는 자의 자격은?

㉮ 자격증이 있는 자　㉯ 면허를 소지한 자
㉰ 보조원으로 있는 자　㉱ 상속권이 있는 자

• 해설 ▸ 이·미용업의 경우 면허소지자에 한해 공중위생 영업자의 지위를 승계할 수 있다.

52 미용업 영업자가 영업소 폐쇄 명령을 받고도 계속하여 영업을 하는 때에 시장, 군수, 구청장이 관계 공무원으로 하여금 당해 영업소를 폐쇄하기 위하여 조치를 하게 할 수 있는 사항에 해당되지 않는 것은?

㉮ 출입자 검문 및 통제
㉯ 영업소의 간판 기타 영업표지물의 제거
㉰ 위법한 영업소임을 알리는 게시물 등의 부착
㉱ 영업을 위하여 필수불가결한 기구 또는 시설물을 사용할 수 없게 하는 봉인

• 해설 ▸ 출입자 검문 및 통제는 영업소 폐쇄를 위한 조치 사항과 무관하다.

53 공중위생관리법상 (   ) 속에 가장 적합한 것은?

> 공중위생관리법은 공중이 이용하는 영업과 시설의 (   ) 등에 관한 사항을 규정함으로써 위생수준을 향상시켜 국민의 건강증진에 기여함을 목적으로 한다.

㉮ 위생
㉯ 위생관리
㉰ 위생과 소독
㉱ 위생과 청결

• 해설 • 공중위생관리법은 공중이 이용하는 영업과 시설의 위생관리에 대한 사항을 규정하여 위생수준을 향상시키고 국민의 건강증진에 기여함을 목적으로 한다.

54 미용업자가 점 빼기, 귓불 뚫기, 쌍꺼풀 수술, 문신, 박피술 그 밖에 이와 유사한 의료행위를 하여 관련 법규를 1차 위반했을 때의 행정처분은?

㉮ 경고
㉯ 영업정지 2월
㉰ 영업장 폐쇄명령
㉱ 면허취소

• 해설 • 점 빼기, 귓불 뚫기, 쌍꺼풀 수술, 문신, 박피술 등의 의료행위 등의 1차 위반은 영업정지 2월의 행정처분이다.

55 과태료에 대한 설명 중 틀린 것은?

㉮ 과태료는 관할 시장, 군수, 구청장이 부과 징수한다.
㉯ 과태료 처분에 불복이 있는 자는 그 처분을 고지받은 날부터 30일 이내에 처분권자에게 이의를 제기할 수 있다.
㉰ 기간 내에 이의를 제기하지 아니하고 과태료를 납부하지 아니한 때에는 지방세 체납처분의 예에 의하여 과태료를 징수한다.
㉱ 과태료에 대하여 이의 제기가 있을 경우 청문을 실시한다.

• 해설 • 과태료 처분에 대한 이의 제기자는 30일 이내에 처분권자에 이의를 제기할 수 있다.
이의 제기 시 처분권자는 지체 없이 관할 법원에 그 사실을 통보하고 관할 법원은 비송사건절차법에 의한 과태료의 재판을 한다.

56 공중보건학의 개념과 가장 관계가 적은 것은?

㉮ 지역주민의 수명 연장에 관한 연구
㉯ 전염병 예방에 관한 연구
㉰ 성인병 치료기술에 관한 연구
㉱ 육체적·정신적 효율 증진에 관한 연구

• 해설 • 성인병 치료기술에 관한 연구는 공중보건학의 영역이 아니다.

57 혈청이나 약제, 백신 등 열에 불안정한 액체의 멸균에 주로 이용되는 멸균법은?

㉮ 초음파멸균법   ㉯ 방사선멸균법
㉰ 초단파멸균법   ㉱ 여과멸균법

• 해설 • 여과멸균법은 가열에 의해 변질 가능성이 있는 혈청 등 열에 불안정한 액체를 멸균이나 바이러스 및 세균의 대사물질을 분리할 때 사용한다.

58 석탄산의 90배 희석액과 어느 소독약의 180배 희석액이 같은 조건하에서 같은 소독효과가 있었다면 이 소독약의 석탄산 계수는?

㉮ 0.50   ㉯ 0.05
㉰ 2.00   ㉱ 20.0

• 해설 • 석탄산계수 = $\dfrac{\text{소독약의 희석배수}}{\text{석탄산의 희석배수}} = \dfrac{180}{90} = 2.00$

59 고압증기멸균기의 소독대상물로 적합하지 않은 것은?

㉮ 금속성기구 ㉯ 의류
㉰ 분말 제품 ㉱ 약액

> •해설• 고압증기멸균법은 수증기를 이용한 방법이므로 분말 제품에는 적용하지 않는다.

60 멸균의 의미로 가장 적합한 표현은?

㉮ 병원균의 발육, 증식 억제 상태
㉯ 체내에 침입하여 발육, 증식하는 상태
㉰ 세균의 독성만을 파괴한 상태
㉱ 아포를 포함한 모든 균을 사멸시킨 무균 상태

> •해설• 멸균이란 병원성이나 비병원성 미생물 및 포자를 모두 사멸 또는 제거하는 것이다.

2009년 제4회 피부미용사 필기 기출복원문제 (2009년 7월 12일 시행)

01 피부관리 후 피부미용사가 마무리해야 할 사항과 가장 거리가 먼 것은?
㉮ 피부관리 기록카드에 관리 내용과 사용 화장품에 대해 기록한다.
㉯ 고객이 집에서 자가 관리를 잘하도록 홈 케어에 대해서도 기록하여 추후 참고 자료로 활용한다.
㉰ 반드시 메이크업을 해준다.
㉱ 피부미용 관리가 마무리되면 베드와 주변을 청결하게 정리한다.

•해설 메이크업은 피부미용사의 영역에 해당되지 않는다.

02 지성피부의 특징으로 맞는 것은?
㉮ 모세혈관이 약화되거나 확장되어 피부 표면으로 보인다.
㉯ 피지 분비가 왕성하여 피부 번들거림이 심하며 피부결이 곱지 못하다.
㉰ 표피가 얇고 피부 표면이 항상 건조하고 잔주름이 쉽게 생긴다.
㉱ 표피가 얇고 투명해 보이며 외부 자극에 쉽게 붉어진다.

•해설 지성피부는 피지 분비가 왕성하여 번들거림이 심하고 모공이 넓으며 피부가 두껍다.

03 손가락이나 손바닥으로 연속적인 쓰다듬기 동작을 하는 매뉴얼 테크닉 방법은?
㉮ 프릭션　　㉯ 페트리사지
㉰ 에플라지　　㉱ 러빙

•해설 쓰다듬기(Effleurage)는 손가락이나 손바닥 전체로 피부를 부드럽게 쓰다듬는 것을 말한다.

04 다음 중 스크럽 성분의 딥클렌징을 피하는 것이 가장 좋은 피부는?
㉮ 모공이 넓은 지성피부
㉯ 모세혈관이 확장되고 민감한 피부
㉰ 정상피부
㉱ 지성 우세 복합성 피부

•해설 모세혈관이 확장되고 민감한 피부는 물리적인 자극을 가하는 제품을 피하고 저자극의 크림 타입의 딥클렌징을 사용한다.

05 바디 랩에 관한 설명으로 틀린 것은?
㉮ 비닐을 감쌀 때는 타이트하게 꽉 조이도록 한다.
㉯ 수증기나 드라이 히트는 몸을 따뜻하게 하기 위해서 사용되기도 한다.
㉰ 보통 사용되는 제품은 앨쥐나 허브, 슬리밍 크림 등이다.
㉱ 이 요법은 독소 제거나 노폐물의 배출 증진, 순환 증진을 위해서 사용된다.

•해설 바디 랩을 감쌀 때는 피부가 호흡할 수 있도록 적용한다.

06 피부미용의 개념에 대한 설명으로 가장 거리가 먼 것은?
㉮ 피부미용이란 내·외적 요인으로 인한 미용상의 문제를 물리적이나 화학적인 방법을 이용하여 예방하는 것이다.
㉯ 피부의 생리기능을 자극함으로써 아름답고 건강한 피부를 유지하고 관리하는 미용기술을 말한다.
㉰ 피부미용은 과학적 지식을 바탕으로 다양한 미용적인 관리를 행하므로 하나의 과학이라 말할 수 있다.
㉱ 과학적인 지식과 기술을 바탕으로 미의 본질과 형태를 다룬다는 의미는 있으나 예술이라고는 할 수 없다.

•해설 피부미용은 두피를 제외한 얼굴 및 전신의 피부에 영양을 공급하고 피부의 생리기능을 높여 건강한 피부를 유지시켜 주는 것이다.

07 왁스를 이용한 제모의 부적용증과 가장 거리가 먼 것은?

㉮ 신부전 ㉯ 정맥류
㉰ 당뇨병 ㉱ 과민한 피부

•해설 왁스는 과민한 피부, 정맥류, 당뇨병 등의 증상이 있을 때 적용하지 않는다.

08 건성피부, 중성피부, 지성피부를 구분하는 가장 기본적인 피부 유형 분석 기준은?

㉮ 피부의 조직 상태
㉯ 피지 분비 상태
㉰ 모공의 크기
㉱ 피부의 탄력도

•해설 건성, 정상, 지성을 구분하는 가장 기본적인 기준은 피부의 유·수분이다.

09 자외선의 영향으로 인한 부정적인 효과는?

㉮ 홍반 반응
㉯ 비타민 D 형성
㉰ 살균효과
㉱ 강장효과

•해설 자외선의 부정적인 효과는 홍반 반응, 색소 침착, 피부암 유발 등이 있다.

10 땀의 분비가 감소하고 갑상선 기능의 저하, 신경계 질환의 원인이 되는 것은?

㉮ 다한증
㉯ 소한증
㉰ 무한증
㉱ 액취증

•해설 소한증은 땀의 분비가 감소하고 갑상선 기능 저하, 신경계 질환의 원인이 된다.

11 필 오프 타입 마스크의 특징이 아닌 것은?

㉮ 젤 또는 액체 형태의 수용성으로 바른 후 건조되면서 필름막을 형성한다.
㉯ 볼 부위는 영양분의 흡수를 위해 두껍게 바른다.
㉰ 팩 제거 시 피지나 죽은 각질 세포가 함께 제거되므로 피부 청정효과를 준다.
㉱ 일주일에 1~2회 사용한다.

•해설 필 오프 타입 마스크는 얇은 필름막을 떼어내어 제거하므로 두껍게 바르면 제거하기가 어렵다.

12 매뉴얼 테크닉의 기본 동작 중 하나인 쓰다듬기에 대한 내용과 가장 거리가 먼 것은?

㉮ 매뉴얼 테크닉의 처음과 끝에 주로 이용된다.
㉯ 혈액의 림프의 순환을 도모한다.
㉰ 자율신경계에 영향을 미쳐 피부에 휴식을 준다.
㉱ 피부에 탄력성을 증가시킨다.

•해설 피부의 탄력을 증가시키는 동작은 문지르기, 반죽하기, 두드리기, 떨기이다.

13 모세혈관 확장 피부에 효과적인 성분이 아닌 것은?

㉮ 루틴 ㉯ 아줄렌
㉰ 알로에 ㉱ A.H.A

> •해설• A.H.A는 피부에 자극을 주므로 모세혈관 확장 피부에는 피한다.

14 다음의 설명에 가장 적합한 팩은?

> • 효과 : 피부 타입에 따라 다양하게 사용되며 유화 형태이므로 사용감이 부드럽고 침투가 쉽다.
> • 사용방법 및 주의사항 : 사용량만큼 필요한 부위에 바르고 필요에 따라 호일, 랩, 적외선 램프 사용

㉮ 크림팩 ㉯ 벨벳(시트)팩
㉰ 분말팩 ㉱ 석고팩

> •해설• 크림팩은 유화 상태로 사용감이 좋고 모든 피부에 적절하다.

15 피부유형별 적용 화장품 성분이 맞게 짝지어진 것은?

㉮ 건성피부 - 클로로필, 위치하젤
㉯ 지성피부 - 콜라겐, 레티놀
㉰ 여드름 피부 - 아보카드 오일, 올리브 오일
㉱ 민감성 피부 - 아줄렌, 비타민 B_5

> •해설• 민감성 피부에 적용할 수 있는 화장품 성분은 아줄렌, 위치하젤, 클로로필, 비타민 P, K, 판테놀 등이 있다.

16 온습포의 작용으로 볼 수 없는 것은?

㉮ 모공을 수축시키는 작용을 한다.
㉯ 혈액순환을 촉진시키는 작용을 한다.
㉰ 피지 분비선을 자극시키는 작용을 한다.
㉱ 피부 조직에 영양 공급이 원활히 될 수 있도록 한다.

> •해설• 모공의 수축은 냉습포의 작용이다.

17 딥클렌징의 효과 및 목적과 가장 거리가 먼 것은?

㉮ 다음 단계의 유효성분 흡수율을 높여준다.
㉯ 모공 깊숙이 있는 피지와 각질 제거를 목적으로 한다.
㉰ 피지가 모낭 입구 밖으로 원활하게 나오도록 해준다.
㉱ 효과적인 주름 관리를 할 수 있도록 해준다.

> •해설• 딥클렌징은 모공 속 피지와 피부 표면의 각질 제거 후 유효성분의 흡수를 촉진하여 피부 재생을 도와준다.

18 다음 중 세정력이 우수하며, 지성, 여드름 피부에 가장 적합한 제품은?

㉮ 클렌징 젤 ㉯ 클렌징 오일
㉰ 클렌징 크림 ㉱ 클렌징 밀크

> •해설• 클렌징 젤은 오일 성분이 함유되지 않은 제품으로 세정력이 뛰어나고 이중 세안이 필요없어 지성, 여드름 피부에 적합하다.

19 제모의 설명으로 틀린 것은?

㉮ 왁싱을 이용한 제모는 얼굴이나 다리의 털을 제거하는 데 적합하며 모근까지 제거되기 때문에 보통 4~5주 정도 지속된다.
㉯ 제모 적용 부위를 사전에 깨끗이 씻고 소독한다.
㉰ 제모 후에 진정제품을 피부 표면에 발라준다.
㉱ 왁스를 바른 후 떼어낼 때는 아프지 않게 천천히 떼어내는 것이 좋다.

> •해설• 왁스는 털 성장 방향으로 도포하여 털 성장 반대 방향으로 재빨리 떼어낸다.

20 클렌징 제품의 올바른 선택조건이 아닌 것은?

㉮ 클렌징이 잘되어야 한다.
㉯ 피부의 산성막을 손상시키지 않는 제품이어야 한다.
㉰ 피부 유형에 따라 적절한 제품을 선택해야 한다.
㉱ 충분히 거품이 일어나는 제품을 선택한다.

> **•해설•** 클렌징은 클렌징 폼이나 비누와 같이 거품이 일어나는 제형과 크림, 로션, 오일 등의 거품이 일어나지 않는 제형의 제품이 있다.

21 다음 중 진피의 구성세포는?
 ㉮ 멜라닌 세포
 ㉯ 랑게르한스 세포
 ㉰ 섬유아 세포
 ㉱ 머켈 세포

> **•해설•** 진피를 구성하는 세포는 섬유아 세포, 대식 세포, 지방 세포 등이 존재한다.

22 기미, 주근깨 관리에 가장 적합한 비타민은?
 ㉮ 비타민 A
 ㉯ 비타민 B_1
 ㉰ 비타민 B_2
 ㉱ 비타민 C

> **•해설•** 비타민 C는 멜라닌 색소의 형성을 억제한다.

23 안륜근의 설명으로 맞는 것은?
 ㉮ 뺨의 벽에 위치하며 수축하면 뺨이 안으로 들어가서 구강 내압을 높인다.
 ㉯ 눈꺼풀의 피하조직에 있으면서 눈을 감거나 깜박거릴 때 이용된다.
 ㉰ 구각을 외상방으로 끌어 당겨서 웃는 표정을 만든다.
 ㉱ 교근 근막의 표층으로부터 입꼬리 부분에 뻗어 있는 근육이다.

24 근육의 기능에 따른 분류에서 서로 반대되는 작용을 하는 근육을 무엇이라 하는가?
 ㉮ 길항근
 ㉯ 신근
 ㉰ 반건양근
 ㉱ 협력근

> **•해설•** 길항근이란 근육의 기능에 서로 반대되는 작용을 하는 근육을 말한다.

25 골격근의 기능이 아닌 것은?
 ㉮ 수의적 운동
 ㉯ 자세 유지
 ㉰ 체중의 지탱
 ㉱ 조혈작용

> **•해설•** 골격근은 수의적 운동, 자세 유지, 체중의 지탱 등을 하고 골격계는 조혈작용을 한다.

26 장기간에 걸쳐 반복하여 긁거나 비벼서 표피가 건조하고 가죽처럼 두꺼워진 상태는?
 ㉮ 가피
 ㉯ 낭종
 ㉰ 태선화
 ㉱ 반흔

> **•해설•** 태선화는 표피 전체와 진피의 일부가 가죽처럼 두꺼워지고 딱딱해진다.

27 화상의 구분 중 홍반, 부종, 통증뿐만 아니라 수포를 형성하는 것은?
 ㉮ 제1도 화상
 ㉯ 제2도 화상
 ㉰ 제3도 화상
 ㉱ 중급 화상

> **•해설•** 제1도 화상은 홍반성이고, 제2도 화상은 수포성이며, 제3도 화상은 괴사성이다.

28 원주형의 세포가 단층으로 이어져 있으며 각질 형성 세포와 색소 형성 세포가 존재하는 피부세포층은?
 ㉮ 기저층
 ㉯ 투명층
 ㉰ 각질층
 ㉱ 유극층

> **•해설•** 기저층은 단층 원주형 세포로 각질 형성 세포와 색소 형성 세포의 비율은 4~10 : 1이다.

29 피부에서 피지가 하는 작용과 관계가 가장 먼 것은?

㉮ 수분 증발 억제
㉯ 살균작용
㉰ 열 발산 방지
㉱ 유화작용

• 해설 • 피지는 피지막을 형성하여 피부를 보호하고, 촉촉하게 하며, 세균의 번식을 억제한다.

30 각화유리질과립은 피부 표피의 어떤 층에 주로 존재하는가?

㉮ 과립층
㉯ 유극층
㉰ 기저층
㉱ 투명층

• 해설 • 과립층에는 케라토히알린과립이 존재하여 본격적인 각화 과정이 시작된다.

31 바이브레이터기의 올바른 사용법이 아닌 것은?

㉮ 기기 관리 도중 지속성이 끊어지지 않게 한다.
㉯ 최대한 압력을 주어 효과를 극대화시킨다.
㉰ 항상 깨끗한 헤드를 사용하도록 유의한다.
㉱ 관리 도중 신체 손상이 발생하지 않도록 헤드 부분을 잘 고정한다.

• 해설 • 바이브레이터기는 적당한 압력으로 신체 굴곡에 맞게 적용한다.

32 갈바닉 전류에서 음극의 효과는?

㉮ 진정 효과
㉯ 통증 감소
㉰ 알칼리성 반응
㉱ 혈관 수축

• 해설 • 갈바닉 전류의 음극 효과는 알칼리성 반응, 신경 자극, 혈액공급 증가, 조직 연화, 세정 작용 등이 있다.

33 직류와 교류에 대한 설명으로 옳은 것은?

㉮ 교류를 갈바닉 전류라고도 한다.
㉯ 교류 전류에는 평류, 단속 평류가 있다.
㉰ 직류는 전류의 흐르는 방향이 시간의 흐름에 따라 변하지 않는다.
㉱ 직류 전류에는 정현파, 감응, 격동 전류가 있다.

• 해설 • 직류는 전류의 흐르는 방향이 변하지 않고 지속적으로 한쪽 방향으로만 일정하게 흐르는 전류를 말하며, 교류는 전류의 방향과 크기가 시간의 흐름에 따라 주기적으로 변하는 전류를 말한다.

34 다음 보기와 같은 내용은 어떠한 타입의 피부관리 중점 사항인가?

> 피부의 완벽한 클렌징과 긴장 완화, 보호, 진정, 안정 및 냉효과를 목적으로 기기관리가 이루어져야 한다.

㉮ 건성피부
㉯ 지성피부
㉰ 복합성 피부
㉱ 민감성 피부

• 해설 • 민감성 피부는 피부를 진정시켜 안정감 있게 유지하고 보호하며 피부의 자극을 최소화해야 한다.

35 고주파 직접법의 주 효과에 해당하는 것은?

㉮ 수렴효과
㉯ 피부강화
㉰ 살균효과
㉱ 자극효과

• 해설 • 고주파의 직접법은 스파킹을 일으켜 세균 및 독소의 살균작용을 하므로 지성, 여드름 피부에 적용한다.

36 원형질막을 통한 물질의 이동 과정에 관한 설명 중 틀린 것은?

㉮ 확산은 물질 자체의 운동에너지에 의해 저농도에서 고농도로 물질이 이동하는 것이다.
㉯ 포도당은 보조 없이 원형질막을 통과할 수 없으며 단백질과 결합하여 세포 안으로 들어가는 것을 촉진·확산한다.
㉰ 삼투 현상은 높은 물 농도에서 낮은 물 농도로 물 분자만 선택적으로 투과하는 것을 말한다.
㉱ 여과는 높은 압력이 낮은 압력이 있는 곳으로 이동하는 압력 경사에 의해 이루어지는 것이다.

●해설 확산은 고농도에서 저농도로 이동한다.

37 척주에 대한 설명이 아닌 것은?

㉮ 머리와 몸통을 움직일 수 있게 한다.
㉯ 성인의 척주를 옆에서 보면 4개의 만곡이 존재한다.
㉰ 경추 5개, 흉추 11개, 요추 7개, 천골 1개, 미골 2개로 구성된다
㉱ 척수를 뼈로 감싸면서 보호한다.

●해설 척주는 경추 7개, 흉추 12개, 요추 5개, 천골, 미골로 구성된다.

38 안면의 피부와 저작근에 존재하는 감각신경과 운동신경의 혼합신경으로 뇌신경 중 가장 큰 것은?

㉮ 시신경 ㉯ 삼차신경
㉰ 안면신경 ㉱ 미주신경

●해설 삼차신경은 안면의 피부, 턱, 혀 등에 분포되어 감각과 운동기능을 한다.

39 림프의 주된 기능은?

㉮ 분비작용 ㉯ 면역작용
㉰ 체절 보호작용 ㉱ 체온 조절작용

●해설 림프는 림프기관의 림프구 생산에 의해 신체 방어작용에 관여한다.

40 피부 분석 시 고객과 관리사가 동시에 피부 상태를 보면서 분석하기에 가장 적합한 피부분석기는?

㉮ 확대경 ㉯ 우드램프
㉰ 브러싱 ㉱ 스킨스코프

●해설 스킨스코프는 고객과 관리사가 동시에 모니터를 보면서 피부 상태를 상담할 수 있다.

41 화장품의 분류에 관한 설명 중 틀린 것은?

㉮ 마사지 크림은 기초 화장품에 속한다.
㉯ 샴푸, 헤어린스는 모발용 화장품에 속한다.
㉰ 퍼퓸, 오 드 코롱은 방향 화장품에 속한다.
㉱ 페이스파우더는 기초 화장품에 속한다.

●해설 페이스 파우더는 색조 화장품이다.

42 유아용 제품과 저자극성 제품에 많이 사용되는 계면활성제에 대한 설명 중 옳은 것은?

㉮ 물에 용해될 때, 친수기에 양이온과 음이온을 동시에 갖는 계면활성제
㉯ 물에 용해될 때, 이온으로 해리하지 않는 수산기, 에테르 결합, 에스테르 등을 분자 중에 갖고 있는 계면활성제
㉰ 물에 용해될 때, 친수기 부분이 음이온으로 해리되는 계면활성제
㉱ 물에 용해될 때, 친수기 부분이 양이온으로 해리되는 계면활성제

●해설 유아용 제품과 저자극성 제품에 많이 사용되는 양쪽성 계면활성제는 친수기와 친유기를 함께 갖는 계면활성제이다.

43 전염병 예방법 중 제1군 전염병에 해당되는 것은?

㉮ 백일해
㉯ 공수병
㉰ 세균성 이질
㉱ 홍역

•해설• 1군 감염병은 콜레라, 장티푸스, 파라티푸스, 세균성 이질, 장출혈성 대장균 감염증, A형 간염 등이 있다.

44 다음 중 오염된 주사기, 면도날 등으로 인해 감염이 잘 되는 만성 전염병은?

㉮ 렙토스피라증
㉯ 트라코마
㉰ 간염
㉱ 파라티푸스

•해설• 만성 감염병은 B형 간염, 결핵, 나병, 성병, AIDS 등으로 환자가 사용한 오염된 기구의 사용으로 전파된다.

45 공중보건에 대한 설명으로 가장 적절한 것은?

㉮ 개인을 대상으로 한다.
㉯ 예방의학을 대상으로 한다.
㉰ 집단 또는 지역사회를 대상으로 한다.
㉱ 사회의학을 대상으로 한다.

•해설• 공중보건의 대상은 집단 혹은 지역사회 주민이다.

46 아로마 오일을 피부에 효과적으로 침투시키기 위해 사용하는 식물성 오일은?

㉮ 에센셜 오일
㉯ 캐리어 오일
㉰ 트랜스 오일
㉱ 미네랄 오일

•해설• 캐리어 오일은 아로마 오일을 피부에 효과적으로 침투시키기 위해 사용되는 식물성 오일로 '베이스 오일'이라고도 한다.

47 메이크업 화장품 중에서 안료가 균일하게 분산되어 있는 형태로 대부분 O/W형 유화 타입이며, 투명감 있게 마무리되므로 피부에 결점이 별로 없는 경우에 사용하는 것은?

㉮ 트윈 케이크
㉯ 스킨 커버
㉰ 리퀴드 파운데이션
㉱ 크림 파운데이션

•해설• 리퀴드 파운데이션은 대부분 O/W형 유화타입의 로션 제형이며 수분 함유량이 많고 가볍고 산뜻하며 퍼짐성이 우수하여 투명감 있게 마무리된다.

48 여드름 피부용 화장품에 사용되는 성분과 가장 거리가 먼 것은?

㉮ 살리실산
㉯ 글리시리진산
㉰ 아줄렌
㉱ 알부틴

•해설• 알부틴은 미백 성분이다.

49 각질 제거용 화장품에 주로 쓰이는 것으로 죽은 각질을 빨리 떨어져 나가게 하고 건강한 세포가 피부를 구성할 수 있도록 도와주는 성분은?

㉮ 알파-하이드록시산
㉯ 알파-토코페롤
㉰ 라이코펜
㉱ 리포솜

•해설• A.H.A(알파-하이드록시산)는 화학적 방법으로 각질 제거에 효과적이다.

50 아로마 오일에 대한 설명으로 가장 적절한 것은?

㉮ 수증기 증류법에 의해 얻어진 아로마 오일이 주로 사용되고 있다.
㉯ 아로마 오일은 공기 중의 산소나 빛에 안정하기 때문에 주로 투명용기에 보관하여 사용한다.
㉰ 아로마 오일은 주로 향기식물의 줄기나 뿌리 부위에서만 추출된다.
㉱ 아로마 오일은 주로 베이스노트이다.

> **해설** 아로마 오일은 향기식물의 꽃, 잎, 줄기, 뿌리, 열매 등에서 수증기 증류법, 용매추출법, 압착법, 침윤법 등으로 추출한 오일로 암갈색 유리병에 차갑고 어두운 곳에 보관하여 사용한다.

51 갑이라는 미용업영업자가 처음으로 손님에게 윤락행위를 제공하다가 적발되었다. 이 경우 어떠한 행정 처분을 받는가?

㉮ 영업정지 2월 및 면허정지 2월
㉯ 영업장 폐쇄명령 및 면허취소
㉰ 향후 1년간 영업장 폐쇄
㉱ 업주에게 경고와 함께 행정처분

> **해설** 손님에게 성매매 행위 알선 등의 행위 또는 음란행위를 하게 하거나 이를 제공한 때에 미용업자에게 적용되는 행정처분은 1차 면허정지 2월, 2차 면허정지 3월, 3차 면허취소이며 영업소에는 1차 영업정지 2월, 2차 영업정지 3월, 3차 영업장 패쇄명령이다.

52 보건복지부장관은 공중위생관리법에 의한 권한의 일부를 무엇이 정하는 바에 의해 시·도지사에게 위임할 수 있는가?

㉮ 대통령령   ㉯ 보건복지부령
㉰ 공중위생관리법 시행규칙   ㉱ 행정자치부령

> **해설** 보건복지부장관은 공중위생관리법에 의해 권한의 일부를 대통령령이 정하는 바에 의하여 시·도지사 또는 시장·군수·구청장에게 위임할 수 있다.

53 면허의 정지명령을 받은 자는 그 면허증을 누구에게 제출해야 하는가?

㉮ 보건복지부장관
㉯ 시·도지사
㉰ 시장·군수·구청장
㉱ 이·미용사 중앙회장

> **해설** 면허가 취소 또는 정지된 자는 지체 없이 시장·군수·구청장에게 면허증을 반납한다.

54 이·미용업의 준수사항으로 틀린 것은?

㉮ 소독을 한 기구와 하지 않은 기구는 각각 다른 용기에 보관하여야 한다.
㉯ 간단한 피부미용을 위한 의료기구 및 의약품은 사용하여도 된다.
㉰ 영업장의 조명도는 75룩스 이상 되도록 유지한다.
㉱ 점 빼기, 쌍꺼풀 수술 등의 의료 행위를 하여서는 안 된다.

> **해설** 간단한 피부미용이라 하여도 의료기기나 의약품을 사용하지 않아야 한다.

55 이·미용업을 승계할 수 있는 경우가 아닌 것은?(단, 면허를 소지한 자에 한함)

㉮ 이·미용업을 양수한 경우
㉯ 이·미용업영업자의 사망에 의한 상속에 의한 경우
㉰ 공중위생관리법에 의한 영업장 폐쇄명령을 받은 경우
㉱ 이·미용업영업자의 파산에 의해 시설 및 설비의 전부를 인수한 경우

> **해설** 영업장 폐쇄명령을 받은 경우는 승계할 수 있는 경우에 해당되지 않는다.

56 독소형 식중독의 원인균은?

㉮ 황색 포도상구균
㉯ 장티푸스균
㉰ 돈 콜레라균
㉱ 장염균

> •해설• 독소형 식중독은 포도상구균, 보툴리누스균, 웰치균 등이 있다.

57 다음 중 아포를 형성하는 세균에 대한 가장 좋은 소독법은?

㉮ 적외선 소독
㉯ 자외선 소독
㉰ 고압증기멸균 소독
㉱ 알코올 소독

> •해설• 고압증기멸균 소독은 아포를 포함한 모든 미생물을 사멸한다.

58 여러 가지 물리화학적 방법으로 병원성 미생물을 가능한 제거해 사람에게 감염의 위험이 없도록 하는 것은?

㉮ 멸균
㉯ 소독
㉰ 방부
㉱ 살충

> •해설• 소독은 감염 위험성이 있는 병원성 미생물의 파괴 및 증식력을 제거시키는 방법으로 세균의 포자까지는 파괴하지 못하는 방법이다.

59 소독약이 고체인 경우 1% 수용액이란?

㉮ 소독약 0.1g을 물 100㎖에 녹인 것
㉯ 소독약 1g을 물 100㎖에 녹인 것
㉰ 소독약 10g을 물 100㎖에 녹인 것
㉱ 소독약 10g을 물 990㎖에 녹인 것

> •해설• 수용액×100=퍼센트(%)

60 호기성 세균이 아닌 것은?

㉮ 결핵균
㉯ 백일해균
㉰ 가스괴저균
㉱ 녹농균

> •해설• 가스괴저균은 산소를 필요로 하지 않는 혐기성균이며 독성이 약한 아포 형성 간균이다.

2009년 제5회 피부미용사 필기 기출복원문제 (2009년 9월 27일 시행)

01 다음 중 눈 주위에 가장 적합한 매뉴얼 테크닉의 방법은?

㉮ 문지르기
㉯ 주무르기
㉰ 흔들기
㉱ 쓰다듬기

> **해설** 쓰다듬기는 손가락이나 손 전체를 이용하여 부드럽게 쓰다듬는 동작으로 눈 주위 부위에 적용이 가능하며 매뉴얼 테크닉의 시작과 끝, 다음 동작으로 전환할 때 연결동작으로 사용한다.

02 딥클렌징의 효과에 대한 설명으로 틀린 것은?

㉮ 면포를 연화시킨다.
㉯ 피부 표면을 매끈하게 해주고 혈색을 맑게 한다.
㉰ 클렌징의 효과가 있으며 피부의 불필요한 각질 세포를 제거한다.
㉱ 혈액순환을 촉진시키고 피부조직에 영양을 공급한다.

> **해설** 딥클렌징은 면포를 연화시켜 각질을 제거하고 혈액순환을 촉진시키며 다음 단계의 영양성분의 흡수를 도와준다.

03 매뉴얼 테크닉의 주의사항이 아닌 것은?

㉮ 동작은 피부결 방향으로 한다.
㉯ 청결하게 하기 위해서 찬물에 손을 깨끗이 씻은 후 바로 마사지한다.
㉰ 시술자의 손톱은 짧아야 한다.
㉱ 일광으로 붉어진 피부나 상처가 난 피부는 매뉴얼 테크닉을 피한다.

> **해설** 매뉴얼 테크닉은 시술자의 손톱을 짧게 하고, 손의 온도를 따뜻하게 유지하여 피부결 방향으로 적용한다. 또한 각종 피부 질환, 심장 질환, 혈액순환 관련 질환, 당뇨병 등의 경우에는 적용하지 않는다.

04 관리 방법 중 수요법(water therapy, hydro-therapy) 시 지켜야 할 수칙이 아닌 것은?

㉮ 식사 직후에 행한다.
㉯ 수요법은 대개 5분에서 30분까지가 적당하다.
㉰ 수요법 전에는 잠깐 쉬도록 한다.
㉱ 수요법 후에는 주스나 향을 첨가한 물이나 이온음료를 마시도록 한다.

> **해설** 식사 직후에는 피한다.

05 딥클렌징 방법이 아닌 것은?

㉮ 디스인크러스테이션
㉯ 효소 필링
㉰ 브러싱
㉱ 이온토포레시스

> **해설** 이온토포레시스는 유효성분의 영양을 침투하는 작용을 한다.

06 피부관리 시 매뉴얼 테크닉을 하는 목적과 가장 거리가 먼 것은?

㉮ 정신적 스트레스 경감
㉯ 혈액순환 촉진
㉰ 신진대사 활성화
㉱ 부종 감소

> **해설** 매뉴얼 테크닉은 혈액 및 림프순환을 촉진시켜 신진대사를 활성화시키고 심리적 안정감과 긴장을 해소한다.

07 콜라겐 벨벳마스크는 어떤 타입이 주로 사용되는가?

㉮ 시트 타입 ㉯ 크림 타입
㉰ 파우더 타입 ㉱ 겔 타입

> •해설• 콜라겐 벨벳 마스크는 시트 타입이다.

08 셀룰라이트 관리에서 중점적으로 행해야 할 관리 방법은?

㉮ 근육의 운동을 촉진시키는 관리를 집중적으로 행한다.
㉯ 림프순환을 촉진시키는 관리를 한다.
㉰ 피지가 모공을 막고 있으므로 피지 배출 관리를 집중적으로 행한다.
㉱ 한선이 막혀 있으므로 한선 관리를 집중적으로 행한다.

> •해설• 셀룰라이트 관리는 혈액순환과 림프순환을 촉진하는 운동과 마사지, 식이 조절, 적당한 휴식이 필요하다.

09 원주형 세포가 단층적으로 이어져 있으며 각질 형성 세포와 색소 형성 세포가 존재하는 피부세포층은?

㉮ 기저층 ㉯ 투명층
㉰ 각질층 ㉱ 유극층

> •해설• 단층 원주형 각질 형성 세포와 색소 형성 세포는 기저층에 존재한다.

10 산소 라디칼 방어에서 가장 중심적인 역할을 하는 효소는?

㉮ FDA ㉯ SOD
㉰ AHA ㉱ NMF

> •해설• SOD(superoxide dismutase)는 유해 산소를 환원시키는 효소이다.

11 클렌징 시술 준비과정의 유의사항과 가장 거리가 먼 것은?

㉮ 고객에게 가운을 입히고 고객이 액세서리를 제거하여 보관하게 한다.
㉯ 터번은 귀가 겹쳐지지 않게 조심한다.
㉰ 깨끗한 시트와 중간 타월로 준비된 침대에 눕힌 다음 큰 타월이나 담요로 덮어준다.
㉱ 터번이 흘러내리지 않도록 핀셋으로 다시 고정시킨다.

> •해설• 터번 고정은 가볍게 해야 한다.

12 지성 피부를 위한 피부관리 방법은?

㉮ 토너는 알코올 함량이 적고 보습 기능이 강화된 제품을 사용한다.
㉯ 클렌저는 유분기 있는 클렌징 크림을 선택하여 사용한다.
㉰ 동·식물성 지방 성분이 함유된 음식을 많이 섭취한다.
㉱ 클렌징 로션이나 산뜻한 느낌의 클렌징 젤을 이용하여 메이크업을 지운다.

> •해설• 지성피부는 산뜻한 느낌의 클렌징 젤을 이용하여 메이크업을 지우고, 알코올이 들어있고 유분기가 적은 제품을 사용해야 하며 지방성분이 적게 들어있는 음식을 섭취해야 한다.

13 고객이 처음 내방하였을 때 피부관리에 대한 첫 상담 과정에서 고객이 얻는 효과와 가장 거리가 먼 것은?

㉮ 전 단계의 피부관리 방법을 배우게 된다.
㉯ 피부관리에 대한 지식을 얻게 된다.
㉰ 피부관리에 대한 경계심이 풀어지며 심리적으로 안정된다.
㉱ 피부관리에 대한 긍정적이고 적극적인 생각을 가지게 된다.

> **•해설** 고객이 처음 내방하였을 때 첫 상담 과정에서는 피부관리에 대한 경계심을 풀고 긍정적이고 적극적인 생각을 갖게 되어 심리적으로 안정되며 관리에 대한 지식도 얻는다.

14 왁스 시술에 대한 내용 중 옳은 것은?

㉮ 제모하기 적당한 털의 길이는 2cm이다.
㉯ 온왁스의 경우 왁스는 제모 실시 직전에 데운다.
㉰ 왁스를 바른 위에 머슬린(부직포)은 수직으로 세워 떼어낸다.
㉱ 남아있는 왁스의 끈적임은 왁스 제거용 리무버로 제거한다.

> **•해설** 제모하기 적당한 털의 길이는 1~1.5cm이다. 왁스는 미리 데워 준비해 놓고, 머슬린천 제거 시에는 천을 뒤로 젖혀서 빠르게 떼어낸다.

15 눈썹이나 겨드랑이 등과 같이 연약한 피부의 제모에 사용하며, 부직포를 사용하지 않고 체모를 제거할 수 있는 왁스(wax) 제모 방법은?

㉮ 소프트(Soft) 왁스법   ㉯ 콜드(Cold) 왁스법
㉰ 물(Water) 왁스법   ㉱ 하드(Hard) 왁스법

> **•해설** 하드 왁스법은 국소 부위 등 연약한 피부에 부직포를 사용하지 않고 체모를 제거하는 제모 방법으로 동전 두께만큼 펴바르고 왁스 자체를 떼어내는 방법이다.

16 워시오프 타입의 팩이 아닌 것은?

㉮ 크림팩   ㉯ 거품팩
㉰ 클레이팩   ㉱ 젤라틴팩

> **•해설** 젤라틴팩은 필름막을 떼어내는 필오프(peel off) 타입이다.

17 아래 설명과 가장 가까운 피부 타입은?

- 모공이 넓다.
- 뾰루지가 잘 난다.
- 정상피부보다 두껍다.
- 블랙헤드가 생성되기 쉽다.

㉮ 지성피부
㉯ 민감 피부
㉰ 건성피부
㉱ 정상피부

18 피부미용의 개념에 대한 설명 중 틀린 것은?

㉮ 피부미용이라는 명칭은 독일의 미학자 바움가르덴(Baum garten)에 의해 처음 사용되었다.
㉯ Cosmetic이란 용어는 독일어의 Kosmein에서 유래되었다.
㉰ Esthetique란 용어는 화장품과 피부관리를 구별하기 위해 사용된 것이다.
㉱ 피부미용이라는 의미로 사용되는 용어는 각 나라마다 다양하게 지칭되고 있다.

> **•해설** Cosmetic이란 용어는 우주(Cosmos)를 의미하는 고대 그리스어인 'Kosmos'에서 유래되었다.

19 피부관리 시술단계가 옳은 것은?

㉮ 클렌징 → 피부분석 → 딥클렌징 → 매뉴얼 테크닉 → 팩 → 마무리
㉯ 피부분석 → 클렌징 → 딥클렌징 → 매뉴얼 테크닉 → 팩 → 마무리
㉰ 피부분석 → 클렌징 → 매뉴얼 테크닉 → 딥클렌징 → 팩 → 마무리
㉱ 클렌징 → 딥클렌징 → 팩 → 매뉴얼 테크닉 → 마무리 → 피부분석

20 습포에 대한 설명으로 맞는 것은?

㉮ 피부미용 관리에서 냉습포는 사용하지 않는다.
㉯ 해면을 사용하기 전에 습포를 우선 사용한다.
㉰ 냉습포는 피부를 긴장시키며 진정효과를 위해 사용한다.
㉱ 온습포는 피부미용 관리의 마무리 단계에서 피부 수렴효과를 위해 사용한다.

•해설 피부미용 관리의 마무리 단계에서 피부 수렴을 위해 냉습포를 사용한다.

21 아포크린한선의 설명으로 틀린 것은?

㉮ 아포크린한선의 냄새는 여성보다 남성에게 강하게 나타난다.
㉯ 땀의 산도가 붕괴되면서 심한 냄새를 동반한다.
㉰ 겨드랑이, 대음순, 배꼽 주변에 존재한다.
㉱ 인종적으로 흑인이 가장 많이 분비한다.

•해설 아포크린한선은 남성보다 여성이 더 발달되었으며 흔히 암내라고 하는 냄새를 풍기는 체취선이다.

22 다음 중 가장 이상적인 피부의 pH 범위는?

㉮ pH 3.5~4.5　　㉯ pH 5.2~5.8
㉰ pH 6.5~7.2　　㉱ pH 7.5~8.2

•해설 피부의 산성도는 pH 4.5~6.5이다.

23 성장기에 있어 뼈의 길이 성장이 일어나는 곳을 무엇이라 하는가?

㉮ 상지골　　㉯ 두개골
㉰ 연지상골　　㉱ 골단연골

•해설 골단연골이 골단판에서 뼈의 길이 성장에 관여한다.

24 섭취된 음식물 중의 영양물질을 산화시켜 인체에 필요한 에너지를 생성해내는 세포 소기관은?

㉮ 리보솜　　㉯ 리소좀
㉰ 골지체　　㉱ 미토콘드리아

•해설 미토콘드리아는 세포 내의 호흡을 담당하며 세포 내에 필요한 에너지(ATP)를 생산한다.

25 자율신경의 지배를 받는 민무늬근은?

㉮ 골격근(skeletal muscle)
㉯ 심근(cardiac muscle)
㉰ 평활근(smooth muscle)
㉱ 승모근(trapezius muscle)

•해설 평활근(내장근)은 민무늬근으로 자율신경계의 지배를 받는 불수의근이다.

26 다음 중 피부의 기능이 아닌 것은?

㉮ 보호작용　　㉯ 체온 조절작용
㉰ 감각작용　　㉱ 순환작용

•해설 순환작용을 순환계(심장, 혈관, 혈액)의 기능이다.

27 내인성 노화가 진행될 때 감소현상을 나타내는 것은?

㉮ 각질층 두께
㉯ 주름
㉰ 피부 처짐 현상
㉱ 랑게르한스 세포

•해설 내인성 노화는 각질 형성 세포의 크기가 커지고, 잔주름과 피부 처짐 현상이 증가하며, 멜라닌 세포와 랑게르한스 세포의 수와 기능이 감소한다.

28 다음 중 주름살이 생기는 요인으로 가장 거리가 먼 것은?

㉮ 수분의 부족 상태
㉯ 지나치게 햇빛(sunlight)에 노출되었을 때
㉰ 갑자기 살이 찐 경우
㉱ 과도한 안면운동

•해설• 갑자기 살이 찐 경우 피하지방이 증가되어 주름이 줄어들 수 있다.

29 콜레스테롤의 대사 및 해독 작용과 스테로이드 호르몬의 합성과 관계 있는 무과립 세포는?

㉮ 조면형질내세망
㉯ 골면형질내세망
㉰ 용해소체
㉱ 골기체

•해설• 골면형질내세망은 콜레스테롤과 인지질 합성, 해독 작용 및 스테로이드 호르몬을 합성하는 세포 내 소기관이다.

30 다음 내용과 가장 관계 있는 것은?

- 곰팡이균에 의하여 발생한다.
- 피부 껍질이 벗겨진다.
- 가려움증이 동반된다.
- 주로 손과 발에서 번식한다.

㉮ 농가진　　㉯ 무좀
㉰ 홍반　　　㉱ 사마귀

•해설• 백선균에 의한 무좀(족부백선)이다.

31 피지, 면포가 있는 피부 부위의 우드램프(wood lamp)의 반응 색상은?

㉮ 청백색
㉯ 진보라색
㉰ 암갈색
㉱ 오렌지색

•해설• 피지, 면포가 있는 피부 부위는 오렌지색으로 나타난다.

32 컬러테라피 기기에서 빨강 색광의 효과와 가장 거리가 먼 것은?

㉮ 혈액순환 증진, 세포의 활성화, 세포 재생활동
㉯ 소화기계 기능강화, 신경자극, 신체 정화작용
㉰ 지루성 여드름, 혈액순환 불량 피부관리
㉱ 근조직 이완, 셀룰라이트 개선

•해설• 컬러테라피의 빨강 색광의 효과는 혈액순환을 증진, 세포의 활성과 재생, 노화, 여드름 피부, 셀룰라이트와 지방 분해에 효과적이다.

33 클렌징이나 딥클렌징 단계에서 사용하는 기기와 가장 거리가 먼 것은?

㉮ 베이퍼라이저
㉯ 브러싱머신
㉰ 진공 흡입기
㉱ 확대경

•해설• 확대경은 피부분석기기에 해당한다.

34 전류에 대한 내용이 틀린 것은?

㉮ 전하량의 단위는 쿨롱으로 1쿨롱은 도선에 1V의 전압이 걸렸을 때 1초 동안 이동하는 전하의 양이다.
㉯ 교류 전류란 전류흐름의 방향이 시간에 따라 주기적으로 변하는 전류이다.
㉰ 전류의 세기는 도선의 단면을 1초 동안 흘러간 전하의 양으로서 단위는 A(암페어)이다.
㉱ 직류전동기는 속도 조절이 자유롭다.

•해설• 전류의 세기는 1초 동안 도체 단면을 통과한 전하의 양으로, 1초간에 1쿨롱일 때 전류의 크기는 1A가 된다.

35 이온에 대한 설명으로 옳지 않은 것은?

㉮ 양전하 또는 음전하를 지닌 원자를 말한다.
㉯ 증류수는 이온수에 속한다.
㉰ 원소가 전자를 잃어 양이온이 되고, 전자를 얻어 음이온이 된다.
㉱ 양이온과 음이온의 결합을 이온결합이라 한다.

•해설• 증류수는 이온을 제거한 물이다.

36 인체 내의 화학물질 중 근육 수축에 주로 관여하는 것은?

㉮ 액틴과 미오신
㉯ 단백질과 칼슘
㉰ 남성호르몬
㉱ 비타민과 미네랄

•해설• 근육의 수축은 액틴과 미오신 단백질에 의해 이루어진다.

37 혈관의 구조에 관한 설명 중 옳지 않은 것은?

㉮ 동맥은 3층 구조이며 혈관벽이 정맥에 비해 두껍다.
㉯ 동맥은 중막인 평활근층이 발달해 있다.
㉰ 정맥은 3층 구조이며 혈관벽이 얇으며 판막이 발달해 있다.
㉱ 모세혈관은 3층 구조이며 혈관벽이 얇다.

•해설• 모세혈관은 단층 내피 세포로 구성되어 있다.

38 소화선(소화샘)으로 소화액을 분비하는 동시에 호르몬을 분비하는 혼합선(내/외분비선)에 해당하는 것은?

㉮ 타액선 ㉯ 간
㉰ 담낭 ㉱ 췌장

•해설• 췌장은 인슐린과 글루카곤을 분비하며 3대 영양소를 분해할 수 있는 소화 효소를 분비한다.

39 신경계의 기본세포는?

㉮ 혈액 ㉯ 뉴런
㉰ 미토콘드리아 ㉱ DNA

•해설• 신경계의 구조적, 기능적 기본 단위는 뉴런(신경세포)이다.

40 고주파 피부미용기기의 사용방법 중 간접법에 대한 설명으로 옳은 것은?

㉮ 고객의 얼굴에 적합한 크림을 바르고 그 위에 전극봉으로 마사지한다.
㉯ 얼굴에 적합한 크림을 바르고 손으로 마사지한다.
㉰ 고객의 얼굴에 마른 거즈를 올린 후 그 위를 전극봉으로 마사지한다.
㉱ 고객의 손에 전극봉을 잡게 한 후 얼굴에 마른 거즈를 올리고 손으로 눌러준다.

- **해설** 고주파 간접법은 고객에게 전극봉을 연결하고 관리사가 고객의 얼굴에 적합한 크림을 바르고 수기로 마사지한다.

41 비누의 제조방법 중 지방산의 글리세린에스테르와 알칼리를 함께 가열하면 유지가 가수 분해되어 비누와 글리세린이 얻어지는 방법은?

㉮ 중화법
㉯ 검화법
㉰ 유화법
㉱ 화학법

- **해설** 검화법이란 지방산의 글리세린에스테르와 알칼리를 가열하면 유지가 가수분해되어 비누와 글리세린이 얻어지는 방법이다.

42 샤워 코롱(Shower cologne)이 속하는 분류는?

㉮ 세정용 화장품
㉯ 메이크업용 화장품
㉰ 모발용 화장품
㉱ 방향용 화장품

- **해설** 샤워 코롱이나 향수는 방향용 화장품이다.

43 다음 중 동물과 전염병의 병원소로 연결이 잘못된 것은?

㉮ 소 - 결핵
㉯ 쥐 - 말라리아
㉰ 돼지 - 일본뇌염
㉱ 개 - 공수병

- **해설**
  - 쥐 : 페스트, 발진열, 살모넬라증, 서교증, 양충병
  - 모기 : 말라리아, 사상충, 황열, 일본뇌염

44 다음 중 식품의 혐기성 상태에서 발육하여 신경계 증상이 주 증상으로 나타는 것은?

㉮ 살모넬라증 식중독
㉯ 보툴리누스균 식중독
㉰ 포도상구균 식중독
㉱ 장염비브리오 식중독

- **해설** 식품의 혐기성 상태에서 증식하여 생산된 독소를 섭취해 발생되는 보툴리누스균 식중독은 말단운동의 신경마비를 일으키며 치사율이 높다.

45 전염병 예방법상 제1군 전염병에 속하는 것은?

㉮ 한센병
㉯ 폴리오
㉰ 일본뇌염
㉱ 파라티푸스

- **해설** 제1군은 콜레라, 장티푸스, 파라티푸스, 세균성 이질, 장출혈성 대장균감염증, A형 간염 등이고 폴리오와 일본뇌염은 제2군, 한센병은 제3군이다.

46 향수의 구비요건이 아닌 것은?

㉮ 향에 특징이 있어야 한다.
㉯ 향이 강하므로 지속성이 약해야 한다.
㉰ 시대성에 부합하는 향이어야 한다.
㉱ 향의 조화가 잘 이루어져야 한다.

- **해설** 향수의 부향률은 퍼퓸(perfume) 〉 오 드 퍼퓸(EDP) 〉 오 드 뚜왈렛(EDT) 〉 코롱(cologne)순으로 향에는 지속성이 있어야 한다.

47 계면활성제에 대한 설명 중 잘못된 것은?

㉮ 계면활성제는 계면을 활성화시키는 물질이다.
㉯ 계면활성제는 친수성기와 친유성기를 모두 소유하고 있다.
㉰ 계면활성제는 표면장력을 높이고 기름을 유화시키는 등의 특징을 가지고 있다.
㉱ 계면활성제는 표면활성제라고도 한다.

•해설 계면활성제는 표면 장력을 낮추고 친수성기와 친유성기를 모두 포함하고 있다.

48 다음 중 기초 화장품의 필요성에 해당되지 않는 것은?

㉮ 세정   ㉯ 미백
㉰ 피부 정돈   ㉱ 피부 보호

•해설 미백은 기능성 화장품 기능에 포함된다.

49 아하(AHA)의 설명이 아닌 것은?

㉮ 각질 제거 및 보습 기능이 있다.
㉯ 글리콜산, 젖산, 사과산, 주석산, 구연산이 있다.
㉰ 알파 하이드록시카프로익에시드(Alpha hydroxy caproic acid)의 약어이다.
㉱ 피부와 점막에 약간의 자극이 있다.

•해설 A.H.A는 Alpha hydroxy acid의 약어이다.

50 화장품과 의약품의 차이를 바르게 정의한 것은?

㉮ 화장품의 사용목적은 질병의 치료 및 진단이다.
㉯ 화장품은 특정 부위만 사용 가능하다.
㉰ 의약품의 사용대상은 정상적인 상태인 자로 한정되어 있다.
㉱ 의약품의 부작용은 어느 정도까지는 인정된다.

•해설 화장품은 정상인을 대상으로 청결, 미화를 목적으로 사용하며 장기간 사용해도 부작용이 없어야 한다.

51 공중위생영업소의 위생관리 수준을 향상시키기 위하여 위생서비스 평가계획을 수립하는 자는?

㉮ 대통령
㉯ 보건복지부장관
㉰ 시·도지사
㉱ 공중위생관련협회 또는 단체

•해설 시·도지사는 위생서비스 평가계획을 수립하고, 시·군수·구청장은 세부 평가계획을 수립한 뒤 공중위생영업소의 위생서비스 수준을 평가한다.

52 신고를 하지 아니하고 영업소의 소재를 변경한 때 1차 위반 시의 행정처분 기준은?

㉮ 영업정지 1월   ㉯ 영업정지 2월
㉰ 영업정지 3월   ㉱ 영업장 폐쇄명령

•해설 신고를 하지 않고 영업소의 소재지를 변경한 경우 (2018년 10월 보건복지부령으로 개정)
변경 전 : 영업장 폐쇄명령
변경 후 : 영업정지 1월(1차), 영업정지 2월(2차), 영업장 폐쇄명령(3차)

53 이·미용업의 영업신고를 하지 아니하고 업소를 개설한 자에 대한 법적 조치는?

㉮ 200만원 이하의 과태료
㉯ 300만원 이하의 벌금
㉰ 6월 이하의 징역 또는 500만원 이하의 벌금
㉱ 1년 이하의 징역 또는 1천만원 이하의 벌금

•해설 1년 이하의 징역 또는 1천만원 이하의 벌금에 처하게 된다.
◆ 영업신고 및 폐업 신고를 하지 아니한 자
◆ 영업정지 기간 중 영업을 행한 자
◆ 일부 시설 사용중지명령을 받고도 시설을 사용한 자
◆ 영업소의 폐쇄명령을 받고도 계속 영업을 한 자

54 다음 중 법에서 규정하는 명예공중위생 감시원의 위촉대상자가 아닌 것은?

㉮ 공중위생관련 협회장이 추천하는 자
㉯ 소비자 단체장이 추천하는 자
㉰ 공중위생에 대한 지식과 관심이 있는 자
㉱ 3년 이상 공중위생 행정에 종사한 경력이 있는 공무원

> •해설• 명예공중위생 감시원은 시·도지사가 공중 위생의 관리를 위한 지도·계몽 등을 행하게 하기 위해 공무원이 아닌 자를 대상으로 위촉한다.
> ① 공중위생에 대한 지식과 관심이 있는 자
> ② 소비자 단체, 공중위생 관련 협회 또는 단체의 소속직원 중에서 당해 단체 등의 장이 추천하는 자

55 소독을 한 기구와 소독을 하지 아니한 기구를 각각 다른 용기에 넣어 보관하지 아니한 때에 대한 2차 위반 시의 행정처분 기준에 해당하는 것은?

㉮ 경고 ㉯ 영업정지 5일
㉰ 영업정지 10일 ㉱ 영업장 폐쇄명령

> •해설•
> ◆ 1차 위반 – 경고
> ◆ 2차 위반 – 영업정지 5일
> ◆ 3차 위반 – 영업정지 10일
> ◆ 4차 위반 – 영업장 폐쇄명령

56 한 지역이나 국가의 공중보건을 평가하는 기초자료로 가장 신뢰성 있게 인정되고 있는 것은?

㉮ 질병이환율 ㉯ 영아사망률
㉰ 신생아사망률 ㉱ 조사망률

> •해설• 한 지역이나 국가의 공중보건을 평가하는 기초자료로 가장 신뢰성 있게 건강수준을 나타내는 대표적인 평가기준은 영아사망률이며 WHO(세계보건기구)의 3대 보건 지표는 조사망률, 비례사망률, 평균수명이다.

57 다음 중 음료수 소독에 사용되는 소독 방법과 가장 거리가 먼 것은?

㉮ 염소 소독 ㉯ 표백분 소독
㉰ 자비 소독 ㉱ 승홍액 소독

> •해설• 음료수 소독에 사용되는 방법으로 자비 소독, 자외선, 화학적 소독법(할로겐류, 과망산칼륨, 오존 등)이 있으며, 승홍액 소독은 맹독성으로 적합하지 않다.

58 보통 상처의 표면에 소독하는 데 이용하며 발생기 산소가 강력한 산화력으로 미생물을 살균하는 소독제는?

㉮ 석탄산 ㉯ 과산화수소수
㉰ 크레졸 ㉱ 에탄올

> •해설• 과산화수소는 강력한 산화력으로 미생물을 살균하며 상처의 소독제로 사용된다.

59 알코올 소독의 미생물 세포에 대한 주된 작용기전은?

㉮ 할로겐 복합물 형성 ㉯ 단백질 변성
㉰ 효소의 완전 파괴 ㉱ 균체의 완전 융해

> •해설• 알코올은 미생물 세포에 단백질을 변성시키고 세포막의 지질을 분해한다.

60 자비 소독에 관한 내용으로 적합하지 않은 것은?

㉮ 물에 탄산나트륨을 넣으면 살균력이 강해진다.
㉯ 소독할 물건은 열탕 속에 완전히 잠기도록 해야 한다.
㉰ 100℃에서 15~20분간 소독한다.
㉱ 금속기구, 고무, 가죽의 소독에 적합하다.

> •해설• 자비 소독은 물을 끓여서 하는 소독법으로 고무나 가죽의 소독은 변형이나 손상이 되어 적합하지 않다.

2010년 제1회 피부미용사 필기 기출복원문제 (2010년 1월 31일 시행)

01 림프드레나쥐를 금해야 하는 증상에 속하지 않은 것은?

㉮ 심부전증
㉯ 혈전증
㉰ 켈로이드증
㉱ 급성염증

• 해설 • 켈로이드증은 피부 조직이 증식하여 단단한 융기 형태로 불그스름한 피부가 되는 것으로 림프드레나쥐를 금해야 하는 증상은 아니다.

02 피부 유형에 맞는 화장품 선택이 아닌 것은?

㉮ 건성피부 : 유분과 수분이 많이 함유된 화장품
㉯ 민감성 피부 : 향, 색소, 방부제를 함유하지 않거나 적게 함유된 화장품
㉰ 지성피부 : 피지 조절제가 함유된 화장품
㉱ 정상피부 : 오일이 함유되어 있지 않은 오일 프리(Oil free) 화장품

• 해설 • 지성피부 : 피지 조절제가 아닌 오일이 함유되어 있지 않은 오일 프리 화장품 권장

03 매뉴얼 테크닉 시 가장 많이 이용되는 기술로 손바닥을 편평하게 하고 손가락을 약간 구부려 근육이나 피부 표면을 쓰다듬고 어루만지는 동작은?

㉮ 프릭션(friction)
㉯ 에플라지(effleurage)
㉰ 페트리사지(petrissage)
㉱ 바이브레이션(vibration)

• 해설 • 에플라지(쓰다듬기,경찰법) : 처음과 마지막(시작과 마무리 동작)에 실시하는 동작으로 피부 표면을 쓰다듬고 어루만지는 동작

04 화학적 제모와 관련된 설명이 틀린 것은?

㉮ 화학적 제모는 털을 모근으로부터 제거한다.
㉯ 제모 제품은 강알칼리성으로 피부를 자극하므로 사용 전 첩포 테스트를 실시하는 것이 좋다.
㉰ 제모 제품 사용 전 피부를 깨끗이 건조시킨 후 적정량을 바른다.
㉱ 제모 후 산성화장수를 바른 뒤에 진정로션이나 크림을 흡수시킨다.

• 해설 • 화학적 제모는 털의 표면인 모간만 제거한다.

05 클렌징 순서가 가장 적합한 것은?

㉮ 클렌징 손동작 → 화장품 제거 → 포인트 메이크업 클렌징 → 클렌징 제품 도포 → 습포
㉯ 화장품 제거 → 포인트 메이크업 클렌징 → 클렌징 제품 도포 → 클렌징 손동작 → 습포
㉰ 클렌징 제품 도포 → 클렌징 손동작 → 포인트 메이크업 클렌징 → 화장품 제거 → 습포
㉱ 포인트 메이크업 클렌징 → 클렌징 제품 도포 → 클렌징 손동작 → 화장품 제거 → 습포

• 해설 • 포인트 메이크업 클렌징 → 클렌징 제품 도포 → 클렌징 손동작 → 화장품 제거 → 습포

06 매뉴얼 테크닉 시술에 대한 내용으로 틀린 것은?

㉮ 매뉴얼 테크닉 시 모든 동작이 연결될 수 있도록 해야 한다.
㉯ 매뉴얼 테크닉 시 중추부터 말초 부위로 향하게 시술해야 한다.
㉰ 매뉴얼 테크닉 시 손놀림도 균등한 리듬을 유지해야 한다.
㉱ 매뉴얼 테크닉 시 체온의 손실을 막는 것이 좋다.

• 해설 • 매뉴얼 테크닉 시 말초부터 중추 부위로 향해서 시술해야 한다.

07 레몬 아로마 에센셜 오일의 사용과 관련된 설명으로 틀린 것은?

㉮ 무기력한 기분을 상승시킨다.
㉯ 기미, 주근깨가 있는 피부에 좋다.
㉰ 여드름, 지성피부에 사용된다.
㉱ 진정작용이 뛰어나다.

• 해설 • 레몬 아로마 에센셜 오일은 시트러스 계열로 민감성 피부나 예민성 피부에 자극을 줄 수 있으므로 진정 작용에는 적합하지 않다.

08 다음 중 피지분비가 많은 지성, 여드름성 피부의 노폐물 제거에 가장 효과적인 팩은?

㉮ 오이팩   ㉯ 석고팩
㉰ 머드팩   ㉱ 알로에겔팩

• 해설 • 지성 · 여드름 피부에는 피지 흡착 효과가 있는 머드팩이 효과적이다.

09 체내에서 근육 및 신경의 자극 전도, 삼투압 조절 등의 작용을 하며, 식욕과 관계가 깊기 때문에 부족하면 피로감, 노동력의 저하 등을 일으키는 것은?

㉮ 구리(Cu)   ㉯ 식염(NaCl)
㉰ 요오드(I)   ㉱ 인(P)

• 해설 • 식염(NaCl)은 식욕과 관계가 깊기 때문에 부족하면 피로감 및 노동력 저하 등을 일으킨다.

10 접촉성 피부염의 주된 알레르기원이 아닌 것은?

㉮ 니켈   ㉯ 금
㉰ 수은   ㉱ 크롬

• 해설 • 접촉성 피부염의 주된 알레르기원은 니켈, 수은, 크롬 등의 중금속 물질이다.

11 딥클렌징의 분류가 옳은 것은?

㉮ 고마쥐 - 물리적 각질관리
㉯ 스크럽 - 화학적 각질관리
㉰ AHA - 물리적 각질관리
㉱ 효소 - 물리적 각질관리

• 해설 • 딥클렌징 중 고마쥐 · 스크럽은 물리적 딥클렌징, AHA, 효소는 화학적 딥클렌징이다.

12 다음 중 노폐물과 독소 및 과도한 체액의 배출을 원활하게 하는 효과에 가장 적합한 관리 방법은?

㉮ 지압   ㉯ 인디안 헤드 마사지
㉰ 림프드레나쥐   ㉱ 반사 요법

• 해설 • 노폐물과 독소 및 과도한 체액의 배출을 돕는 것은 림프드레나쥐이다.

13 안면 클렌징 시술 시의 주의사항 중 틀린 것은?

㉮ 고객의 눈이나 콧속으로 화장품이 들어가지 않도록 한다.
㉯ 근육결 반대 방향으로 시술한다.
㉰ 처음부터 끝까지 일정한 속도와 리듬감을 유지하도록 한다.
㉱ 동작은 근육이 처지지 않게 한다.

• 해설 • 안면 클렌징 시술방향은 근육결 방향으로 시술한다.

14 밑줄 친 내용에 대한 범위의 설명으로 맞는 것은? (단, 국내법상의 구분이 아닌 일반적인 정의 측면의 내용을 말함)

> 피부관리(Skin care)는 "인체의 피부"를 대상으로 아름답게, 보다 건강한 피부로 개선, 유지, 증진, 예방하기 위해 피부관리사가 고객의 피부를 분석하고 분석 결과에 따라 적합한 화장품, 기구 및 식품 등을 이용하여 피부관리 방법을 제공하는 것을 말한다.

㉮ 두피를 포함한 얼굴 및 전신의 피부를 말한다.
㉯ 두피를 제외한 얼굴 및 전신의 피부를 말한다.
㉰ 얼굴과 손의 피부를 말한다.
㉱ 얼굴의 피부만을 말한다.

> **•해설•** 인체의 피부는 두피를 제외한 얼굴 및 전신의 피부관리를 말한다.
> ※ 문제 오류로 여기서는 ㉯를 정답으로 인정합니다. 이 문제는 '법적이 아닌 일반적 정의' 측면에서 두피는 피부에 포함시킨다는 현실적 상황을 인정하여 가답안은 ㉮로 발표되었으나 문제의견 민원에 의해 법적인 정의 및 기타 의견 등을 수용하여 확정답안은 ㉯로 바뀌었습니다.

15 일시적 제모방법 가운데 겨드랑이 및 다리의 털을 제거하기 위해 피부미용실에서 가장 많이 사용되는 제모방법은?

㉮ 면도기를 이용한 제모
㉯ 레이저를 이용한 제모
㉰ 족집게를 이용한 제모
㉱ 왁스를 이용한 제모

> **•해설•** 피부미용실에서 가장 많이 사용하는 것은 왁스를 이용한 제모이다.(털의 재성장 주기 : 4~5주 정도 걸린다.)

16 효소 필링이 적합하지 않은 피부는?

㉮ 각질이 두껍고 피부 표면이 건조하여 당기는 피부
㉯ 비립종을 가진 피부
㉰ 화이트헤드, 블랙헤드를 가지고 있는 지성피부
㉱ 자외선에 의해 손상된 피부

> **•해설•** 효소 필링이 적합하지 않은 피부는 자외선에 의해 손상된 피부이다.

17 상담 시 고객에 대해 취해야 할 사항 중 옳은 것은?

㉮ 상담 시 다른 고객의 신상정보, 관리정보를 제공한다.
㉯ 고객의 사생활에 대한 정보를 정확하게 파악한다.
㉰ 고객과의 친밀감을 갖기 위해 사적으로 친목을 도모한다.
㉱ 전문적인 지식과 경험을 바탕으로 관리방법과 절차 등에 관해 차분하게 설명해 준다.

> **•해설•** 상담 시 고객의 신상정보나 관리정보를 제공하여서는 절대로 안되며, 전문적인 지식과 경험을 바탕으로 관리방법과 절차 등에 관해 차분하게 설명해 준다.

18 습포에 대한 설명으로 틀린 것은?

㉮ 타월은 항상 자비소독 등의 방법을 실시한 후 사용한다.
㉯ 온습포는 팔의 안쪽에 대어서 온도를 확인한 후 사용한다.
㉰ 피부관리의 최종단계에서 피부의 경직을 위해 온습포를 사용한다.
㉱ 피부관리 시 사용되는 습포에는 온습포와 냉습포의 두 종류가 일반적이다.

> **•해설•** 피부관리의 최종단계에서 피부의 경직을 위해 냉습포를 사용한다.(진정 효과)

19 건성피부의 특징과 가장 거리가 먼 것은?

㉮ 각질층의 수분이 50% 이하로 부족하다.
㉯ 피부가 손상되기 쉬우며 주름 발생이 쉽다.
㉰ 피부가 얇고 외관으로 피부결이 섬세해 보인다.
㉱ 모공이 작다.

•해설• 건성피부의 각질층의 수분은 10% 이하로 부족하다. 정상피부는 수분이 12%로 촉촉하다.

20 팩의 목적이 아닌 것은?

㉮ 노폐물의 제거와 피부 정화
㉯ 혈액순환 및 신진대사 촉진
㉰ 영양과 수분공급
㉱ 잔주름 및 피부 건조 치료

•해설• 잔주름 및 피부 건조 치료의 개념이 아니라 개선의 개념이다.

21 셀룰라이트(cellulite)의 설명으로 옳은 것은?

㉮ 수분이 정체되어 부종이 생긴 현상
㉯ 영양섭취의 불균형 현상
㉰ 피하지방이 축적되어 뭉친 현상
㉱ 화학물질에 대한 저항력이 강한 현상

•해설• 셀룰라이트(Cellulite)는 피하지방이 축적되어 뭉친 현상

22 피부에 계속적인 압박으로 생기는 각질층의 증식현상이며, 원추형의 국한성 비후증으로 경성과 연성이 있는 것은?

㉮ 사마귀   ㉯ 무좀
㉰ 굳은살   ㉱ 티눈

•해설• 피부에 계속적인 압박으로 생기는 각질층의 증식현상은 티눈으로서 통증이 있다.

23 신경계 중 중추신경계에 해당되는 것은?

㉮ 뇌   ㉯ 뇌신경
㉰ 척수신경 ㉱ 교감신경

•해설• 중추신경계 : 뇌와 척수

24 세포막을 통한 물질의 이동 방법이 아닌 것은?

㉮ 여과   ㉯ 확산
㉰ 삼투   ㉱ 수축

•해설• 세포막을 통한 물질의 이동방법은 여과·확산·삼투·능동수송이다.

25 혈액의 구성 물질로 항체 생산과 감염의 조절에 가장 관계가 깊은 것은?

㉮ 적혈구   ㉯ 백혈구
㉰ 혈장   ㉱ 혈소판

•해설• 백혈구는 항체 생산과 감염의 조절에 관계된다.

26 다음 중 원발진에 해당하는 피부 변화는?

㉮ 가피   ㉯ 미란
㉰ 위축   ㉱ 구진

•해설•
◆ 원발진 : 구진, 반점, 홍반, 팽진, 소수포, 대수포, 결절, 낭종, 종양 등
◆ 속발진 : 가피, 미란, 위축, 태선화, 반흔, 켈로이드, 찰상, 궤양 등

27 식후 12~16시간 경과되어 정신적, 육체적으로 아무것도 하지 않고 가장 안락한 자세로 조용히 누워 있을 때 생명을 유지하는 데 소요되는 최소한의 열량을 무엇이라 하는가?

㉮ 순환대사량 ㉯ 기초대사량
㉰ 활동대사량 ㉱ 상대대사량

> ◆해설 기초대사량 : 생명을 유지하는 데 소요되는 최소한의 열량

28 표피 중에서 피부로부터 수분이 증발하는 것을 막는 층은?

㉮ 각질층
㉯ 기저층
㉰ 과립층
㉱ 유극층

> ◆해설 과립층에 수분의 증발을 막아주는 수분저지막(레인방어막)이 존재한다.

29 다음 내용에 해당하는 세포질 내부의 구조물은?

- 세포 내의 호흡생리에 관여
- 이중막으로 싸여진 계란형(타원형)의 모양
- 아데노신 삼인산(Adenosin Triphosphate)을 생산

㉮ 형질내세망(Endolpasmic Reticulum)
㉯ 용해소체(Lysosome)
㉰ 골기체(Golgi apparatus)
㉱ 사립체(Mitochondria)

> ◆해설 사립체(미토콘드리아)라고 한다.

30 에크린한선에 대한 설명으로 틀린 것은?

㉮ 실밥을 둥글게 한 것 같은 모양으로 진피 내에 존재한다.
㉯ 사춘기 이후에 주로 발달한다.
㉰ 특수한 부위를 제외한 거의 전신에 분포한다.
㉱ 손바닥, 발바닥, 이마에 가장 많이 분포한다.

> ◆해설 사춘기 이후에 주로 발달하는 것은 대한선(아포크린한선)이다.

31 테슬라 전류(Tesla current)가 사용되는 기기는?

㉮ 갈바닉(The Galvanic Machine)
㉯ 전기분무기
㉰ 고주파기기
㉱ 스팀기(The vaporizer)

> ◆해설 테슬러 전류를 사용하는 기기는 고주파기기이다.

32 스티머 사용 시 주의사항이 아닌 것은?

㉮ 피부에 따라 적정 시간을 다르게 한다.
㉯ 스팀 분사방향은 코를 향하도록 한다.
㉰ 스티머 물통에 물을 2/3 정도 적당량 넣는다.
㉱ 물통을 일반세제로 씻는 것은 고장의 원인이 될 수 있으므로 사용을 금한다.

> ◆해설 스팀 분사방향은 턱을 향하도록 한다.

33 지성피부의 면포 추출에 사용하기 가장 적합한 기기는?

㉮ 분무기   ㉯ 전동 브러시
㉰ 리프팅기   ㉱ 진공 흡입기

> ◆해설 지성피부의 면포 추출에 가장 적합한 사용기기는 진공 흡입기이다.

34 피부를 분석할 때 사용하는 기기로 짝지어진 것은?

㉮ 진공 흡입기, 패터기
㉯ 고주파기, 초음파기
㉰ 우드 램프, 확대경
㉱ 분무기, 스티머

> •해설• 피부분석기기 : 우드 램프, 확대경, 유·수분 pH 측정기, 스킨스코프, 더마스코프이다.

35 괄호 안에 알맞은 말이 순서대로 나열된 것은?

> 물질의 변화에서 고체는 (a)이/가 (b)보다 강하다.

㉮ 운동력, 기체   ㉯ 운동, 압력
㉰ 운동력, 응력   ㉱ 응력, 운동력

> •해설• 물질의 변화에서 고체는 응력이 운동력보다 강하다.

36 뇨의 생성 및 배설과정이 아닌 것은?

㉮ 사구체 여과
㉯ 사구체 농축
㉰ 세뇨관 재흡수
㉱ 세뇨관 분비

> •해설• 뇨의 생성 및 배설과정
> 사구체 여과 → 세뇨관 재흡수 → 세뇨관 분비

37 다음 중 뼈의 기본 구조가 아닌 것은?

㉮ 골막   ㉯ 골외막
㉰ 골내막   ㉱ 심막

> •해설•
> ◆ 뼈의 기본구조 : 골막, 골조직, 해면골, 골수강
> ◆ 심막 : 심장을 둘러싸고 있는 막

38 내분비와 외분비를 겸한 혼합성 기관으로 3대 영양소를 분해할 수 있는 소화효소를 모두 가지고 있는 소화기관은?

㉮ 췌장   ㉯ 간
㉰ 위   ㉱ 대장

> •해설• 내분비와 외분비를 겸한 혼합성 기관으로서 3대 소화효소를 모두 가지고 있는 소화기관은 췌장이다.

39 승모근에 대한 설명으로 틀린 것은?

㉮ 기시부는 두개골의 저부이다.
㉯ 쇄골과 견갑골에 부착되어 있다.
㉰ 지배신경은 견갑배신경이다.
㉱ 견갑골의 내전과 머리를 신전한다.

> •해설• 지배신경은 뇌신경의 지배를 받는다.

40 피부에 미치는 갈바닉 전류의 양극(+) 효과는?

㉮ 피부 진정   ㉯ 모공 세정
㉰ 혈관 확장   ㉱ 피부 유연화

> •해설• 양극(+)의 효과 : 피부 진정, 혈관 수축, 산성 반응, 수렴

41 피부 거칠의 개선, 미백, 탈모 방지 등의 피부, 면역학 등을 연구하는 유용성 분야는?

㉮ 물리학적 유용성
㉯ 심리학적 유용성
㉰ 화학적 유용성
㉱ 생리학적 유용성

> •해설• 피부의 거칠의 개선·미백·탈모 방지 등의 피부·면역학 등을 연구하는 유용성 분야는 생리학적 유용성 분야이다.

42 아로마 오일의 사용법 중 확산법으로 맞는 것은?

㉮ 따뜻한 물에 넣고 몸을 담근다.
㉯ 아로마 램프나 스프레이를 이용한다.
㉰ 수건에 적신 후 피부에 붙인다.
㉱ 손수건, 티슈 등에 1~2방울 떨어뜨리고 심호흡을 한다.

> **해설** 확산법 : 아로마 램프나 스프레이를 이용하여 향을 발산시키는 방법

43 다음 중 파리가 매개할 수 있는 질병과 거리가 먼 것은?

㉮ 아메바성 이질　㉯ 장티푸스
㉰ 발진티푸스　　㉱ 콜레라

> **해설** 파리가 매개할 수 있는 질병 : 결핵, 아메바성 이질, 장티푸스, 콜레라, 파라티푸스

44 법정 감염병 중 제2군에 해당되는 것은?

㉮ 디프테리아　㉯ A형간염
㉰ 레지오넬라증　㉱ 한센병

> **해설**
> ♦ 제2군 법정 감염병 : 백일해, 디프테리아, 폴리오, 일본뇌염, 파상풍, B형간염, 수두, 홍역, 유행성 이하선염, 풍진
> ♦ 레지오넬라증 : 물속에 서식하는 균으로서 기침, 호흡곤란 등의 질병이다.

45 질병전파의 개달물(介達物)에 해당되는 것은?

㉮ 공기, 물　　㉯ 우유, 음식물
㉰ 의복, 침구　㉱ 파리, 모기

> **해설** 개달물에 의한 질병 전파 : 감염의 형태 중 하나로 음식물, 공기, 토양, 물을 제외한 의복, 침구류, 수건, 완구류, 책 등이다.

46 다음 화장품 중 그 분류가 다른 것은?

㉮ 화장수　㉯ 클렌징 크림
㉰ 샴푸　　㉱ 팩

> **해설**
> ♦ 기초 화장품 : 화장수, 팩, 클렌징 제품, 에센스, 아이 크림, 데이 크림, 나이트 크림 등
> ♦ 모발 화장품 : 샴푸, 린스, 헤어 에센스 등

47 다음 중 기능성 화장품의 영역이 아닌 것은?

㉮ 피부의 미백에 도움을 주는 제품
㉯ 피부의 주름 개선에 도움을 주는 제품
㉰ 피부의 여드름 개선에 도움을 주는 제품
㉱ 자외선으로부터 피부를 보호하는 데 도움을 주는 제품

> **해설** 기능성 화장품 영역 : 피부의 미백, 주름 개선, 자외선으로부터 피부를 보호하는 데 도움을 주는 제품

48 다음 중 바디용 화장품이 아닌 것은?

㉮ 샤워젤　㉯ 바스 오일
㉰ 데오도란트　㉱ 헤어 에센스

> **해설**
> ♦ 바디용 화장품 : 샤워젤, 바스 오일, 데오도란트
> ♦ 헤어 에센스 : 모발용 화장품

49 팩에 사용되는 주성분 중 피막제 및 점도 증가제로 사용되는 것은?

㉮ 카올린(kaolin), 탈크(talc)
㉯ 폴리비닐알코올(PVA), 잔탄검(xanthan gum)
㉰ 구연산나트륨(sodium citrate), 아미노산류(amino acids)
㉱ 유동파라핀(liquid paraffin), 스쿠알렌(squalene)

> **해설** 피막제 및 점도증가제 : 폴리비닐알코올(PVA), 잔탄검, 한천 등

50 화장품의 사용 목적과 가장 거리가 먼 것은?

㉮ 인체를 청결, 미화하기 위하여 사용한다.
㉯ 용모를 변화시키기 위하여 사용한다.
㉰ 피부, 모발의 건강을 유지하기 위하여 사용한다.
㉱ 인체에 대한 약리적인 효과를 주기 위해 사용한다.

> 해설 인체에 대한 약리적인 효과를 주기 위해 사용하는 것은 화장품의 사용 목적이 아니다.

51 미용영업자가 시장, 군수, 구청장에게 변경 신고를 하여야 하는 사항이 아닌 것은?

㉮ 영업소의 명칭의 변경
㉯ 영업소의 소재지의 변경
㉰ 신고한 영업장 면적의 1/3 이상의 증감
㉱ 영업소 내 시설의 변경

> 해설 변경신고를 하여야 하는 사항
> ◆ 영업소의 명칭, 소재지, 상호명 변경
> ◆ 대표자의 성명(법인인 경우에 한한다) 변경
> ◆ 신고한 영업장 면적의 1/3 이상의 증감

52 이·미용사가 이·미용업소 외의 장소에서 이·미용을 한 경우 3차 위반 행정처분기준은?

㉮ 영업장 폐쇄명령   ㉯ 영업정지 10일
㉰ 영업정지 1월   ㉱ 영업정지 2월

> 해설 영업장 폐쇄명령은 3차위반 시이며, 1차 위반 : 영업정지 1월, 2차 위반 : 영업정지 2월이다.

53 행정처분 사항 중 1차 위반 시 영업장 폐쇄명령에 해당하는 것은?

㉮ 영업정지 처분을 받고도 영업정지 기간 중 영업을 한 때
㉯ 손님에게 성매매 알선 등의 행위를 한 때
㉰ 소독한 기구와 소독하지 아니한 기구를 각각 다른 용기에 넣어 보관하지 아니한 때
㉱ 1회용 면도기를 손님 1인에 한하여 사용하지 아니한 때

> 해설 영업정지 처분을 받고도 영업정지 기간 중 영업을 한 때는 영업장 폐쇄명령에 해당한다.

54 위생서비스 평가의 결과에 따른 위생 관리 등급별로 영업소에 대한 위생 감시를 실시할 때의 기준이 아닌 것은?

㉮ 위생 교육 실시 횟수
㉯ 영업소에 대한 출입·검사
㉰ 위생 감시의 실시 주기
㉱ 위생 감시의 실시 횟수

> 해설 위생관리 등급별로 영업소에 대한 위생 감시를 실시할 때의 기준은 위생 감시의 실시 주기, 실시 횟수, 영업소에 대한 출입 및 검사 등이며 위생 교육은 매년 3시간으로 정해져 있으므로 위생 감시 기준에는 해당되지 않는다.

55 위생 교육 대상자가 아닌 것은?

㉮ 공중위생영업의 신고를 하고자 하는 자
㉯ 공중위생영업을 승계한 자
㉰ 공중위생영업자
㉱ 면허증 취득 예정자

> 해설 위생 교육 대상자
> ◆ 공중위생영업의 신고를 하고자 하는 자
> ◆ 공중위생영업을 승계한 자
> ◆ 공중위생영업자
> ※ 면허증 취득 예정자는 해당되지 않는다.

56 식품의 혐기성 상태에서 발육하여 체외독소로서 신경독소를 분비하며 치명률이 가장 높은 식중독으로 알려진 것은?

㉮ 살모넬라 식중독   ㉯ 보툴리누스균 식중독
㉰ 웰치균 식중독   ㉱ 알레르기성 식중독

> 해설 신경독소를 분비하여 치명률이 가장 높은 식중독으로 알려진 것은 보툴리누스 식중독이다.

57 다음 중 상처나 피부 소독에 가장 적합한 것은?

㉮ 석탄산 ㉯ 과산화수소수
㉰ 포르말린수 ㉱ 차아염소산나트륨

•해설• 상처나 피부소독에 가장 적합한 것은 과산화수소다.

58 승홍에 소금을 섞었을 때 일어나는 현상은?

㉮ 용액이 중성으로 되고 자극성이 완화된다.
㉯ 용액의 기능을 2배 이상 증대시킨다.
㉰ 세균의 독성을 중화시킨다.
㉱ 소독대상물의 손상을 막는다.

•해설•
◆ 승홍에 소금을 섞으면 용액이 중성으로 되고 자극성이 완화된다.
◆ 승홍수란 금속을 부식시키며 무색·무취의 독성이 강한 화학물질이다.

59 일반적으로 사용하는 소독제로서 에탄올의 적정 농도는?

㉮ 30% ㉯ 50%
㉰ 70% ㉱ 90%

•해설• 일반적으로 사용하는 소독제로서 에탄올의 적정농도는 70%이다.

60 인체에 질병을 일으키는 병원체 중 대체로 살아있는 세포에서만 증식하고 크기가 가장 작아 전자 현미경으로만 관찰할 수 있는 것은?

㉮ 구균 ㉯ 간균
㉰ 바이러스 ㉱ 원생동물

•해설•
◆ 살아있는 세포에서만 증식하고 크기가 가장 작아 전자 현미경으로만 관찰할 수 있는 것은 바이러스이다.
◆ 아메바, 포자충은 원생동물이며, 간균은 막대 모양의 균이다.

2010년 제2회 피부미용사 필기 기출복원문제 (2010년 3월 28일 시행)

01 매뉴얼 테크닉의 기본 동작 중 신경조직을 자극하여 혈액순환을 촉진시켜 피부 탄력성 증가에 가장 옳은 효과를 주는 것은?

㉮ 쓰다듬기　　㉯ 문지르기
㉰ 두드리기　　㉱ 반죽하기

> **해설** 신경조직을 자극하여 혈액순환을 촉진시켜 피부탄력성을 증가시키는 것은 두드리기의 효과이다.

02 피부관리실에서 피부관리 시 마무리 관리에 해당하지 않는 것은?

㉮ 피부 타입에 따른 화장품 바르기
㉯ 자외선 차단 크림 바르기
㉰ 머리 및 뒷목 부위 풀어주기
㉱ 피부상태에 따라 매뉴얼 테크닉하기

> **해설** 마무리 관리에서 피부상태에 따라 매뉴얼 테크닉하기는 해당되지 않는다.

03 다음 중 화학적인 제모방법은?

㉮ 제모크림을 이용한 제모
㉯ 온왁스를 이용한 제모
㉰ 족집게를 이용한 제모
㉱ 냉왁스를 이용한 제모

> **해설** 화학적 제모방법은 털의 표면을 연화시켜 모간을 제거하는 방법으로 제모크림을 이용한 제모이다.

04 매뉴얼 테크닉의 효과가 아닌 것은?

㉮ 내분비기능의 조절
㉯ 결체조직에 긴장과 탄력성 부여
㉰ 혈액순환 촉진
㉱ 반사작용의 억제

> **해설** 매뉴얼 테크닉의 효과가 아닌 것은 반사작용의 억제이다.(메뉴얼 테크닉은 반사작용 활성화 효과가 있다.)

05 왁스를 이용한 제모 방법으로 적합하지 않은 것은?

㉮ 피지막이 제거된 상태에서 파우더를 도포한다.
㉯ 털이 성장하는 방향으로 왁스를 바른다.
㉰ 쿨왁스를 바를 때는 털이 잘 제거되도록 왁스를 얇게 바른다.
㉱ 남은 왁스를 오일로 제거한 후 온습포로 진정한다.

> **해설** 남은 왁스를 오일로 제거한 후 냉습포로 진정한다.

06 피부 유형별 화장품 사용 시 AHA의 적용피부가 아닌 것은?

㉮ 예민 피부
㉯ 노화피부
㉰ 지성피부
㉱ 색소 침착 피부

> **해설** AHA의 적용피부 : 노화, 지성, 색소 침착 피부 (적용하지 말아야 하는 피부 : 예민 또는 과민성 피부)

1 ㉰　2 ㉱　3 ㉮　4 ㉱　5 ㉱　6 ㉮

07 피부 유형에 대한 설명 중 틀린 것은?
㉮ 정상피부 : 유·수분 균형이 잘 잡혀 있다.
㉯ 민감성 피부 : 각질이 드문드문 보인다.
㉰ 노화피부 : 미세하거나 선명한 주름이 보인다.
㉱ 지성피부 : 모공이 크고 표면이 귤껍질 같이 보이기 쉽다.

•해설• 민감성 피부 : 피부결이 예민하고 각질이 매우 얇아 각질이 드문드문 보이지 않는다.

08 클렌징 제품의 선택과 관련된 내용과 가장 거리가 먼 것은?
㉮ 피부에 자극이 적어야 한다.
㉯ 피부 유형에 맞는 제품을 선택해야 한다.
㉰ 특수 영양성분이 함유되어 있어야 한다.
㉱ 화장이 짙을 때는 세정력이 높은 클렌징 제품을 사용하여야 한다.

•해설• 클렌징 제품에는 특수 영양성분이 함유되어 있으며, 특수 영양성분이 포함되어 있는 제품은 에센스(세럼), 영양크림 등이다.

09 피지선에 대한 내용으로 틀린 것은?
㉮ 진피층에 놓여 있다.
㉯ 손바닥과 발바닥, 얼굴, 이마 등에 많다.
㉰ 사춘기 남성에게 집중적으로 분비된다.
㉱ 입술, 성기, 유두, 귀두 등에 독립피지선이 있다.

•해설• 손바닥과 발바닥에는 피지선이 없으며, 얼굴·이마·두피에는 큰 피지선이 있다.

10 켈로이드는 어떤 조직이 비정상으로 성장한 것인가?
㉮ 피하지방 조직
㉯ 정상 상피조직
㉰ 정상 분비선 조직
㉱ 결합 조직

•해설• 켈로이드 피부는 결합 조직이 비정상적으로 성장한 것이다.

11 피부미용사의 피부 분석방법이 아닌 것은?
㉮ 문진   ㉯ 견진
㉰ 촉진   ㉱ 청진

•해설• 피부 분석방법 : 문진법, 촉진법, 견진법
(청진은 청진기를 이용하여 귀로 듣고 진단하는 것)

12 림프드레나쥐의 대상이 되지 않는 피부는?
㉮ 모세혈관 피부
㉯ 일반적인 여드름 피부
㉰ 부종이 있는 셀룰라이트 피부
㉱ 감염성 피부

•해설• 림프드레나쥐의 대상이 되는 피부 : 모세혈관 확장 피부, 일반적인 여드름 피부, 부종이 있는 셀룰라이트 피부
※ 적용 대상이 되지 않는 피부 : 감염성 피부, 급성혈전증, 심부전증, 천식, 갑상선 등

13 셀룰라이트(cellulite)의 원인이 아닌 것은?
㉮ 유전적 요인
㉯ 지방세포수의 과다 증가
㉰ 내분비계 불균형
㉱ 정맥 울혈과 림프 정체

•해설•
◆ 셀룰라이트의 원인이 되는 것 : 유전, 내분비계 불균형, 정맥 울혈과 림프 정체 등
◆ 비만의 원인 : 지방세포 수의 과다증 등

14 클렌징 제품과 그에 대한 설명이 바르게 짝지어진 것은?

㉮ 클렌징 티슈 : 지방에 예민한 알레르기 피부에 좋으며 세정력이 우수하다.
㉯ 폼 클렌징 : 눈 화장을 지울 때 자주 사용된다.
㉰ 클렌징 오일 : 물에 용해가 잘되며, 건성, 노화, 수분 부족 지성 피부 및 민감성 피부에 좋다.
㉱ 클렌징 밀크 : 화장을 연하게 하는 피부보다 두껍게 하는 피부에 좋으며, 쉽게 부패되지 않는다.

> •해설•
> ◆ 클린징 티슈 : 간단한 화장을 지울 때 사용하며, 이중세안이 필요하다.
> ◆ 클렌징 워터 : 눈화장을 지울 때 사용한다.
> ◆ 클렌징 오일 : 물에 용해가 잘되어 건성, 노화, 수분 부족 지성피부 및 민감성 피부에 좋다.
> ◆ 클렌징 크림 : 화장을 연하게 하는 피부보다 두껍게 하는 피부에 좋고, 쉽게 부패되지 않으며, 친유성으로 이중세안이 필요하다. 건성, 노화피부에 적당하다.
> ◆ 클렌징 로션 : 모든 피부 타입에 사용 가능하며, 이중세안이 필요없다. 친수성이다.
> ◆ 클렌징 오일 : 친수성으로, 알레르기 피부에 좋다.

15 팩과 관련한 내용 중 틀린 것은?

㉮ 피부 상태에 따라서 선별해서 사용해야 한다.
㉯ 팩을 바르기 전 냉타월로 피부를 진정시킨 후 사용하면 효과적이다.
㉰ 피부에 상처가 있는 경우에는 사용을 삼간다.
㉱ 눈썹, 눈 주위, 입술 주위는 팩 사용을 피한다.

> •해설• 팩을 제거한 후 냉타월(냉습포)로 피부를 진정시킨다. (모공 축소, 진정효과)

16 벨벳 마스크 사용 시 기포를 제거해야 하는 이유는?

㉮ 기포가 생기면 마스크의 모양이 예쁘지 않기 때문이다.
㉯ 기포가 생기면 마스크의 적용시간이 길어지기 때문이다.
㉰ 기포가 생기면 고객이 불편해하기 때문이다.
㉱ 기포가 생기는 부분에는 마스크의 성분이 피부에 침투하지 않기 때문이다.

> •해설• 기포를 제거해야 하는 이유는 기포가 생기면 마스크의 성분이 피부에 침투하지 않기 때문이다.

17 딥클렌징에 관한 설명으로 옳지 않은 것은?

㉮ 화장품을 이용한 방법과 기기를 이용한 방법으로 구분한다.
㉯ AHA를 이용한 딥클렌징의 경우 스티머를 이용한다.
㉰ 피부 표면의 노화된 각질을 부드럽게 제거함으로써 유용한 성분의 침투를 높이는 효과를 갖는다.
㉱ 기기를 이용한 딥클렌징 방법에는 석션, 브러싱, 디스인크러스테이션 등이 있다.

> •해설• AHA의 경우 냉습포를 사용하여 마무리하며, 스티머 사용을 하면 좋은 것은 효소이다.

18 딥클렌징의 효과로 틀린 것은?

㉮ 모공 깊숙이 들어 있는 불순물을 제거한다.
㉯ 미백효과가 있다.
㉰ 피부 표면의 각질을 제거한다.
㉱ 화장품의 흡수 및 침투가 좋아진다.

> •해설• 미백효과는 딥클렌징의 효과가 아닌 팩의 효과이다.

19 피부미용 시 처음과 마지막 동작 또는 연결동작으로 이용되는 매뉴얼 테크닉은?

㉮ 에플라지(effleurage)
㉯ 타포트먼트(tapotment)
㉰ 니딩(kneading)
㉱ 롤링(rolling)

•해설• 에플라지(Effleurage) : 처음과 마지막 동작 또는 연결 동작으로 이용하는 테크닉

20 피부 유형과 관리 목적의 연결이 틀린 것은?

㉮ 민감 피부 : 진정, 긴장 완화
㉯ 건성피부 : 보습 작용 억제
㉰ 지성피부 : 피지 분비 조절
㉱ 복합 피부 : 피지, 유·수분 균형 유지

•해설• 건성피부 : 유·수분 공급 관리 목적

21 피부의 피지막은 보통 상태에서 어떤 유화상태로 존재하는가?

㉮ W/O 유화   ㉯ O/W 유화
㉰ W/S 유화   ㉱ S/W 유화

•해설• W/O 유화 : 유중수형(오일이 주성분이고 물이 보조성분)의 상태로 땀을 흘리면 체온 유지를 위해 땀의 증발을 유도하도록 수중유형(O/W)의 상태로 변한다.

22 피부의 각화(Keratinization)란?

㉮ 피부가 손톱, 발톱으로 딱딱하게 변하는 것을 말한다.
㉯ 피부 세포가 기저층에서 각질층까지 분열되어 올라가 죽은 각질 세포로 되는 현상을 말한다.
㉰ 기저 세포 중의 멜라닌 색소가 많아져서 피부가 검게 되는 것을 말한다.
㉱ 피부가 거칠어져서 주름이 생겨 늙는 것을 말한다.

•해설• 각화(Keratinization) : 피부세포가 기저층에서 각질층까지 분열되어 올라가 죽은 각질 세포로 되는 현상

23 다음 중 수면을 조절하는 호르몬은?

㉮ 티로신   ㉯ 멜라토닌
㉰ 글루카곤   ㉱ 칼시토닌

•해설•
◆ 티로신 : 갑상선 호르몬, 성장 촉진, 필수 아미노산
◆ 멜라토닌 : 송과선에서 분비되는 수면 조절 호르몬
◆ 글루카곤 : 혈당 상승 호르몬
◆ 칼시토닌 : 갑상선 호르몬

24 다음 중 윗몸일으키기를 하였을 때 주로 강해지는 근육은?

㉮ 이두박근   ㉯ 복직근
㉰ 삼각근   ㉱ 횡경막

•해설•
◆ 복직근 : 복부에 위치한 근육으로 윗몸일으키기를 하였을 때 강해지는 근육
◆ 이두박근 : 상완 위쪽의 알통 근육

25 다음 중 척수신경이 아닌 것은?

㉮ 경신경   ㉯ 흉신경
㉰ 천골신경   ㉱ 미주신경

•해설•
◆ 미주신경 : 뇌신경
◆ 척수신경 : 경신경(8쌍), 흉신경(12쌍), 요신경(5쌍), 천골신경(5쌍), 미골신경(1쌍)

26 성장 촉진, 생리대사의 보조 역할, 신경안정과 면역 기능 강화 등의 역할을 하는 영양소는?

㉮ 단백질
㉯ 비타민
㉰ 무기질
㉱ 지방

> •해설• 성장 촉진, 생리대사의 보조 역할, 신경안정과 면역 기능 강화 등의 역할을 하는 영양소는 비타민이다.

27 교원섬유(collagen)와 탄력섬유(elastin)로 구성되어 있어 강한 탄력성을 지니고 있는 곳은?

㉮ 표피
㉯ 진피
㉰ 피하조직
㉱ 근육

> •해설• 교원섬유와 탄력섬유로 구성되어 있어 탄력성을 지니고 있는 곳은 진피이다.

28 물사마귀알로도 불리우며 황색 또는 분홍색의 반투명성 구진(2~3mm 크기)을 가지는 피부 양성종양으로 땀샘관의 개출구 이상으로 피지 분비가 막혀 생성되는 것은?

㉮ 한관종
㉯ 혈관종
㉰ 섬유종
㉱ 지방종

> •해설•
> ♦ 한관종 : 에크린한선의 구진으로 발생한다.
> ♦ 혈관종 : 혈관 세포가 정상보다 늘어나면서 혈관 내피 세포의 증식으로 외관상 붉게 보인다.
> ♦ 섬유종 : 피하 조직의 심부 조직에 발생하는 종양, 염증 변화 후 섬유 조직의 증식으로 나타난다.
> ♦ 지방종 : 지방 세포로 구성된 양성종양으로 허벅지, 팔 부위 등에 생긴다.

29 기미 피부의 손질 방법으로 가장 틀린 것은?

㉮ 정신적 스트레스를 최소화한다.
㉯ 자외선을 자주 이용하여 멜라닌을 관리한다.
㉰ 화학적 필링과 AHA 성분을 이용한다.
㉱ 비타민 C가 함유된 음식물을 섭취한다.

> •해설• 자외선을 자주 이용하면 멜라닌의 생성이 활성화되어 기미 등의 색소 침착이 발생하므로 자외선을 차단하여 멜라닌 생성 억제 관리를 하는 것이 바람직하다.

30 장기간에 걸쳐 반복하여 긁거나 비벼서 표피가 건조하고 가죽처럼 두꺼워진 상태는?

㉮ 가피
㉯ 낭종
㉰ 태선화
㉱ 반흔

> •해설• 태선화 : 장기간에 걸쳐 반복하여 긁거나 비벼서 표피가 건조하고 가죽처럼 두꺼워진 상태

31 전류의 세기를 측정하는 단위는?

㉮ 볼트
㉯ 암페어
㉰ 와트
㉱ 주파수

> •해설•
> ♦ 볼트 : 전류의 압력(V)
> ♦ 암페어 : 전류의 세기(A)

32 엔더몰로지 사용방법으로 틀린 것은?

㉮ 시술 전 용도에 맞는 오일을 바른 후 시술한다.
㉯ 지성의 경우 탈크 파우더를 약간 바른 후 시술한다.
㉰ 전신 체형 관리 시 10~20분 정도 적용한다.
㉱ 말초에서 심장 방향으로 밀어 올리듯 시술한다.

> •해설• 시술 전 용도에 맞는 로션(지방 및 셀룰라이트 분해)을 바른 후 시술한다.

33 자외선 램프의 사용에 대한 내용으로 틀린 것은?

㉮ 고객으로부터 1m 이상의 거리에서 사용한다.
㉯ 주로 UVC를 방출하는 것을 사용한다.
㉰ 눈 보호를 위해 패드나 선글라스를 착용하게 한다.
㉱ 살균이 강한 화학선이므로 사용 시 주의를 해야 한다.

• 해설) 자외선 램프는 백내장과 피부암을 유발할 수 있으므로 고객에게 직접 조사되지 않도록 해야 한다.

34 고주파 기기의 효과에 대한 설명으로 틀린 것은?

㉮ 피부의 활성화로 노폐물 배출의 효과가 있다.
㉯ 내분비선의 분비를 활성화한다.
㉰ 색소 침착 부위의 표백효과가 있다.
㉱ 살균, 소독 효과로 박테리아 번식을 예방한다.

• 해설) 색소 침착 부위의 표백효과가 있는 것은 갈바닉 기기이다.

35 프리마톨을 가장 잘 설명한 것은?

㉮ 석션 유리관을 이용하여 모공의 피지와 불필요한 각질을 제거하기 위해 사용하는 기기이다.
㉯ 회전 브러시를 이용하여 모공의 피지와 불필요한 각질을 제거하기 위해 사용하는 기기이다.
㉰ 스프레이를 이용하여 모공의 피지와 불필요한 각질을 제거하기 위해 사용하는 기기이다.
㉱ 우드 램프를 이용하여 모공의 피지와 불필요한 각질을 제거하기 위해 사용하는 기기이다.

• 해설) 회전 브러시를 이용하여 모공의 피지와 불필요한 각질을 제거하기 위해 사용하는 기기이다.

36 인체의 혈액량은 체중의 약 몇 %인가?

㉮ 약 2%   ㉯ 약 8%
㉰ 약 20% ㉱ 약 30%

• 해설) 인체의 혈액량은 체중의 약 8%

37 각 소화기관별 분비되는 소화 효소와 소화시킬 수 있는 영양소가 올바르게 짝지어진 것은?

㉮ 소장 : 키모트립신 - 단백질
㉯ 위 : 펩신 - 지방
㉰ 입 : 락타아제 - 탄수화물
㉱ 췌장 : 트립신 - 단백질

• 해설)
◆ 췌장 : 키모트립신 → 단백질 트립신 → 단백질
◆ 위 : 펩신 → 단백질
◆ 소장 : 락타아제 → 탄수화물

38 성장기까지 뼈의 길이 성장을 주도하는 것은?

㉮ 골막   ㉯ 골단판
㉰ 골수   ㉱ 해면골

• 해설) 골단판 : 성장기까지 뼈의 길이 성장을 주도하는 것

39 난자를 형성하는 성선인 동시에, 에스트로겐과 프로게스테론을 분비하는 재분비선은?

㉮ 난소   ㉯ 고환
㉰ 태반   ㉱ 췌장

• 해설)
◆ 난소 : 난자를 형성하는 성선인 동시에, 에스트로겐과 프로게스테론을 분비하는 내분비선
◆ 고환 : 남성호르몬(테스토스테론)
◆ 태반 : 난포호르몬, 황체호르몬
◆ 췌장 : 인슐린, 글루카곤

40 용액 내에서 이온화되어 전도체가 되는 물질은?

㉮ 전기 분해   ㉯ 전해질
㉰ 혼합물   ㉱ 분자

• 해설) 전해질 : 용액 내에서 이온화되어 전도체가 되는 물질

41 세정용 화장수의 일종으로 가벼운 화장의 제거에 사용하기에 가장 적합한 것은?

㉮ 클렌징 오일
㉯ 클렌징 워터
㉰ 클렌징 로션
㉱ 클렌징 크림

> **해설** 클렌징 워터 : 세정용 화장수의 일종으로 가벼운 화장의 제거에 사용

42 화장품의 4대 품질 조건에 대한 설명이 틀린 것은?

㉮ 안전성 : 피부에 대한 자극, 알레르기, 독성이 없을 것
㉯ 안정성 : 변색, 변취, 미생물의 오염이 없을 것
㉰ 사용성 : 피부에 사용감이 좋고 잘 스며들 것
㉱ 유효성 : 질병 치료 및 진단에 사용할 수 있는 것

> **해설** 유효성 : 보습, 미백, 노화 억제, 자외선 차단 등의 효과를 부여하는 것

43 식품의 혐기성 상태에서 발육하여 신경독소를 분비하는 세균성 식중독 원인균은?

㉮ 살모넬라균
㉯ 황색 포도상구균
㉰ 캠필로박터균
㉱ 보툴리누스균

> **해설** 보툴리누스균 : 식품의 혐기성 상태에서 발육하여 신경 독소를 분비하는 식중독균으로 치명률이 가장 높다.

44 사회보장의 분류에 속하지 않는 것은?

㉮ 산재 보험
㉯ 자동차 보험
㉰ 소득 보장
㉱ 생활 보호

> **해설** 사회보장은 사회 보험(소득 보장과 의료 보장), 공적 부조(생활 보호와 의료급여), 공공 서비스(노령연금과 장애연금, 산재 보험 등)로 구분된다.

45 전염병 신고와 보고규정에서 7일 이내에 관할 보건소에 신고해야 할 전염병은?

㉮ 파상풍
㉯ 콜레라
㉰ 성병
㉱ 디프테리아

> **해설**
> • 성병은 제3군 전염병으로 7일 이내에 관할 보건소에 신고해야 한다.
> • 파상풍, 콜레라, 디프테리아는 즉시 신고해야 한다.

46 기능성 화장품에 속하지 않는 것은?

㉮ 피부의 미백에 도움을 주는 제품
㉯ 자외선으로부터 피부를 보호해주는 제품
㉰ 피부 주름 개선에 도움을 주는 제품
㉱ 피부 여드름 치료에 도움을 주는 제품

> **해설** 기능성 화장품 : 미백, 주름 개선, 자외선으로부터 피부를 보호해 주는 제품

47 아로마 오일에 대한 설명 중 틀린 것은?

㉮ 아로마 오일은 면역 기능을 높여 준다.
㉯ 아로마 오일은 감기 예방, 피부미용에 효과적이다.
㉰ 아로마 오일은 피부관리는 물론 화상, 여드름, 염증 치유에도 쓰인다.
㉱ 아로마 오일은 피지에 쉽게 용해되지 않으므로 다른 첨가물을 혼합하여 사용한다.

> **해설** 아로마 오일은 분자 크기가 작아서 침투력이 강하기 때문에 캐리어 오일에 블렌딩하여 사용한다.

48 페이셜 스크럽(facial scrub)에 관한 설명 중 옳은 것은?

㉮ 민감성 피부의 경우에는 스크럽제를 문지를 때 무리하게 압을 가하지만 않으면 매일 사용해도 상관없다.
㉯ 피부 노폐물, 세균, 메이크업 찌꺼기 등을 깨끗하게 지워주기 때문에 메이크업을 했을 경우는 반드시 사용한다.
㉰ 각화된 각질을 제거해 줌으로써 세포의 재생을 촉진시킨다.
㉱ 스크럽제로 문지르면 신경과 혈관을 자극하여 혈액 순환을 촉진시켜 주므로 15분 정도 충분히 마사지되도록 문질러 준다.

> **해설** 페이셜 스크럽은 각화된 각질을 제거해 줌으로써 세포의 재생을 촉진해 준다.
> ※ 스크럽 : 미세 알갱이를 함유한 딥클렌징제로 민감한 피부에는 자극적일 수 있으므로 사용을 금한다.

49 비누에 대한 설명으로 틀린 것은?

㉮ 비누의 세정작용은 비누 수용액이 오염과 피부 사이에 침투하여 부착을 약화시켜 떨어지기 쉽게 하는 것이다.
㉯ 비누는 거품이 풍성하고 잘 헹구어져야 한다.
㉰ 비누는 세정 작용뿐만 아니라 살균, 소독효과를 주로 가진다.
㉱ 메디케이티드 비누는 소염제를 배합한 제품으로 여드름, 면도 상처 및 피부 거칢 방지효과가 있다.

> **해설** 비누는 세정작용만을 담당하는 알칼리성을 띤다.

50 화장품 성분 중에서 양모에서 정제한 것은?

㉮ 바셀린   ㉯ 밍크 오일
㉰ 플라센타   ㉱ 라놀린

> **해설** 라놀린 : 양모에서 정제하여 피부 유연, 영양 공급

51 손님의 얼굴, 머리, 피부 등을 손질하여 손님의 외모를 아름답게 꾸미는 공중위생영업은?

㉮ 위생관리용역업
㉯ 이용업
㉰ 미용업
㉱ 목욕장업

> **해설** 미용업 : 손님의 얼굴, 머리, 피부 등을 손질하여 손님의 외모를 아름답게 꾸미는 공중위생영업

52 영업소의 폐쇄명령을 받고도 계속하여 영업을 하는 때에 관계공무원으로 하여금 영업소를 폐쇄할 수 있도록 조치를 취할 수 있는 자는?

㉮ 보건복지부장관
㉯ 시·도지사
㉰ 시장·군수·구청장
㉱ 보건소장

> **해설** 시장, 군수, 구청장은 영업소의 폐쇄명령을 받고도 계속하여 영업을 하는 때에 관계공무원으로 하여금 영업소를 폐쇄할 수 있도록 조치할 수 있다.

53 위생교육을 받지 아니한 때에 대한 3차 위반 시행정지 처분기준은?

㉮ 영업정지 10일
㉯ 영업정지 15일
㉰ 영업정지 1월
㉱ 영업장 폐쇄명령

> **해설**
> ◆ 1차 위반 행정처분 : 경고
> ◆ 2차 위반 행정처분 : 영업정지 5일
> ◆ 3차 위반 행정처분 : 영업정지 10일
> ◆ 4차 위반 행정처분 : 영업장 폐쇄명령

54 공중이용시설의 위생관리 규정을 위반한 시설의 소유자에게 개선명령을 할 때 명시하여야 할 것에 해당되는 것은? (모두 고를 것)

| 1. 위생관리 기준 | 2. 개선 후 복구 상태 |
| 3. 개선기간 | 4. 발생된 오염물질의 종류 |

㉮ 1, 3   ㉯ 2, 4
㉰ 1, 3, 4   ㉱ 1, 2, 3, 4

●해설● 개선명령 명시사항
◆ 위생관리 기준
◆ 개선 기관
◆ 발생된 오염물질의 종류
◆ 오염 허용 기준을 초과한 정도

55 이·미용사의 면허증을 재교부 신청할 수 없는 경우는?

㉮ 국가기술자격법에 의한 이·미용사 자격증이 취소된 때
㉯ 면허증의 기재사항에 변경이 있을 때
㉰ 면허증을 분실한 때
㉱ 면허증을 못 쓰게 된 때

●해설● 면허증 재교부
◆ 면허증의 기재사항에 변경
◆ 면허증 분실 시
◆ 면허증이 못 쓰게 된 때

56 임신 7개월(28주)까지의 분만을 뜻하는 것은?

㉮ 조산   ㉯ 유산
㉰ 사산   ㉱ 정기산

●해설●
◆ 유산 : 임신 7개월(28주)까지의 분만
◆ 조산 : 임신 20주~37주까지의 분만
◆ 사산 : 죽은 태아의 분만으로 37주~40주 미만의 출생
◆ 정기산 : 37주~40주의 분만

57 환자 접촉자가 손의 소독 시 사용하는 약품으로 가장 부적당한 것은?

㉮ 크레졸수   ㉯ 승홍수
㉰ 역성비누   ㉱ 석탄산

●해설● 석탄산 : 환자 접촉자가 손의 소독 시 사용하기에는 부적합

58 열에 의해 변성되거나 불안정한 액체의 멸균에 이용되는 소독법은?

㉮ 저온 살균법   ㉯ 여과 멸균법
㉰ 간헐 멸균법   ㉱ 건열 멸균법

●해설● 여과 멸균법 : 당이나 혈청과 같은 열에 의해 변성되거나 불안정한 액체의 멸균에 이용되는 소독법

59 다음 중 화학적 소독법에 해당되는 것은?

㉮ 알코올 소독법   ㉯ 자비 소독법
㉰ 고압증기 멸균법   ㉱ 간헐 멸균법

●해설●
◆ 화학적 소독법 : 알코올 소독법
◆ 물리적 소독법 : 자비 소독법, 고압증기 멸균법, 간헐 멸균법

60 석탄산의 희석배수 90배를 기준으로 할 때 어떤 소독약의 석탄산계수가 4이었다면 이 소독약의 희석배수는?

㉮ 90배   ㉯ 94배
㉰ 360배   ㉱ 400배

●해설●
$$석탄산계수 = \frac{소독약의\ 희석배수}{석탄산의\ 희석배수}$$
$4 = \dfrac{a}{90}$ 따라서, $a = 360$

2010년 제4회 피부미용사 필기 기출복원문제 (2010년 7월 11일 시행)

01 피부미용의 기능적 영역이 아닌 것은?

㉮ 관리적 기능
㉯ 실제적 기능
㉰ 심리적 기능
㉱ 장식적 기능

•해설• 실제적 기능은 피부미용의 기능적 영역이 아니다.

02 두 가지 이상의 다른 종류의 마스크를 적용시킬 경우 가장 먼저 적용시켜야 하는 마스크는?

㉮ 가격이 높은 것
㉯ 수분 흡수 효과를 가진 것
㉰ 피부로의 침투시간이 긴 것
㉱ 영양성분이 많이 함유된 것

•해설• 수분 흡수 효과를 가진 것을 먼저 적용시켜야 한다.

03 다음 설명에 따르는 화장품이 가장 적합한 피부형은?

> 저자극성 성분을 사용하며, 향, 알코올, 색소, 방부제가 적게 함유되어 있다.

㉮ 지성피부
㉯ 복합성 피부
㉰ 민감성 피부
㉱ 건성피부

•해설• 민감성 피부 : 저자극성 성분을 사용하며, 향, 알코올, 색소, 방부제가 적게 함유된 제품이 적합하다.

04 딥클렌징에 대한 내용으로 가장 적합한 것은?

㉮ 노화된 각질을 부드럽게 연화하여 제거한다.
㉯ 피부 표면의 더러움을 제거하는 것이 주목적이다.
㉰ 주로 메이크업의 제거를 위해 사용한다.
㉱ 고마쥐, 스크럽 등이 해당하며, 화학적 필링이라고 한다.

•해설• 딥클렌징 : 노화된 각질을 부드럽게 연화하여 제거한다.

05 피부 미용의 영역이 아닌 것은?

㉮ 눈썹 정리   ㉯ 제모(waxing)
㉰ 피부관리   ㉱ 모발 관리

•해설• 모발 관리 : 미용사(일반)의 영역에 해당

06 매뉴얼 테크닉의 부적용 대상과 가장 거리가 먼 것은?

㉮ 임산부의 복부, 가슴 매뉴얼 테크닉
㉯ 외상이 있거나 수술 직후
㉰ 오랫동안 서 있는 자세로 인한 다리의 부종
㉱ 다리 부위에 정맥류가 있는 경우

•해설• 오랫동안 서 있는 자세로 인한 다리의 부종은 매뉴얼 테크닉을 적용하여 부종을 해소시켜야 한다.

07 올바른 피부관리를 위한 필수조건과 가장 거리가 먼 것은?

㉮ 관리사의 유창한 화술
㉯ 정확한 피부타입 측정
㉰ 화장품에 대한 지식과 응용기술
㉱ 적절한 매뉴얼 테크닉 기술

•해설• 관리사의 유창한 화술과는 거리가 멀다.

08 안면 매뉴얼 테크닉의 효과와 가장 거리가 먼 것은?

㉮ 피부 세포에 산소와 영양소를 공급한다.
㉯ 여드름을 없애 준다.
㉰ 피부의 혈액순환을 촉진시킨다.
㉱ 피부를 부드럽고 유연하게 해주며 근육을 이완시켜 노화를 지연시킨다.

•해설• 여드름을 없애 주는 치료의 영역은 해당되지 않는다.

09 피부가 느끼는 오감 중에서 가장 감각이 둔감한 것은?

㉮ 냉각(冷覺)   ㉯ 온각(溫覺)
㉰ 통각(痛覺)   ㉱ 압각(壓覺)

•해설• 통각>촉각>냉각>압각>온각순으로 감각이 예민하다.

10 기미가 생기는 원인으로 가장 거리가 먼 것은?

㉮ 정신적 불안
㉯ 비타민 C 과다
㉰ 내분비기능 장애
㉱ 질이 좋지 않은 화장품의 사용

•해설• 비타민 C의 섭취는 대표적인 피부미용 비타민으로 미백효과를 준다.

11 여드름 관리에 효과적인 성분이 아닌 것은?

㉮ 스테로이드(Steroid)
㉯ 과산화 벤조인(Benzoyl Peroxide)
㉰ 살리실산(Salicylic Acid)
㉱ 글리콜산(Glycolic Acid)

•해설•
• 스테로이드(Steroid) : 중독 증상과 부작용이 심하여 의학적인 제재로 남용하지 않는 것이 좋다.
• 과산화 벤조인(Benzoyl Peroxide) : 여드름 치료제로 모낭에 침투하여 산소를 공급하여 모공에 있는 박테리아를 살균하며 의약품에 사용한다.
• 살리실산(Salictlic Acid) : BHA의 주성분이며 지용성이다. 모공 안으로 오일 성분이 침투하여 각질을 제거한다.
• 글리콜산(Glycolic Acid) : AHA의 주성분이며 수용성이다.

12 매뉴얼 테크닉의 방법에 대한 설명이 옳은 것은?

㉮ 고객의 병력을 꼭 체크한다.
㉯ 손을 밀착시키고 압은 강하게 한다.
㉰ 관리 시 심장에서 가까운 쪽부터 시작한다.
㉱ 충분한 상담을 통하되 피부미용사는 의사가 아니므로 몸 상태를 살펴볼 필요는 없다.

•해설• 고객의 병력 유무를 체크한 후 손은 밀착시키고 압은 체중을 실어 부드럽게, 심장에서 먼 쪽에서부터 매뉴얼 테크닉을 시작해야 한다.

13 딥클렌징(deep cleansing) 시 사용되는 제품의 형태와 가장 거리가 먼 것은?

㉮ 액체(AHA) 타입
㉯ 고마쥐(gommage) 타입
㉰ 스프레이(spray) 타입
㉱ 크림(cream) 타입

•해설• 스프레이(spray) 타입은 없다.

14 크림 타입의 클렌징 제품에 대한 설명으로 옳은 것은?

㉮ W/O 타입으로 유성 성분과 메이크업 제거에 효과적이다.
㉯ 노화피부에 적합하고 물에 잘 용해가 된다.
㉰ 친수성으로 모든 피부에 사용 가능하다.
㉱ 클렌징 효과는 약하나 끈적임이 없고 지성피부에 특히 적합하다.

•해설 W/O 타입(유중수형)의 친유성으로 유성 성분과 메이크업 제거에 효과적이다.

15 온습포의 효과는?

㉮ 혈행을 촉진시켜 조직의 영양 공급을 돕는다.
㉯ 혈관 수축작용을 한다.
㉰ 피부 수렴작용을 한다.
㉱ 모공을 수축시킨다.

•해설 혈행(피의 흐름)을 촉진시켜 조직의 영양 공급을 돕는다.

16 유분이 많은 화장품보다는 수분 공급에 효과적인 화장품을 선택하여 사용하고, 알코올 함량이 많아 피지 제거기능과 모공 수축효과가 뛰어난 화장수를 사용하여야 할 피부유형으로 가장 적합한 것은?

㉮ 건성피부
㉯ 민감성 피부
㉰ 정상피부
㉱ 지성피부

•해설 지성피부 : 오일프리 타입이나 수분 공급에 효과적인 화장품을 선택하고, 알코올 함량이 많아 피지 제거기능과 모공 수축효과가 뛰어난 화장수를 사용한다.

17 제모의 방법에 대한 내용 중 틀린 것은?

㉮ 왁스는 모간을 제거하는 방법이다.
㉯ 전기응고술은 영구적인 제모 방법이다.
㉰ 전기분해술은 모유두를 파괴시키는 방법이다.
㉱ 제모 크림은 일시적인 제모 방법이다.

•해설 왁스는 모간과 모근을 제거하는 방법으로 재성장이 일어나는 데에는 4~5주 정도 걸린다.

18 매뉴얼 테크닉 시 피부미용사의 자세로 가장 적합한 것은?

㉮ 허리를 살짝 구부린다.
㉯ 발은 가지런히 모르고 손목에 힘을 뺀다.
㉰ 양팔은 편안한 상태로 손목에 힘을 준다.
㉱ 발은 어깨 넓이만큼 벌리고 손목에 힘을 뺀다.

•해설 발은 어깨 넓이만큼 벌리고 손목에 힘을 뺀다.

19 각 피부유형에 대한 설명으로 틀린 것은?

㉮ 유성 지루피부 : 과잉 분비된 피지가 피부 표면에 기름기를 만들어 항상 번질거리는 피부
㉯ 건성 지루피부 : 피지 분비 기능의 상승으로 피지가 과다 분비되어 표피에 기름기가 흐르나 보습기능이 저하되어 피부 표면의 당김 현상이 일어나는 피부
㉰ 표피 수분 부족 건성피부 : 피부 자체의 내적 원인에 의해 피부 자체의 수화 기능에 문제가 되어 생기는 피부
㉱ 모세혈관 확장 피부 : 코와 뺨 부위의 피부가 항상 붉거나 피부 표면에 붉은 실핏줄이 보이는 피부

•해설 진피 수분 부족 건성피부 : 피부 자체의 내적 원인에 의해 피부 자체의 수화 기능에 문제가 되어 생기는 피부

20 콜라겐 벨벳마스크의 설명으로 틀린 것은?

㉮ 피부의 수분 보유량을 향상시켜 잔주름을 예방한다.
㉯ 필링 후 사용하여 피부를 진정시킨다.
㉰ 천연 콜라겐을 냉동 건조시켜 만든 마스크이다.
㉱ 효과를 높이기 위해 비타민을 함유한 오일을 흡수시킨 후 실시한다.

•해설 효과를 높이기 위해 비타민을 함유한 오일을 흡수시킨 후 실시하면 마스크의 성분이 침투할 수 없다.

21 손바닥과 발바닥 등 비교적 피부층이 두꺼운 부위에 주로 분포되어 있으며 수분침투를 방지하고 피부를 윤기 있게 해주는 기능을 가진 엘라이딘이라는 단백질을 함유하고 있는 표피 세포층은?

㉮ 각질층
㉯ 유두층
㉰ 투명층
㉱ 망상층

•해설 투명층 : 손바닥과 발바닥 등 비교적 피부층이 두꺼운 부위에 주로 분포되어 있으며 엘라이딘을 함유하여 수분 침투 방지 및 빛 차단 역할

22 대상포진(헤르페스)의 특징에 대한 설명으로 옳은 것은?

㉮ 지각신경 분포를 따라 군집 수포성 발진이 생기며 통증이 동반된다.
㉯ 바이러스를 갖고 있지 않다.
㉰ 전염되지 않는다.
㉱ 목과 눈꺼풀에 나타나는 전염성 비대 증식현상이다.

•해설 대상포진 : 지각신경 분포를 따라 군집 수포성 발진이 생기며 통증을 동반하는 바이러스성 질환

23. 다음 중 뇌, 척수를 보호하는 골이 아닌 것은?

㉮ 두정골   ㉯ 측두골
㉰ 척추   ㉱ 흉골

•해설 흉골 : 쇄골과 늑골 사이에 위치한 가장 큰 한 개의 뼈

24. 다음 중 혈액 응고와 관련이 가장 먼 것은?

㉮ 조혈자극인자
㉯ 피브린
㉰ 프로트롬빈
㉱ 칼슘이온

•해설
◆ 조혈자극인자 : 혈액을 촉진시키는 인자
◆ 피브린 : 몸속의 피브리노겐이 피브린(섬유형태)으로 변해 피가 흘러나오는 부위를 막는다.
◆ 프로트롬빈 : 트롬빈으로 변해 피를 막는다.
◆ 혈전 : 혈소판이 혈관벽에 달라붙어 피 속에 녹지 않는 것
◆ 색전증 : 혈전이 혈관을 막아 나타나는 증상

25 평활근은 잡아당기면 쉽게 늘어나서 장력(tension)의 큰 변화 없이 본래 길이의 몇 배까지도 되는데, 이와 같은 성질을 무엇이라고 하는가?

㉮ 연축(twitch)
㉯ 강직(contracture)
㉰ 긴장(tonus)
㉱ 가소성(plasticity)

•해설 가소성(plasticity) : 잡아당기면 쉽게 늘어나서 장력(tension)의 큰 변화 없이 본래 길이의 몇 배까지도 되는 성질

26 다음 중 원발진으로만 짝지어진 것은?

㉮ 농포, 수포   ㉯ 색소 침착, 찰상
㉰ 티눈, 흉터   ㉱ 동상, 궤양

27 피부의 각질(케라틴)을 만들어 내는 세포는?

㉮ 색소 세포
㉯ 기저 세포
㉰ 각질 형성 세포
㉱ 섬유아세포

•해설• 각질 형성 세포 : 각질(케라틴)을 만들어 내는 세포

28 모세혈관이 위치하며 콜라겐 조직과 탄력적인 엘라스틴 섬유 및 뮤코다당류로 구성되어 있는 피부의 부분은?

㉮ 표피
㉯ 유극층
㉰ 진피
㉱ 피하조직

•해설• 진피 : 모세혈관이 위치하며 콜라겐 조직과 탄력적인 엘라스틴 섬유 및 뮤코다당류로 구성되어 있는 실질적인 피부

29 피부색소인 멜라닌을 주로 함유하고 있는 세포층은?

㉮ 각질층
㉯ 과립층
㉰ 기저층
㉱ 유극층

•해설• 기저층 : 멜라닌 형성 세포, 각질 형성 세포, 머켈 세포 존재

30 나이아신 부족과 아미노산 중 트립토판 결핍으로 생기는 질병으로써 옥수수를 주식으로 하는 지역에서 자주 발생하는 것은?

㉮ 각기증   ㉯ 괴혈병
㉰ 구루병   ㉱ 펠라그라병

•해설•
• 펠라그라병 : 나이아신 부족과 아미노산 중 트립토판(필수아미노산) 결핍으로 생기는 질병으로 피부가 암갈색으로 변하고 벗겨지며, 신경계와 소화계에도 이상 증상이 생겨 치매, 설사, 피부병 등이 발생한다.
※ 옥수수에는 나이아신(B_3)이 없다.
• 각기증 : 비타민 B_1 부족으로 팔, 다리에 신경염이 생겨 근육이 허약해지고, 심장 경련 등이 발생한다.
• 괴혈병 : 비타민 C 부족으로 잇몸, 근육, 골막과 피하점막이 약해져 출혈이 발생하고 피로하다.
• 구루병 : 비타민 D 부족으로 뼈의 변형과 성장장애가 발생한다.

31 전기장치에서 퓨즈(fuse)의 역할은?

㉮ 전압을 바꾸어 준다.
㉯ 전류의 세기를 조절한다.
㉰ 부도체에 전기가 잘 통하도록 한다.
㉱ 전선의 과열을 막아 주는 안정장치 역할을 한다.

•해설• 전선의 과열을 막아 주는 안전장치 역할을 한다.

32 브러싱 기기의 올바른 사용법은?

㉮ 브러시 끝이 눌리도록 적당한 힘을 가한다.
㉯ 손목으로 회전 브러시를 돌리면서 적용시킨다.
㉰ 브러시는 피부에 대해 수평 방향으로 적용시킨다.
㉱ 회전 내용물이 튀지 않도록 양을 적당히 조절한다.

•해설• 회전 내용물이 튀지 않도록 양을 적당히 조절한다.
※ 브러싱 기기 : 회전 원리에 의해 브러시가 눌리지 않도록 수직 각도로 손목에 힘을 빼고 적용

33 교류 전류로 신경근육계의 자극이나 전기 진단에 많이 이용되는 감응전류(Faradic current)의 피부 관리 효과와 가장 거리가 먼 것은?

㉮ 근육 상태를 개선한다.
㉯ 세포의 작용을 활발하게 하여 노폐물을 제거한다.
㉰ 혈액순환을 촉진한다.
㉱ 산소의 분비가 조직을 활성화시켜 준다.

•해설• 감응전류 : 전류를 이용하여 화학적인 작용으로 세포를 활성화시켜 노폐물 제거, 근육상태 개선, 혈액순환 촉진 등의 효과가 있다.

34 피부분석 시 사용하는 기기가 아닌 것은?
㉮ 확대경　　㉯ 우드 램프
㉰ 스킨스코프　㉱ 적외선 램프

•해설• 피부분석 기기 : 확대경, 우드 램프, 스킨스코프 등

35 진공 흡입기 적용을 금지해야 하는 경우와 가장 거리가 먼 것은?
㉮ 모세혈관 확장 피부
㉯ 알레르기성 피부
㉰ 지나치게 탄력이 저하된 피부
㉱ 건성피부

•해설• 건성피부는 진공 흡입기를 적용할 수 있다.

36 다음 중 세포막의 기능 설명이 틀린 것은?
㉮ 세포의 경계를 형성한다.
㉯ 물질을 확산에 의해 통과시킬 수 있다.
㉰ 단백질을 합성하는 장소이다.
㉱ 조직을 이식할 때 자기 조직이 아닌 것을 인식할 수 있다.

•해설• 단백질을 합성하는 장소는 세포질 안의 리보솜이다.

37 다음 중 소화기관이 아닌 것은?
㉮ 구강　㉯ 인두
㉰ 기도　㉱ 간

•해설• 기도 : 호흡기관

38 다음 중 신장의 신문으로 출입하는 것이 아닌 것은?
㉮ 요도　　㉯ 신우
㉰ 맥관　　㉱ 신경

•해설•
• 요도 : 오줌을 외부로 배출하는 기관
• 신문 : 신장의 안쪽 가장자리 부분에 함몰되어 있는 것으로 이 부분으로 요관, 맥관 및 신경이 출입한다.

39 다음 중 중추신경계가 아닌 것은?
㉮ 대뇌　㉯ 소뇌
㉰ 뇌신경　㉱ 척수

•해설•
• 뇌신경 : 말초신경계 중 체성신경계
• 중추신경계 : 뇌와 척수

40 열을 이용한 기기가 아닌 것은?
㉮ 스티머　　㉯ 이온토포레시스
㉰ 파라핀 왁스기　㉱ 적외선 등

•해설• 이온토포레시스 : 전류를 이용한 기기

41 향장품을 선택할 때에 검토해야 하는 조건이 아닌 것은?
㉮ 피부나 점막, 두발 등에 손상을 주거나 알레르기 등을 일으킬 염려가 없는 것
㉯ 구성 성분이 균일한 성상으로 혼합되어 있지 않은 것
㉰ 사용 중이나 사용 후에 불쾌감이 없고 사용감이 산뜻한 것
㉱ 보존성이 좋아서 잘 변질되지 않는 것

•해설• 구성 성분이 균일한 성상으로 혼합되어 있는 것

42 바디 샴푸의 성질로 틀린 것은?

㉮ 세포 간에 존재하는 지질을 가능한 보호
㉯ 피부의 요소, 염분을 효과적으로 제거
㉰ 세균의 증식 억제
㉱ 세정제의 각질층 내 침투로 지질을 용출

> •해설• 세정제의 각질층 내 침투로 지질을 용출하면 건조해지므로 보호할 수 있는 제품이어야 한다.

43 이·미용업소에서 전염될 수 있는 트라코마에 대한 설명 중 틀린 것은?

㉮ 수건, 세면기 등에 의하여 감염된다.
㉯ 전염원은 환자의 눈물, 콧물 등이다.
㉰ 예방접종으로 사전 예방할 수 있다.
㉱ 실명의 원인이 될 수 있다.

> •해설• 트라코마 : 눈에 생기는 질환으로 만성전염병에 속함. 수건 및 세면기, 환자의 눈물, 콧물 등에 의해 감염된다. 심하면 실명의 원인이 된다.

44 다음 중 쥐와 관계없는 전염병은?

㉮ 유행성출혈열 ㉯ 페스트
㉰ 공수병 ㉱ 살모넬라증

> •해설• 공수병 : 광견병이라고도 하며 개에 의해 생기는 전염병

45 실내의 가장 쾌적한 온도와 습도는?

㉮ 14℃, 20% ㉯ 16℃, 30%
㉰ 18℃, 60% ㉱ 20℃, 89%

> •해설• 실내의 쾌적한 온도와 습도 : 18~20℃, 40~60%

46 향수를 뿌린 후 즉시 느껴지는 향수의 첫 느낌으로, 주로 휘발성이 강한 향료들로 이루어져 있는 노트(note)는?

㉮ 톱 노트(Top note)
㉯ 미들 노트(Middle note)
㉰ 하트 노트(Heart note)
㉱ 베이스 노트(Base note)

> •해설• 톱 노트(Top note) : 향수를 뿌린 후 즉시 느껴지는 향수의 첫 느낌으로 휘발성이 강하다.

47 다음 설명 중 파운데이션의 일반적인 기능과 가장 거리가 먼 것은?

㉮ 피부색을 기호에 맞게 바꾼다.
㉯ 피부의 기미, 주근깨 등 결점을 커버한다.
㉰ 자외선으로부터 피부를 보호한다.
㉱ 피지 억제와 화장을 지속시켜 준다.

> •해설• 피지 억제와 화장을 지속시켜 주는 것은 파우더의 기능이다.

48 다음 중 아래 설명에 적합한 유화형태의 판별법은?

> 유화형태를 판별하기 위해서 물을 첨가한 결과 잘 섞여 O/W형으로 판별되었다.

㉮ 전기 전도도법
㉯ 희석법
㉰ 색소 첨가법
㉱ 질량 분석법

> •해설• 희석법 : 유화 형태를 판별하는 방법

49 자외선 차단을 도와주는 화장품 성분이 아닌 것은?

㉮ 파라아미노안식향산(para-aminobenzoic acid)
㉯ 옥틸디메칠파바(octyl dimethyl PABA)
㉰ 콜라겐(collagen)
㉱ 티타늄디옥사이드(titanium dioxide)

> •해설•
> • 콜라겐(collagen) : 보습 및 주름완화 성분
> • 파라아미노안식향산(paraaminobenzoic acid) : 노화 방지, 단백질 대사작용
> • 옥틸디메칠파바(octyl dimethyl PABA) : 자외선 차단 성분

50 바디 화장품의 종류와 사용 목적의 연결이 적합하지 않은 것은?

㉮ 바디 클렌저 - 세정·용제
㉯ 데오도란트 파우더 - 탈색·제모
㉰ 선스크린 - 자외선 방어
㉱ 바스 솔트 - 세정·용제

> •해설• 데오도란트 파우더 : 액취 방지제

51 건전한 영업질서를 위하여 공중위생영업자가 준수하여야 할 사항을 준수하지 아니한 자에 대한 벌칙 기준은?

㉮ 1년 이하의 징역 또는 1천만원 이하의 벌금
㉯ 6월 이하의 징역 또는 500만원 이하의 벌금
㉰ 3월 이하의 징역 또는 300만원 이하의 벌금
㉱ 300만원 이하의 벌금

> •해설• 6월 이하의 징역 또는 500만원 이하의 벌금
> • 공중위생영업자가 준수하여야 할 사항을 준수하지 아니한 자
> • 변경신고를 하지 아니한 자
> • 공중위생영업자의 지위를 승계한 자로서 신고를 하지 아니한 자

52 이·미용업소 내에서 게시하지 않아도 되는 것은?

㉮ 이·미용업 신고증
㉯ 개설자의 면허증 원본
㉰ 개설자의 건강진단서
㉱ 요금표

> •해설• 이·미용업소 내에서 게시할 것 : 이·미용업 신고증, 면허증 원본, 요금표

53 이·미용사의 면허를 받지 않은 자가 이·미용의 업무를 하였을 때의 벌칙기준은?

㉮ 100만원 이하의 벌금
㉯ 200만원 이하의 벌금
㉰ 300만원 이하의 벌금
㉱ 500만원 이하의 벌금

> •해설• 300만원 이하의 벌금
> • 이·미용사의 면허를 받지 않은 자가 이·미용의 업무를 하였을 때
> • 위생관리 기준 또는 오염 허용기준을 지키지 아니한 자로서 개선명령에 따르지 아니한 자
> • 면허가 취소된 후 계속하여 업무를 행한 자
> • 면허정지 기간 중에 업무를 행한 자

54 이·미용업영업자가 신고를 하지 아니하고 영업소의 상호를 변경한 때의 1차 위반 행정처분 기준은?

㉮ 경고 또는 개선명령
㉯ 영업정지 3월
㉰ 영업허가 취소
㉱ 영업장 폐쇄명령

> •해설• 경고 또는 개선명령은 1차 위반 행정처분이다.
> • 영업정지 15일 : 2차 행정처분
> • 영업정지 1월 : 3차 행정처분
> • 영업장 폐쇄명령 : 4차 위반 행정처분

55 다음 중 공중위생 감시원의 업무범위가 아닌 것은?

㉮ 공중위생 영업 관련 시설 및 설비의 위생상태 확인 및 검사에 관한 사항
㉯ 공중위생영업소의 위생서비스 수준평가에 관한 사항
㉰ 공중위생영업소 개설자의 위생교육 이행여부 확인에 관한 사항
㉱ 공중위생영업자의 위생관리의무 영업자 준수사항 이행 여부의 확인에 관한 사항

•해설• 공중위생영업소의 위생서비스 수준 평가에 관한 사항은 업무범위에 해당되지 않는다.

56 보건행정의 특성과 가장 거리가 먼 것은?

㉮ 공공성 ㉯ 교육성
㉰ 정치성 ㉱ 과학성

•해설• 정치성과는 무관하다.

57 이·미용업 종사자가 손을 씻을 때 많이 사용하는 소독약은?

㉮ 크레졸수 ㉯ 페놀수
㉰ 과산화수소 ㉱ 역성비누

•해설• 역성비누 : 이·미용업 종사자가 손을 씻을 때 많이 사용하는 소독약으로 양이온 계면활성제이다.

58 다음 중 예방법으로 생균백신을 사용하는 것은?

㉮ 홍역 ㉯ 콜레라
㉰ 디프테리아 ㉱ 파상풍

•해설• 홍역 : 예방법으로 생균백신 사용
◆ 생균백신 : 살아있는 미생물을 이용한 것으로 그 병원성을 약화시켜 인위적으로 항원을 체내에 투여하여 항생을 생산함
◆ 순화소독 : 세균이 생산한 체외 독소를 불활성화하여 사용하는 것

59 인체의 창상용 소독약으로 부적당한 것은?

㉮ 승홍수 ㉯ 머큐로크롬액
㉰ 희옥도정기 ㉱ 아크리놀

•해설•
◆ 승홍수 : 독성이 강하여 자극적
◆ 머큐로크롬액 : 일명 빨간약의 성분, 2%는 상처 소독에 사용
◆ 희옥도정기 : 물에 희석하여 묽게 한 수은이 첨가된 붉은색 소독약 성분(요오드팅크)
◆ 아크리놀 : 화농성 피부나 창상, 눈, 귀, 인후 등의 소독, 세정제로 무자극성이다.

60 다음 소독제 중에서 할로겐계에 속하지 않는 것은?

㉮ 표백분 ㉯ 석탄산
㉰ 차아염소산 나트륨 ㉱ 염소 유기화합물

•해설•
◆ 석탄산 : 페놀류에 속함
◆ 할로겐계 : 염소를 형성(표백제·염소계 표백제 중 하나)하는 플루오린(F), 염소(Cl), 브롬(Br), 요오드(I), 아스타틴(At) 5원소의 총칭

2010년 제5회 피부미용사 필기 기출복원문제 (2010년 7월 11일 시행)

01 주로 피부관리실에서 사용되고 있는 제모방법은?
㉮ 면도(shaving)
㉯ 왁싱(Waxing)
㉰ 전기응고술(Epilation Electrolysis)
㉱ 전기분해술(Coagulation)

•해설• 왁싱 : 주로 피부관리실에서 사용되는 제모방법

02 입술화장을 지우는 방법이 틀리게 설명된 것은?
㉮ 입술을 적당히 벌리고 가볍게 닦아낸다.
㉯ 윗입술은 위에서 아래로 닦아낸다.
㉰ 아랫입술은 아래에서 위로 닦아낸다.
㉱ 입술 중간에서 외곽 부위로 닦아낸다.

•해설• 입술화장 지우는 방법 : 입술을 적당히 벌리고, 윗입술은 위에서 아래로, 아랫입술은 아래에서 위로 닦아낸다.

03 피부미용 역사에 대한 설명이 틀린 것은?
㉮ 고대 이집트에서는 피부미용을 위해 천연재료를 사용하였다.
㉯ 고대 그리스에서는 식이요법, 운동, 마사지, 목욕 등을 통해 건강을 유지하였다.
㉰ 고대 로마인은 청결과 장식을 중요시하여 오일, 향수, 화장이 생활의 필수품이었다.
㉱ 국내의 피부미용이 전문화되기 시작한 것은 19세기 중반부터였다.

•해설• 국내의 피부미용이 전문화되기 시작한 것은 20세기 (1970년대 이후)부터였다.

04 딥클렌징과 관련이 가장 먼 것은?
㉮ 더마스코프(Dermascope)
㉯ 프리마톨(Frimator)
㉰ 엑스폴리에이션(exfoliation)
㉱ 디스인크러스테이션(disincrustation)

•해설• 더마스코프(Dermascope) : 피부분석기

05 다음 중 클렌징의 목적과 가장 관계가 깊은 것은?
㉮ 피지 및 노폐물 제거
㉯ 피부막 제거
㉰ 자외선으로부터 피부 보호
㉱ 잡티 제거

•해설• 피지 및 노폐물 제거 : 클렌징의 목적

06 셀룰라이트에 대한 설명이 틀린 것은?
㉮ 노폐물 등이 정체되어 있는 상태
㉯ 피하지방이 비대해져 정체되어 있는 상태
㉰ 소성결합조직이 경화되어 뭉쳐져 있는 상태
㉱ 근육이 경화되어 딱딱하게 굳어 있는 상태

•해설• 근육이 경화되어 딱딱하게 굳어 있는 상태는 근육경직에 대한 설명이다.

07 세안 후 이마, 볼 부위가 당기며, 잔주름이 많고 화장이 잘 들뜨는 피부 유형은?
㉮ 복합성 피부   ㉯ 건성피부
㉰ 노화피부   ㉱ 민감 피부

•해설• 건성피부 : 세안 후 이마, 볼 부위가 당기며, 잔주름이 많고 화장이 잘 들뜨는 피부 유형

08 피부관리에서 팩 사용 효과가 아닌 것은?
- ㉮ 수분 및 영양 공급
- ㉯ 각질 제거
- ㉰ 치유 작용
- ㉱ 피부 청정작용

> **해설** 치유작용 : 의학적 효과

09 다음 중 피지선이 분포되어 있지 않은 부위는?
- ㉮ 손바닥
- ㉯ 코
- ㉰ 가슴
- ㉱ 이마

> **해설** 손바닥 : 무(無) 피지선

10 다음 중 원발진에 속하는 것은?
- ㉮ 수포, 반점, 인설
- ㉯ 수포, 균열, 반점
- ㉰ 반점, 구진, 결절
- ㉱ 반점, 가피, 구진

> **해설** 원발진에 속하는 것은 반점, 구진, 결절이다.

11 화장수(스킨로션)를 사용하는 목적과 가장 거리가 먼 것은?
- ㉮ 세안을 하고나서도 지워지지 않는 피부의 잔여물을 제거하기 위해서
- ㉯ 세안 후 남아있는 세안제의 알칼리성 성분 등을 닦아내어 피부 표면의 산도를 약산성으로 회복시켜 피부를 부드럽게 하기 위해서
- ㉰ 보습제, 유연제의 함유로 각질층을 촉촉하고 부드럽게 하면서 다음 단계에 사용할 제품의 흡수를 용이하게 하기 위해서
- ㉱ 각종 영양 물질을 함유하고 있어, 피부의 탄력을 증진시키기 위해서

> **해설** 각종 영양물질을 함유하고 있어, 피부의 탄력을 증진시키는 것은 영양크림의 역할

12 딥클렌징 시술과정에 대한 내용 중 틀린 것은?
- ㉮ 깨끗이 클렌징된 상태에서 적용한다.
- ㉯ 필링제를 중앙에서 바깥쪽, 아래에서 위쪽으로 도포한다.
- ㉰ 고마쥐 타입은 팩이 마른 상태에서 근육결대로 가볍게 밀어준다.
- ㉱ 딥클렌징 단계에서는 수분 보충을 위해 스티머를 반드시 사용한다.

> **해설** 모든 딥클렌징 과정이 아닌 효소 사용 시 스티머를 사용하면 효과가 극대화된다.

13 제모할 때 왁스는 일반적으로 어떻게 바르는 것이 적합한가?
- ㉮ 털이 자라는 방향
- ㉯ 털이 자라는 반대 방향
- ㉰ 털이 자라는 왼쪽 방향
- ㉱ 털이 자라는 오른쪽 방향

> **해설** 털이 자라는 방향

14 피부타입에 따른 팩의 사용이 잘못된 것은?
- ㉮ 건성피부- 클레이 마스크
- ㉯ 지성피부- 클레이 마스크
- ㉰ 노화 피부- 벨벳 마스크
- ㉱ 여드름 피부- 머드팩

> **해설** 클레이 마스크는 대부분 지성피부에 효과적이다.

15 건성피부의 화장품 사용법으로 옳지 않은 것은?
- ㉮ 영양, 보습 성분이 있는 오일이나 에센스
- ㉯ 알코올이 다량 함유되어 있는 토너
- ㉰ 클렌저는 밀크 타입이나 유분기가 있는 크림 타입
- ㉱ 토너으로 보습 기능이 강화된 제품

- **해설** 알코올이 다량 함유되어 있는 토너는 피부를 건조하게 하므로 건성피부에는 부적합하다.

16 다음 중 매뉴얼 테크닉을 적용하는 데 가장 적합한 사람은?

㉮ 손·발이 냉한 사람
㉯ 독감이 심하게 걸린 사람
㉰ 피부에 상처나 질환이 있는 사람
㉱ 정맥류가 있어 혈관이 튀어 나온 사람

- **해설** 손, 발이 냉한 사람에게 매뉴얼 테크닉을 적용하면 혈액순환 및 신진대사 촉진

17 매뉴얼 테크닉 방법 중 두드리기의 효과와 가장 거리가 먼 것은?

㉮ 피부 진정과 긴장 완화효과
㉯ 혈액순환 촉진
㉰ 신경 자극
㉱ 피부의 탄력성 증대

- **해설** 피부 진정과 긴장 완화는 쓰다듬기 효과이다.

18 매뉴얼 테크닉에 대한 설명 중 거리가 먼 것은?

㉮ 체내의 노폐물 배설 작용을 도와준다.
㉯ 신진대사의 기능이 빨라져 혈압을 내려준다.
㉰ 몸의 긴장을 풀어줌으로써 건강한 몸과 마음을 갖게 한다.
㉱ 혈액순환을 도와 피부에 탄력을 준다.

- **해설** 신진대사의 기능이 빨라져 혈액순환을 원활하게 한다.

19. 다음 중 온습포의 효과가 아닌 것은?

㉮ 혈액순환 촉진
㉯ 모공확장으로 피지, 면포 등 불순물 제거
㉰ 피지선 자극
㉱ 혈관 수축으로 염증 완화

- **해설** 혈관 수축으로 염증을 완화시키는 것은 냉습포의 효과이다.

20 실핏선 피부(cooper rose)의 특징이라고 볼 수 없는 것은?

㉮ 혈관의 탄력이 떨어져 있는 상태이다.
㉯ 피부가 대체로 얇다.
㉰ 지나친 온도 변화에 쉽게 붉어진다.
㉱ 모세혈관의 수축으로 혈액의 흐름이 원활하지 못하다.

- **해설** 모세혈관의 신축성 저하 또는 확장으로 혈액의 흐름이 비정상적이다.

21 다음 중 전염성 피부질환인 두부백선의 병원체는?

㉮ 리케차
㉯ 바이러스
㉰ 사상균
㉱ 원생동물

- **해설** 사상균 : 전염성 피부질환이 두부백선의 병원체이다.

22 다음 중 입모근과 가장 관련 있는 것은?

㉮ 수분 조절　　㉯ 체온 조절
㉰ 피지 조절　　㉱ 호르몬 조절

- **해설** 체온 조절로 갑작스러운 냉기에 피부가 노출되었을 때 입모근이 수축하여 털이 서게 된다.

23 성장호르몬에 대한 설명으로 틀린 것은?

㉮ 분비 부위는 뇌하수체 후엽이다.
㉯ 기능 저하 시 어린이의 경우 저신장증이 된다.
㉰ 기능으로는 골, 근육, 내장의 성장을 촉진한다.
㉱ 분비 과다 시 어린이는 거인증, 성인의 경우 말단 비대증이 된다.

> **해설** 분비 부위는 뇌하수체 전엽이다.

24 심장에 대한 설명 중 틀린 것은?

㉮ 성인 심장은 무게가 평균 250~300g 정도이다.
㉯ 심장은 심방중격에 의해 좌·우심방, 심실은 심실중격에 의해 좌·우심실로 나누어진다.
㉰ 심장은 2/3가 흉골 정중선에서 좌측으로 치우쳐 있다.
㉱ 심장근육은 심실보다는 심방에서 매우 발달되어 있다.

> **해설** 심장근육은 심방보다는 심실에서 매우 발달되어 있다.

25 3대 영양소를 소화하는 모든 효소를 가지고 있으며, 인슐린(insulin)과 글루카곤(glucagon)을 분비하여 혈당량을 조절하는 기관은?

㉮ 췌장   ㉯ 간장
㉰ 담낭   ㉱ 충수

> **해설** 췌장 : 3대 영양소 소화 효소, 인슐린과 글루카곤을 분비하여 혈당량 조절

26 손톱, 발톱에 대한 설명으로 틀린 것은?

㉮ 정상적인 손·발톱의 교체는 대략 6개월가량 걸린다.
㉯ 개인에 따라 성장의 속도는 차이가 있지만 매일 1mm가량 성장한다.
㉰ 손끝과 발끝을 보호한다.
㉱ 물건을 잡을 때 받침대 역할을 한다.

> **해설** 개인에 따라 성장의 속도는 차이가 있지만 매일 약 0.1mm가량 성장한다.

27 피부의 구조 중 콜라겐과 엘라스틴이 자리 잡고 있는 층은?

㉮ 표피   ㉯ 진피
㉰ 피하조직   ㉱ 기저층

> **해설** 진피 : 콜라겐과 엘라스틴 함유

28 다음 중 세포 재생이 더 이상 되지 않으며 기름샘과 땀샘이 없는 것은?

㉮ 흉터   ㉯ 티눈
㉰ 두드러기 ㉱ 습진

> **해설** 흉터 : 세포재생이 더 이상 되지 않으며, 기름샘과 땀샘이 없다.

29 비듬이나 때처럼 박리현상을 일으키는 피부층은?

㉮ 표피의 기저층
㉯ 표피의 과립층
㉰ 표피의 각질층
㉱ 진피의 유두층

> **해설** 표피의 각질층 : 비듬이나 때처럼 박리현상이 일어난다.

30 다음 중 각질 이상에 의한 피부질환은?

㉮ 주근깨(작반)
㉯ 기미(간반)
㉰ 티눈
㉱ 리일 흑피증

> **해설** 티눈 : 마찰과 압력에 의해 각질층이 두껍고 딱딱해지는 각화가 심하고 중심부에 핵이 존재하는 각질 이상에 의한 피부질환으로 원추형의 국소적 증상이다.

31 고주파 사용 방법으로 옳은 것은?

㉮ 스파킹(sparking)을 할 때는 거즈를 사용한다.
㉯ 스파킹을 할 때는 피부와 전극봉 사이의 간격을 7mm 이상으로 한다.
㉰ 스파킹을 할 때는 부도체인 합성섬유를 사용한다.
㉱ 스파킹을 할 때 여드름용 오일은 면포에 도포한 후 사용한다.

•해설• 스파킹을 할 때는 거즈를 사용한다. 고주파 직접법 사용 방법으로 피부와 전극봉 사이의 간격은 0.7mm 이하로 하며 스파킹 이용 시 오일이나 크림을 바르지 않은 상태에서 실시한다.

32 직류(Direct current)에 대한 설명으로 옳은 것은?

㉮ 시간의 흐름에 따라 방향과 크기가 비대칭적으로 변한다.
㉯ 변압기에 의해 승압 또는 강압이 가능하다.
㉰ 정현파 전류가 대표적이다.
㉱ 지속적으로 한쪽 방향으로만 이동하는 전류의 흐름이다.

•해설•
◆ 시간의 흐름에 따라 방향과 크기가 비대칭적으로 변한다.
◆ 변압기에 의해 승압 또는 강압이 가능하다.
◆ 정현파 전류가 대표적이다.
◆ 지속적으로 한쪽 방향으로만 이동하는 전류의 흐름이다 : 직류 전류에 대한 설명

33 우드램프 사용 시 피부에 색소 침착을 나타내는 색깔은?

㉮ 푸른색 ㉯ 보라색
㉰ 흰색   ㉱ 암갈색

•해설• 암갈색 : 색소 침착 부위

34 다음 중 피부 분석을 위한 기기가 아닌 것은?

㉮ 고주파기
㉯ 우드 램프
㉰ 확대경
㉱ 유분 측정기

•해설• 고주파기 : 피부미용(관리) 기기

35 모세혈관 확장 피부의 안면 관리로 적당한 것은?

㉮ 스티머(steamer)는 분무거리를 가까이 한다.
㉯ 왁스나 전기마스크를 사용하지 않도록 한다.
㉰ 혈관 확장부위는 안면 진공 흡입기를 사용한다.
㉱ 비타민 P의 섭취를 피하도록 한다.

•해설• 왁스나 전기마스크를 사용하지 않도록 한다.
※ 비타민 P : 모세혈관을 강화하는 역할을 한다.

36 인체의 골격은 약 몇 개의 뼈(골)로 이루어지는가?

㉮ 약 206개 ㉯ 약 216개
㉰ 약 265개 ㉱ 약 365개

•해설• 206개 : 인체의 골격을 이루는 뼈의 수

37 심장근을 무늬 모양과 의지에 따라 분류하면 옳은 것은?

㉮ 횡문근, 수의근
㉯ 횡문근, 불수의근
㉰ 평활근, 수의근
㉱ 평활근, 불수의근

•해설• 횡문근, 불수의근 : 심장근의 무늬 모양과 의지에 따른 분류

38 세포 내 소기관 중에서 세포 내의 호흡생리를 담당하고, 이화작용과 동화작용에 의해 에너지를 생산하는 기관은?

㉮ 미토콘드리아
㉯ 리보솜
㉰ 리소좀
㉱ 중심소체

•해설• 미토콘드리아 : 세포 내 소기관 중에서 세포 내의 호흡생리를 담당하고, 이화작용과 동화작용에 의해 에너지 생산

39 신경계에 관한 내용 중 틀린 것은?

㉮ 뇌와 척수는 중추신경계이다.
㉯ 대뇌의 주요 부위는 뇌간, 간뇌, 중뇌, 교뇌 및 연수이다.
㉰ 척수로부터 나오는 31쌍의 척수신경은 말초신경을 이룬다.
㉱ 척수의 전각에는 감각 신경 세포가 그리고 후각에는 운동 신경 세포가 분포한다.

•해설• 척수의 전각에는 운동 신경 세포가, 후각에는 감각 신경 세포가 분포한다.
※ 문제오류로 가답안은 ㉱로 발표되었지만 확정답안에서 ㉯, ㉱로 중복답안이 인정되었습니다. 여기서는 ㉱번을 정답 처리합니다.

40 이온토포레시스(inontophoresis)의 주 효과는?

㉮ 세균 및 미생물을 살균시킨다.
㉯ 고농축 유효성분을 피부 깊숙이 침투시킨다.
㉰ 셀룰라이트를 감소시킨다.
㉱ 심부열을 증가시킨다.

•해설• 고농축 유효성분을 피부 깊숙이 침투시킨다.

41 "피부에 대한 자극, 알레르기, 독성이 없어야 한다"는 내용은 화장품의 4대 요건 중 어느 것에 해당하는가?

㉮ 안전성   ㉯ 안정성
㉰ 사용성   ㉱ 유효성

•해설• 안전성 : 피부에 대한 자극, 알레르기, 독성 등의 부작용이 없어야 한다.

42 바디 관리 화장품이 가지는 기능과 가장 거리가 먼 것은?

㉮ 세정   ㉯ 트리트먼트
㉰ 연마   ㉱ 일소 방지

•해설• 연마 : 표면 처리의 마지막 다듬질로 금속의 평활을 유지하고 광택을 높여주기 위해 사용하는 것을 말한다.

43 다음 중 산업종사자와 직업병의 연결이 틀린 것은?

㉮ 광부 - 진폐증
㉯ 인쇄공 - 납 중독
㉰ 용접공 - 규폐증
㉱ 항공정비사 - 난청

•해설• 용접공 - 망간 중독
※ 규폐증 : 규산 성분이 들어 있는 돌가루가 폐에 쌓여 생기는 질환이다. 광부, 석공, 도공, 돌 따위의 연마공 등에서 주로 볼 수 있는 직업병이다.

44 다음 중에서 접촉감염지수(감수성지수)가 가장 높은 질병은?

㉮ 홍역   ㉯ 소아마비
㉰ 디프테리아 ㉱ 성홍열

•해설• 홍역은 접촉감염지수(감수성지수)가 가장 높은 질병 즉, 가장 전염성이 높은 질환이다.

45 인수 공통 전염병에 해당하는 것은?

㉮ 천연두
㉯ 콜레라
㉰ 디프테리아
㉱ 공수병

> **해설** 공수병 : 인수 공통 전염병으로 감염된 개에 물리거나 타액을 통하여 감염

46 화장품의 제형에 따른 특징의 설명이 틀린 것은?

㉮ 유화제품 : 물에 오일성분이 계면활성제에 의해 우윳빛으로 백탁화된 상태의 제품
㉯ 유용화제품 : 물에 다량의 오일성분이 계면활성제에 의해 현탁하게 혼합된 상태의 제품
㉰ 분산제품 : 물 또는 오일 성분에 미세한 고체입자가 계면활성제에 의해 균일하게 혼합된 상태의 제품
㉱ 가용화제품 : 물에 소량의 오일성분이 계면활성제에 의해 투명하게 용해되어 있는 상태의 제품

> **해설** 유용화 제품은 화장품의 제형이라 볼 수 없다. 화장품의 제조에 따른 분류는 가용화, 유화, 분산이다.
> ※ 현탁 : 용질이 용매에 녹지 않고 그냥 뿌옇게 또는 부분적으로만 혼합하는 것

47 내가 좋아하는 향수를 구입하여 샤워 후 바디에 산뜻하고 상쾌함을 유지시키고자 한다면, 부향률은 어느 정도로 하는 것이 좋은가?

㉮ 1~3%
㉯ 3~5%
㉰ 6~8%
㉱ 9~12%

> **해설** 1~3% : 샤워 코롱의 부향률로 샤워 후 산뜻하고 상쾌함을 주지만 지속시간은 짧다.
> ※ 부향률 : 원액에 대한 알코올의 비율

48 대부분 O/W형 유화타입이며, 오일양이 적어 여름철에 많이 사용하고 젊은 연령층이 선호하는 파운데이션은?

㉮ 크림 파운데이션
㉯ 파우더 파운데이션
㉰ 트윈 케이크
㉱ 리퀴드 파운데이션

> **해설** 리퀴드 파운데이션 : O/W형 유화타입이며, 오일양이 적어 산뜻하여 여름철에 많이 사용

49 보습제가 갖추어야 할 조건이 아닌 것은?

㉮ 다른 성분과 혼용성이 좋을 것
㉯ 휘발성이 있을 것
㉰ 적절한 보습능력이 있을 것
㉱ 응고점이 낮을 것

> **해설** 휘발성은 보습제의 조건이 아니다.

50 진달래과의 월귤나무의 잎에서 추출한 하이드로퀴논 배당체로 멜라닌 활성을 도와주는 티로시나아제 효소의 작용을 억제하는 미백 화장품의 성분은?

㉮ 감마-오리자놀
㉯ 알부틴
㉰ AHA
㉱ 비타민 C

> **해설** 알부틴 : 티로시나아제 효소의 작용을 억제하며 하이드로퀴논과 비슷한 화학구조를 갖는 미백성분

51 광역시 지역에서 이·미용 업소를 운영하는 사람이 영업소의 소재지를 변경하고자 할 때의 조치사항으로 옳은 것은?

㉮ 시장에게 변경허가를 받아야 한다.
㉯ 관할 구청장에게 변경허가를 받아야 한다.
㉰ 시장에게 변경신고를 하면 된다.
㉱ 관할 구청장에게 변경신고를 하면 된다.

•해설• 관할 구청장에게 변경신고를 하면 된다.

52 다음 중 이·미용영업에 있어 벌칙기준이 다른 것은?

㉮ 영업신고를 하지 아니한 자
㉯ 영업소 폐쇄 명령을 받고도 계속하여 영업을 한 자
㉰ 일부 시설의 사용중지 명령을 받고 그 기간 중에 영업을 한 자
㉱ 면허가 취소된 후 계속하여 업무를 행한 자

•해설• 면허가 취소된 후 계속하여 업무를 행한 자 : 300만원 이하의 벌금
• 1년 이하의 징역 또는 1천만원 이하의 벌금
• 영업신고를 하지 아니한 자
• 영업소 폐쇄명령을 받고도 계속하여 영업을 한 자
• 일부 시설의 사용중지 명령을 받고 그 기간 중에 영업을 한 자

53 1회용 면도날을 2인 이상 손님에게 사용한 때의 1차 위반 행정처분 기준은?

㉮ 경고
㉯ 영업정지 5일
㉰ 영업정지 10일
㉱ 영업정지 1월

•해설• 1회용 면도날을 2인 이상의 손님에게 사용한 경우
• 1차(경고)
• 2차(영업정지 5일)
• 3차(영업정지 10일)
• 4차(영업장 폐쇄명령)

54 이·미용사의 면허를 받을 수 없는 사람은?

㉮ 전문대학 또는 이와 동등 이상의 학력이 있다고 교육부장관이 인정하는 학교에서 이·미용에 관한 학과를 졸업한 자
㉯ 국가기술자격법에 의한 이·미용사 자격을 취득한 자
㉰ 교육부장관이 인정하는 고등기술학교에서 6월 이상 이·미용의 과정을 이수한 자
㉱ 고등학교 또는 이와 동등의 학력이 있다고 교육부장관이 인정하는 학교에서 이·미용에 관한 학과를 졸업한 자

•해설• 교육부장관이 인정하는 고등기술학교에서 1년 이상 이·미용의 과정을 이수한 자

55 면허증 분실로 인해 재교부를 받았을 때, 잃어 버린 면허를 찾은 경우 반납하여야 하는 기간은?

㉮ 지체 없이   ㉯ 7일
㉰ 30일   ㉱ 6개월

56 매개 곤충과 전파하는 전염병의 연결이 틀린 것은?

㉮ 쥐 – 유행성출혈열
㉯ 모기 – 일본뇌염
㉰ 파리 – 사상충
㉱ 쥐, 벼룩 – 페스트

•해설• 사상충 : 모기에 의한 전염병

57 다음 중 소독약품의 적정 희석농도가 틀린 것은?

㉮ 석탄산 3%   ㉯ 승홍 0.1%
㉰ 알코올 70%   ㉱ 크레졸 0.3%

•해설• 크레졸의 적정 희석농도는 3%

58 병원성 또는 비병원성 미생물 및 아포를 가진 것을 전부 사멸 또는 제거하는 것을 무엇이라 하는가?

㉮ 멸균(Sterilization) ㉯ 소독(Disinfection)
㉰ 방부(Antiseptic) ㉱ 정균(Microbiostasis)

> •해설• 멸균 : 병원성 또는 비병원성 미생물 및 아포를 가진 것을 전부 사멸 또는 제거하는 것

59 결핵환자의 객담 처리방법 중 가장 효과적인 것은?

㉮ 소각법 ㉯ 알코올 소독
㉰ 크레졸 소독 ㉱ 매몰법

> •해설• 소각법 : 결핵환자의 객담 처리방법 중 가장 효과적이다.

60 자외선의 작용이 아닌 것은?

㉮ 살균작용 ㉯ 비타민 D 형성
㉰ 피부의 색소침착 ㉱ 아포 사멸

> •해설• 아포 사멸 : 멸균에 대한 설명이다.

2011년 제1회 피부미용사 필기 기출복원문제 (2011년 2월 13일 시행)

01 기초 화장품의 사용 목적 및 효과와 가장 거리가 먼 것은?
㉮ 피부의 청결 유지
㉯ 피부 보습
㉰ 잔주름, 여드름 방지
㉱ 여드름의 치료

•해설• 화장품의 목적은 치료가 아니다.

02 림프드레나쥐 기법 중 손바닥 전체 또는 엄지손가락을 피부 위에 올려놓고 앞으로 나선형으로 밀어내는 동작은 무엇인가?
㉮ 정지 상태 원동작
㉯ 펌프 기법
㉰ 퍼올리기 동작
㉱ 회전 동작

•해설• 림프드레나쥐 기법
- 정지원동작 : 손가락을 평평하게 겹치거나 펴서 림프 배출 방향으로 원동작이나 나선형으로 시행하는 동작
- 펌프 동작 : 엄지와 네 손가락을 직각이 되게 한 후 타원형으로 펌프하듯이 미는 동작
- 퍼올리기 동작 : 손바닥을 위로 향하고 손목 회전과 함께 위로 올리면서 압을 주는 동작

03 제모 관리 중 왁싱에 대한 내용과 가장 거리가 먼 것은?
㉮ 겨드랑이 및 입술 주위의 털을 제거 시에는 하드왁스를 사용하는 것이 좋다.
㉯ 콜드왁스(cold wax)는 데울 필요가 없지만 온왁스(warm wax)에 비해 제모 능력이 떨어진다.
㉰ 왁싱은 레이저를 이용한 제모와는 달리 모유두의 모모세포를 퇴행시키지 않는다.
㉱ 다리 및 팔 등의 넓은 부위의 털을 제거할 때에는 부직포 등을 이용한 온왁스가 적합하다.

•해설• 왁싱을 자주하면 털이 가늘어지고 자라는 속도가 느려진다.

04 온열 석고 마스크의 효과가 아닌 것은?
㉮ 열을 내어 유효성분을 피부 깊숙이 흡수시킨다.
㉯ 혈액순환을 촉진시켜 피부에 탄력을 준다.
㉰ 피지 및 노폐물 배출을 촉진한다.
㉱ 자극받은 피부에 진정효과를 준다.

•해설• 고무 마스크는 시원한 청량감을 주어 진정효과가 있다.

05 신체 각 부위별 매뉴얼 테크닉을 하는 경우 고려해야 할 유의사항과 가장 거리가 먼 것은?
㉮ 피부나 근육, 골격에 질병이 있는 경우는 피한다.
㉯ 피부에 상처나 염증이 있는 경우는 피한다.
㉰ 너무 피곤하거나 생리 중일 경우는 피한다.
㉱ 강한 압으로 매뉴얼 테크닉을 오래하여야 한다.

•해설• 매뉴얼 테크닉은 자극적이지 않게 하며 너무 오랜 시간은 하지 않는다.

06 피부미용의 목적이 아닌 것은?
㉮ 노화예방을 통하여 건강하고 아름다운 피부를 유지한다.
㉯ 심리적, 정신적 안정을 통해 피부를 건강한 상태로 유지시킨다.
㉰ 분장, 화장 등을 이용하여 개성을 연출한다.
㉱ 질환적 피부를 제외한 피부는 관리를 통해 개선시킨다.

•해설• 분장이나 화장은 메이크업의 목적이다.

07 클렌징 과정에서 제일 먼저 클렌징을 해야 할 부위는?

㉮ 볼 부위
㉯ 눈 부위
㉰ 목 부위
㉱ 턱 부위

•해설• 클렌징은 화장을 지우는 목적이므로 눈화장을 먼저 지운다.

08 피부분석을 하는 목적은?

㉮ 피부분석을 통해 고객의 라이프스타일을 파악하기 위해서
㉯ 피부의 증상과 원인을 파악하여 올바른 피부관리를 하기 위해서
㉰ 피부의 증상과 원인을 파악하여 의학적 치료를 하기 위해서
㉱ 피부분석을 통해 운동 처방을 하기 위해서

•해설• 피부상태와 제품의 선택, 프로그램의 적용을 보다 정확히 하기 위해서이다.

09 다음 중 적외선에 관한 설명으로 옳지 않은 것은?

㉮ 혈류의 증가를 촉진시킨다.
㉯ 피부 생성물의 흡수를 돕는 역할을 한다.
㉰ 노화를 촉진시킨다.
㉱ 피부에 열을 가하여 피부를 이완시키는 역할을 한다.

•해설• 적외선은 신진대사 촉진 및 세포를 활성화하여 노화를 방지하는 효과가 있다.

10 다음 중 자외선이 피부에 미치는 영향이 아닌 것은?

㉮ 색소 침착
㉯ 살균효과
㉰ 홍반 형성
㉱ 비타민 A 합성

•해설• 자외선은 비타민 D를 합성한다.

11 딥클렌징에 대한 설명으로 틀린 것은?

㉮ 제품으로 효소, 스크럽 크림 등을 사용할 수 있다.
㉯ 여드름성 피부나 지성 피부는 주 3회 이상 하는 것이 효과적이다.
㉰ 피부 노폐물을 제거하고 피지의 분비를 조절하는 데 도움이 된다.
㉱ 건성, 민감성 피부는 2주에 1회 정도가 적당하다.

•해설• 딥클렌징을 지나치게 할 경우 오히려 유·수분의 부족을 가져올 수 있다.

12 우드 램프에 의한 피부의 분석 결과 중 틀린 것은?

㉮ 흰색 - 죽은 세포와 각질층의 피부
㉯ 연한 보라색 - 건조한 피부
㉰ 오렌지색 - 여드름, 피지, 지루성 피부
㉱ 암갈색 - 산화된 피지

•해설• 아모 사멸 : 암갈색은 색소 침착 피부이다.

13 매뉴얼 테크닉 작업 시 주의사항으로 옳은 것은?

㉮ 동작은 강하게 하여 경직된 근육을 이완시킨다.
㉯ 속도는 빠르게 하여 고객에게 심리적인 안정을 준다.
㉰ 손동작은 머뭇거리지 않도록 하며 손목이나 손가락의 움직임은 유연하게 한다.
㉱ 매뉴얼 테크닉을 할 때는 반드시 마사지 크림을 사용하여 시술한다.

> **해설** 매뉴얼 테크닉은 적당한 압력, 리듬, 시간, 속도, 방향이 중요하다.

14 피부 타입과 화장품의 연결이 틀린 것은?

㉮ 지성피부 - 유분이 적은 영양크림
㉯ 정상피부 - 영양과 수분크림
㉰ 민감피부 - 지성용 데이크림
㉱ 건성피부 - 유분과 수분크림

> **해설** 저자극성 성분을 사용한 민감성 전용 크림을 사용한다.

15 다음 중 당일 적용한 피부관리 내용을 고객카드에 기록하고 자가 관리 방법을 조언하는 단계는?

㉮ 피부관리 계획 단계
㉯ 피부분석 및 진단 단계
㉰ 트리트먼트(Treatment) 단계
㉱ 마무리 단계

> **해설** 마무리 단계에서 고객에게 홈케어 조언을 하도록 한다.

16 매뉴얼 테크닉의 효과와 가장 거리가 먼 것은?

㉮ 피부의 흡수 능력을 확대시킨다.
㉯ 심리적 안정감을 준다.
㉰ 혈액의 순환을 촉진한다.
㉱ 여드름이 정리된다.

> **해설** 여드름은 직접 압출해야 효과가 있다.

17 일시적인 제모방법에 해당되지 않는 것은?

㉮ 제모 크림　　㉯ 왁스
㉰ 전기 응고술　　㉱ 족집게

> **해설** 일시적 제모는 다시 털이 성장하는 것을 말한다.

18 천연팩에 대한 설명 중 틀린 것은?

㉮ 사용할 횟수를 모두 계산하여 미리 만들어 준비해둔다.
㉯ 신선한 무공해 과일이나 야채를 이용한다.
㉰ 만드는 방법과 사용법을 잘 숙지한 다음 제조한다.
㉱ 재료의 혼용 시 각 재료의 특성을 잘 파악한 다음 사용하여야 한다.

> **해설** 천연팩은 신선도가 중요하다.

19 클렌징에 대한 설명으로 가장 거리가 먼 것은?

㉮ 피부 노폐물과 더러움을 제거한다.
㉯ 피부 호흡을 원활히 하는 데 도움을 준다.
㉰ 피부 신진대사를 촉진한다.
㉱ 피부 산성막을 파괴하는 데 도움을 준다.

> **해설** 피부의 산성막은 세균으로부터 피부를 보호하는 역할을 한다.

20 딥클렌징 관리 시 유의 사항 중 옳은 것은?

㉮ 눈의 점막에 화장품이 들어가지 않도록 조심한다.
㉯ 딥클렌징한 피부를 자외선에 직접 노출시킨다.
㉰ 흉터 재생을 위하여 상처 부위를 가볍게 문지른다.
㉱ 모세혈관 확장 피부는 부작용증에 해당하지 않는다.

> **해설** 고객의 눈에 제품이 들어가지 않도록 항상 조심한다.

21 한선에 대한 설명 중 틀린 것은?

㉮ 체온 조절 기능이 있다.
㉯ 진피와 피하지방 조직의 경계 부위에 위치한다.
㉰ 입술을 포함한 전신에 존재한다.
㉱ 에크린선과 아포크린선이 있다.

• 해설 • 한선은 입술과 음부를 제외한 피부 전신에 존재한다.

22 피부의 기능이 아닌 것은?

㉮ 보호작용
㉯ 체온 조절작용
㉰ 비타민 A 합성작용
㉱ 호흡작용

• 해설 • 비타민 D를 합성한다.

23 혈액 중 혈액 응고에 주로 관여하는 세포는?

㉮ 백혈구
㉯ 적혈구
㉰ 혈소판
㉱ 헤마토크리트

• 해설 • 혈소판은 혈액 응고, 지혈을 담당하며, 수명은 약 9~10일이다.

24 눈살을 찌푸리고 이마에 주름을 짓게 하는 근육은?

㉮ 구륜근
㉯ 안륜근
㉰ 추미근
㉱ 이근

• 해설 • 눈썹을 움직이는 근육은 추미근이다.

25 피지의 세포 중 전해질 및 수분대사에 관여하는 염류피질 호르몬을 분비하는 세포군은?

㉮ 속상대
㉯ 사구대
㉰ 망상대
㉱ 경팽대

• 해설 • 피질은 3개의 층으로 되어 있다. 첫 번째는 가장 바깥쪽의 사구대(신장에서 전해질 및 수분대사에 관여하는 염류피질 호르몬을 분비), 두 번째는 속상대(당질대사에 관여하는 염류피질 호르몬), 세 번째는 가장 안쪽의 망상대(성장에 관여하는 성호르몬인 안드로겐 분비)이다.

26 피부에 있어 색소 세포가 가장 많이 존재하고 있는 곳은?

㉮ 표피의 각질층
㉯ 표피의 기저층
㉰ 진피의 유두층
㉱ 진피의 망상층

• 해설 • 멜라닌 세포 기저층에 존재한다.

27 우리 피부의 세포가 기저층에서 생성되어 각질 세포로 변화하여 피부 표면으로부터 떨어져 나가는 데 걸리는 기간은?

㉮ 대략 60일
㉯ 대략 28일
㉰ 대략 120일
㉱ 대략 280일

• 해설 • 세포가 만들어지는 기간이 14일, 피부에서 떨어지는 기간이 14일이다.

28 사춘기 이후에 주로 분비가 되며, 모공을 통하여 분비되어 독특한 체취를 발생시키는 것은?

㉮ 소한선
㉯ 대한선
㉰ 피지선
㉱ 갑상선

•해설• 대한선은 체취선이라고도 한다.

29 피지선에 대한 설명으로 틀린 것은?

㉮ 피지를 분비하는 선으로 진피 중에 위치한다.
㉯ 피지선은 손바닥에는 없다.
㉰ 피지의 1일 분비량은 10~20g 정도이다.
㉱ 피지선이 많은 부위는 코 주위이다.

•해설• 피지의 분비량은 하루 1~2g이다.

30 체내에 부족하면 괴혈병을 유발시키며, 피부와 잇몸에서 피가 나게 하고 빈혈을 일으켜 피부를 창백하게 하는 것은?

㉮ 비타민 A
㉯ 비타민 B_2
㉰ 비타민 C
㉱ 비타민 K

•해설• 비타민 C는 항산화 기능으로 노화 예방 및 멜라닌 생성을 억제한다.

31 미용기기로 사용되는 진공 흡입기와 관련이 없는 것은?

㉮ 피부에 적절한 자극을 주어 피부기능을 왕성하게 한다.
㉯ 피지, 불순물 제거에 효과적이다.
㉰ 민감성 피부나 모세혈관확장증에 적용하면 좋은 효과가 있다.
㉱ 혈액순환, 림프순환 촉진에 효과가 있다.

•해설• 민감성이나 모세혈관 확장증은 자극적인 관리를 피한다.

32 확대경에 대한 설명으로 틀린 것은?

㉮ 피부상태를 명확히 파악하게 하여 정확한 관리가 이루어지도록 해준다.
㉯ 확대경을 켠 후 고객의 눈에 아이패드를 착용시킨다.
㉰ 열린 면포 또는 닫힌 면포 등을 제거할 때 효과적으로 이용할 수 있다.
㉱ 세안 후 피부분석 시 아주 작은 결점도 관찰할 수 있다.

•해설• 고객의 편리를 위해 항상 아이패드를 먼저 한다.

33 갈바닉 전류의 음극에서 생성되는 알칼리를 이용하여 피부 표면의 피지와 모공 속의 노폐물을 세정하는 방법은?

㉮ 이온토포레시스
㉯ 리프팅트리트먼트
㉰ 디스인크러스테이션
㉱ 고주파트리트먼트

•해설• 갈바닉은 음극(-)과 양극(+) 두 가지의 기능이 있으며, 세정작용은 음극이 효과적이다.

34 다음 중 pH의 옳은 설명은?

㉮ 어떤 물질의 용액 속에 들어있는 수소이온의 농도를 나타낸다.
㉯ 어떤 물질의 용액 속에 들어있는 수소분자의 농도를 나타낸다.
㉰ 어떤 물질의 용액 속에 들어있는 수소이온의 질량을 나타낸다.
㉱ 어떤 물질의 용액 속에 들어있는 수소분자의 질량을 나타낸다.

•해설• 수소이온의 농도가 높을수록 용액은 산성에 가까워진다.

35 우드 램프 사용 시 지성 부위의 코메도(comedo)는 어떤 색으로 보이는가?

㉮ 흰색 형광
㉯ 밝은 보라
㉰ 노랑 또는 오렌지
㉱ 자주색 형광

> **해설** 지성피부의 코메도는 피지를 말한다.

36 뇌신경과 척수신경은 각각 몇 쌍인가?

㉮ 뇌신경 - 12, 척수신경 - 31
㉯ 뇌신경 - 11, 척수신경 - 31
㉰ 뇌신경 - 12, 척수신경 - 30
㉱ 뇌신경 - 11, 척수신경 - 30

> **해설** 뇌신경 12쌍, 척수신경 31쌍

37 다음 중 간의 역할에 가장 적합한 것은?

㉮ 소화와 흡수 촉진
㉯ 담즙의 생성과 분비
㉰ 음식물의 역류 방지
㉱ 부신피질호르몬 생산

> **해설** 간은 지방의 소화 및 흡수 촉진을 위한 담즙을 생성한다.

38 두개골(skull)을 구성하는 뼈로 알맞은 것은?

㉮ 미골
㉯ 늑골
㉰ 사골
㉱ 흉골

> **해설** 두개골의 종류 : 두정골, 후두골, 측두골, 접형골, 사골

39 물질 이동 시 물질을 이루고 있는 입자들이 스스로 운동하여 농도가 높은 곳에서 낮은 곳으로 액체나 기체 속을 분자가 퍼져 나가는 현상은?

㉮ 능동수송   ㉯ 확산
㉰ 삼투   ㉱ 여과

> **해설**
> • 능동수송 : 에너지나 효소를 이용하여 농도가 낮은 곳에서 높은 곳으로 이동
> • 삼투 : 반투막을 경계로 상호 다른 용액이 서로 같아지려는 현상
> • 여과 : 막의 안과 밖의 압력과 중력의 차이에 의해 작은 구멍을 통해 이동

40 전류에 대한 설명이 틀린 것은?

㉮ 전류의 방향은 도선을 따라 (+)극에서 (-)극 쪽으로 흐른다.
㉯ 전류는 주파수에 따라 초음파, 저주파, 중주파, 고주파 전류로 나뉜다.
㉰ 전류의 세기는 1초 동안 도선을 따라 움직이는 전하량을 말한다.
㉱ 전자의 방향과 전류의 방향은 반대이다.

> **해설** 초음파는 소리진동에 의한 진동파수를 말한다.

41 다음 중 화장품의 사용되는 주요 방부제는?

㉮ 에탄올
㉯ 벤조산
㉰ 파라옥시안식향산메틸
㉱ BHT

> **해설** 화장품에 사용되는 방부제로는 이미다졸리디닐우레아, 파라옥시안식향산메틸, 파라옥시안식향산프로필 등이 있다.

42 주름 개선 기능성 화장품의 효과와 가장 거리가 먼 것은?

㉮ 피부 탄력 강화
㉯ 콜라겐 합성 촉진
㉰ 표피 신진대사 촉진
㉱ 섬유아세포 분해 촉진

•해설• 주름 개선 화장품은 섬유아세포의 성장을 촉진해 준다.

43 공중보건학의 정의로 가장 적합한 것은?

㉮ 질병예방, 생명연장, 질병치료에 주력하는 기술이며 과학이다.
㉯ 질병예방, 생명유지, 조기치료에 주력하는 기술이며 과학이다.
㉰ 질병의 조기발견, 조기예방, 생명연장에 주력하는 기술이며 과학이다.
㉱ 질병예방, 생명연장, 건강증진에 주력하는 기술이며 과학이다.

•해설• 공중보건학은 조직적인 지역사회의 노력을 통해서 질병을 예방하고 생명을 연장시킴과 동시에 신체적·정신적 효율을 증가시키는 기술과 과학을 말한다.

44 성층권의 오존층을 파괴시키는 대표적인 가스는?

㉮ 아황산가스   ㉯ 일산화탄소
㉰ 이산화탄소   ㉱ 염화불화탄소

•해설• 염화불화탄소는 오존층을 파괴하는 주범이다.

45 기생충과 중간숙주의 연결이 틀린 것은?

㉮ 광절열두조충증 - 물벼룩, 송어
㉯ 유구조충증 - 오염된 풀, 소
㉰ 폐흡충증 - 민물게, 가재
㉱ 간흡충증 - 쇠우렁, 잉어

•해설•
◆ 유구조충 : 돼지고기
◆ 무구조충 : 소고기

46 손을 대상으로 하는 제품 중 알코올을 주 베이스로 하며, 청결 및 소독을 주된 목적으로 하는 제품은?

㉮ 핸드 워시(Hand wash)
㉯ 새니타이저(sanitizer)
㉰ 비누
㉱ 핸드크림

•해설• 손세정제의 주 베이스는 새니타이저이다.

47 클렌징크림의 설명으로 맞지 않은 것은?

㉮ 메이크업화장을 지우는 데 사용한다.
㉯ 클렌징 로션보다 유성성분 함량이 적다.
㉰ 피지나 기름때와 같은 물에 잘 닦이지 않는 오염물질을 닦아내는 데 효과적이다.
㉱ 깨끗하고 촉촉한 피부를 위해서 비누로 세정하는 것보다 효과적이다.

•해설• 클렌징크림은 유성성분이 많이 함유되어 분장이나 무대 화장을 지우는 데 효과적이다.

48 미백 화장품에 사용되는 원료가 아닌 것은?

㉮ 알부틴
㉯ 코직산
㉰ 레티놀
㉱ 비타민 C 유도체

•해설• 레티놀은 주름에 해당하는 성분이다.

49 다음 중 여드름의 발생 가능성이 가장 적은 화장품 성분은?

㉮ 호호바 오일
㉯ 라놀린
㉰ 미네랄 오일
㉱ 이소프로필 팔미테이트

•해설 여드름은 피지와 관련이 있기 때문에 피지성분과 유사한 호호바 오일이 적당하다.

50 캐리어 오일로서 부적합한 것은?

㉮ 미네랄 오일 ㉯ 살구씨 오일
㉰ 아보카도 오일 ㉱ 포도씨 오일

•해설 살구씨 오일, 아보카도 오일, 포도씨 오일은 캐리어 오일이다.

51 이·미용업소에서 손님이 보기 쉬운 곳에 게시하지 않아도 되는 것은?

㉮ 개설자의 면허증 원본 ㉯ 신고증
㉰ 사업자등록증 ㉱ 이·미용 요금표

•해설 개인의 사업자등록증은 보이지 않는 곳에 보관한다.

52 이·미용사의 면허를 받기 위한 자격요건으로 틀린 것은?

㉮ 교육부장관이 인정하는 고등기술학교에서 1년 이상 이·미용에 관한 소정의 과정을 이수한 자
㉯ 이·미용에 관한 업무에 3년 이상 종사한 경험이 있는 자
㉰ 국가기술자격법에 의한 이·미용사의 자격을 취득한 자
㉱ 전문대학에서 이·미용에 관한 학과를 졸업한 자

•해설 국가자격증의 자격을 취득한 자, 관련학과를 졸업한 자, 미용학교를 졸업한 자에 해당

53 영업정지 처분을 받고 그 기간 중 영업을 한 때에 대한 1차 위반 시 행정처분 기준은?

㉮ 영업정지 10일 ㉯ 영업정지 20일
㉰ 영업정지 1월 ㉱ 영업장 폐쇄명령

•해설 영업정지 처분을 받고도 그 영업정지 기간 중 영업을 한 때는 1차 위반 시 영업장 폐쇄명령이다.

54 이·미용사의 면허증을 다른 사람에게 대여한 때의 법칙 행정처분 조치사항으로 옳은 것은?

㉮ 시·도지사가 그 면허를 취소하거나 6월 이내의 기간을 정하여 업무정지를 명할 수 있다.
㉯ 시·도지사가 그 면허를 취소하거나 1년 이내의 기간을 정하여 업무 정지를 명할 수 있다.
㉰ 시장·군수·구청장은 그 면허를 취소하거나 6월 이내의 기간을 정하여 업무정지를 명할 수 있다.
㉱ 시장·군수·구청장은 그 면허를 취소하거나 1년 이내의 기간을 정하여 업무 정지를 명할 수 있다.

•해설 면허증을 대여한 때 시장, 군수, 구청장은 그 면허를 취소하거나 6개월 이내의 기간을 정하여 업무정지를 명할 수 있다.

55 이·미용사는 영업소 외의 장소에는 이·미용 업무를 할 수 없다. 그러나 특별한 사유가 있는 경우는 예외가 인정되는 데 다음 중 특별한 사유에 해당하지 않는 것은?

㉮ 질병으로 영업소까지 나올 수 없는 자에 대한 이·미용
㉯ 혼례 기타 의식에 참여하는 자에 대하여 그 의식 직전에 행하는 이·미용
㉰ 긴급히 국외에 출타하는 자에 대한 이·미용
㉱ 시장, 군수, 구청장이 특별한 사정이 있다고 인정하는 경우에 행하는 이·미용

•해설 개인적으로 급하게 국외로 출타할 경우는 해당이 안 된다.

56 질병 발생의 3대 요인이 옳게 구성된 것은?

㉮ 병인, 숙주, 환경
㉯ 숙주, 감염력, 환경
㉰ 감염력, 연령, 인종
㉱ 병인, 환경, 감염력

•해설• 질병의 3대 요인 : 병인, 숙주, 환경

57 다음 중 소독에 영향을 가장 적게 미치는 인자는?

㉮ 온도   ㉯ 대기압
㉰ 수분   ㉱ 시간

•해설• 소독에 영향을 미치는 요인 : 온도, 수분, 시간

58 다음 중 넓은 지역의 방역용 소독제로 적당한 것은?

㉮ 석탄산   ㉯ 알코올
㉰ 과산화수소   ㉱ 역성비누액

•해설• 석탄산은 넓은 지역의 소독으로 적당하다.

59 100℃ 이상 고온의 수증기를 고압상태에서 미생물, 포자 등과 접촉시켜 멸균할 수 있는 것은?

㉮ 자외선 소독기
㉯ 건열 멸균기
㉰ 고압증기 멸균기
㉱ 자비 소독기

•해설• 멸균은 포자까지 죽이는 것을 말한다.

60 모기를 매개 곤충으로 하여 일으키는 질병이 아닌 것은?

㉮ 말라리아
㉯ 사상충염
㉰ 일본뇌염
㉱ 발진티푸스

•해설• 모기 매개 질병 : 말라리아, 사상충염, 일본뇌염

2011년 제2회 피부미용사 필기 기출복원문제 (2011년 4월 17일 시행)

01 매뉴얼 테크닉의 효과와 가장 거리가 먼 것은?
- ㉮ 혈액순환 촉진
- ㉯ 피부결의 연화 및 개선
- ㉰ 심리적 안정
- ㉱ 주름 제거

•해설• 매뉴얼 테크닉으로 주름을 제거하기는 어렵다.

02 일시적 제모에 해당하지 않는 것은?
- ㉮ 족집게
- ㉯ 제모용 크림
- ㉰ 왁싱
- ㉱ 레이저 제모

•해설• 레이저 제모 : 모모 세포를 영구적으로 파괴시키는 영구적 제모이다.

03 팩에 대한 내용 중 적합하지 않은 것은?
- ㉮ 건성 피부에는 진흙팩이 적합하다.
- ㉯ 팩은 사용목적에 따른 효과가 있어야 한다.
- ㉰ 팩 재료는 부드럽고 바르기 쉬워야 한다.
- ㉱ 팩의 사용에 있어서 안전하고 독성이 없어야 한다.

•해설• 진흙팩 : 피지 흡착 기능으로 지성피부에 적합하다.

04 카르테(고객카드) 작성에 반드시 기입되어야 할 사항과 가장 거리가 먼 것은?
- ㉮ 성명, 생년월일, 주소, 전화번호
- ㉯ 직업, 가족사항, 환경, 기호식품
- ㉰ 건강상태, 정신상태, 병력, 화장품
- ㉱ 취미, 특기사항, 재산 정도

•해설• 고객카드에 고객의 재산 정도는 반드시 기입해야 할 사항은 아니다.

05 림프드레나쥐의 주 대상이 되지 않는 피부는?
- ㉮ 모세혈관 확장 피부
- ㉯ 튼 피부
- ㉰ 감염성 피부
- ㉱ 부종이 있는 셀룰라이트 피부

•해설• 감염성 피부 : 림프드레나쥐 실시로 감염을 빠르게 진행시킬 우려가 있으므로 적용대상이 되지 않는다.
※ 림프드레나쥐 적용금지 피부 : 모든 악성질환, 급성 염증 질환, 갑상선 기능 장애, 심부전증, 천식, 결핵, 저혈압, 임산부(임신 후 3개월 전까지 금지) 등

06 안면관리 시 제품의 도포 순서로 가장 바르게 연결된 것은?
- ㉮ 앰플-로션-에센스-크림
- ㉯ 크림-에센스-앰플-로션
- ㉰ 에센스-로션-앰플-크림
- ㉱ 앰플-에센스-로션-크림

•해설• 화장품 도포 : 수분 함량이 많은 것을 먼저 도포한 후 유분 함량이 많은 제품을 순서대로 도포하여 흡수율을 높여준다.

07 셀룰라이트(cellulite)에 대한 설명 중 틀린 것은?
- ㉮ 오렌지 껍질 모양으로 표현된다.
- ㉯ 주로 여성에게 많이 나타난다.
- ㉰ 주로 허벅지, 둔부, 상완 등에 많이 나타나는 경향이 있다.
- ㉱ 스트레스가 주원인이다.

•해설• 셀룰라이트(cellulite) 주원인 : 호르몬 작용, 정체된 노폐물 및 림프순환, 유전적 순환장애 등이다.

08 다리 제모의 방법으로 틀린 것은?

㉮ 머슬린천을 이용할 때는 수직으로 세워서 떼어낸다.
㉯ 대퇴부는 윗부분부터 밑부분으로 각 길이를 이등분 정도 나누어 내려가며 실시한다.
㉰ 무릎 부위는 세워 놓고 실시한다.
㉱ 종아리는 고객을 엎드리게 한 후 실시한다.

> •해설• 모시 머슬린천은 가급적 눕혀서 수평으로 재빠르게 떼어낸다.

09 피부의 색소와 관계가 가장 먼 것은?

㉮ 에크린 ㉯ 멜라닌
㉰ 카로틴 ㉱ 헤모글로빈

> •해설• 피부색을 결정짓는 요소 : 카로틴, 멜라닌, 헤모글로빈
> ※ 에크린 : 소한선

10 다음 중 땀샘의 역할이 아닌 것은?

㉮ 체온 조절 ㉯ 분비물 배출
㉰ 땀 분비 ㉱ 피지 분비

> •해설• 피지 분비 : 모공을 통해 배출

11 클렌징 제품에 대한 설명이 틀린 것은?

㉮ 클렌징 밀크는 O/W 타입으로 친유성이며 건성, 노화, 민감성 피부에만 사용할 수 있다.
㉯ 클렌징 오일은 일반 오일과 다르게 물에 용해되는 특성이 있고 탈수 피부, 민감성 피부, 약건성 피부에 사용하면 효과적이다.
㉰ 비누는 사용 역사가 가장 오래된 클렌징 제품이고 종류가 다양하다.
㉱ 클렌징크림은 친유성과 친수성이 있으며 친유성은 반드시 이중 세안을 해서 클렌징 제품이 피부에 남아 있지 않도록 해야 한다.

> •해설• 클렌징 밀크 : O/W 타입으로 친수성이며 자극이 적어 건성, 노화·민감성 피부에 사용할 수 있다.

12 딥클렌징의 효과와 가장 거리가 먼 것은?

㉮ 모공의 노폐물 제거
㉯ 화장품의 피부 흡수를 도와줌
㉰ 노화된 각질 제거
㉱ 심한 민감성 피부의 민감도 완화

> •해설•
> • 딥클렌징의 효과 : 모공 속의 피지와 불순물 제거, 피부의 각질층 정돈, 영양성분의 침투 용이, 혈액순환 촉진, 면포를 연화시킴
> • 자극이 있으므로 민감성 피부는 피한다.

13 팩의 제거 방법에 따른 분류가 아닌 것은?

㉮ 티슈 오프 타입(Tissue off type)
㉯ 석고 마스크 타입(gypsum mask type)
㉰ 필 오프 타입(Peel off type)
㉱ 워시 오프 타입(Wash off type)

> •해설• 팩의 제거방법에 따른 분류
> • 티슈 오프 타입(Tissue off type)
> • 필 오프 타입(Peel off type)
> • 워시 오프 타입(Wash off type)
> ※ 석고 마스크 타입(gypsum mask type)은 필 오프 타입(Peel off type)에 속한다.

14 클렌징 시술에 대한 내용 중 틀린 것은?

㉮ 포인트 메이크업 제거 시 아이 립 메이크업 리무버를 사용한다.
㉯ 방수(waterproof) 마스카라를 한 고객의 경우에는 오일 성분의 아이 메이크업 리무버를 사용하는 것이 좋다.
㉰ 클렌징 동작 중 원을 그리는 동작은 얼굴의 위를 향할 때 힘을 빼고 내릴 때는 힘을 준다.
㉱ 클렌징 동작은 근육결에 따르고, 머리 쪽을 향하게 하는 것에 유념한다.

> •해설• 클렌징 동작 : 원을 그리는 동작은 얼굴의 위를 향할 때 힘을 주고, 내릴 때 힘을 뺀다.

15 피부 분석표 작성 시 피부 표면의 혈액순환 상태에 따른 분류 표시가 아닌 것은?

㉮ 홍반 피부(erythrosis skin)
㉯ 심한 홍반 피부(couperose skin)
㉰ 주사성 피부(rosacea skin)
㉱ 과색소 피부(hyper pigmentation skin)

> •해설
> ◆ 과색소 피부(hyper pigmentation skin) : 멜라닌 색소의 침착이 증가하여 생기는 질환
> ◆ 주사성 피부(rosacea skin) : 여드름성 피부의 일종

16 신체 각 부위 관리에서 매뉴얼 테크닉의 효과와 가장 거리가 먼 것은?

㉮ 혈액 순환 및 림프 순환 촉진
㉯ 근육의 이완 및 강화
㉰ 피부의 염증과 홍반 증상의 예방
㉱ 심리적 안정감을 통한 스트레스 해소

> •해설 매뉴얼 테크닉 시 홍반과 염증이 있는 경우 피부에 자극을 주어 현상을 더욱 심화시킬 수 있으므로 가급적 피한다.

17 화장수의 도포 목적 및 효과로 옳은 것은?

㉮ 피부 본래의 정상적인 pH 밸런스를 맞추어 주며 다음 단계에 사용할 화장품의 흡수를 용이하게 한다.
㉯ 죽은 각질 세포를 쉽게 박리시키고 새로운 세포 형성 촉진을 유도한다.
㉰ 혈액순환을 촉진시키고 수분 증발을 방지하여 보습 효과가 있다.
㉱ 항상 피부를 pH 5.5 약산성으로 유지시켜 준다.

> •해설 화장수 도포 목적 : 수분 공급, pH 밸런스 유지, 피부 정돈, 다음 단계 화장품 흡수 용이

18 피부 미용의 역사에 대한 설명 중 옳은 것은?

㉮ 르네상스 시대 - 비누의 사용 보편화
㉯ 이집트 시대 - 약초 스팀법의 개발
㉰ 로마 시대 - 향수, 오일, 화장이 생활의 필수품으로 등장
㉱ 중세 시대 - 매뉴얼 테크닉 크림 개발

> •해설
> ◆ 르네상스 시대 : 진한 향수의 생활화
> ◆ 이집트 시대 : 고대 미용의 발상지, 종교적 이유로 화장
> ◆ 중세 시대 : 약초 스팀법의 개발
> ◆ 근대 시대 : 비누 사용의 보편화

19 다음 중 피부미용에서의 딥클렌징에 속하지 않은 것은?

㉮ 스크럽 ㉯ 엔자임
㉰ AHA   ㉱ 크리스탈 필

> •해설 크리스탈 필 : 의료영역으로 병원에서 시술하는 박피술

20 피부 유형을 결정하는 요인이 아닌 것은?

㉮ 얼굴형 ㉯ 피부 조직
㉰ 피지 분비 ㉱ 모공

> •해설 피부 유형은 피부가 지닌 유분과 수분량으로 결정되며 피지선의 피지 분비와 한선의 땀 분비에 따라 좌우된다.

21 표피에서 촉감을 감지하는 세포는?

㉮ 멜라닌 세포 ㉯ 머켈 세포
㉰ 각질 형성 세포 ㉱ 랑게르한스 세포

> •해설 머켈 세포 : 표피의 기저층에 위치하며, 아주 미세한 전구체인 촉각 수용체로 촉각을 감지하는 촉각세포

22 우리 몸의 대사 과정에서 배출되는 노폐물, 독소 등이 배설되지 못하고 피부조직에 남아 비만으로 보이며 림프 순환이 원인인 피부 현상은?

㉮ 쿠퍼로제 ㉯ 켈로이드
㉰ 알레르기 ㉱ 셀룰라이트

- 해설
  - 쿠퍼로제 : 모세혈관 확장 피부
  - 켈로이드 : 진피의 섬유성조직이 비정상적으로 성장하여 결절 형태로 튀어나오는 것
  - 알레르기 : 특정 항원에 의해 항체가 생성된 결과 항원에 대한 이상한 병적 증상이 나타나는 현상

23 담즙을 만들어 포도당을 글리코겐으로 저장하는 소화기관은?

㉮ 간 ㉯ 위
㉰ 충수 ㉱ 췌장

- 해설 간의 역할 : 담즙 생성 후 담낭에 저장하여 소장으로 배출하여 지방을 분해, 해독 작용, 단백질 대사, 철분 및 비타민 저장, 적혈구 파괴 등

24 세포막을 통한 물질이동 방법 중 수동적 방법에 해당하는 것은?

㉮ 음세포 작용 ㉯ 능동수송
㉰ 확산 ㉱ 식세포 작용

- 해설 수동적 수송방법 : 확산, 삼투, 여과

25 중추신경계는 어떻게 구성되어 있는가?

㉮ 중뇌와 대뇌 ㉯ 뇌와 척수
㉰ 교감신경과 뇌간 ㉱ 뇌간과 척수

- 해설
  - 중추신경계 : 뇌와 척수
  - 말초신경계 : 체성신경계-뇌신경, 척수신경
  - 자율신경계 : 교감신경, 부교감신경

26 피부 각질 형성 세포의 일반적 각화 주기는?

㉮ 약 1주 ㉯ 약 2주
㉰ 약 3주 ㉱ 약 4주

- 해설 피부의 각화주기 : 약 4주(28일)

27 콜라겐과 엘라스틴이 주성분으로 이루어진 피부 조직은?

㉮ 표피 상층 ㉯ 표피 하층
㉰ 진피 조직 ㉱ 피하 조직

- 해설 진피 : 진피의 망상층은 콜라겐과 엘라스틴이 주성분이다.

28 어부들에게 피부의 노화가 조기에 나타나는 가장 큰 원인은?

㉮ 생선을 너무 많이 섭취하여서
㉯ 햇볕에 많이 노출되어서
㉰ 바다에 오존 성분이 많아서
㉱ 바다의 일에 과로하여서

- 해설 어부의 경우 대부분의 작업환경이 햇볕에 많이 노출되어 있어 그로 인한 자외선으로부터의 광노화 현상이 자주 나타난다.

29 광노화 현상이 아닌 것은?

㉮ 표피 두께 증가
㉯ 멜라닌 세포 이상 항진
㉰ 체내 수분 증가
㉱ 진피 내의 모세혈관 확장

- 해설 광노화 현상 : 피부조직이 변화하여 건조 현상이 심해지고 체내의 수분을 감소시킨다.

30 피부의 천연보습인자(NMF)의 구성성분 중 가장 많은 분포를 나타내는 것은?
㉮ 아미노산 ㉯ 요소
㉰ 피롤리돈 카르복시산 ㉱ 젖산염

•해설• 천연보습인자(NMF)의 구성 성분
아미노산 40%, 피롤리돈 카르복시산 12%, 젖산염 12%, 요소 7%, 염소 6%, 나트륨 5%, 칼륨 4%, 암모니아 1.5%, 마그네슘 1%, 인산염 0.5%, 기타 9% 정도로 구성되어 있다.

31 컬러테라피의 색상 중 활력, 세포 재생, 신경긴장 완화, 호르몬 대사 조절 효과를 나타내는 것은?
㉮ 주황색 ㉯ 노란색
㉰ 보라색 ㉱ 초록색

•해설•
• 노란색 : 소화기계 기능 강화, 신경 자극, 신체 정화작용
• 보라색 : 식욕 조절, 면역성 증가, 기미, 주근깨 관리
• 초록색 : 신경 안정, 신체 평형 유지, 지방 분비 촉진

32 다음 중 전류와 관련된 설명으로 가장 거리가 먼 것은?
㉮ 전류의 세기는 1초에 한 점을 통과하는 전하량으로 나타낸다.
㉯ 전류의 단위로는 A(암페어)를 사용한다.
㉰ 전류는 전압과 저항이라는 두 개의 요소에 의한다.
㉱ 전류는 낮은 전류에서 높은 전류로 흐른다.

•해설• 전류 : (+)극에서 (-)극으로 흐른다.

33 브러시(프리마톨)의 사용 방법으로 틀린 것은?
㉮ 브러시는 피부에 90°로 사용한다.
㉯ 건성, 민감성 피부는 빠른 회전수로 사용한다.
㉰ 회전속도는 얼굴은 느리게, 신체는 빠르게 한다.
㉱ 사용 후에는 즉시 중성 세제로 깨끗하게 세척한다.

•해설• 건성, 민감성 피부에 적용 시 회전속도를 느리게 한다.

34 피부미용기기의 부적용과 가장 거리가 먼 경우는?
㉮ 임산부
㉯ 알레르기, 피부 상처, 피부 질병이 진행 중인 경우
㉰ 지성피부
㉱ 치아, 뼈, 보철 등 몸속에 금속장치를 지닌 경우

•해설• 지성피부의 경우 피부미용기기를 이용하여 피부 문제를 개선할 수 있다.

35 피부분석 시 사용하는 기기가 아닌 것은?
㉮ pH 측정기 ㉯ 우드 램프
㉰ 초음파 기기 ㉱ 확대경

•해설• 초음파 기기 : 피부미용 관리 기기로 노폐물 제거, 리프팅 효과, 셀룰라이트 분해, 피부 탄력 부여 등에 이용한다.

36 다음 중 배부(back)의 근육이 아닌 것은?
㉮ 승모근 ㉯ 광배근
㉰ 견갑거근 ㉱ 비복근

•해설• 비복근 : 하지근(장딴지 근육)에 해당한다.

37 골격계에 대한 설명 중 옳지 않은 것은?
㉮ 인체의 골격은 약 206개의 뼈로 구성된다.
㉯ 체중의 약 20%를 차지하며 골, 연골, 관절 및 인대를 총칭한다.
㉰ 기관을 둘러싸서 내부 장기를 외부의 충격으로부터 보호한다.
㉱ 골격에서는 혈액 세포를 생성하지 않는다.

•해설• 골의 내부의 적색골수에서 적혈구 등의 혈액세포를 생성한다.

38 다리의 혈액순환 이상으로 피부 밑에 형성되는 검푸른 상태를 무엇이라 하는가?

㉮ 혈관 축소
㉯ 심박동 증가
㉰ 하지정맥류
㉱ 모세혈관 확장증

• 해설• 하지정맥류 : 하지의 정맥 내 압력이 높아져 정맥벽이 약해지면서 판막이 손상되고 혈액이 역류하면서 늘어난 정맥이 피부로 보이게 되는 것

39 남성의 2차 성장에 영향을 주는 성스테로이드 호르몬으로 두정부 모발의 발육을 억제시키고 피지 분비를 촉진시키는 것은?

㉮ 알도스테론(aldosterone)
㉯ 에스트로겐(estrogen)
㉰ 테스토스테론(testosterone)
㉱ 프로게스테론(progesterone)

• 해설•
• 테스토스테론(testosterone) : 남성호르몬으로 매우 중요한 역할을 하며, 사춘기에서는 2차 성징의 특성을 나타내고, 성인이 된 후에는 남성으로서 내형과 외형을 유지하게 하는 호르몬이다.
• 알도스테론(aldosterone) : 부신피질의 사구대에서 분비
• 에스트로겐(estrogen), 프로게스테론(progesterone) : 여성호르몬

40 고형의 파라핀을 녹이는 파라핀기의 적용범위가 아닌 것은?

㉮ 손 관리
㉯ 혈액순환 촉진
㉰ 살균
㉱ 팩 관리

• 해설• 파라핀기는 주로 손, 발 관리에 이용하며, 혈액순환 및 습윤작용을 해준다.

41 팩제의 사용 목적이 아닌 것은?

㉮ 팩제가 건조하는 과정에서 피부에 심한 긴장을 준다.
㉯ 일시적으로 피부의 온도를 높여 혈액순환을 촉진한다.
㉰ 노화한 각질층 등을 팩제와 함께 제거시키므로 피부 표면을 청결하게 할 수 있다.
㉱ 피부의 생리 기능에 적극적으로 작용하여 피부에 활력을 준다.

• 해설• 팩제는 건조 과정에서 피부에 적절한 혹은 일정한 긴장감을 준다.

42 화장품에서 요구되는 4대 품질 특성이 아닌 것은?

㉮ 안전성
㉯ 안정성
㉰ 보습성
㉱ 사용성

• 해설• 화장품의 4대 요건 : 안전성, 안정성, 사용성, 유효성

43 통조림, 소시지 등 식품의 혐기성 상태에서 발육하여 신경독소를 분비하여 중독이 되는 식중독은?

㉮ 포도상구균 식중독
㉯ 솔라닌 독소형 식중독
㉰ 병원성 대장균 식중독
㉱ 보툴리누스균 식중독

• 해설•
• 포도상구균 식중독 : 우유, 육류
• 솔라닌 독소형 식중독 : 감자의 발아 부위
• 병원성 대장균 식중독 : 식중독균이 장에 침범하여 발생

44 실내 공기의 오염지표로 주로 측정되는 것은?

㉮ N_2
㉯ NH_3
㉰ CO
㉱ CO_2

• 해설• 이산화탄소(CO_2) : 실내공기 오염지표
※ N_2(질소), NH_3(암모니아), CO(일산화탄소)

45 관련법상 제2군에 해당하는 감염병은?

㉮ 황열
㉯ 풍진
㉰ 세균성 이질
㉱ 장티푸스

•해설
- 제2군 감염병 : 디프테리아, 백일해, 파상풍, 홍역, 유행성 이하선염, 풍진, 폴리오, B형간염, 일본뇌염, 수두
- 제1군 감염병 : 세균성 이질, 장티푸스
- 제4군 감염병 : 황열

46 다음 중 옳은 것만을 모두 짝지은 것은?

A. 자외선 차단제에는 물리적 차단제와 화학적 차단제가 있다.
B. 물리적 차단제에는 벤조페논, 옥시벤존, 옥틸디메칠파바 등이 있다.
C. 화학적 차단제는 피부에 유해한 자외선을 흡수하여 피부 침투를 차단하는 방법이다.
D. 물리적 차단제는 자외선이 피부에 흡수되지 못하도록 피부 표면에서 빛을 반사 또는 산란시키는 방법이다.

㉮ A, B, C
㉯ A, C, D
㉰ A, B, D
㉱ B, C, D

•해설
- 물리적 차단제 : 산화아연, 이산화티탄, 탈크, 카올린 등이 있다.
- 화학적 차단제 : 옥시벤존, 벤조페논, 옥틸디메칠파바 등이 있다.

47 화장품 제조의 3가지 주요 기술이 아닌 것은?

㉮ 가용화 기술
㉯ 유화 기술
㉰ 분산 기술
㉱ 용융 기술

•해설 화장품 제조방법 : 가용화, 유화, 분산
※ 용융기술 : 고체를 액체로 녹이는 방법

48 에센셜 오일을 추출하는 방법이 아닌 것은?

㉮ 수증기 증류법
㉯ 혼합법
㉰ 압착법
㉱ 용제 추출법

•해설 에센셜 오일 추출법 : 수증기 증류법, 압착법, 용제 추출법

49 기능성 화장품류의 주요 효과가 아닌 것은?

㉮ 피부 주름 개선에 도움을 준다.
㉯ 자외선으로부터 보호한다.
㉰ 피부를 청결히 하여 피부 건강을 유지한다.
㉱ 피부 미백에 도움을 준다.

•해설 기능성 화장품 : 주름 개선, 미백, 자외선 차단의 3가지 기능

50 다음 중 향료의 함유량이 가장 적은 것은?

㉮ 퍼퓸(Perfume)
㉯ 오 드 뚜왈렛(Eau de Toilet)
㉰ 샤워 코롱(Shower Cologne)
㉱ 오 드 코롱(Eau de Cologne)

51 손님의 얼굴, 머리, 피부 등을 손질하여 손님의 외모를 아름답게 꾸미는 영업에 해당하는 것은?

㉮ 미용업
㉯ 피부미용업
㉰ 메이크업
㉱ 종합미용업

•해설 미용업이라 함은 손님의 얼굴, 머리, 피부 등을 손질하여 손님의 외모를 아름답게 꾸미는 영업에 해당한다.

52 신고를 하지 아니하고 영업소의 소재지를 변경한 때의 1차 위반 시의 행정처분 기준은?

㉮ 영업정지 1월
㉯ 영업정지 2월
㉰ 영업정지 3월
㉱ 영업장 폐쇄명령

• 해설 • 신고를 하지 않고 영업소의 소재지를 변경한 경우
(2018년 10월 보건복지부령으로 개정)
변경 전 : 영업장 폐쇄명령
변경 후 : 영업정지 1월(1차), 영업정지 2월(2차),
영업장 폐쇄명령(3차)

53 이·미용업소에서 1회용 면도날을 손님 몇 명까지 사용할 수 있는가?

㉮ 1명
㉯ 2명
㉰ 3명
㉱ 4명

• 해설 • 이·미용업소에서 일회용품의 사용은 반드시 손님 1인에 한하여 사용한다.

54 위생교육은 1년에 몇 시간을 받아야 하는가?

㉮ 2시간
㉯ 3시간
㉰ 5시간
㉱ 6시간

• 해설 • 2011년 2월 10일 공중위생관리법 시행규칙 개정안 중 위생교육시간을 매년 3시간으로 조정하여 영세 자영업자의 부담을 완화하였다.

55 다음 중 이·미용업무에 종사할 수 있는 자는?

㉮ 공인 이·미용학원에서 3개월 이상 이·미용에 관한 강습을 받은 자
㉯ 이·미용업소에 취업하여 6개월 이상 이·미용에 관한 기술을 수습한 자
㉰ 이·미용업소에서 이·미용사의 감독하에 이·미용 업무를 보조하고 있는 자
㉱ 시장·군수·구청장이 보조원이 될 수 있다고 인정하는 자

• 해설 • 면허나 자격이 없는 자는 미용업에 종사하거나 개설할 수 없지만 미용사의 감독하에 미용 보조 업무는 가능하다.

56 예방접종에 있어서 디피티(D.P.T)와 무관한 질병은?

㉮ 디프테리아
㉯ 파상풍
㉰ 결핵
㉱ 백일해

• 해설 • **디피티(D.P.T)**
디피티(D.P.T)란 디프테리아(diphtheria), 백일해(pertussis), 파상풍(tetanus)의 세 가지를 이르는 말로 세균에 의한 전신성 질병이다. 특히 어린이가 감염되면 생명이 위험할 정도로 무서운 질병이다. 예방접종은 생후 2, 4, 6개월에 한 번씩 3회 실시한 후, 8개월과 4~6세 때 추가접종을 실시하며, 그 후 11~13세에 파상풍과 디프테리아 독소가 혼합된 티디(Td)를 접종한다.

57 훈증 소독법에 대한 설명 중 틀린 것은?

㉮ 분말이나 모래, 부식되기 쉬운 재질 등을 멸균할 수 있다.
㉯ 가스(gas)나 증기(fum)를 사용한다.
㉰ 화학적 소독방법이다.
㉱ 위생해충 구제에 많이 이용된다.

• 해설 • 훈증 소독법 : 살균가스나 증기를 이용하여 과일 등의 해충을 소독하는 방법이다.

58 100% 크레졸 비누액을 환자의 배설물, 토사물, 객담소독을 위한 소독용 크레졸 비누액 100mL로 조제하는 방법으로 가장 적합한 것은?

㉮ 크레졸 비누액 0.5mL + 물 99.5mL
㉯ 크레졸 비누액 3mL + 물 97mL
㉰ 크레졸 비누액 10mL + 물 90mL
㉱ 크레졸 비누액 50mL + 물 50mL

• 해설 • 크레졸비누액으로 만들어 사용할 경우 크레졸비누액 3% + 물 97%로 제조한다.

59 질병 발생의 3대 요소가 아닌 것은?

㉮ 병인 ㉯ 환경
㉰ 숙주 ㉱ 시간

> •해설• 질병 발생의 3대 요소 : 병인, 숙주, 환경

60 화학약품으로 소독 시 약품의 구비조건이 아닌 것은?

㉮ 살균력이 있을 것
㉯ 부식성, 표백성이 없을 것
㉰ 경제적이고 사용방법이 간편할 것
㉱ 용해성이 낮을 것

> •해설• 용해성이 높아야 한다.

2011년 제4회 피부미용사 필기 기출복원문제 (2011년 7월 31일 시행)

01 피부미용의 영역이 아닌 것은?
- ㉮ 신체 각 부위 관리
- ㉯ 레이저 필링
- ㉰ 눈썹 정리
- ㉱ 제모

•해설• 레이저 필링 : 영구적 제모로 의료영역에 해당

02 세안에 대한 설명으로 틀린 것은?
- ㉮ 클렌징제의 선택이나 사용방법은 피부상태에 따라 고려되어야 한다.
- ㉯ 청결한 피부는 피부관리 시 사용되는 여러 영양성분의 흡수를 돕는다.
- ㉰ 피부 표면은 pH 4.5~6.5로서 세균의 번식이 쉬워 문제 발생이 잘되므로 세안을 잘해야 한다.
- ㉱ 세안은 피부관리에 있어서 가장 먼저 행하는 과정이다.

•해설• 피부 표면은 pH 4.5~6.5의 약산성의 상태로 세균 번식을 억제하고 피부에 유분감을 제공한다.

03 림프드레나쥐를 적용할 수 있는 경우에 해당되는 것은?
- ㉮ 림프절이 심하게 부어 있는 경우
- ㉯ 전염성의 문제가 있는 피부
- ㉰ 열이 있는 감기 환자
- ㉱ 여드름이 있는 피부

•해설• 림프드레나쥐 적용 피부
- ◆ 자극에 민감한 피부
- ◆ 여드름 피부
- ◆ 노화 피부
- ◆ 부종이 심한 경우
- ◆ 수술 후 상처 회복
- ◆ 셀룰라이트
- ◆ 홍반 피부 등

04 피부유형에 맞는 화장품 선택이 아닌 것은?
- ㉮ 건성피부 : 유분과 수분이 많이 함유된 화장품
- ㉯ 민감성 피부 : 향, 색소, 방부제를 함유하지 않거나 적게 함유된 화장품
- ㉰ 지성피부 : 피지 조절제가 함유된 화장품
- ㉱ 정상피부 : 오일이 함유되어 있지 않은 오일 프리(oil free) 화장품

•해설• 오일이 함유되어 있지 않은 오일 프리(oil free) 화장품은 지성피부, 여드름 피부에 적합하다.

05 딥클렌징의 대상으로 적합하지 않은 것은?
- ㉮ 모세혈관 확장 피부
- ㉯ 모공이 넓은 지성피부
- ㉰ 비염증성 여드름 피부
- ㉱ 잔주름이 많은 건성피부

•해설• 모세혈관 확장 피부는 예민한 피부로 가급적 딥클렌징을 피한다.

06 제모 시 유의사항이 아닌 것은?
- ㉮ 염증이나 상처, 피부질환이 있는 경우는 하지 말아야 한다.
- ㉯ 장시간의 목욕이나 사우나 직후는 피한다.
- ㉰ 제모 부위의 유분기와 땀을 제거한 다음 완전히 건조된 후 실시한다.
- ㉱ 제모한 부위는 즉시 물로 깨끗하게 씻어 주어야 한다.

•해설• 제모 후 진정젤을 발라 자극을 줄여주며, 24시간 이내에 햇빛에 의한 자극, 목욕, 메이크업 등은 피한다.

07 수요법(water trerapy, hydrotherapy) 시 지켜야 할 수칙이 아닌 것은?

㉮ 식사 직후에 행한다.
㉯ 수요법은 대개 5분에서 30분까지가 적당하다.
㉰ 수요법 전에 잠깐 쉬도록 한다.
㉱ 수요법 후에는 물을 마시도록 한다.

•해설 수요법 : 식사 후 최소 1시간 정도 휴식을 취한 후 실시

08 다음 중 물리적인 딥클렌징이 아닌 것은?

㉮ 스크럽제
㉯ 브러시(프리마톨)
㉰ AHA(alpha hydroxy acid)
㉱ 고마쥐

•해설 AHA(alpha hydroxy acid) : 화학적 딥클렌징으로 산성분을 이용하여 노폐물 및 각질을 제거
※ 물리적 딥클렌징 : 손, 기기 등 외부의 물리적 힘을 이용하는 딥클렌징

09 건강한 손톱에 대한 설명으로 틀린 것은?

㉮ 바닥에 강하게 부착되어야 한다.
㉯ 단단하고 탄력이 있어야 한다.
㉰ 윤기가 흐르며 노란색을 띠어야 한다.
㉱ 아치 모양을 형성해야 한다.

•해설 건강한 손톱 : 윤기가 흐르며, 연한 핑크빛을 띠고 탄력적이며 아치 모양을 형성

10 천연보습인자의 설명으로 틀린 것은?

㉮ NMF(natural moisturizing factor)
㉯ 피부수분보유량을 조절한다.
㉰ 아미노산, 젖산, 요소 등으로 구성되어 있다.
㉱ 수소이온농도의 지수유지를 말한다.

•해설 천연보습인자 NMF(natural moisturizing factor)는 아미노산, 젖산, 요소 등으로 구성되어 있으며 피부의 수분보유량을 결정하는 요소이다.

11 매뉴얼 테크닉의 종류 중 기본동작이 아닌 것은?

㉮ 두드리기(Tapotement) ㉯ 문지르기(Friction)
㉰ 흔들어주기(Vibration) ㉱ 누르기(Press)

•해설 매뉴얼 테크닉 기본동작
◆ 두드리기(tapotement)
◆ 문지르기(friction)
◆ 흔들어주기(떨기, vibration)
◆ 쓰다듬기(effleurage)
◆ 반죽하기(petrissage)

12 팩 사용 시 주의사항이 아닌 것은?

㉮ 피부타입에 맞는 팩제를 사용한다.
㉯ 잔주름 예방을 위해 눈 위에 직접 덧바른다.
㉰ 한방팩, 천연팩 등은 즉석에서 만들어 사용한다.
㉱ 안에서 바깥 방향으로 바른다.

•해설 팩 사용 시 눈 주위와 입에 팩제가 들어가지 않도록 주의해서 도포한다.

13 파우더 타입의 머드팩에 대한 설명이 옳은 것은?

㉮ 유분을 공급하므로 노화, 재생관리가 필요한 피부에 사용
㉯ 피지를 흡착하고 살균, 소독 및 항염 작용이 있어 지성 및 여드름 피부에 사용
㉰ 항염 작용이 있어 민감 피부관리에 사용
㉱ 보습 작용이 뛰어나 눈가나 입술 관리에 사용

•해설• 파우더 타입의 머드팩 : 피지 흡착력, 노폐물 제거, 지성 및 여드름 피부관리에 적용한다.
※ 지성 및 여드름 피부에 적용 : 머드팩, 클레이팩, 퓨리파잉팩 등

14 클렌징 로션에 대한 알맞은 설명은?

㉮ 사용 후 반드시 비누세안을 해야 한다.
㉯ 친유성 에멀션(W/O 타입)이다.
㉰ 눈화장, 입술화장을 지우는 데 주로 사용한다.
㉱ 민감성 피부에도 적합하다.

•해설• 클렌징 로션 : 친수성 에멀션(O/W) 타입으로 모든 피부에 적용 가능하며 특히 건성, 민감성 피부에 적합하다.

15 습포의 효과에 대한 내용과 가장 거리가 먼 것은?

㉮ 온습포는 모공을 확장시키는 데 도움을 준다.
㉯ 온습포는 혈액순환 촉진, 적절한 수분공급의 효과가 있다.
㉰ 냉습포는 모공을 수축시키며 피부를 진정시킨다.
㉱ 온습포는 팩 제거 후, 사용하면 효과적이다.

•해설• 냉습포 : 팩 제거 후 마무리 단계에 사용하며 모공수축의 효과가 있다.

16 피부상담 시 고려해야 할 점으로 가장 거리가 먼 것은?

㉮ 관리 시 생길 수 있는 만약의 경우에 대비하여 병력사항을 반드시 상담하고 기록해 둔다.
㉯ 피부관리 유경험자의 경우 그동안의 관리 내용에 대해 상담하고 기록해 둔다.
㉰ 여드름을 비롯한 문제성 피부고객의 경우 과거 병원 치료나 약물 치료의 경험이 있는지 기록해 두어 피부관리 계획표 작성에 참고한다.
㉱ 필요한 제품을 판매하기 위해 고객이 사용하고 있는 화장품의 종류를 체크한다.

•해설• 제품 판매를 목적으로 피부상담을 하지 않는다.

17 매뉴얼 테크닉을 적용할 수 있는 경우는?

㉮ 피부나 근육, 골격에 질병이 있는 경우
㉯ 골절상으로 인한 통증이 있는 경우
㉰ 염증성 질환이 있는 경우
㉱ 피부에 셀룰라이트(cellulite)가 있는 경우

•해설• 피부에 셀룰라이트(cellulite)가 있는 경우 매뉴얼 테크닉을 통해 혈액순환 촉진 및 노폐물 배출에 도움을 주도록 한다.

18 신체 각 부위 매뉴얼 테크닉 방법에 대한 내용 중 틀린 것은?

㉮ 규칙적인 리듬과 속도를 유지하면서 관리한다.
㉯ 전신에 대한 매뉴얼 테크닉은 강하면 강할수록 효과가 좋다.
㉰ 전신 매뉴얼 테크닉은 림프절이 흐르는 방향으로 실시한다.
㉱ 전신에 손바닥을 밀착시키고 체간(몸통)을 이용하여 관리한다.

•해설• 매뉴얼 테크닉 시 너무 강한 동작은 모세혈관 및 림프관에 손상을 줄 수 있으므로 적절한 강약으로 실시한다.

19 매뉴얼 테크닉의 효과가 아닌 것은?

㉮ 내분비기능의 조절
㉯ 결체조직에 긴장과 탄력성 부여
㉰ 혈액순환 촉진
㉱ 반사 작용의 억제

•해설• 손, 발 등에 매뉴얼 테크닉을 적용하면 그곳의 반사 작용이 촉진되어 인체의 흐름을 원활히 하는 데 도움을 준다.

20 건성피부의 관리방법으로 가장 거리가 먼 것은?

㉮ 알칼리성 비누를 이용하여 자주 세안을 한다.
㉯ 화장수는 알코올 함량이 적고 보습 기능이 강화된 제품을 사용한다.
㉰ 클렌징 제품은 부드러운 밀크타입이나 유분기가 있는 크림 타입을 선택하여 사용한다.
㉱ 세라마이드, 호호바 오일, 아보카도 오일, 알로에베라, 히알루론산 등의 성분이 함유된 화장품을 사용한다.

•해설• 알칼리성 비누 : 피부의 산성막 파괴, 유분 및 수분 제거, 건성피부 악화

21 다음 중 표피층에 존재하는 세포가 아닌 것은?

㉮ 각질 형성 세포   ㉯ 멜라닌 세포
㉰ 랑게르한스 세포 ㉱ 비만 세포

•해설• 비만 세포 : 진피층에 존재

22 인체에 있어 피지선이 전혀 없는 곳은?

㉮ 이마   ㉯ 코
㉰ 귀   ㉱ 손바닥

•해설• 손바닥, 발바닥은 피지선이 존재하지 않는다. 오히려 한선이 발달해 있다.

23 골격계의 형태에 따른 분류로 옳은 것은?

㉮ 장골(긴뼈) : 상완골(위팔뼈), 요골(노뼈), 척골(자뼈), 대퇴골(넙다리뼈), 경골(정강뼈), 비골(종아리뼈) 등
㉯ 단골(짧은뼈) : 슬개골(무릎뼈), 대퇴골(넙다리뼈), 두정골(마루뼈) 등
㉰ 편평골(납작뼈) : 척주골(척주뼈), 관골(광대뼈) 등
㉱ 종자골(종강뼈) : 전두골(이마뼈), 후두골(뒤통수뼈), 두정골(마루뼈), 견갑골(어깨뼈), 늑골(갈비뼈) 등

•해설•
◆ 단골(짧은뼈) : 수근골(손목뼈), 족근골(발목뼈)
◆ 편평골(납작뼈) : 두개골, 견갑골(어깨뼈), 늑골(갈비뼈)
◆ 종자골(종자뼈) : 슬개골(무릎뼈)

24 비뇨기계에서 배출기관의 순서를 바르게 표현한 것은?

㉮ 신장 → 요관 → 요도 → 방광
㉯ 신장 → 요도 → 방광 → 요관
㉰ 신장 → 요관 → 방광 → 요도
㉱ 신장 → 방광 → 요도 → 요관

•해설• 배출기관 순서
신장(오줌 생성) → 요관(연동작용) → 방광(소변을 일시적으로 저장) → 요도(연동작용을 통해 오줌을 밖으로 배출)

25 다음 설명 중 틀린 내용은?

㉮ 소화란 포도당을 산화하여 에너지를 생산하는 과정이다.
㉯ 소화란 탄수화물은 단당류로, 단백질은 아미노산 등으로 분해하는 과정이다.
㉰ 소화란 유기물들이 소장의 융모상피가 흡수할 수 있는 크기로 잘리는 과정을 말한다.
㉱ 소화계에는 입과 위, 소장은 물론 간과 췌장도 포함한다.

•해설• 소화 : 음식물과 영양소를 흡수 가능한 상태로 가수분해하는 과정

26 진피에 함유되어 있는 성분으로 우수한 보습능력을 지니어 피부관리 제품에도 많이 함유되어 있는 것은?
- ㉮ 알코올(alcohol)
- ㉯ 콜라겐(collagen)
- ㉰ 판테롤(panthenol)
- ㉱ 글리세린(glycerine)

> •해설•
> ◆ 판테롤(panthenol) : 진정, 재생작용
> ◆ 글리세린(glycerine) : 보습작용, 유연성

27 피부의 기능에 대한 설명으로 틀린 것은?
- ㉮ 인체 내부기관을 보호한다.
- ㉯ 체온조절을 한다.
- ㉰ 감각을 느끼게 한다.
- ㉱ 비타민 B를 생성한다.

> •해설• 자외선 UV-B의 영향으로 표피의 프로비타민 D가 비타민 D로 생성된다.

28 다음 중 피부 표면의 pH에 가장 큰 영향을 주는 것은?
- ㉮ 각질 생성
- ㉯ 침의 분비
- ㉰ 땀의 분비
- ㉱ 호르몬의 분비

> •해설• 땀의 분비는 피지와 함께 약산성의 형태로 산성보호 막을 형성한다.

29 탄수화물에 대한 설명으로 옳지 않은 것은?
- ㉮ 당질이라고도 하며 신체의 중요한 에너지원이다.
- ㉯ 장에서 포도당, 과당 및 갈락토스로 흡수된다.
- ㉰ 지나친 탄수화물의 섭취는 신체를 알칼리성 체질로 만든다.
- ㉱ 탄수화물의 소화흡수율은 99%에 가깝다.

> •해설• 지나친 탄수화물의 섭취는 인체를 산성체질로 만들며 비만의 원인이 되기도 한다.
> ※ 사람의 체액은 pH 7.5 정도로 알칼리 체질에 해당한다.

30 원주형의 세포가 단층으로 이어져 있으며 각질 형성 세포와 색소 형성 세포가 존재하는 피부 세포층은?
- ㉮ 기저층
- ㉯ 투명층
- ㉰ 각질층
- ㉱ 유극층

> •해설• 표피의 기저층 : 각질 형성 세포, 색소 형성 세포, 머켈 세포가 존재

31 진공 흡입기(suction)의 효과로 틀린 것은?
- ㉮ 피부를 자극하여 한선과 피지선의 기능을 활성화시킨다.
- ㉯ 영양물질을 피부 깊숙이 침투시킨다.
- ㉰ 림프순환을 촉진하여 노폐물을 배출한다.
- ㉱ 면포나 피지를 제거한다.

> •해설• 진공 흡입기(suction) : 정체된 노폐물을 배출하는 데 도움을 주며, 피부를 자극하여 피지선과 한선의 기능을 활성화시킨다.

32 진동 브러시(Frimator)의 올바른 사용 방법이 아닌 것은?
- ㉮ 모세혈관 확장 피부에는 사용하지 않는다.
- ㉯ 브러시를 미지근한 물에 적신 후 사용한다.
- ㉰ 손목에 힘을 주어 눌러가며 돌려준다.
- ㉱ 사용한 브러시는 비눗물로 세척 후 물기를 제거하고 소독기로 소독 후 보관한다.

> •해설• 진동 브러시(Frimator)는 손목에 힘을 빼고 90°를 유지하며 가볍게 원을 그리며 적용한다.

33 우드 램프에 대한 설명으로 틀린 것은?
- ㉮ 피부 분석을 위한 기기이다.
- ㉯ 밝은 곳에서 사용하여야 한다.
- ㉰ 클렌징한 후 사용하여야 한다.
- ㉱ 자외선을 이용한 기기이다.

•해설• 우드 램프 사용 시 어두운 곳에서 관찰해야 색상을 정확히 판독할 수 있다.

34 갈바닉(galvanic) 기기의 음극효과로 틀린 것은?
㉮ 모공의 수축
㉯ 피부의 연화
㉰ 신경의 자극
㉱ 혈액공급의 증가

•해설• **갈바닉(galvanic) 기기의 효과**
- 음극효과 : 알칼리 반응, 혈관 확장, 모공 확장, 피부 연화, 신경자극 증가, 세정 효과, 피지 용해
- 양극효과 : 산성 반응, 모공 수축, 혈관 수축, 피부조직 강화, 진정작용, 영양물질 흡수, 신경 안정작용

35 고주파 전류의 주파수(진동수)를 측정하는 단위는?
㉮ W(와트)
㉯ A(암페어)
㉰ Ω(옴)
㉱ Hz(헤르츠)

•해설•
- W(와트) : 전력의 단위
- A(암페어) : 전류의 세기
- Ω(옴) : 전기 저항

36 폐에서 이산화탄소를 내보내고 산소를 받아들이는 역할을 수행하는 순환은?
㉮ 폐순환
㉯ 체순환
㉰ 전신순환
㉱ 문맥순환

•해설•
- 체순환 : 전신순환으로 혈액이 심장에서 나가 전신을 순환하여 다시 심장으로 들어오는 순환
- 문맥순환 : 체순환의 일부로 장으로 들어간 동맥이 간을 거쳐 대정맥으로 합쳐지는 순환

37 성인의 척수신경은 모두 몇 쌍인가?
㉮ 12쌍
㉯ 13쌍
㉰ 30쌍
㉱ 31쌍

•해설• 척수신경은 31쌍이다.

38 인체에서 방어 작용에 관여하는 세포는?
㉮ 적혈구
㉯ 백혈구
㉰ 혈소판
㉱ 항원

•해설• 백혈구 : 식균작용을 통한 신체 방어작용에 관여

39 근육은 어떤 작용으로 움직일 수 있는가?
㉮ 수축에 의해서만 움직인다.
㉯ 이완에 의해서만 움직인다.
㉰ 수축과 이완에 의해서 움직인다.
㉱ 성장에 의해서만 움직인다.

•해설• 근육은 수축과 이완작용에 의해 움직인다.

40 스티머 사용 시 주의해야 할 사항으로 틀린 것은?
㉮ 오존이 함께 장착되어 있는 경우 스팀이 나오기 전 오존을 미리 켜두어야 한다.
㉯ 일광에 손상된 피부나 감염이 있는 피부에는 사용을 금한다.
㉰ 수조 내부를 세제로 씻지 않도록 한다.
㉱ 물은 반드시 정수된 물을 사용하도록 한다.

•해설• 오존은 스팀이 나온 후 켜고, 스티머 내부는 물과 식초를 이용하여 세척한다.

41 색소를 염료(dye)와 안료(pigment)로 구분할 때 그 특징에 대해 잘못 설명한 것은?

㉮ 염료는 메이크업 화장품을 만드는 데 주로 사용된다.
㉯ 안료는 물과 오일에 모두 녹지 않는다.
㉰ 무기 안료는 커버력이 우수하고 유기안료는 빛, 산, 알칼리에 약하다.
㉱ 염료는 물이나 오일에 녹는다.

> 해설) 염료는 물, 오일에 녹는 색소이며, 메이크업에 주로 사용되는 것은 안료이다.

42 기능성 화장품에 해당되지 않는 것은?

㉮ 피부의 미백에 도움을 주는 제품
㉯ 인체의 비만도를 줄여주는 데 도움을 주는 제품
㉰ 피부의 주름 개선에 도움을 주는 제품
㉱ 피부를 곱게 태워주거나 자외선으로부터 피부를 보호하는 데 도움을 주는 제품

> 해설) 기능성 화장품 : 주름 개선, 미백, 자외선 차단

43 보건행정의 제원리에 관한 것으로 맞는 것은?

㉮ 일반 행정원리의 관리과정적 특성과 기획과정은 적용되지 않는다.
㉯ 의사결정과정에서 미래를 예측하고, 행동하기 전의 행동계획을 결정한다.
㉰ 보건행정에서는 생태학이나 역학적 고찰이 필요 없다.
㉱ 보건행정은 공중보건학에 기초한 과학적 기술이 필요하다.

> 해설) 보건행정 : 공중보건학을 기초로 공중보건의 목적을 달성하기 위한 과학적인 기술행정

44 체온은 유지하는 데 영향을 주는 온열인자가 아닌 것은?

㉮ 기온
㉯ 기습
㉰ 복사열
㉱ 기압

> 해설) 온열인자 : 기온, 기습, 기류, 복사열

45 제3군 감염병으로 맞는 것은?

㉮ 결핵
㉯ 콜레라
㉰ 장티푸스
㉱ 파상풍

> 해설) 파상풍 : 2군에 속하는 감염병
> 콜레라, 장티푸스 : 1군에 속하는 감염병

46 캐리어 오일에 대한 설명으로 틀린 것은?

㉮ 캐리어는 운반이란 뜻으로 캐리어 오일은 마사지 오일을 만들 때 필요한 오일이다.
㉯ 베이스 오일이라고도 한다.
㉰ 에센셜 오일을 추출할 때 오일과 분류되어 나오는 증류액을 말한다.
㉱ 에센셜 오일의 향을 방해하지 않도록 향이 없어야 하고 피부흡수력이 좋아야 한다.

> 해설)
> ◆ 에센셜 오일을 추출할 때 오일과 분류되어 나오는 증류액은 플로럴 워터이다.
> ◆ 캐리어 오일 : 베이스 오일이라고도 하며, 정유를 피부 내로 운반시켜 주는 오일이다. 원액과 혼합 시 정유 성분이 그대로 유지되며 캐리어 오일 자체적으로 약리적인 효과가 있는 것으로 피부 타입에 따라 사용한다.

47 계면활성제에 대한 설명으로 옳은 것은?

㉮ 계면활성제는 일반적으로 둥근 머리 모양의 소수성기와 막대꼬리 모양의 친수성기를 가진다.
㉯ 계면활성제의 피부에 대한 자극은 양쪽성〉양이온성〉음이온성〉비이온성의 순으로 감소한다.
㉰ 비이온성 계면활성제는 피부자극이 적어 화장수의 가용화제, 크림의 유화제, 클렌징 크림의 세정제 등에 사용된다.
㉱ 양이온성 계면활성제는 세정작용이 우수하여 비누, 샴푸 등에 사용된다.

•해설•
- 계면활성제 : 머리 모양의 친수성기과 막대모양의 소수성기를 가진다.
- 양이온성〉음이온성〉양쪽성〉비이온성순으로 피부에 자극을 주며, 음이온 계면활성제는 세정력이, 양이온 계면활성제는 살균력이 우수한 것이 특징이다.

48 다음 중 냉각기에 의해 제조된 제품은?

㉮ 립스틱
㉯ 화장수
㉰ 아이섀도
㉱ 에센스

•해설• 립스틱 : 레이크와 안료를 유성 성분에 잘 섞은 후 분쇄하여 향료를 가미해 성형기에 부어 급속 냉각하면 수축되고 굳어져서 완성된다.

49 화장품의 분류와 사용목적, 제품이 일치하지 않는 것은?

㉮ 모발 화장품 - 정발 - 헤어스프레이
㉯ 방향 화장품 - 향취 부여 - 오 드 코롱
㉰ 메이크업 화장품 - 색채 부여 - 네일 에나멜
㉱ 기초 화장품 - 피부 정돈 - 클렌징 폼

•해설• 기초 화장품 - 피부 정돈 - 화장수 혹은 토너

50 팩의 분류에 속하지 않는 것은?

㉮ 필 오프(peel-off) 타입
㉯ 워시 오프(wash-off) 타입
㉰ 패치(patch) 타입
㉱ 워터(water) 타입

•해설• 제거방법에 따라 필 오프(peel-off) 타입, 워시 오프(wash-off) 타입, 티슈 오프(tissue-off) 타입으로 나눈다.

51 공중위생업소의 위생서비스 수준의 평가는 몇 년마다 실시해야 하는가?

㉮ 매년
㉯ 2년
㉰ 3년
㉱ 4년

•해설• 위생서비스 수준평가는 2년마다 실시한다.

52 이·미용업소의 위생 관리 의무를 지키지 아니한 자의 과태료 기준은?

㉮ 30만원 이하
㉯ 50만원 이하
㉰ 100만원 이하
㉱ 200만원 이하

•해설• **200만원 이하 과태료**
- 이·미용업소의 위생관리 의무를 지키지 아니한 자
- 영업소 외의 장소에서 이용 또는 미용업무를 행한 자
- 위생 교육을 받지 아니한 자

53 공중위생업자에게 개선 명령을 명할 수 없는 것은?

㉮ 보건복지부령이 정하는 공중위생업의 종류별 시설 및 설비기준을 위반한 경우
㉯ 공중위생업자가 그 이용자에게 건강상 위해 요인이 발생하지 아니하도록 영업 관련 시설 및 설비를 위생적이고 안전하게 관리해야 하는 위생 관리 의무를 위반한 경우
㉰ 면도기는 1회용 면도날만을 손님 1인에 한하여 사용한 경우
㉱ 이·미용기구는 소독을 한 기구와 소독을 하지 아니한 기구로 분리하여 보관해야 하는 위생 관리 의무를 위반한 경우

> **해설** 1회용 면도날을 손님 2인에 한하여 사용한 경우
> ◆ 1차 위반(경고)   ◆ 2차 위반(영업정지 5월)
> ◆ 3차 위반(영업정지 10월) ◆ 4차 위반(영업장 폐쇄명령)

54 영업허가 취소 또는 영업장 폐쇄명령을 받고도 계속하여 이·미용 영업을 하는 경우에 시장·군수·구청장이 취할 수 있는 조치가 아닌 것은?

㉮ 당해 영업소의 간판 기타 영업표지물의 제거
㉯ 당해 영업소가 위법한 것임을 알리는 게시물 등의 부착
㉰ 영업을 위하여 필수불가결한 기구 또는 시설물을 사용할 수 없게 하는 봉인
㉱ 당해 영업소의 업주에 대한 손해배상 청구

55 이·미용사 면허를 받을 수 있는 자가 아닌 것은?

㉮ 고등학교에서 이용 또는 미용에 관한 학과를 졸업한 자
㉯ 국가기술자격법에 의한 이용사 또는 미용사 자격을 취득한 자
㉰ 보건복지부 장관이 인정하는 외국인 이용사 또는 미용사 자격 소지자
㉱ 전문대학에서 이용 또는 미용에 관한 학과 졸업자

> **해설** 외국의 이용사 또는 미용사 자격 소지자도 시장, 군수, 구청장의 면허를 받아야 한다.

56 예방접종 중 세균의 독소를 약독화(순화)하여 사용하는 것은?

㉮ 폴리오
㉯ 콜레라
㉰ 장티푸스
㉱ 파상풍

> **해설** 예방접종은 2군에 해당한다.
> 디프테리아, 파상풍, 백일해, BCG, B형간염, 폴리오, 홍역, 풍진, 일본뇌염, 수두, 유행성 이하선염

57 어떤 소독약의 석탄계수가 2.0이라는 것은 무엇을 의미하는가?

㉮ 석탄산의 살균력이 2이다.
㉯ 살균력이 석탄산의 2배이다.
㉰ 살균력이 석탄산의 2%이다.
㉱ 살균력이 석탄산의 120%이다.

> **해설** 석탄산계수가 높을수록 소독효과가 좋다.
> ※ 석탄산계수 = 소독제의 희석배수/석탄산의 희석배수

58 다음 중 소독약의 구비조건으로 틀린 것은?

㉮ 인체에는 독성이 없어야 한다.
㉯ 소독 물품에 손상이 없어야 한다.
㉰ 사용방법이 간단하고 경제적이어야 한다.
㉱ 소독 실시 후 서서히 소독 효력이 증대되어야 한다.

> **해설** 소독약은 빠른 시간 안에 효과를 나타내며 소독 대상에 침투력이 좋아야 한다.

59 자비소독 시 살균력을 강하게 하고 금속기자재가 녹스는 것을 방지하기 위하여 첨가하는 물질이 아닌 것은?

㉮ 2% 중조
㉯ 2% 크레졸 비누액
㉰ 5% 승홍수
㉱ 5% 석탄산

- 해설
- ◆ 승홍수 : 독성이 강하고 금속을 부식시킨다.
- ◆ 중조 : 석탄산 사용 시 금속이 녹스는 것을 방지할 목적으로 0.5%의 중조(탄산수소나트륨)를 넣어준다.

60 무수알코올(100%)을 사용해서 70%의 알코올 1800mL를 만드는 방법으로 옳은 것은?

㉮ 무수알코올 700mL에 물 1100mL를 가한다.
㉯ 무수알코올 70mL에 물 1730mL를 가한다.
㉰ 무수알코올 1260mL에 물 540mL를 가한다.
㉱ 무수알코올 126mL에 물 1674mL를 가한다.

- 해설
  1800ml(총용량) X 0.7 = 1260ml(무수알코올)
  → 1800ml - 1260ml = 540ml(물)
  ※ 무수알코올 : 물을 함유하지 않는 에탄올 99%

2011년 제5회 피부미용사 필기 기출복원문제 (2011년 10월 9일 시행)

01 매뉴얼 테크닉의 효과에 해당하지 않는 것은?
㉮ 혈액순환을 촉진시킨다.
㉯ 림프순환을 촉진시킨다.
㉰ 근육의 긴장을 감소하고 피부 온도를 상승하여 기분을 좋게 한다.
㉱ 가슴과 복부 관리를 통해 생리 시, 임신 초기 또는 말기에 진정효과를 준다.

•해설• 임신 초기나 임신 말기는 아이의 출산을 방해할 수 있다.

02 웜 왁스를 이용하여 제모하는 방법으로 옳은 것은?
㉮ 제모 전에는 로션을 발라 피부를 보호한다.
㉯ 왁스는 털이 난 방향으로 발라준다.
㉰ 왁스를 제거할 때는 천천히 떼어낸다.
㉱ 제모 후에는 온습포를 이용해 시술 부위를 진정시킨다.

•해설• 왁스는 털의 방향으로 바르고 반대 방향으로 떼어낸다.

03 마스크의 종류에 따른 사용 목적이 틀린 것은?
㉮ 콜라겐 벨벳 마스크 - 진피 수분 공급
㉯ 고무 마스크 - 진정, 노폐물 흡착
㉰ 석고 마스크 - 영양 성분 침투
㉱ 머드 마스크 - 모공 청결, 피지 흡착

•해설• 콜라겐 벨벳 마스크는 표피에 수분 밸런스를 회복시켜준다.

04 우리나라 피부 미용 역사에서 혼례 미용법이 발달하고, 세안을 위한 세제 등 목욕용품이 발달한 시대는?
㉮ 고조선 시대   ㉯ 삼국 시대
㉰ 고려 시대   ㉱ 조선 시대

•해설• 조선 시대의 규합총서에 의해 다양한 미용법 소개

05 피부관리 시 최종 마무리 단계에서 냉타월을 사용하는 이유로 가장 적합한 것은?
㉮ 고객을 잠에서 깨우기 위해서
㉯ 깨끗이 닦아내기 위해서
㉰ 모공을 열어주기 위해서
㉱ 이완된 피부를 수축시키기 위해서

•해설• 냉타월은 진정, 모공 수축의 효과가 있다.

06 딥클렌징에 대한 설명으로 가장 거리가 먼 것은?
㉮ 디스인크러스테이션은 주 2회 이상이 적당하다.
㉯ 효소 타입은 불필요한 각질을 분해하여 잔여물을 제거한다.
㉰ 디스인크러스테이션은 전기를 이용한 딥클렌징 방법이다.
㉱ 예민 피부는 브러시 머신을 이용한 딥클렌징을 삼간다.

•해설• 디스인크러스테이션은 주 1회가 적당하다.

07 지성 피부의 화장품 적용 목적 및 효과로 가장 거리가 먼 것은?
㉮ 모공 수축
㉯ 피지 분비 및 정상화
㉰ 유연 회복
㉱ 항염, 정화 기능

•해설• 유연 회복은 건성피부에 적당하다.

08 효소 필링제의 사용법으로 가장 적합한 것은?

㉮ 도포한 후 약간 덜 건조된 상태에서 문지르는 동작으로 각질을 제거한다.
㉯ 도포한 후 효소의 작용을 촉진하기 위해 스티머나 온습포를 사용한다.
㉰ 도포한 후, 완전하게 건조되면 젖은 해면을 이용하여 닦아낸다.
㉱ 도포한 후 피부 근육결 방향으로 문지른다.

•해설• 효소는 온도와 습도가 유지되어야 효과적이다.

09 다음 단면도에서 모발의 색상을 결정짓는 멜라닌 색소를 함유하고 있는 모피질(毛皮質 : cortex)은?

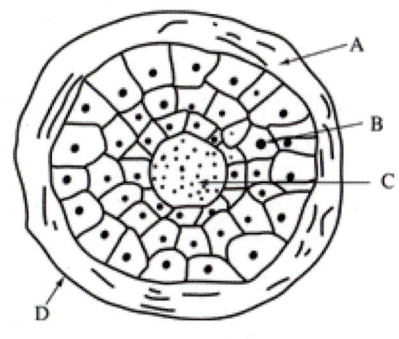

㉮ A   ㉯ B
㉰ C   ㉱ D

•해설• A : 모표피, B : 모피질, C : 모수질, D : 모근초

10 피부에 존재하는 감각기관 중 가장 많이 분포하는 것은?

㉮ 촉각점   ㉯ 온각점
㉰ 냉각점   ㉱ 통각점

•해설• 피부에 가장 많이 분포되어 있는 것은 통각이다.

11 매뉴얼 테크닉의 쓰다듬기(effleurage) 동작에 대한 설명 중 맞는 것은?

㉮ 피부 깊숙이 자극하여 혈액순환을 증진한다.
㉯ 근육에 자극을 주기 위하여 깊고 지속적으로 누르는 방법이다.
㉰ 매뉴얼 테크닉의 시작과 마무리에 사용한다.
㉱ 손가락으로 가볍게 두드리는 방법이다.

•해설• 매뉴얼 테크닉의 기본동작으로 처음과 끝은 쓰다듬기이다.

12 림프드레나쥐의 주된 작용은?

㉮ 혈액순환과 신진대사 저하
㉯ 노폐물과 독소물질을 림프절로 운반
㉰ 피부 조직 강화
㉱ 림프순환 저하

•해설• 림프드레나쥐는 세포의 노폐물 배출을 용이하게 함으로써 신진대사를 원활하게 한다.

13 다음 중 일시적 제모에 속하지 않는 것은?

㉮ 전기 분해법을 이용한 제모
㉯ 족집게를 이용한 제모
㉰ 왁스를 이용한 제모
㉱ 화학 탈모제를 이용한 제모

•해설• 전기를 이용한 제모방법은 일시적 제모가 아니다.

14 클렌징에 대한 설명이 아닌 것은?

㉮ 피부의 피지, 메이크업 잔여물을 없애기 위한 작업이다.
㉯ 모공 깊숙이 있는 불순물과 피부 표면의 각질 제거를 주목적으로 한다.
㉰ 제품 흡수를 효율적으로 도와준다.
㉱ 피부의 생리적인 기능을 정상적으로 도와준다.

•해설• 클렌징은 모공 깊숙이 있는 불순물의 제거가 아니다.

15 짙은 화장을 지우는 클렌징 제품 타입으로 중성과 건성 피부에 적합하며, 사용 후 이중세안을 해야 하는 것은?

㉮ 클렌징 크림
㉯ 클렌징 로션
㉰ 클렌징 워터
㉱ 클렌징 젤

•해설• 크림 타입은 W/O형으로 오일이 많이 함유되어 있어 짙은 화장을 지우기에 적당하다.

16 다음 중 건성피부에 적용되는 화장품 사용법으로 가장 적합한 것은?

㉮ 낮에는 O/W형의 데이 크림과 밤에는 W/O형의 나이트 크림을 사용한다.
㉯ 강하게 탈지시켜 피지샘 기능을 균형 있게 해주고 모공을 수축해 주는 크림을 사용한다.
㉰ 봄, 여름에는 W/O크림을 사용하고 가을, 겨울에는 O/W크림을 사용한다.
㉱ 소량의 하이드로퀴논이 함유된 크림을 사용한다.

•해설• 건성피부는 유분과 수분을 보충해 주는 성분을 사용한다.

17 팩의 목적 및 효과와 가장 거리가 먼 것은?

㉮ 피부의 혈행 촉진 및 청정작용
㉯ 진정 및 수렴작용
㉰ 피부 보습
㉱ 피하지방의 흡수 및 분해

•해설• 팩은 수렴, 청정, 영양, 보습, 신진대사 촉진, 혈액순환 촉진, 재생, 미백, 진정 등의 효과를 기대할 수 있다.

18 신체 각 부위별 관리에서 매뉴얼 테크닉의 적용이 적합하지 않은 것은?

㉮ 스트레스로 인해 근육이 경직된 경우
㉯ 림프순환이 잘 안 되어 붓는 경우
㉰ 심한 운동으로 근육이 뭉친 경우
㉱ 하체 부종이 심한 임산부의 경우

•해설• 화농성 피부, 염증성 피부, 임산부, 수술 직후 등의 경우 의사와 상의한 후 시행한다.

19 피부관리를 위한 피부 유형 분석의 시기로 가장 적합한 것은?

㉮ 최초 상담 전
㉯ 트리트먼트 후
㉰ 클렌징이 끝난 후
㉱ 마사지 후

•해설• 피부분석은 피부가 청결한 상태에서 측정한다.

20 여드름 피부에 관련된 설명으로 틀린 것은?

㉮ 여드름은 사춘기에 피지 분비가 왕성해지면서 나타나는 비염증성, 염증성 피부 발진이다.
㉯ 여드름은 사춘기에 일시적으로 나타나며 30대 정도에 모두 사라진다.
㉰ 다양한 원인에 의해 피지가 많이 생기고 모공 입구의 폐쇄로 인해 피지 배출이 잘되지 않는다.
㉱ 선천적인 체질상 체내 호르몬의 이상 현상으로 지루성 피부에서 발생되는 여드름 형태는 심상성 여드름이라 한다.

- 해설 ◆ 환경이나 유전적인 요인으로 성인도 여드름이 발생한다.

21 일반적으로 피부 표면의 pH는?
- ㉮ 약 4.5~5.5
- ㉯ 약 9.5~10.5
- ㉰ 약 2.5~3.5
- ㉱ 약 7.5~8.5

- 해설 ◆ 피부의 pH는 4.5~5.5의 약산성이다.

22 천연 보습 인자(NMF)의 구성 성분 중 40%를 차지하는 주요 성분은?
- ㉮ 요소
- ㉯ 젖산염
- ㉰ 무기염
- ㉱ 아미노산

- 해설 ◆ 천연보습인자는 각질층 세포와 세포 사이에 분포되어 있는 자연 보습 성분이다. 그중 아미노산이 40%를 차지한다.

23 수정과 임신에 대한 설명 중 잘못된 것은?
- ㉮ 임신에서 분만까지의 기간은 약 280일이다.
- ㉯ 모체와 태아 사이의 모든 물질 교환이 이루어지는 곳은 태반이다.
- ㉰ 임신 기간이 지날수록 프로게스테론과 에스트로겐은 증가한다.
- ㉱ 임신 2개월째에는 태아에 체모가 생기고 외음부에 남·녀의 차이가 난다.

- 해설 ◆ 체모는 임신 3~4개월이 되면서 생긴다.

24 세포 내 소화 기관으로 노폐물과 이물질을 처리하는 역할을 하는 기관은?
- ㉮ 미토콘드리아
- ㉯ 리보솜
- ㉰ 리소좀
- ㉱ 골지체

- 해설
  - ◆ 미토콘드리아 : 세포 내 호흡 및 에너지 생산
  - ◆ 리보솜 : 단백질 합성
  - ◆ 리소좀 : 물질의 소화 및 분해

25 다음 중 다당류인 전분을 2당류인 맥아당이나 덱스트린으로 가수분해하는 역할을 하는 타액 내의 효소는?
- ㉮ 프티알린
- ㉯ 리파아제
- ㉰ 인슐린
- ㉱ 말타아제

- 해설
  - ◆ 리파아제 : 지방 분해 효소
  - ◆ 말타아제 : 엿당을 포도당으로 전환
  - ◆ 인슐린 : 췌장 호르몬으로 혈액 속의 포도당량을 일정하게 유지시킴
  - ◆ 프티알린 : 사람의 침 속에 들어 있는 전분 분해 효소

26 피부색상을 결정짓는 데 주요한 요인이 되는 멜라닌 색소를 만들어 내는 피부층은?
- ㉮ 과립층
- ㉯ 유극층
- ㉰ 기저층
- ㉱ 유두층

- 해설 ◆ 기저층에 존재하는 세포는 멜라닌 형성 세포, 각질 형성 세포, 촉각 세포(머켈 세포)가 있다.

27 체조직 구성 영양소에 대한 설명으로 틀린 것은?
- ㉮ 지질은 체지방의 형태로 에너지를 저장하며 생체막 성분으로 체구성 역할과 피부의 보호 역할을 한다.
- ㉯ 지방이 분해되면 지방산이 되는데 이 중 불포화지방산은 인체 구성성분으로 중요한 위치를 차지하므로 필수지방산이라고도 한다.
- ㉰ 필수지방산은 식물성 지방보다 동물성 지방을 먹는 것이 좋다.
- ㉱ 불포화지방산은 상온에서 액체 상태를 유지한다.

- 해설 ◆ 필수지방산은 주로 불포화지방산으로 식물성 지방에 많이 함유하고 있다.

28 피부의 면역에 관한 설명으로 맞는 것은?

㉮ 세포성 면역에는 보체, 항체 등이 있다.
㉯ T 림프구는 항원 전달 세포에 해당한다.
㉰ B 림프구는 면역 글로불린이라고 불리는 항체를 생성한다.
㉱ 표피에 존재하는 각질 형성 세포는 면역 조절에 작용하지 않는다.

•해설•
- T 림프구 : 세포 매개 면역반응, 세포성 면역
- B 림프구 : 형질 세포로 분화되어 항체 생성, 체액성 면역
- 랑게르한스 세포 : 항원 전달 세포

29 땀샘에 대한 설명으로 틀린 것은?

㉮ 에크린선은 입술뿐만 아니라 전신 피부에 분포되어 있다.
㉯ 에크린선에서 분비되는 땀은 냄새가 거의 없다.
㉰ 아포크린선에서 분비되는 땀은 분비량은 소량이나 나쁜 냄새의 요인이 된다.
㉱ 아포크린선에서 분비되는 땀 자체는 무취, 무색, 무균성이나 표피에 배출된 후 세균의 작용을 받아 부패하여 냄새가 나는 것이다.

•해설• 에크린선은 입술에 분포되어 있지 않다.

30 다음 중 UV-A(장파장 자외선)의 파장 범위는?

㉮ 320~400nm
㉯ 290~320nm
㉰ 200~290nm
㉱ 100~200nm

•해설•
- UVA : 320~400nm   • UVB : 290~320nm
- UVC : 200~290nm

31 지성피부에 적용되는 작업방법 중 적절하지 않는 것은?

㉮ 이온 영동 침투 기기의 양극봉으로 디스인크러스테이션을 해준다.
㉯ 자켓법을 이용한 관리는 디스인크러스테이션 후에 시행한다.
㉰ T-존(T-zone) 부위의 노폐물 등을 안면 진공 흡입기로 제거한다.
㉱ 지성 피부의 상태를 호전시키기 위해 고주파기의 직접법을 적용시킨다.

•해설• 이온토프레시스는 +극, 디스인크러스테이션은 -극이다.

32 고주파 피부 미용 기기를 사용하는 방법 중 직접법을 올바르게 설명한 것은?

㉮ 고객의 얼굴에 마른 거즈를 올리고 그 위에 전극봉으로 가볍게 관리한다.
㉯ 적합한 크기의 벤토즈가 피부 표면에 잘 밀착되도록 전극봉을 연결한다.
㉰ 고객의 손에 전극봉을 잡게 한 후 얼굴에 마른 거즈를 올리고 손으로 눌러준다.
㉱ 고객의 손에 전극봉을 잡게 한 후 관리사가 고객의 얼굴에 적합한 크림을 바르고 손으로 관리한다.

•해설•
- 직접법 : 마른 거즈를 올린 후 유리전극봉은 관리사가 잡고 시술
- 간접법 : 전극봉을 고객이 잡게 한 후 관리사는 고객의 얼굴에 크림으로 마사지

33 피부 분석 시 육안으로 보기 힘든 피지, 민감도, 색소 침착, 모공의 크기, 트러블 등을 세밀하고 정확하게 분별할 수 있는 기기는?

㉮ 스티머
㉯ 진공 흡입기
㉰ 우드 램프
㉱ 스프레이

•해설• 우드 램프는 형광램프로 육안으로 보기 힘든 피부를 분석하기에 적당하다.

34 초음파를 이용한 스킨 스크러버의 효과가 아닌 것은?

㉮ 진동과 온열효과로 신진대사를 촉진한다.
㉯ 각질 제거효과가 있다.
㉰ 피부 정화효과가 있다.
㉱ 상처 부위에 재생효과가 있다.

•해설• 상처 부위가 있을 때는 관리를 삼간다.

35 매우 낮은 전압의 직류를 이용하며, 이온 영동법과 디스인크러스테이션의 두 가지 중요한 기능을 하는 기기는?

㉮ 초음파 기기   ㉯ 저주파 기기
㉰ 고주파 기기   ㉱ 갈바닉 기기

•해설• 갈바닉 기기는 직류 전류로서 두 가지의 기능이 있다.

36 인체의 3가지 형태의 근육 종류명이 아닌 것은?

㉮ 골격근   ㉯ 평활근
㉰ 심근   ㉱ 후두근

•해설• 인체의 3가지 근육 종류는 골격근, 심근, 평활근이다.

37 림프순환에서 다른 사지와는 다른 경로인 부분은?

㉮ 우측 상지   ㉯ 좌측 상지
㉰ 우측 하지   ㉱ 좌측 하지

•해설• 우림프관은 우측 상반신에서 생성된 림프를 수송하고, 나머지는 흉관에서 수송한다.

38 뉴런과 뉴런의 접속 부위를 무엇이라고 하는가?

㉮ 신경원   ㉯ 랑비에 결절
㉰ 시냅스   ㉱ 축삭종말

•해설• 시냅스에 의해 화학적인 전달이 이루어진다.

39 골격계의 기능이 아닌 것은?

㉮ 보호 기능   ㉯ 저장 기능
㉰ 지지 기능   ㉱ 열 생산 기능

•해설• 열 생산 기능은 근육계의 기능이다.

40 안면 진공 흡입기의 사용 방법으로 가장 거리가 먼 것은?

㉮ 사용 시 크림이나 오일을 바르고 사용한다.
㉯ 한 부위에 오래 사용하지 않도록 조심한다.
㉰ 탄력이 부족한 예민, 노화 피부에 더욱 효과적이다.
㉱ 관리가 끝난 후 벤토즈는 미온수와 중성세제를 이용하여 잘 세척하고 알코올 소독 후 보관한다.

•해설• 탄력이 없는 피부를 흡입기로 늘려서 탄력을 떨어뜨릴 수 있다.

41 화장품법상 화장품의 정의와 관련한 내용이 아닌 것은?

㉮ 신체의 구조, 기능에 영향을 미치는 것과 같은 사용 목적을 겸하지 않는 물품
㉯ 인체를 청결히 하고, 미화하고, 매력을 더하고 용모를 밝게 변화시키기 위해 사용하는 물품
㉰ 피부 혹은 모발을 건강하게 유지 또는 증진하기 위한 물품
㉱ 인체에 사용되는 물품으로 인체에 대한 작용이 경미한 것

•해설• 화장품은 인체를 청결, 미화하여 매력을 더하고 용모를 건강하고 아름답게 변화시키거나 피부, 모발의 건강을 유지 또는 증진하기 위하여 인체에 사용하는 물품으로 인체에 대한 작용이 경미한 것을 말한다.

42 기능성 화장품의 표시 및 기재사항이 아닌 것은?

㉮ 제품의 명칭
㉯ 내용물의 용량 및 중량
㉰ 제조자의 이름
㉱ 제조번호

> •해설• 제조자의 이름은 해당되지 않는다.

43 감염병 관리상 그 관리가 가장 어려운 대상은?

㉮ 만성 감염병 환자
㉯ 급성 감염병 환자
㉰ 건강보균자
㉱ 감염병에 의한 사망자

> •해설• 건강보균자는 임상증상이 나타나지 않기 때문에 관리가 어렵다.

44 수돗물로 사용할 상수의 대표적인 오염지표는?(단, 심미적 영향 물질은 제외한다.)

㉮ 탁도　　㉯ 대장균 수
㉰ 증발 잔류량　㉱ COD

> •해설• 수질오염의 지표로 삼는 것은 대장균 수이다.

45 비타민이 결핍되었을 때 발생하는 질병의 연결이 틀린 것은?

㉮ 비타민 B_1 - 각기병
㉯ 비타민 D - 괴혈증
㉰ 비타민 A - 야맹증
㉱ 비타민 E - 불임증

> •해설• 괴혈증은 비타민 C의 부족으로 오는 질병이다.

46 화장수의 설명 중 잘못된 것은?

㉮ 피부의 각질층에 수분을 공급한다.
㉯ 피부에 청량감을 준다.
㉰ 피부에 남아있는 잔여물을 닦아준다.
㉱ 피부의 각질을 제거한다.

> •해설• 각질을 부드럽게 닦아줄 수는 있지만 완전히 제거하기는 어렵다.

47 아로마테라피(aromatherapy)에 사용되는 에센셜 오일에 대한 설명 중 가장 거리가 먼 것은?

㉮ 아로마테라피에 사용되는 에센셜 오일은 주로 수증기 증류법에 의해 추출된 것이다.
㉯ 에센셜 오일은 공기 중의 산소, 빛 등에 의해 변질될 수 있으므로 갈색병에 보관하여 사용하는 것이 좋다.
㉰ 에센셜 오일은 원액을 그대로 피부에 사용해야 한다.
㉱ 에센셜 오일을 사용할 때에는 안전성 확보를 위하여 사전에 패치테스트(patch test)를 실시하여야 한다.

> •해설• 에센셜 오일은 원액으로 쓸 경우 매우 위험할 수 있다.

48 아래에서 설명하는 유화기로 가장 적합한 것은?

> ◆ 크림이나 로션 타입의 제조에 주로 사용된다.
> ◆ 터빈형의 회전날개를 원통으로 둘러싼 구조이다.
> ◆ 균일하고 미세한 유화입자가 만들어진다.

㉮ 디스퍼(Disper)
㉯ 호모믹서(Homo mixer)
㉰ 프로펠러믹서(Propeller mixer)
㉱ 호모게나이저(Homogenizer)

> •해설•
> ◆ 디스퍼, 프로펠러믹서 : 분산기
> ◆ 호모게나이저 : 연속식 유화기(액체 상태의 유화)
> ◆ 호모믹서 : 크림이나 로션 타입 제조

49 화장품 성분 중 무기 안료의 특성은?

㉮ 내광성, 내열성이 우수하다.
㉯ 선명도와 착색력이 뛰어나다.
㉰ 유기 용매에 잘 녹는다.
㉱ 유기 안료에 비해 색의 종류가 다양하다.

•해설•
◆ 무기 안료 : 열이나 산, 알칼리에 강하다.
◆ 유기 안료 : 열이나 산, 알칼리에 약하다.

50 여드름 피부용 화장품에 사용되는 성분과 가장 거리가 먼 것은?

㉮ 살리실산 ㉯ 글리실리진산
㉰ 아줄렌 ㉱ 알부틴

•해설• 알부틴은 티로시나아제 활성을 억제하는 역할을 해 미백에 도움이 된다.

51 이·미용 업소의 위생관리 기준으로 적합하지 않은 것은?

㉮ 소독한 기구와 소독을 하지 아니한 기구를 분리하여 보관한다.
㉯ 1회용 면도날을 손님 1인에 한하여 사용한다.
㉰ 피부 미용을 위한 의약품은 따로 보관한다.
㉱ 영업장 안의 조명도는 75룩스 이상이어야 한다.

•해설• 의약품은 약국에서 판매, 보관한다.

52 청문을 실시하여야 하는 사항과 거리가 먼 것은?

㉮ 이·미용사의 면허취소, 면허정지
㉯ 공중위생 영업의 정지
㉰ 영업소의 폐쇄명령
㉱ 과태료 징수

•해설• 과태료 징수는 청문을 실시할 수가 없다.

53 과태료 처분에 불복이 있는 경우 어느 기간 내에 이의를 제기할 수 있는가?

㉮ 처분한 날로부터 30일 이내
㉯ 처분의 고지를 받은 날로부터 30일 이내
㉰ 처분한 날로부터 15일 이내
㉱ 처분이 있음을 안 날로부터 15일 이내

•해설• 과태료 처분의 고지를 받은 날로부터 30일 이내에 해야 한다.

54 이·미용업의 상속으로 인한 영업자 지위 승계 신고 시 구비 서류가 아닌 것은?

㉮ 영업자 지위 승계 신고서
㉯ 가족관계증명서
㉰ 양도계약서 사본
㉱ 상속자임을 증명할 수 있는 서류

•해설• 가족관계증명서는 해당되지 않는다.

55 영업소 폐쇄명령을 받고도 영업을 계속할 때의 벌칙 기준은?

㉮ 1년 이하의 징역 또는 1천만원 이하의 벌금
㉯ 1년 이하의 징역 또는 500만원 이하의 벌금
㉰ 6월 이하의 징역 또는 500만원 이하의 벌금
㉱ 6월 이하의 징역 또는 300만원 이하의 벌금

•해설• 영업소 폐쇄명령을 받고도 영업을 했을 때 1년 이하의 징역 또는 1천만원 이하의 벌금형에 처한다.

56 일반적인 미생물의 번식에 가장 중요한 요소로만 나열된 것은?

㉮ 온도 - 적외선 - pH
㉯ 온도 - 습도 - 자외선
㉰ 온도 - 습도 - 영양분
㉱ 온도 - 습도 - 시간

> **해설** 미생물의 번식 3요소(온도, 습도, 영양분) 중 하나만 없어져도 번식이 어렵다.

57 소독에 사용되는 약제의 이상적인 조건은?

㉮ 살균하고자 하는 대상물을 손상시키지 않아야 한다.
㉯ 취급 방법이 복잡해야 한다.
㉰ 용매에 쉽게 용해해야 한다.
㉱ 향기로운 냄새가 나야 한다.

> **해설** 소독의 구비조건은 살균력, 침투력, 인체 무독, 경제적, 편리성, 용해성, 안정성, 물품의 부식성 및 표백성이 없어야 한다.

58 용품이나 가구 등을 일차적으로 청결하게 세척하는 것은 다음의 소독 방법 중 어디에 해당되는가?

㉮ 희석
㉯ 방부
㉰ 정균
㉱ 여과

> **해설**
> ◆ 희석 : 농도를 흐리게 함
> ◆ 방부 : 변질되는 것을 막음
> ◆ 정균 : 번식을 막음
> ◆ 여과 : 미생물이나 병원균을 걸러냄

59 바이러스에 대한 일반적인 설명으로 옳은 것은?

㉮ 항생제에 감수성이 있다.
㉯ 광학 현미경으로 관찰이 가능하다.
㉰ 핵산 DNA와 RNA 둘 다 가지고 있다.
㉱ 바이러스는 살아있는 세포 내에서만 증식 가능하다.

> **해설** 바이러스는 가장 작은 단위의 생명체로 살아있는 세포 내에서만 증식이 가능하다.

60 알코올 소독의 미생물 세포에 대한 주된 작용 기전은?

㉮ 할로겐 복합물 형성
㉯ 단백질 변성
㉰ 효소의 완전 파괴
㉱ 균체의 완전 융해

> **해설** 알코올은 미생물의 단백질을 변성시킨다.

Memo

실전 모의고사

** 실전 모의고사 1회
** 실전 모의고사 2회

제1회 실전 모의고사

01 매뉴얼 테크닉에 대한 설명 중 거리가 먼 것은?

① 체내의 노폐물 배설작용을 도와준다.
② 신진대사의 기능이 빨라져 혈압을 내려준다.
③ 몸의 긴장을 풀어줌으로써 건강한 몸과 마음을 갖게 한다.
④ 혈액순환을 도와 피부에 탄력을 준다.

02 클렌징에 대한 설명으로 적절하지 않은 것은?

① 피부의 피지, 메이크업 잔여물을 없애기 위한 작업이다.
② 모공 깊숙이 있는 불순물과 피부 표면의 각질 제거를 주목적으로 한다.
③ 제품 흡수를 효율적으로 도와준다.
④ 피부의 생리적인 기능을 정상적으로 도와준다.

03 딥클렌징의 분류로 적절하지 않은 것은?

① 고마쥐 - 물리적 각질관리
② 효소 - 생물학적 각질관리
③ AHA - 화학적 각질관리
④ 스크럽 - 복합적 각질관리

04 림프드레나쥐의 주 대상이 되지 않는 피부는?

① 모세혈관 확장 피부
② 튼 피부
③ 부종이 있는 셀룰라이트 피부
④ 감염성 피부

05 세안 후 이마, 볼 부위가 당기며 잔주름이 많고 화장이 잘 뜨는 피부 유형은?

① 건성피부
② 노화피부
③ 민감피부
④ 복합성 피부

06 피부 타입에 따른 팩의 사용이 잘못된 것은?

① 건성피부 - 벨벳마스크
② 노화피부 - 파라핀 마스크
③ 민감성 피부 - 모델링 마스크(고무팩)
④ 화농성 여드름 피부 - 석고 마스크

07 습포에 대한 설명으로 틀린 것은?

① 예민한 피부, 모세혈관 확장 피부에는 온습포 사용을 자제한다.
② 온습포는 모공을 확대시키고 잔여물 및 노폐물 제거를 도와준다.
③ 피부관리의 최종단계에서 피부의 경직을 위해 온습포를 사용한다.
④ 냉습포는 모공을 수축시키는 수렴효과와 진정효과가 있다.

08 손가락이나 손바닥으로 연속적인 쓰다듬기 동작을 하는 매뉴얼 테크닉 방법은?

① 에플라지
② 패트리사지
③ 바이브레션
④ 퍼커션

09 글리콜산이나 젖산을 이용하여 각질층에 침투시키는 방법으로 각질세포의 응집력을 약화시키며 자연 탈피를 유도시키는 필링제는?

① BHA
② TCA
③ AHA
④ PHA

10 제모 시 유의사항으로 옳지 않은 것은?

① 제모 후 세안 및 메이크업을 하여 피부를 진정시킨다.
② 사마귀 점 부위에 털이 난 경우 제모를 금한다.
③ 제모 부위는 유분기와 땀이 없도록 청결하게 유지한 후 시술한다.
④ 정맥류, 혈관 이상 당뇨병의 증세가 있는 경우 제모를 피한다.

11 일시적인 제모 방법에 해당되지 않는 것은?

① 제모 크림
② 왁스
③ 전기응고술
④ 족집게

12 피부 미용의 목적이 아닌 것은?

① 노화예방을 통하여 건강하고 아름다운 피부를 유지한다.
② 심리적, 정신적 안정을 통해 피부를 건강한 상태로 유지시킨다.
③ 분장 화장 등을 이용하여 개성을 연출한다.
④ 질환적 피부를 제외한 피부관리를 통해 상태를 개선시킨다.

13 우드 램프에 의한 피부의 분석 결과 중 옳지 않은 것은?

① 흰색 - 죽은 세포와 각질층의 피부
② 연한 보라색 - 건조한 피부
③ 오렌지색 - 여드름, 피지, 지루성 피부
④ 암갈색 - 산화된 피지

14 다음 중 셀룰라이트의 원인이 아닌 것은?

① 림프 정체
② 내분비계 이상
③ 유전적 요인
④ 부적절한 제품의 사용

15 천연팩에 대한 설명 중 틀린 것은?

① 사용할 횟수를 모두 계산하여 미리 만들어 준비한다.
② 신선한 무공해 과일이나 야채를 이용한다.
③ 만드는 방법과 사용법을 잘 숙지한 다음 제조한다.
④ 재료의 혼용 시 각 재료의 특성을 잘 파악한 다음 사용하여야 한다.

16 안면 관리 시 제품의 도포 순서로 가장 바르게 연결된 것은?

① 앰플 - 로션 - 에센스 - 크림
② 크림 - 에센스 - 앰플 - 로션
③ 에센스 - 로션 - 앰플 - 크림
④ 앰플 - 에센스 - 로션 - 크림

17 클렌징 로션에 대한 알맞은 설명은?

① 사용 후 반드시 비누 세안을 해야 한다.
② 친유성 에멀션(W/O 타입)이다.
③ 눈 화장, 입술 화장을 지우는 데 주로 사용한다.
④ 민감성 피부에도 적합하다.

18 골격근의 기능이 아닌 것은?

① 수의적 운동
② 자세 유지
③ 체중의 지탱
④ 조혈작용

19 림프의 주된 기능은?

① 분비작용
② 면역작용
③ 체질 보호작용
④ 체온 조절작용

20 소화선(소화샘)으로 소화액을 분비하는 동시에 호르몬을 분비하는 혼합선(내/외분비선)에 해당하는 것은?

① 타액선
② 간
③ 담낭
④ 췌장

21 다음 중 뼈의 기본구조가 아닌 것은?

① 골막
② 골외막
③ 골내막
④ 심막

22 피부의 면역기능을 담당하는 세포는?

① 머켈 세포
② 랑게르한스 세포
③ 헤모글로빈 세포
④ 멜라닌 세포

23 피부의 새 세포 형성이 이루어진 곳은?

① 기저층
② 유극층
③ 투명층
④ 과립층

24 한선(땀샘)의 설명으로 틀린 것은?

① 체온을 조절한다.
② 땀은 피부의 피지막과 산성막을 형성한다.
③ 땀을 많이 흘리면 영양분과 미네랄을 잃는다.
④ 땀샘은 손, 발바닥에는 없다.

25 다음 중 원발진이 아닌 것은?

① 면포
② 결절
③ 종양
④ 태선화

26 화상의 구분 중 홍반, 부종, 통증뿐만 아니라 수포를 형성하는 것은?

① 제1도 화상
② 제2도 화상
③ 제3도 화상
④ 중급 화상

27 예방접종의 결과로 획득된 면역은?

① 자연 능동 면역
② 인공 능동 면역
③ 자연 수동 면역
④ 인공 수동 면역

28 햇빛에 장시간 노출되었을 때 피부변화를 일으켜서 노화로 진행되는 형태는?

① 광노화
② 생리적 노화
③ 내인성 노화
④ 피부 노화

29 오염된 주사기, 면도날 등으로 인해 전파되는 만성 감염병은?

① B형간염
② 트라코마
③ 파라티푸스
④ 렙토스피라증

30 다음 기생충 중 중간 숙주와의 연결이 바르지 않은 것은?

① 무구조충(민촌충) - 소
② 유구조충(갈고리촌충) - 돼지
③ 폐흡충(폐디스토마) - 우렁이
④ 만손열두조충 - 닭

31 수질오염의 지표로 사용하는 "생물학적 산소요구량"을 나타내는 용어는?

① BOD   ② DO
③ COD   ④ SS

32 포도상구균 식중독에 대한 설명으로 틀린 것은?

① 감염형 식중독에 해당한다.
② 감염된 우유, 치즈 및 김밥 등으로 감염된다.
③ 증상으로는 급성 위장염, 설사 등이 있다.
④ 엔테로톡신에 의해 감염되었다.

33 소독의 정의에 대한 설명 중 가장 옳은 것은?

① 모든 미생물을 열이나 약품으로 사멸하는 것
② 병원성미생물을 사멸 또는 제거하여 감염력을 잃게 하는 것
③ 병원성미생물에 의한 부패방지를 하는 것
④ 병원성미생물에 의한 발효방지를 하는 것

34 소독약을 사용하여 균 자체에 화학반응을 일으켜 세균의 생활력을 빼앗아 살균하는 것은?

① 물리적 멸균법
② 건열 멸균법
③ 여과 멸균법
④ 화학적 살균법

35 자비소독 시 금속제품이 녹스는 것을 방지하기 위하여 첨가하는 물질이 아닌 것은?

① 2% 붕소
② 2% 탄산나트륨
③ 5% 알코올
④ 2~3% 크레졸 비누액

36 다음 중 승홍수 사용 시 적당하지 않은 것은?

① 사기 그릇
② 금속류
③ 유리
④ 에나멜 그릇

37 이·미용실의 기구의 소독방법으로 적절치 않은 것은?

① 70%의 에탄올수용액을 머금은 거즈로 기구의 표면을 닦아준다.(에탄올 소독)
② 3%의 크레졸수에 10분 이상 담가둔다.(크레졸 소독)
③ 3%의 석탄산수에 10분이상 담가둔다.(석탄산수 소독)
④ 불꽃으로 20초 이상 가열한다.(화염 멸균법)

38 이·미용업자의 준수사항 중 틀린 것은?

① 소독한 기구와 하지 아니한 기구는 각각 다른 용기에 넣어 보관할 것
② 조명은 75룩스 이상 유지되도록 할 것
③ 신고증과 함께 면허증 사본을 게시할 것
④ 1회용 면도날은 손님 1인에 한하여 사용할 것

39 이·미용소의 조명시설은 얼마 이상이어야 하는가?

① 50룩스　② 75룩스
③ 100룩스　④ 125룩스

40 공중위생영업의 신고를 위하여 제출하는 서류에 해당하지 않는 것은?

① 영업시설 및 설비개요서
② 교육필증
③ 면허증 원본
④ 재산세 납부 영수증

41 화장품 성분 중 무기 안료의 특성은?

① 내광성, 내열성이 우수하다.
② 선명도와 착색력이 뛰어나다.
③ 유기 용매에 잘 녹는다.
④ 유기 안료에 비해 색의 종류가 다양하다.

42 이·미용사의 면허를 받을 수 없는 자는?

① 전문대학에서 이용 또는 미용에 관한 학과를 졸업한 자
② 교육과학기술부장관이 인정하는 이·미용고등학교를 졸업한 자
③ 교육과학기술부장관이 인정하는 고등기술학교에서 6개월 수학한 자
④ 국가기술자격법에 의한 이·미용사 자격취득자

43 이·미용사 면허취소의 사유가 아닌 것은?

① 이중으로 면허를 취득한 때
② 면허를 다른 사람에게 대여한 때(3차 위반)
③ 면허 정지처분을 받고 정지간에 업무를 수행할 때
④ 미용사 자격정지 처분을 받은 때

44 이·미용사 면허증을 분실하였을 때 누구에게 재교부 신청을 하여야 하는가?

① 보건복지부장관　② 시, 도지사
③ 시장, 군수, 구청장　④ 협회장

45 여드름 피부용 화장품에 사용되는 성분과 가장 거리가 먼 것은?

① 살리실산　② 글리실리진산
③ 아줄렌　④ 알부틴

46 공중위생 감시원의 자격요건에 해당되지 않은 사람은?

① 위생사 또는 환경산업기사 2급 이상의 자격증을 소지한 사람
② 대학에서 화학·화공학·환경공학·위생학 분야를 졸업하거나 동등 이상의 자격이 있는 사람
③ 외국에서 위생사 또는 환경기사 면허를 받은 사람
④ 6개월 이상 공중위생 행정에 종사한 경력이 있는 사람

47 일반관리 대상 업소에 해당하는 위생관리 등급 구분은?

① 녹색등급
② 황색등급
③ 백색등급
④ 적색등급

48 공중위생관리법상의 위생 교육에 대한 설명 중 옳은 것은?

① 위생 교육 대상자는 이·미용업 영업자이다.
② 위생 교육 대상자는 이·미용사이다.
③ 위생 교육 시간은 매년 8시간이다.
④ 위생 교육은 공중위생관리법 위반자에 한하여 받는다.

49 다음 중 1년 이하의 징역 또는 1천만원 이하의 벌금에 해당하는 벌칙사항이 아닌 것은?

① 공중위생영업의 신고를 하지 아니한 자
② 영업소 폐쇄명령을 받고도 계속해서 영업을 한 자
③ 영업정지 일부 시설의 사용중지 명령을 받고도 그 기간 중에 영업을 하거나 그 시설을 사용한 자
④ 공중위생영업의 변경 신고를 하지 않은 자

50 이·미용업소를 신고를 하지 않고 영업소의 소재지를 변경한 경우 1차 행정처분은?

① 영업정지 1월
② 영업정지 2월
③ 영업장 폐쇄명령
④ 개선명령

51 다음 중 가장 무거운 벌칙기준에 해당되는 경우는?

① 신고를 하지 않고 영업한 자
② 변경신고를 하지 아니하고 영업한 자
③ 면허의 정지 중에 이·미용업을 한 자
④ 면허를 받지 아니하고 이·미용업을 개설한 자

52 신고를 하지 않고 영업소 명칭(상호)을 바꾼 경우에 대한 1차 위반 시의 행정처분은?

① 주의
② 경고 또는 개선명령
③ 영업정지 15일
④ 영업정지 1월

53 이·미용사의 면허증을 대여한 때의 1차 위반 행정처분기준은?

① 면허정지 3월
② 면허정지 6월
③ 영업정지 3월
④ 영업정지 6월

54 관계공무원의 출입·검사 기타 조치를 거부·방해 또는 기피했을 때의 과태료 부과기준은?

① 300만원 이하
② 200만원 이하
③ 100만원 이하
④ 50만원 이하

55 이·미용업 영업소에서 손님에게 음란한 물건을 관람·열람하게 한 때에 대한 1차 위반 시 행정처분 기준은?

① 영업정지 15일
② 영업정지 1월
③ 영업장 폐쇄명령
④ 개선명령

56 화장품과 의약품의 차이를 바르게 정의한 것은?

① 화장품의 사용목적은 질병의 치료 및 진단이다.
② 화장품은 특정부위만 사용 가능하다.
③ 의약품의 사용대상은 정상적인 상태인 자로 한정되어 있다.
④ 의약품의 부작용은 어느 정도까지는 인정된다.

57 다음 중 기초화장품의 주된 사용목적에 속하지 않는 것은?

① 세안
② 피부 정돈
③ 피부 보호
④ 피부 채색

58 다음 중 글리세린의 가장 중요한 작용은?

① 소독작용
② 수분 유지작용
③ 탈수작용
④ 금속염 제거작용

59 기능성 화장품의 종류와 그 범위에 대한 설명으로 틀린 것은?

① 주름개선 제품 : 피부탄력 강화와 표피의 신진대사를 촉진한다.
② 미백제품 : 피부 색소 침착을 방지하고 멜라닌 생성 및 산화를 방지한다.
③ 자외선 차단 제품 : 자외선을 차단 및 산란시켜 피부를 보호한다.
④ 보습제품 : 피부에 유·수분을 공급하여 피부 탄력을 강화한다.

60 다음 중 향수의 부향률이 높은 것부터 순서대로 나열된 것은?

① 퍼퓸 > 오드퍼퓸 > 오드뚜왈렛 > 오드코롱
② 퍼퓸 > 오드뚜왈렛 > 오드코롱 > 오데퍼퓸
③ 퍼퓸 > 오데퍼퓸 > 오드코롱 > 오드뚜왈렛
④ 퍼퓸 > 오드코롱 > 오데퍼퓸 > 오드뚜왈렛

제1회 실전 모의고사 정답 및 해설

1	2	3	4	5	6	7	8	9	10
②	②	④	④	①	④	③	①	③	①
11	12	13	14	15	16	17	18	19	20
③	③	④	④	①	④	④	④	②	④
21	22	23	24	25	26	27	28	29	30
④	②	①	③	④	②	②	①	①	③
31	32	33	34	35	36	37	38	39	40
①	①	②	④	③	②	④	③	②	④
41	42	43	44	45	46	47	48	49	50
①	③	④	③	④	④	③	①	④	①
51	52	53	54	55	56	57	58	59	60
①	②	①	①	④	④	④	②	④	①

01 매뉴얼테크닉은 화장품의 흡수율을 높여주고, 근육 이완 및 통증 완화, 혈압 및 림프순환을 촉진시켜 신진 대사를 증진시키고 혈압을 안정화시켜 준다.

02 딥클렌징은 클렌징으로 제거되지 않는 모공 속에 깊이 박힌 노폐물과 화장품 잔여물을 제거하는 목적으로 시행한다.

03 스크럽, 고마쥐는 물리적 딥클렌징이다.
복합적 딥클렌징은 물리적 딥클렌징, 효소, 딥클렌징, AHA를 복합적으로 이용하는 방법이다.

04 림프드레나쥐 적용금지 피부 : 모든 악성 질환, 급성 염증 질환, 심부전증, 천식, 결핵 저혈압, 임산부 등

05 건성피부는 화장이 들뜨고 피부가 얇아 실핏줄이 생기기 쉽고 주름이 발생하기 쉬운 피부이다.

06 석고 마스크는 민감성 피부, 모세혈관 확장 피부, 화농성 여드름 피부에는 적합하지 않다.

07 피부관리 마지막 단계에서는 피부 경직을 위해 냉습포를 사용한다.

08 쓰다듬기(에플라지)는 손가락이나 손바닥 전체로 피부를 부드럽게 쓰다듬는 것을 말한다.
반죽하기(패트리사지), 두드리기(퍼커션), 진동하기(바이브레이션)

09 AHA는 사탕수수에서 추출한 글리콜릭산과 발효유에서 추출한 젖산, 포토에서 추출한 주석산 등을 이용하여 각질의 응집력을 약화시켜 각질이 쉽게 제거할 수 있다. BHA는 자작나무에서 추출한 딥클렌징이다.

10 제모 후에는 피부 감염 방지를 위해 목욕, 세안, 메이크업을 피해야 한다.

11 **영구적 제모** : 전기분해법, 레이저 제모
일시적 제모 : 핀셋 제모, 화학적 제모(제모 크림, 왁스)

12 분장이나 화장은 메이크업의 영역이다.

13 암갈색은 색소 침착 피부이다.

14 셀룰라이트(cellulite)는 사춘기가 지난 여성의 허벅지, 엉덩이, 복부에 발생하는 오렌지 껍질 모양의 울퉁불퉁한 피부 변화를 말하며, 림프 정체, 정맥 울혈, 유전적 원인, 내분비계 이상, 식습관 등의 원인 등으로 발생한다.

15 천연팩은 필요할 때 만들어 즉시 사용하여야 한다.

16 화장품 도포는 수분 함량이 많은 것을 우선 도포하고 유분 함량이 많은 제품을 순서대로 도포하여 흡수율을 높이는 것이 올바른 방법이다.

17 클렌징 로션은 친수성 에멀젼(O/W) 타입으로 모든 피부에 적용 가능하며 특히 건성, 민감성 피부에 적합하다.

18 골격근은 수의적 운동, 자세 유지, 체중의 지탱 등의 역할을 하고, 골격계는 조혈작용을 한다.

19 림프는 림프기관의 림프구 생산에 의해 신체 방어작용에 관여한다.

20 췌장은 인슐린과 글루카곤을 분비하여 3대 영양소를 분해할 수 있는 소화효소를 분비한다.

21 **뼈의 기본구조** : 골막, 골조직, 해면골, 골수강
심막 : 심장을 둘러싸고 있는 막

22 랑게르한스 세포는 주로 유극층에 분포하며 피부의 면역기능을 담당한다.

23 기저층은 표피의 가장 내측에 위치하며 활발한 세포분열을 통하여 새로운 세포가 형성되는 층이다.

24 한선(땀샘)은 소한선과 대한선으로 구성된다.
  ㉠ **소한선(에크린선)** : 손발을 제외한 전신에 분포
  ㉡ **대한선(아포크린선)** : 귀, 겨드랑이, 배꼽, 성기 주변에 분포
  ㉢ 피지와 땀이 혼합되어 형성된 피지막은 pH 4.5~5.5의 산성막으로 세균으로부터 피부를 보호한다.

25 ㉠ **원발진** : 피부질환의 초기증상으로 반점, 구진, 결절, 종양, 팽진, 소수포, 농포가 있다.
  ㉡ **속발진** : 2차적 피부질환으로 미란, 찰상, 인설, 가피, 태선화, 반흔 등이 있다.

26 ㉠ **1도 화상** : 피부가 붉게 변함
  ㉡ **2도 화상** : 수포 발생
  ㉢ **3도 화상** : 신경 손상
  ㉣ **4도 화상** : 근육, 신경, 뼈, 손상

27. ㉠ **자연 능동 면역** : 전염병 감염에 의해 형성된 면역
  ㉡ **인공 능동 면역** : 예방접종의 결과로 획득된 면역
  ㉢ **자연 수동 면역** : 모체로부터 형성된 면역
  ㉣ **인공 수동 면역** : 면역 혈청주사에 의해 획득된 면역

28 ㉠ **광노화(환경적 노화)** : 생활여건, 외부환경 노출로 일어나는 노화 현상 주사
  ㉡ **내인성 노화(생리적 노화)** : 나이에 따른 과정성 노화

29 B형간염 바이러스는 환자의 혈액, 타액, 성 접촉, 면도날 등으로 감염될 수 있다.

30 ㉠ **육류 매개 기생충** : 민촌충(소), 갈고리촌충(돼지)
  ㉡ **어패류 매개 기생충** : 간디스토마(우렁이, 잉어), 폐디스토마(다슬기, 가재), 긴촌충(물벼룩, 송어)

31 생물학적 산소요구량(BOD, Biochemical Oxygen Demand)은 수질오염의 지표로 사용되는 용어이며, BOD 요구량이 높을수록 오염도가 높다.

32 독소형 식중독
  ㉠ **포도상구균** : 오염된 유제품 섭취
  ㉡ **보툴리누스균** : 오염된 통조림류, 치사율 높음
  ㉢ **웰치균** : 오염된 수육제품 섭취가 원인

33 ㉠ **멸균** : 모든 미생물을 사멸 혹은 제거하는 것
㉡ **살균** : 병원성 미생물을 물리 화학적 작용으로 급속하게 제거하는 작업
㉢ **소독** : 병원균을 파괴하여 감염력 및 증식력을 없애는 작업
㉣ **방부** : 음식물의 부패나 발효를 방지하는 작업

34 화학적 살균이란 균 자체에 화학반응을 일으켜 세균의 생활력을 빼앗아 살균하는 것으로 석탄산, 역성비누, 포르말린, 크레졸 등이 있다.

35 자비 소독 시 2% 붕소, 1~2% 탄산나트륨, 크레졸 비누액 2~3%를 첨가하면 살균력이 강화된다.

36 승홍은 금속을 부식시키고 수은 중독을 일으킬 수 있기 때문에 금속류에 사용하는 것은 적당하지 않다.

37 공중위생관리법 시행규칙에 명시된 이미용기구 소독 기준 및 방법에는 자외선 소독, 건열 멸균 소독, 증기 소독, 열탕 소독, 석탄수 소독, 크레졸 소독, 에탄올 소독이 있다.

38 **영업장 내부에 게시해야 할 사항** : 미용업 신고증, 개설자의 면허증 원본, 최종 지불 요금표

39 영업장안의 조명도는 75룩스 이상이 되도록 유지하여야 한다.

40 이미용업을 신고하려면 시설과 설비를 갖추고 시장, 군수, 구청장에게 신고하여야 한다.

41 무기 안료는 열이나 산, 알칼리에 강하고, 유기 안료는 열, 산, 알칼리에 약하다.

42 고등기술학교에서 1년 이상 이미용에 관한 소정의 과정을 이수하여야 한다.

43 미용사 자격정지 처분을 받으면 면허 정지의 사유에 해당한다.
면허를 다른 사람에게 대여한 때 : 1차 위반은 면허정지 3개월

44 면허 발급 및 취소는 시장, 군수, 구청장의 권한이다.

45 알부틴은 티로시나제 활성을 억제하는 역할을 해 미백에 도움에 된다.

46 공중위생 감시원은 1년 이상 공중위생 행정에 종사한 경력이 있는 사람이다.(2018년 3년에서 1년으로 개정 공포)

47 ㉠ **최우수업소** : 녹색등급
㉡ **우수업소** : 황색등급
㉢ **일반관리업소** : 백색등급

48 **위생교육 주기 및 시간** : 매년 3시간
교육대상자 : 이미용 영업자

49 6개월 이하의 징역 또는 500만원 이하의 벌금
㉠ 공중위생영업의 변경 신고를 하지 않은 자
㉡ 공중위생영업의 지위를 승계한 자로서 신고(1월 이내)를 아니한 자
㉢ 건전한 영업 질서를 위하여 준수해야 할 사항을 준수하지 아니한 자

50 **신고를 하지 않고 영업소 소재지를 변경한 경우**
㉠ **1차 위반** : 영업정지 1월
㉡ **2차 위반** : 영업정지 2월
㉢ **3차 위반** : 영업장 폐쇄명령

51 ㉠ **신고를 하지 아니하고 영업한 자** : 1년 이하의 징역 또는 1천만원 이하의 벌금(법 제20조)

ⓒ 변경신고를 하지 아니하고 영업한 자 : 6월 이하의 징역 또는 500만원 이하의 벌금

ⓒ 면허정지 처분을 받고 그 정지 기간 중 업무를 행한 자 : 300만원 이하의 벌금

ⓔ 면허를 받지 않고 이미용업을 개설한 자 : 300만원 이하의 과태료

52 신고를 하지 않고 영업소의 명칭, 상호 또는 면적의 1/3 이상을 변경한 때 : 경고 또는 개선명령

53 면허증을 다른 사람에게 대여한 때
 ㉠ 1차 위반 : 면허정지 3월
 ㉡ 2차 위반 : 면허정지 6월
 ㉢ 3차 위반 : 면허취소

54 300만원 이하의 과태료
 ㉠ 폐업신고를 하지 않은 자
 ㉡ 이미용 시설 및 설비의 개선명령을 위반한 자
 ㉢ 공중위생법상 필요한 보고를 당국에 하지 아니한 자

55 음란한 물건을 관람·열람하게 하거나 진열 또는 보관한 때 : 개선명령

56 ㉠ 화장품 : 청결 미화의 목적, 정상인 대상, 부작용이 없어야 함
 ㉡ 의약품 : 질병의 진단 및 치료 목적, 환자 대상, 부작용 있을 수도 있음

57 피부 채색은 주로 색조 화장품의 사용 목적에 들어가며 종류로는 베이스 메이크업, 포인트 메이크업, 손톱용 메이크업이 있다.

58 글리세린은 천연화장품을 만들 때에 사용하는 것으로 수분 유지작용으로 보습효과를 갖고 있다.

59 기능성 화장품의 종류 : 미백, 주름 개선, 자외선 차단, 선탠, 탈색, 탈염, 제모, 여드름 및 아토피 케어 화장품 외(보습제품은 기초용 화장품이다.)

60 부향률, 지속시간 순서 : 퍼퓸 > 오드퍼퓸 > 오드뚜왈렛 > 오드코롱 > 샤워코롱

• Memo •

제2회 실전 모의고사

01 림프드레나쥐의 주된 작용은?

① 혈액순환과 신진대사 저하
② 노폐물과 독소물질을 림프절로 운반
③ 피부조직 강화
④ 림프순환 저하

02 파우더 타입의 머드팩에 대한 설명으로 옳은 것은?

① 유분을 공급하므로 노화, 재생관리가 필요한 피부에 사용
② 피지를 흡착하고 살균, 소독 및 항염작용이 있어 지성 및 여드름 피부에 사용
③ 항염작용이 있어 민감 피부관리에 사용
④ 보습작용이 뛰어나 눈가나 입술관리에 사용

03 피부 분석 시 사용하는 기기가 아닌 것은?

① pH 측정기
② 우드 램프
③ 초음파 기기
④ 확대경

04 다음 중 여드름의 발생 가능성이 가장 적은 화장품 성분은?

① 호호바 오일
② 라놀린
③ 미네랄 오일
④ 이소프로필 팔미테이트

05 짙은 화장을 지우는 클렌징 제품 타입으로 중성과 건성피부에 적합하며, 사용 후 이중 세안을 해야 하는 것은?

① 클렌징 크림
② 클렌징 로션
③ 클렌징 워터
④ 클렌징 젤

06 다음 중 건성피부에 적용되는 화장품 사용법으로 가장 적합한 것은?

① 낮에는 O/W형의 데이크림과 밤에는 W/O형의 나이트크림을 사용한다.
② 강하게 탈지시켜 피지샘 기능을 균형 있게 해주고 모공을 수축해 주는 크림을 사용한다.
③ 봄, 여름에는 W/O크림을 사용하고 가을, 겨울에는 O/W크림을 사용한다.
④ 소량의 하이드로퀴논이 함유된 크림을 사용한다.

07 물질 이동 시 물질을 이루고 있는 입자들이 스스로 운동하여 농도가 높은 곳에서 낮은 곳으로 이동하는 현상은?

① 능동수송　　② 확산
③ 삼투　　　　④ 여과

08 다음 중 자외선이 피부에 미치는 영향이 아닌 것은?

① 색소 침착
② 살균효과
③ 홍반 현상
④ 비타민 A 합성

09 팩의 목적 및 효과와 가장 거리가 먼 것은?

① 피부의 혈행촉진 및 청정작용
② 진정 및 수렴작용
③ 피부 보습
④ 피하지방의 흡수 및 분해

10 매뉴얼 테크닉의 효과에 해당하지 않는 것은?

① 혈액순환을 촉진시킨다.
② 림프순환을 촉진시킨다.
③ 근육의 긴장을 감소하고 피부 온도를 상승하여 기분을 좋게 한다.
④ 가슴과 복부관리를 통해 생리 시, 임신 초기 또는 말기에 진정 효과를 준다.

11 딥클렌징에 대한 설명으로 가장 거리가 먼 것은?

① 디스인크러스테이션은 주 2회 이상이 적당하다.
② 효소 타입은 불필요한 각질을 분해하여 잔여물을 제거한다.
③ 디스인크러스테이션은 전기를 이용한 딥클렌징 방법이다.
④ 예민 피부는 브러시 머신을 이용한 딥클렌징을 삼가한다.

12 피부색상을 결정짓는 데 주요한 요인이 되는 멜라닌 색소를 만들어 내는 피부층은?

① 과립층
② 유극층
③ 기저층
④ 유두층

13 다음 중 UV-A(장파장 자외선)의 파장 범위는?

① 320 ~ 400nm
② 290 ~ 320nm
③ 200 ~ 290nm
④ 100 ~ 200nm

14 천연보습인자(NMF)의 구성성분 중 40%를 차지하는 중요성분은?

① 요소
② 젖산염
③ 무기염
④ 아미노산

15 세포 내 소화 기관으로 노폐물과 이물질을 처리하는 역할을 하는 기관은?

① 미토콘드리아
② 리보솜
③ 리소좀
④ 골지체

16 다음 중 다당류인 전분을 2당류인 맥아당이나 덱스트린으로 가수분해하는 역할을 하는 타액 내의 효소는?

① 프티알린
② 리파제
③ 인슐린
④ 말타아제

17 골격계의 가능이 아닌 것은?

① 보호기능 ② 저장기능
③ 지지기능 ④ 열생산기능

18 안면 진공 흡입기의 사용 방법으로 가장 거리가 먼 것은?

① 사용 시 크림이나 오일을 바르고 사용한다.
② 한 부위에 오래 사용하지 않도록 조심한다.
③ 탄력이 부족한 예민, 노화 피부에 더욱 효과적이다.
④ 관리가 끝난 후 벤토즈는 미온수와 중성세제를 이용하여 잘 세척하고 알코올 소독 후 보관한다.

19 피부의 각질(케라틴)을 만들어 내는 세포는?

① 색소 세포 ② 기저 세포
③ 각질 형성 세포 ④ 섬유아 세포

20 고주파 피부 미용 기기를 사용하는 방법 중 직접법을 올바르게 설명한 것은?

① 고객의 얼굴에 마른 거즈를 올리고 그 위에 전극봉으로 가볍게 관리한다.
② 적합한 크기의 벤토즈가 피부 표면에 잘 밀착되도록 전극 봉을 연결한다.
③ 고객의 손에 전극 봉을 잡게 한 후 얼굴에 마른 거즈를 올리고 손으로 눌러준다.
④ 고객의 손에 전극 봉을 잡게 한 후 관리사가 고객의 얼굴에 적합한 크림을 바르고 손으로 관리한다.

21 피부 분석 시 육안으로 보기 힘든 피지, 민감도, 색소 침착, 모공의 크기, 트러블 등을 세밀하고 정확하게 분별할 수 있는 기기는?

① 스티머 ② 진공 흡입기
③ 우드 램프 ④ 스프레이

22 초음파를 이용한 스킨 스크러버의 효과가 아닌 것은?

① 진동과 온열효과로 신진대사를 촉진한다.
② 각질 제거효과가 있다.
③ 피부 정화효과가 있다.
④ 상처 부위에 재생효과가 있다.

23 매우 낮은 전압의 직류를 이용하며, 이온 영동법과 디스인크러스테이션의 두 가지 중요한 기능을 하는 기기는?

① 초음파 기기 ② 저주파 기기
③ 고주파 기기 ④ 갈바닉 기기

24 아로마테라피(aromatherapy)에 사용되는 에센셜 오일에 대한 설명 중 가장 거리가 먼 것은?

① 아로마테라피에 사용되는 에센셜 오일은 주로 수증기 증류법에 의해 추출된 것이다.
② 에센셜 오일은 공기 중의 산소, 빛 등에 의해 변질될 수 있으므로 갈색병에 보관하여 사용하는 것이 좋다.
③ 에센셜 오일은 원액을 그대로 피부에 사용해야 한다.
④ 에센셜 오일을 사용할 때에는 안전성 확보를 위하여 사전에 패치 테스트(patch test)를 실시하여야 한다.

25 화장품법상 화장품의 정의와 관련한 내용이 아닌 것은?

① 신체의 구조, 기능에 영향을 미치는 것과 같은 사용 목적을 겸하지 않는 물품
② 인체를 청결히 하고, 미화하고, 매력을 더하고 용모를 밝게 변화시키기 위해 사용하는 물품
③ 피부 혹은 모발을 건강하게 유지 또는 증진하기 위한 물품
④ 인체에 사용되는 물품으로 인체에 대한 작용이 경미한 것

26 감염병 관리상 그 관리가 가장 어려운 대상은?

① 만성 감염병 환자
② 급성 감염병 환자
③ 건강보균자
④ 감염병에 의한 사망자

27 비타민이 결핍되었을 때 발생하는 질병의 연결이 틀린 것은?

① 비타민 B_1 - 각기병
② 비타민 D - 괴혈증
③ 비타민 A - 야맹증
④ 비타민 E - 불임증

28 소독에 사용되는 약제의 이상적인 조건은?

① 살균하고자 하는 대상물을 손상시키지 않아야 한다.
② 취급 방법이 복잡해야 한다.
③ 용매에 쉽게 용해해야 한다.
④ 향기로운 냄새가 나야 한다.

29 피부 미용 역사에 대한 설명이 틀린 것은?

① 고대 이집트에서는 피부 미용을 위해 천연 재료를 사용하였다.
② 고대 그리스에서는 식이요법, 운동, 마사지, 목욕 등을 통해 건강을 유지하였다.
③ 고대 로마인은 청결과 장식을 중요시하여 오일, 향수, 화장이 생활의 필수품이었다.
④ 국내의 피부 미용이 전문화되기 시작한 것은 19세기 중반부터이다.

30 세정작용과 기포작용이 우수하여 비누, 샴푸, 클렌징 폼 등에 주로 사용되는 계면활성제는?

① 양이온성 계면활성제
② 음이온성 계면활성제
③ 비이온성 계면활성제
④ 양쪽성 계면활성제

31 화장수(Toner)의 설명 중 잘못된 것은?

① 피부의 각질층에 수분을 공급한다.
② 피부에 청량감을 준다.
③ 피부에 남아있는 잔여물을 닦아준다.
④ 피부의 각질을 제거한다.

32 근육의 기능에 따른 분류에서 서로 반대되는 작용을 하는 근육을 무엇이라고 하는가?

① 길항근　　　② 신근
③ 거근　　　　④ 협력근

33 혈액 중 혈액 응고에 주로 관여하는 세포는?

① 백혈구　　　② 적혈구
③ 혈소판　　　④ 헤마토크리트

34 골격계에 대한 설명 중 옳지 않은 것은?

① 인체의 골격은 약 206개의 뼈로 구성된다.
② 체중의 약 20%를 차지하며 골, 연골, 관절 및 인대를 총칭한다.
③ 기관을 둘러싸서 내부 장기를 외부의 충격으로부터 보호한다.
④ 골격에서는 혈액 세포를 생성하지 않는다.

35 일시적 제모 방법 가운데 겨드랑이 및 다리의 털을 제거하기 위해 피부관리실에서 가장 많이 하는 제모방법은?

① 면도기를 이용한 제모
② 레이저를 이용한 제모
③ 족집게를 이용한 제모
④ 왁스를 이용한 제모

36 딥클렌징과 가장 거리가 먼 것은?

① 더마스코프(Dermascope)
② 프리마톨(Frimatol)
③ 엑스폴리에이션(Exfoliation)
④ 디스인크러스테이션(Disincrustation)

37 피부의 피지막은 보통상태에서 어떤 유화상태로 존재하는가?

① W/O 유화
② O/W 유화
③ W/S 유화
④ S/W 유화

38 피부 세포가 기저층에서 생성되어 각질세포로 변화하여 피부 표면으로부터 떨어져 나가는 데 걸리는 기간은?

① 대략 28일
② 대략 60일
③ 대략 120일
④ 대략 280일

39 성장 촉진, 생리 대사의 보조역할, 신경안정과 면역기능 강화 등의 역할을 하는 영양소는?

① 단백질
② 비타민
③ 무기질
④ 지방

40 다음 중 원발진에 속하는 것은?

① 수포, 반점, 인설
② 수포, 균열, 반점
③ 반점, 구진, 결절
④ 반점, 가피, 구진

41 다음 중 세포막의 기능 설명이 틀린 것은?

① 세포의 경계를 형성한다.
② 물질을 확산에 의해 통과시킬 수 있다.
③ 단백질을 합성하는 장소이다.
④ 조직을 이식할 때 자기 조직이 아닌 것을 인식할 수 있다.

42 지성피부의 면포를 추출하는 데 가장 적합한 기기는?

① 분무기
② 전동 브러시
③ 리프팅기
④ 진공 흡입기

43 홍반, 부종, 통증뿐만 아니라 수포를 동반하는 증상은?

① 1도 화상
② 2도 화상
③ 3도 화상
④ 중급 화상

44 에센셜 오일을 추출하는 방법이 아닌 것은?

① 수증기 증류법
② 혼합법
③ 압착법
④ 용제 추출법

45 다음 중 화장품에 사용되는 주요 방부제는?

① 에탄올
② 파라옥시안식향산 메틸
③ 벤조산
④ BHT

46 보건행정의 특성과 가장 거리가 먼 것은?

① 공공성
② 교육성
③ 정치성
④ 과학성

47 식품의 혐기성 상태에서 발육하는 체외독소로서 신경 독소를 분비하며 치명률이 가장 높은 식중독으로 알려진 것은?

① 살모넬라 식중독
② 보툴리누스 식중독
③ 웰치균 식중독
④ 알레르기성 식중독

48 아로마 오일을 피부에 효과적으로 침투시키기 위해 사용하는 식물성 오일은?

① 에센셜 오일
② 캐리어 오일
③ 트랜스 오일
④ 미네랄 오일

49 청문을 실시하여야 하는 사항과 거리가 먼 것은?

① 이·미용사의 면허취소, 면허정지
② 공중위생 영업의 정지
③ 영업소의 폐쇄명령
④ 과태료 징수

50 이·미용 업소의 위생 관리 기준으로 적합하지 않은 것은?

① 소독한 기구와 소독을 하지 아니한 기구를 분리하여 보관한다.
② 1회용 면도날을 손님 1인에 한하여 사용한다.
③ 피부 미용을 위한 의약품은 따로 보관한다.
④ 영업장 안의 조명도는 75룩스 이상이어야 한다.

51 영업소 외의 장소에서 이미용 업무를 진행한 경우 과태료 기준은?

① 200만원 이하의 벌금
② 300만원 이하의 벌금
③ 영업정지 1월
④ 영업정지 3월

52 이·미용기구의 소독기준 및 방법을 정한 것은?

① 대통령령
② 보건복지부령
③ 환경부령
④ 보건소령

53 신고를 하지 않고 영업소의 소재지를 변경한 경우 1차 위반 시 행정 처분은?

① 영업장 폐쇄명령
② 영업정지 1월
③ 영업정지 2월
④ 영업정지 3월

54 영업장의 폐쇄명령을 받고도 계속 영업을 했을 경우에 벌칙 기준은?

① 6개월 이하의 징역 또는 500만원 이하의 벌금
② 1년 이하의 징역 또는 1천만원 이하의 벌금
③ 100만원 이하의 벌금
④ 300만원 이하의 벌금

55 공중위생 감시원의 자격으로 해당하지 않는 것은?

① 1년 이상 공중위생 행정에 종사한 경력이 있는 자
② 대학에서 미용학을 전공하고 졸업한 자
③ 외국에서 위생사 또는 환경기사의 면허를 받은 자
④ 위생사 자격증이 있는 자

56 피부 미용을 위하여 의약품 또는 의료기기를 사용할 때 3차 행정처분 기준은?

① 영업정지 1월
② 영업정지 2월
③ 영업정지 3월
④ 영업장 폐쇄명령

57 이·미용업소에 면허증 원본을 게시하지 않은 경우 1차 행정처분 기준은?

① 개선명령 또는 경고
② 영업정지 5일
③ 영업정지 10일
④ 영업정지 15일

58 이·미용업소의 위생관리 의무를 지키지 아니한 자의 과태료 기준은?

① 30만원 이하
② 50만원 이하
③ 100만원 이하
④ 200만원 이하

59 변경 신고를 하지 않고 영업소의 소재지를 변경한 때의 2차 위반 행정처분 기준은?

① 영업정지 1월
② 영업정지 2월
③ 영업장 폐쇄명령
④ 영업허가 취소

60 이·미용사의 면허증을 다른 사람에게 대여했을 경우 1차 위반 행정 처분 기준은?

① 영업정지 3월
② 영업정지 2월
③ 면허정지 3월
④ 면허정지 2월

제2회 실전 모의고사 정답 및 해설

1	2	3	4	5	6	7	8	9	10
②	②	③	①	①	①	②	④	④	④
11	12	13	14	15	16	17	18	19	20
①	③	①	④	③	①	④	③	③	①
21	22	23	24	25	26	27	28	29	30
③	④	④	③	①	③	②	②	④	②
31	32	33	34	35	36	37	38	39	40
④	①	③	④	④	①	①	①	②	③
41	42	43	44	45	46	47	48	49	50
③	④	②	②	②	③	②	②	④	③
51	52	53	54	55	56	57	58	59	60
①	②	②	②	②	④	①	④	②	③

01 림프드레나쥐는 세포의 노폐물 배출을 용이하게 만들어 신진대사를 촉진한다.

02 파우더 타입의 머드팩은 피지 흡착력, 노폐물 제거, 지성 및 여드름 피부관리에 사용된다.

03 초음파기기는 노폐물 제거, 리프팅 효과, 셀룰라이트 분해, 피부 탄력 부여 목적으로 사용한다.

04 피지 성분과 유사한 호호바 오일이 여드름 케어에 적합하다.

05 크림타입은 W/O형으로 오일이 많이 함유되어 있어 짙은 화장을 지우기에 적당하다.

06 건성피부는 유분과 수분을 보충해 주는 성분을 사용한다.

07 고농도에서 저농도로 이동하여 전체가 균일한 농도가 되는 현상은 확산이다.(잉크가 물에 퍼지는 현상)

08 자외선은 비타민 D를 합성한다.

09 팩은 수렴, 청정, 영양, 보습, 신진대사 촉진, 혈액순환 촉진, 재생, 미백, 진정 등의 효과를 기대할 수 있다.

10 생리 전후, 임신 말기의 임산부, 수술 직후의 당뇨병 환자, 피부질환 환자, 고혈압 증상의 환자는 매뉴얼 테크닉을 삼가야 한다.

11 디스인크러스테이션은 주 1회가 적당하다.

12 기저층에 존재하는 세포는 멜라닌 형성 세포, 각질 형성 세포, 촉각 세포(머켈 세포)가 있다.

13 UVA : 320~400nm, UVB : 290~320nm, UVC : 200~290nm

14 천연보습인자는 각질층 세포와 세포 사이에 분포되어 있는 자연 보습성분으로 아미노산이 40%를 차지한다.

15 **미토콘드리아** : 세포 내 호흡 및 에너지 생산
리보솜 : 단백질 합성
리소좀 : 물질의 소화 및 분해
골지체 : 단백질 분류, 해당기관에 전달

16 **프티알린** : 사람의 침 속에 들어 있는 전분 분해 효소
리파제 : 지방 분해 효소
인슐린 : 췌장 호르몬, 혈액 속의 포도당량을 일정하게 유지
말타아제 : 엿당을 포도당으로 가수분해 하는 효소

17 열 생산기능은 근육계의 기능이다.

18 탄력이 없는 피부를 흡입기로 피부를 더 늘려서 탄력을 떨어트릴 수 있다.

19 각질 형성 세포는 케라틴을 만들어내는 세포이다.

20 **직접법** : 마른 거즈를 올린 후 유리 전극봉은 관리사가 잡고 시술
간접법 : 전극봉을 고객이 잡게 한 후 관리사는 고객의 얼굴에 크림으로 마사지

21 우드 램프는 형광램프로 육안으로 보기 힘든 피부를 분석하기에 적당하다.

22 상처부위가 있을 때는 관리를 삼가야 한다.

23 갈바닉 기기는 직류전류로서 두 가지의 기능이 있다.

24 에센셜 오일을 원액으로 사용할 경우 매우 위험할 수 있다.

25 화장품은 인체를 청결, 미화하여 용모를 건강하고 아름답게 변화시키거나, 피부 모발의 건강을 유지 또는 증진하기 위해 인체에 사용하는 물품으로서 인체에 대한 작용이 경미한 것을 말한다.

26 건강보균자는 임상증상이 없어 관리가 어렵다.

27 괴혈증은 비타민 C의 부족으로 오는 질병이다.

28 소독약의 구비조건은 살균력, 침투력, 인체 무독, 경제성, 편리성, 용해성, 안정성, 물품의 부식성 및 표백성이 없어야 한다.

29 국내 피부 미용이 전문화되기 시작한 것은 20세기(1970년 이후)부터이다.

30 음이온성 계면활성제는 세정작용과 기포작용이 우수하다.

31 화장수는 피의 pH조절, 잔여물 제거, 보습과 청량감을 주는 기능으로 사용한다.

32 ① **길항근** : 주동근의 반대로 작용하는 근육
② **신근** : 근육을 신전시키는 기능을 하는 근육
③ **거근** : 구조나 장기를 들어 올릴 때 사용하는 근육
④ **협력근** : 주동근의 움직임을 협동하여 힘을 발생시키는 근육

33 혈소판은 혈액의 응고, 지혈작용을 한다.

34 골격계는 혈액 세포를 생산하는 조혈기능이 있다.

35 피부관리실에서는 왁스를 이용한 제모를 가장 많이 시행한다.

36 더마스코프는 피부분석기이다.

37 피부는 일반적으로 유중수형의 상태를 유지한다.

38 각화주기는 약 28일(4주)이다.

39 ① **단백질** : 조직의 생성, 효소 및 호르몬 합성
② **비타민** : 생리작용 조절
③ **무기질** : 몸의 균형 조절
④ **지방** : 에너지 공급과 장기 보호작용

40 원발진은 1차적 증상이며, 반점, 구진, 농포, 팽진, 소수포, 결절, 낭종 등이 있다.

41 단백질을 합성하는 장소는 세포질 내의 리보솜이다.

42 진공 흡입기는 면포나 피지 제거에 적합한 기기이다.

43 2도 화상은 수포성 화상으로 홍반, 부종, 수포를 동반한다.

44 수증기 증류법, 압착법, 용제추출법이 있다.

45 화장품에 사용하는 방부제는 이미다졸디닐우레아, 파라

옥시안식향산 메틸, 파라옥시안식향산 프로필이 있다.

46 보건행정은 공중보건의 목적(수명연장, 질병예방, 건강증진)을 달성하기 위해 공공의 책임하에 수행하는 행정활동으로 정치적인 특성과는 거리가 멀다.

47 치명률이 가장 높은 식중독은 보툴리누스 식중독이다.

48 캐리어 오일은 아로마 오일을 피부에 효과적으로 침투시키기 위해 사용하는 식물성 오일이다.

49 **청문실시 사유**
- 이·미용사의 면허취소, 면허정지
- 공중위생 영업의 정지
- 일부 시설의 사용중지
- 영업소 폐쇄명령

50 **이·미용업소 위생관리 기준**
- 점 빼기·귓불 뚫기·쌍꺼풀 수술·문신·박피술 그 밖에 이와 유사한 의료행위를 하여서는 아니 된다.
- 피부미용을 위하여 의약품 또는 의료기기를 사용하여서는 아니 된다.
- 영업소 내부에 미용업 신고증 및 개설자의 면허증 원본을 게시하여야 한다.
- 영업소 내부에 최종 지불 요금표를 게시 또는 부착하여야 한다.
- 영업장 면적이 $66m^2$ 이상인 영업소의 경우 영업소 외부에도 손님이 보기 쉬운 곳에 최종 지불 요금표를 게시 또는 부착하여야 한다.

51 영업소 이외의 장소에서 이·미용업무를 행한 경우 과태료는 200만원 이하이다.

52 이용기구 및 미용기구의 소독기준 및 방법은 보건복지부령으로 정한다.

53 **신고를 하지 않고 영업소의 소재지를 변경한 경우**
- 1차 위반 : 영업정지 1월

- 2차 위반 : 영업정지 2월
- 3차 위반 : 영업장 폐쇄명령

54 **1년 이하의 징역 또는 1천만원 이하의 벌금**
- 영업의 신고 규정에 의한 신고를 하지 아니한 자
- 영업정지 명령 또는 일부 시설 사용중지 명령을 받고도 그 기간 중에 영업을 하거나 그 시설을 사용한 자
- 또는 영업소 폐쇄명령을 받고도 계속하여 영업을 한 자

55 **공중위생 감시원의 자격**
- 위생사 또는 환경기사 2급 이상의 자격증이 있는 자
- 대학에서 화학, 화공학, 환경공학 또는 위생학 분야를 전공하고 졸업한 자 또는 이와 동등 이상의 자격이 있는 자
- 외국에서 위생사 또는 환경기사 면허를 받은 자
- 1년 이상 공중위생 행정에 종사한 경력이 있는 자

56 피부미용을 위하여 의약품 의료용구를 사용하거나 보관하고 있을 때
영업정지 2월(1차위반), 영업정지 3월(2차 위반), 영업장 폐쇄명령(3차 위반)

57 면허증 원본을 게시하지 않은 경우 1차 행정처분은 개선명령 또는 경고이다.

58 **200만원 이하의 과태료 처분의 경우**
① 이미용업소의 위생관리 의무를 지키지 아니한 자
② 영업소 이외의 장소에서 이미용 업무를 행한 자
③ 위생 교육을 받지 아니한 자

59 **변경신고를 하지 않고 영업소의 소재지를 변경한 경우 (2018년 10월 보건복지부령으로 개정)**
- 변경 전 : 영업장 폐쇄명령
- 변경 후 : 영업정지 1월 (1차), 영업정지 2월(2차), 영업장 폐쇄명령(3차)

60 면허증을 다른 사람에게 대여한 경우 : 1차 면허정지 3월, 2차 면허정지 6월, 3차 면허취소